Spinnovation

Spinnovation

VORWORT

Die Idee zu diesem Buch entstand aus der Frage, warum die nachweislich erfolgreiche Methode „Engpasskonzentrierte Strategie" (EKS) vor allem im Mittelstand kaum noch bekannt und verbreitet ist. Und das, obwohl beispielsweise Hermann Simon in seinem Buch „Die Heimlichen Gewinner (Hidden Champions). Die Erfolgsstrategien unbekannter Weltmarktführer" ausgeführt hatte, dass die Engpasskonzentrierte Strategie erstaunlich oft bei den Hidden Champions eingesetzt wurde. Warum gerät also diese Methode im Mittelstand immer mehr in Vergessenheit? Das hat unserer Meinung nach mehrere Gründe.

Die Engpasskonzentrierte Strategie ist eine Spezialisierungsstrategie und Spezialisierung wird im betriebswirtschaftlichen Kontext sehr kritisch gesehen. Spezialisierung ist, entgegen unserer Überzeugung und unserer Erfahrungen, scheinbar risikobehaftet. Und Spezialisierung widerspricht der Intuition der meisten Manager, sich möglichst viele Geschäfts- und Umsatzoptionen offen zu halten.

Zusätzlich ist die Engpasskonzentrierte Strategie mit ihren vier allgemeingültigen Prinzipien eine übergeordnete Methode und selbst nicht spezialisiert genug. Das liegt daran, dass sich die EKS sehr erfolgreich auf berufliche Karrieren, auf freiberufliche Tätigkeiten, auf kleine und auch auf mittelständische Unternehmen anwenden lässt – völlig unabhängig von den jeweiligen persönlichen Fähigkeiten, Dienstleistungen, Produkten oder Branchen. Somit gibt es für die EKS nicht die eine, eng definierte Zielgruppe, die sie selbst von ihren Anwendern fordert – eine der wesentlichen Voraussetzungen für eine erfolgreiche Spezialisierung.

Dazu kommt, dass die Sprache der EKS wenig „betriebswirtschaftlich" ist und nicht mit Managern aus dem Mittelstand „spricht".

Methodisch wurde die EKS, seit sie von Prof. Wolfgang Mewes in den 70iger-Jahren des letzten Jahrhunderts entwickelt und formuliert wurde, nicht wesentlich erweitert. Es fehlen beispielsweise neuere Methoden im Innovationsprozess oder für das Einbinden der Mitarbeiter in den Strategieprozess. Sie bietet auch keine Antworten darauf, wie Widerstände gegen Veränderungen im Unternehmen, die immer bei der Strategieumsetzung entstehen, zu überwinden sind.

Nach der Analyse der eingangs formulierten Fragestellung schloss sich unmittelbar die Frage an, was zu tun ist, um „Spezialisierung" als eine ausgesprochen erfolgversprechende Strategiemethode wieder salonfähig und zukunftsfähig zu machen.

Mit unserer Erfahrung aus hunderten Beratungsprojekten und aus vielen Jahren im Management von mittelständischen Unternehmen haben wir die Entwicklung von Spezialisierungsstrategien mit uns bekannten, praktischen und praxiserprobten Methoden verbunden, und daraus eine neue Strategiemethode entwickelt – „Spinnovation".

Spinnovation zeichnet sich durch die Kombination dreier besonderer Elemente aus:

- Strategieentwicklung und -umsetzung geschehen gleichzeitig, dabei führt Spinnovation zu einzigartigen Leistungen gegenüber Kunden und verbessert unmittelbar die Unternehmenskultur.
- Die Strategie wird nicht mehr durch Zahlen- und Marktanalysen in internen Meetings und mit Beratern gefunden, sondern unter Einbeziehung der Mitarbeiter und in enger Abstimmung mit den (potenziellen) Kunden.
- Die Strategieentwicklung und vor allem auch die Umsetzung werden durch Elemente des Teamsports organisiert oder neudeutsch „gamifiziert". Der einhergehende Changeprozess gelingt damit spielerisch.

Spinnovation stellt gezielt die Bedürfnisse von Menschen in den Mittelpunkt und basiert auf einem Menschenbild nach neuesten psychologischen Erkenntnissen. Spinnovation kommt ohne mathematische Modelle und Beratersprache aus, sie ist hundertprozentig „bullshit-frei".

Unserer Erfahrung nach ist alles, was es für eine erfolgreiche Strategieentwicklung und -umsetzung braucht, im Unternehmen und seinem Umfeld bereits vorhanden. Mit Spinnovation gelingt es, das Wissen und die Ideen freizulegen, diese intelligent zu innovativen Lösungen zu kombinieren und das neu entwickelte Geschäftsmodell erfolgreich zu realisieren.

Dabei ist Spinnovation kein weiterer theoretischer Ansatz, sondern eine Methode mit hoher praktischer Relevanz und unmittelbarer Anwendbarkeit – also eine Methode für die Macher aus dem Mittelstand.

Oberursel, Dünsen im Oktober 2017 *Karlheinz Venter, Dr. Kerstin Friedrich*

INHALTSVERZEICHNIS

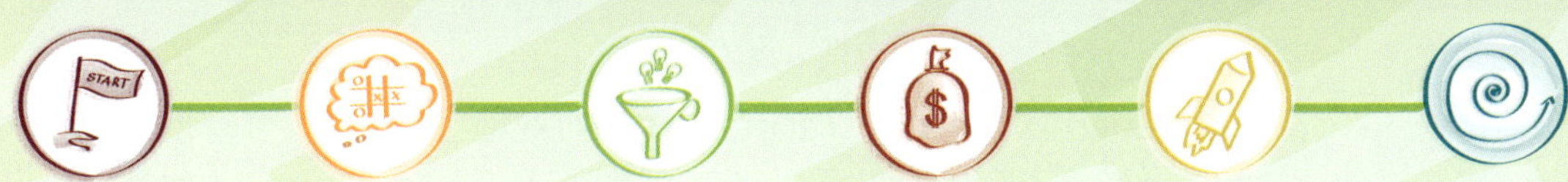

1 WARUM NOCH EINE NEUE STRATEGIEMETHODE?

Auf dem „Markt" gibt es über 80 verschiedene methodische Ansätze und Konzepte zur Beantwortung strategischer Fragestellungen und zur Strategieentwicklung.[1] Neben schon lange bekannten wie der Ansoff-Matrix, Benchmarking, Six Sigma, Change Management oder Shareholder-Value sind in den letzten Jahren neue wie Open Innovation, Blue Ocean Strategy, Lean Startup oder Business Model Generation hinzugekommen. In den unzähligen Büchern dazu scheint auch schon alles zum Thema „Strategie" geschrieben zu sein.

Den vielen Strategiemethoden fehlen unserer Meinung nach zwei ganz entscheidende Zutaten: Die Konzentration auf den echten Nutzen für eine klar definierte, nennen wir sie noch Zielgruppe, und integrierte Ansätze wie die systemimmanenten Widerstände gegen Veränderungen, die immer mit einer neuen Strategie einhergehen, zu überwinden sind.

Mit unserer Methode wird die neue Strategie nicht durch Zahlen- und Marktanalysen in internen Meetings oder durch externe Berater erarbeitet, sondern unter echter Einbeziehung der Mitarbeiter und in enger Abstimmung mit den Kunden und der Zielgruppe. Der Strategieprozess ist nicht unterteilt in Analyse, Festlegung der strategischen Stoßrichtung und der strategischen Ziele, Maßnahmenplanung und Umsetzung. Strategieentwicklung und -umsetzung finden gleichzeitig statt und führen zu einzigartigen Leistungen für die Kunden. Gleichzeitig wird sichergestellt, dass die Entwicklung der Alleinstellungsmerkmale und die Produkt- oder Serviceinnovationen die volle Unterstützung und das volle Engagement der Mitarbeiter finden. Dies geschieht unter anderem durch Methoden, die das Wissen, das Know-how und die Erfahrungen der Mitarbeiter in die Strategiefindung einbinden – und durch Gamification[2]. Spinnovation führt zu einer verbesserten Unternehmenskultur und löst die Widerstände gegen Veränderungen in Unternehmen auf. „Strategie" scheitert also nicht mehr, wie so oft, an einer lethargischen Unternehmenskultur. Oder wie Managementvordenker Peter F. Drucker es ausdrückte: „Culture eats Strategy for Breakfast."

Selbstverständlich sind Unternehmensstrategien so individuell wie die Unternehmen, für die sie erarbeitet werden. Das gilt auch für den Prozess der Strategieentwicklung und der Umsetzung. Die herkömmlichen Strategiemethoden dagegen sind allgemeingültig und abstrakt. Sie müssen für jedes Unternehmen und jede strategische Fragestellung passen und bleiben auf der Ebene des „Was ist zu tun?". Konkrete Antworten auf das „Wie?" gibt es selten. Echte Klassiker sind dabei Aussagen wie „Kommunizieren Sie so früh wie möglich die neue Strategie an die Mitarbeiter, dann sind die Widerstände in der Strategieumsetzung

[1] Interview mit Martin Reeves „Wer braucht eigentlich noch Strategie?", brand eins URL: http://www.brandeins.de/wissen/brand-eins-thema-unternehmensberater/unternehmensberater-consulting-4-0/martin-reeves-wer-braucht-eigentlich-strategie/. Stand: 22.11.2016.

[2] Gamification (Deutsch „Spielifizierung" oder „Spielifikation") ist aus dem englischen Wort „game" (Deutsch „Spiel") abgeleitet und bezeichnet die Anwendung spieltypischer Elemente in einem spielfremden Kontext.

geringer." Oder: „Ist der Anteil von neuen und innovativen Produkten im Portfolio zu gering, muss ins Innovationsmanagement investiert und ein Innovationsmanager eingestellt werden."

Das vorliegende Buch beschreibt weder eine weitere abstrakte Methode noch stiftet es zum sinnfreien Zahlenkneten an. Nach dem notwendigen Theorieteil wird an vier grundlegenden strategischen Fragestellungen gezeigt, wie die Strategiemethode „Spinnovation" ganz konkret anzuwenden ist.

Der Spinnovation-Strategieprozess durchläuft sechs Phasen. Die Phasen sind in Prozessschritte und diese wiederum in Arbeitsschritte unterteilt. Am Anfang jeder Phase wird erklärt, warum man sie bearbeitet und wie das Ergebnis aussehen soll. Vor dem ersten Prozessschritt wird kurz beschrieben, wie Sie – abhängig von Ihrer strategischen Fragestellung – die Phase durchlaufen.

Mit diesem Strategie- und Arbeitsbuch können Sie direkt einen Strategieprozess auf- und umsetzen – unabhängig von Ihrer konkreten strategischen Fragestellung. Sie brauchen also keine gesonderte Strategie, um die passende Kombination aus Strategiemethoden und Werkzeugen zu finden, das haben wir schon gemacht. Und Sie brauchen keine Heerscharen von Beratern. Alles, was Sie für die erfolgreiche Entwicklung und Umsetzung der neuen Strategie brauchen, gibt es bereits im Unternehmen. Den Rest finden Sie in diesem Buch.

Zur einfacheren Lesbarkeit ...

… verwenden wir im Buch nur die männliche Form. Selbstverständlich ist dabei die weibliche Form immer mit eingeschlossen.

Sie oder Du?

Man duzt selbstverständlich nicht jeden Menschen, den man kennenlernt, schon gar nicht im geschäftlichen Umfeld – wir auch nicht. Spätestens bei der konkreten Entwicklung Ihrer neuen Unternehmensstrategie werden wir dann doch beim „Du" ankommen. Strategie ist heute immer intensive Zusammenarbeit von vielen auf Augenhöhe. Und da lässt man, wenn es darauf ankommt, das „Sie" am besten außen vor.

WIE KANN MAN DAS BUCH DURCHARBEITEN?

Wir empfehlen Ihnen, das Buch zuerst einmal komplett durchzulesen. Danach haben Sie einen sehr guten Überblick über „Spinnovation", die eingesetzten Methoden, Modelle und Werkzeuge, die vier strategischen Fragestellungen und den Strategieprozess. Mit diesem Wissen können Sie im zweiten Durchgang Ihr eigenes Strategieprojekt zielgerichtet aufsetzen.

Oder Sie lesen im ersten Durchgang Kapitel 1 bis 5 komplett. Dann bestimmen Sie, welche der vier typischen strategischen Fragestellungen[3] auf Ihre Situation zutrifft und lesen im Kapitel 6 „Der Spinnovation-Strategieprozess" nur das, was für ihre strategische Fragestellung relevant ist. Das geht schneller und Sie können früher mit Ihrem Strategieprojekt beginnen.

Dauert Ihnen auch das zu lange? Sie kennen Ihre konkrete strategische Herausforderung und wollen nicht erst alle eingesetzten Methoden und Werkzeuge theoretisch kennenlernen? Das geht natürlich auch. Nach Kapitel 5.5 „Das Spinnovation-Phasenmodell" können Sie direkt zu Kapitel 6 springen und dort nur die für Ihre strategische Fragestellung relevanten Prozess- und Arbeitsschritte lesen. Wenn im Strategieprozess ein neues Modell, eine neue Methode oder ein neues Werkzeug benutzt wird, gibt es einen Querverweis zurück in Kapitel 5.6 „Modelle, Methoden, Werkzeuge", falls Sie dann doch tiefer einsteigen wollen.

3 Siehe S. 68.

ZUSATZMATERIAL ZUM BUCH

Die eingesetzten Tableaus und Portfolios, das Spinnovation-Geschäftsmodell und vieles mehr gibt es zum Download auf der Internetseite zum Buch unter www.spinnovation-strategie.de. Alles auch in einer Auflösung für ausreichend große Drucke. Dort finden Sie auch den kompletten Weg durch den Strategieprozess für die vier strategischen Fragestellungen, mit allen verbindlichen und optionalen Prozess- und Arbeitsschritten. Auf dem Ausdruck können Sie mit einem Textmarker den Weg Ihres Unternehmens durch den Strategieprozess markieren. So haben Sie jederzeit den Überblick, wo Sie im Strategieprozess stehen und was als Nächstes zu tun ist.

2 IN DER PROFESSIONALISIERUNGSFALLE

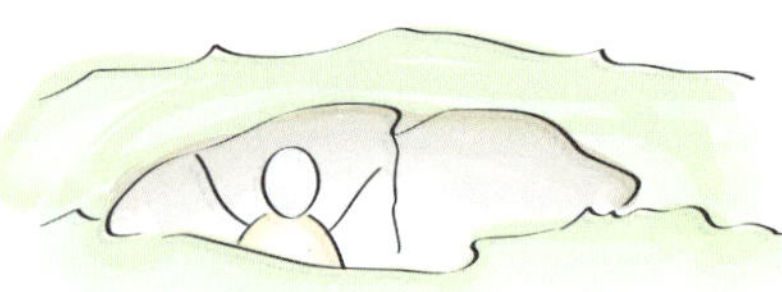

Die Wettbewerbsintensität hat in den letzten Jahren dramatisch zugenommen, egal in welcher Branche. Treiber sind vor allem die Globalisierung und das Internet. Viele Märkte sind überfüllt, verkauft wird dort fast ausschließlich über den Preis. Das ehemalige Erfolgsprinzip „mehr vom Gleichen" hat ausgedient. Zusätzlich wird es schwieriger, mit dem Angebot in der Informationsüberflutung wahrgenommen zu werden. Selbst wenn man es schafft, neue Produkte und Services erfolgreich auf den Markt zu bringen, sind sie heute mehr oder weniger einfach kopierbar. Das gilt auch für neue Geschäftsmodelle. Was aber tun, um das Überleben des Unternehmens zu sichern und es zukunftsfähig aufzustellen?

Vor allem kleine und mittelständische Unternehmen sitzen dabei in der Professionalisierungsfalle. Sie orientieren sich an den vermeintlich erfolgreichen Großunternehmen und Konzernen und schauen, wie und mit welchen Methoden diese ihre Zukunft sichern. Wird dann versucht, mit denselben Methoden erfolgreich zu sein, führt das zu Bürokratisierung und Energieverschwendung. Großunternehmen können es sich – noch – leisten, Methoden zu nutzen und Maßnahmen aufzusetzen, die nicht mehr in unsere heutige Welt und zu den Menschen passen. Wegen ihrer schieren Größe, ihrer Marktmacht, ihrer Mengenvorteile und anderen größenbedingten Synergien kann man schon mal das Falsche tun, ohne dass es direkt existenzbedrohend wird. Bei kleinen und mittelständischen Unternehmen sieht das anders aus. Dort können falsche Entscheidungen und Maßnahmen nicht langfristig über Skaleneffekte[4] kompensiert werden. Trotzdem nutzen immer mehr kleine und mittelständische Unternehmen die professionellen Werkzeuge der Großen. Sie bauen durchgängige Organisationsstrukturen auf und arbeiten an der Kundenorientierung oder, professioneller ausgedrückt, am Customer Relationship Management. Die Prozesse werden standardisiert und dokumentiert, sei es auch nur wegen der ISO 9001 Zertifizierung. Für die Mitarbeiter gibt es klare Stellenbeschreibungen, damit sie wissen, was sie tun sollen, wofür sie verantwortlich sind und wofür nicht. Es werden persönliche Ziele vereinbart und deren Erreichung an ein variables Gehalt gekoppelt. Mitarbeitern muss man eben vorgeben, wohin sie sich bewegen sollen. Führungskräfte werden entwickelt und geschult, damit sie die Mitarbeiter besser führen und motivieren. Ein Innovationsmanagement wird aufgebaut, denn Innovationen helfen im Wettbewerb, und jede Chance dazu muss professionell gemanagt werden. Will man, wie die Großen, mittel- und langfristig im Markt erfolgreich sein, braucht man selbstverständlich eine Vision und eine Strategie. Nach der Analyse des Unternehmens und des externen Umfeldes werden zuerst mittel- und langfristige Ziele festgelegt, die Strategie bestimmt und dann die Maßnahmen zum Erreichen der Ziele geplant. Zum Schluss werden daraus die Finanzplanung und die Budgets abgeleitet. Mit so einem strategischen Plan für die nächsten Geschäftsjahre kann dann kaum noch was schiefgehen …

Doch was passiert im Unternehmen, wenn man Prozesse standardisiert und beschreibt, Verantwortlichkeiten und Aufgaben vorgibt, Ziele und das variable Gehalt „vereinbart" und Führungskräfte motivierend eingreifen? Über das Zusammenspiel von Vorgabe und Kontrolle entsteht eine bürokratische Misstrauenskultur. Und am Ende ist damit genau das Gegenteil von dem erreicht, was man wollte. Das zeigt der Gallup Engagement Index Deutschland[5] jedes Jahr von neuem. Nur

---

4 „Skaleneffekt" bedeutet, dass beispielsweise die Stückkosten in der Produktion sinken, wenn die Produktionsmenge erhöht wird. Gründe für die sinkenden Produktionskosten sind u. a. Rationalisierung, Konsolidierung von Betriebsmitteln, Lernkurveneffekte, Einkaufsvorteile oder Fixkostendegression.

5 URL: http://www.gallup.de/183104/engagement-index-deutschland.aspx. Stand: 23.04.2017.

15 Prozent der deutschen Arbeitnehmer arbeiten mit vollem Engagement in ihren Unternehmen. Rund 70 Prozent machen genau das, was ja eigentlich erwartet wird – Dienst nach Vorschrift[6] –, und 15 Prozent sind in der inneren Kündigung. Was für eine Quälerei für alle und was für eine Verschwendung!

Welche Strategiekonzepte bietet die Managementlehre, um langfristige Ziele zu erreichen? Da gibt es einige. Die Konzepte kann man in zwei Bereiche unterteilen. Einmal den Bereich der Unternehmensstrategie, welche die Frage „In welchen Branchen oder Geschäftsfeldern wollen wir tätig sein?" beantwortet. Hier werden Entscheidungen zur Diversifikation, zur vertikalen Integration[7], über Akquisitionen oder den Aufbau von neuen Geschäftseinheiten getroffen. Auch Entscheidungen, Geschäftseinheiten zu verkaufen oder zu schließen, gehören dazu. Der zweite Bereich umfasst die Wettbewerbsstrategie und die Frage: „Wie soll sich das Unternehmen im Wettbewerb behaupten und sich Vorteile verschaffen?" Diese Vorteile können beispielsweise in einer deutlichen Differenzierung vom Wettbewerb liegen. Über den Preis, die Qualität, das Image, die Technologie, den Service oder das Design. Ein Beispiel hierfür ist der dänische Unterhaltungselektronikhersteller Bang & Olufson, der sich durch Design und Marke vom Wettbewerb differenziert. Neben der Differenzierung nennt Porter[8] die Kostenführerschaft als einen weiteren Ansatz, Wettbewerbsvorteile zu erreichen – Beispiele sind die Discounter und vor allem Aldi. Hier liegt nach Porter der wesentliche Vorteil darin, selbst dann noch Gewinne zu erwirtschaften, wenn die anderen Mitbewerber im Preiswettbewerb schon in der Verlustzone sind. Um die Kostenführerschaft zu erreichen, gibt es verschiedene Ansätze. Beispielsweise die Skalen- bzw. Mengeneffekte, die Verbundeffekte, die Erfahrungseffekte, das Produkt- oder auch das Prozessdesign. Die Konzentration auf bestimmte Schwerpunkte, wie eingegrenzte Kundengruppen oder geografische Märkte, kann ebenfalls zu deutlichen Wettbewerbsvorteilen führen. Fokussierte Anbieter können in ihrer Nische Kunden besser mit Produkten oder Dienstleistungen versorgen als breiter aufgestellte Mitbewerber. Nach Porter führen diese Nischenstrategien entweder zu hoher Differenzierung, weil die Bedürfnisse einer eng umrissenen Zielgruppe besser bedient werden, oder zu geringeren

> **Strategie, was ist das?!**
>
> Wir starten mit folgender Standarddefinition: Strategien sind die auf ein langfristiges Ziel ausgerichteten und geplanten Verhaltensweisen und Handlungskonzepte.

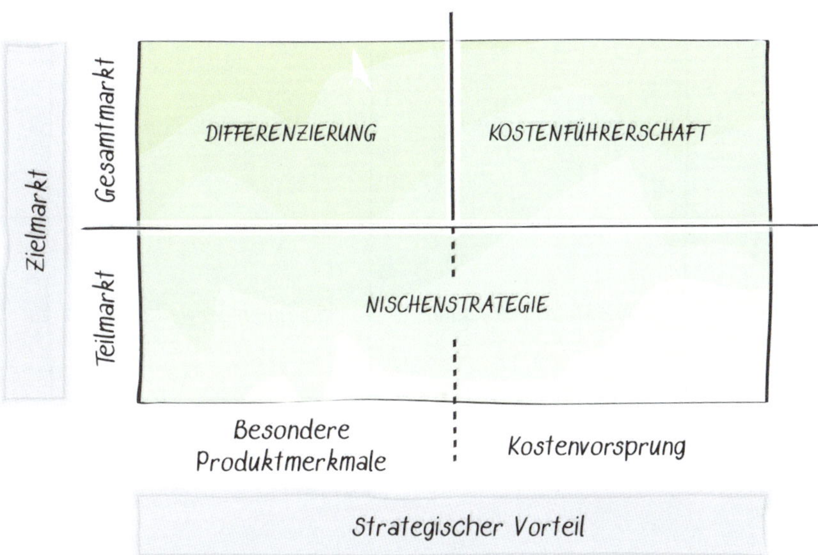

Abbildung 1: Wettbewerbsmatrix nach Porter

---

6   Wenn ich vorschreibe, was wie zu tun ist, darf ich mich nicht wundern, wenn genau nach dieser Vorschrift gearbeitet wird. Also Dienst nach Vorschrift.

7   Vertikale Integration heißt, dass vor- oder nachgelagerte Produktions- oder allgemeiner Wertschöpfungsstufen ins Unternehmen eingegliedert werden.

8   Michael E. Porter: Wettbewerbsstrategie: Methoden zur Analyse von Branchen und Konkurrenten. 11., durchgesehene Auflage, Frankfurt/Main 2008.

Kosten oder zu beidem. Ferrari ist ein Beispiel für ein Nischenunternehmen. Ferrari besetzt die Nische der sehr teuren Sportwagen und erfüllt präzise die Wünsche seiner Kunden.

Schafft ein Unternehmen keine Differenzierung, hat es einen dauerhaften USP[9]. Damit ist aber nicht das Alleinstellungsmerkmal gemeint, das so dringend gebraucht wird. Nein, das Unternehmen hat ein echtes Problem, eine dauerhaft **Un**S**pezifische P**osition.

Die Marktpositionierung nach Treacy und Wiersema[10] gehört ebenfalls zu den Wettbewerbsstrategien. Sie unterscheiden nach Kostenführerschaft, Produktführerschaft und Kundenpartnerschaft. Kostenführer liefern das beste Preis-Leistungs-Verhältnis und generieren ihre Wettbewerbsvorteile über die Kombination aus Preis, Qualität und Kaufbequemlichkeit – Aldi haben wir schon als Bespiel genannt. Produktführer entwickeln und bieten die innovativsten Produkte. Sie bedienen diejenigen, die bereit sind, deutlich höhere Preise für das neueste und beste Produkt zu zahlen (Early Adopter)[11] – Apple ist hier ein Paradebeispiel. Mit der Positionierung als Kundenpartner orientieren sich Unternehmen nicht am Wettbewerb, sondern direkt an ihren Kunden. Daraus entsteht eine sehr große Kundennähe und in dessen Folge eine ausgeprägte Problemlösefähigkeit – viele Unternehmensberatungen fallen in diese Kategorie. Nach Treacy und Wiersema muss ein Unternehmen sich für eine Marktpositionierung entscheiden. Denn sie gehen davon aus, dass sich die Ausprägungen der Kernprozesse oder der Organisationsstrukturen zwischen den drei Marktpositionierungen sehr deutlich unterscheiden. Wir werden aber sehen, dass man es mit Spinnovation schafft, gleichzeitig Produkt-, Kosten- und Beziehungsführer zu sein.

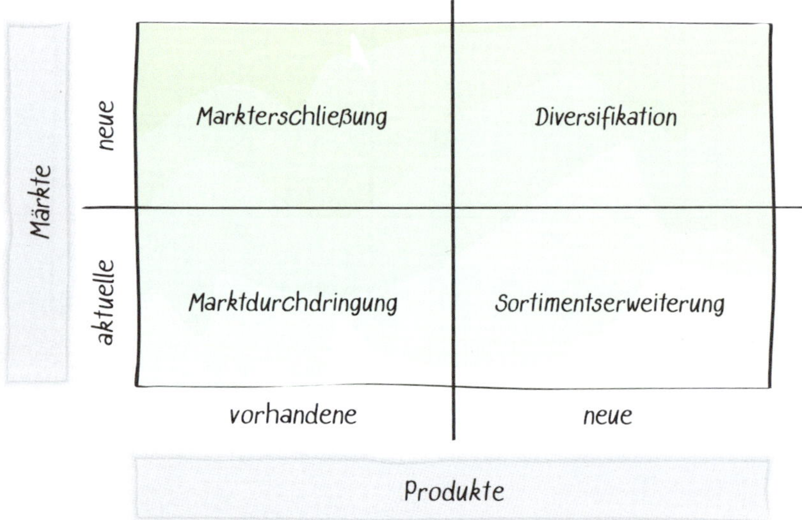

Abbildung 2: Produkt-Markt-Matrix nach Ansoff

Ist das Geschäftsfeld definiert und geklärt, wie sich ein Unternehmen erfolgreich und dauerhaft Wettbewerbsvorteile verschafft, dann geht es im nächsten Schritt um Wachstum. Die Produkt-Markt-Matrix nach Ansoff strukturiert in einer verständlichen Form mögliche Wachstumsstrategien.

Entweder bearbeitet das Unternehmen mit seinen bestehenden Produkten den bestehenden Markt weiter (Marktdurchdringung – Eröffnen neuer Aldi-Filialen) oder es platziert neue Produkte im bestehenden Markt (Sortimentserweiterung – das iPad, das nach dem iPhone kam). Geht das Unternehmen mit seinen vorhandenen Produkten in neue Märkte, spricht man von Markterschließung – beispielsweise die Expansion von Aldi in ausländische Märkte. Betritt es in beiden Dimensionen Neuland, entwickelt man neue Produkte für neue Märkte, verfolgt man eine Diversifikationsstrategie (Apple mit iTunes).

---

[9] Steht eigentlich für unique selling proposition, deutsch: Alleinstellungsmerkmal.
[10] Michael Treacy, Fred Wiersema: Marktführerschaft: Wege zur Spitze. Frankfurt/Main 1995.
[11] „Early Adopter", deutsch: frühzeitiger Anwender.

WARUM STRATEGIEN UND PLÄNE SCHEITERN

Nach der Analysephase, dem Festlegen der langfristigen Ziele und der Strategie[12], dem Ableiten der Maßnahmen und dem Erstellen der mehrjährigen Finanz- und Budgetplanung geht es mit der Umsetzung der Strategie weiter. Vor allem hier kann einiges schiefgehen. Welches sind die häufigsten Gründe, warum Strategieprojekte scheitern?[13]

- Die Maßnahmen werden nicht realisiert, weil sie nicht auf die konkrete Handlungsebene heruntergebrochen sind.
- Das operative Tagesgeschäft hat eine höhere Priorität und die strategischen Aufgaben bleiben liegen.
- Die Mitarbeiter kennen die Strategie nicht, verstehen sie nicht oder identifizieren sich nicht mit ihr.
- Die Mitarbeiter sehen keine Verbindung zwischen ihrer täglichen Arbeit und der Strategie.
- Die Strategie ist unverbindlich und es bleibt unklar, was umzusetzen ist.
- Die Strategie wird „nach Plan" umgesetzt, aber Veränderungen der externen Marktkräfte werden außer Acht gelassen. Das führt unter anderem zur Resignation bei den Mitarbeitern.

Hinzu kommt, dass die meisten Strategien auf Annahmen basieren. Annahmen beispielsweise zu Kundenbedürfnissen, zur Zahlungsbereitschaft etc. Erreicht dann die neue Strategie das erste Mal den Markt in Form eines fertigen Produktes oder einer Dienstleistung, kann die Rückmeldung der Zielgruppe und der Kunden verheerend sein. Keiner braucht es, keiner will es.

Dass sich Strategien nach Plan umsetzen lassen, ist eine Illusion. In unserer komplexen und globalen Welt halten sich leider nicht alle an den Plan. Vor allem nicht die Kunden, der Wettbewerb, die Umwelt und oft auch die Menschen im Unternehmen. Folglich gibt es monatliche Plan/Ist-Abweichungen. Die werden, wie bei den Großen, intensiv analysiert und Gründe für die Abweichungen gesucht. Zum Glück wurden über Stellenbeschreibungen die Verantwortlichkeiten professionell geregelt. Damit ist schnell klar, wer an der ganzen Misere schuld ist und zur Verantwortung gezogen werden kann. Es kann allerdings passieren, dass beim Analysieren der Planabweichung und beim Suchen und Bestrafen des Schuldigen vergessen wird, die Maßnahmen zu korrigieren oder neue aufzusetzen. Die Planzahlen werden aber selbst dann nicht angepasst, wenn sich die Wettbewerbssituation spürbar geändert hat. So gibt es im nächsten Monatsbericht wieder eine Plan/Ist-Abweichung und wieder eine Analyse … den Rest kennen wir. Und am Ende sind alle resigniert.

Zusammengefasst können wir festhalten, dass praktisch alle kleinen und mittelständischen Unternehmen zwei gewaltige Probleme haben, wenn sie ihr Überleben sichern und sich zukunftsfähig aufstellen wollen: Zum einen stehen sie in einem historisch einmaligen Verdrängungs- und Preiswettbewerb und haben keinen Plan, wie sie da rauskommen. Die Strategiekonzepte der Großen helfen dabei auch nicht weiter. Zum anderen führt die Professionalisierung der Prozesse und der Führung zu Bürokratie und Misstrauenskultur. Und das riesige Potenzial, das in den Köpfen und Herzen der Mitarbeiter schlummert, bleibt auf der Strecke.

DREI UNTERNEHMEN IN DER SACKGASSE

Die drei folgenden Unternehmen befinden sich alle aus unterschiedlichen Gründen in einer Sackgasse, aus der sie mit den herkömmlichen Ansätzen und Methoden nicht herausgekommen sind. Anhand dieser Unternehmen zeigen wir

---

12   Das kann ein „bunter" Mix aus Unternehmens-, Wettbewerbs- und Wachstumsstrategien sein.
13   Arnold Weissman: Die großen Strategien für den Mittelstand: Die erfolgreichsten Unternehmer verraten ihre Rezepte. 2. Auflage Frankfurt am Main 2011.

Drei Unternehmen

Die drei Unternehmensbeispiele sind durch Fälle aus der Beratungspraxis angeregt und könnten so oder so ähnlich abgelaufen sein.

im weiteren Verlauf des Buches, wie die Strategiemethode Spinnovation „funktioniert".

Markus – „Die Beratung"

Das Beratungsunternehmen – wir nennen sie im Weiteren „die Beratung" – ist schon einige Jahre am Markt aktiv. Markus ist der geschäftsführende Gesellschafter. Im Kern hat sich die Beratung auf „effiziente Zusammenarbeit" in und zwischen Unternehmen spezialisiert. Dazu wurden eigene Modelle, Vorgehensweisen und IT-Systeme entwickelt. Mit diesen können auch ganze Unternehmen organisatorisch weiterentwickelt werden, beispielsweise indem man für den zu bewältigenden Komplexitätsgrad[14] die passenden Führungssysteme und Organisationsstrukturen, Prozesse, Systeme und Informationsstrukturen aufbaut. Kein Wettbewerber kann das, was die Beratung kann. Man kann sagen, sie hat eine echte Alleinstellung.

Es gibt einige Kunden, deren organisatorische Weiterentwicklung schon längere Zeit erfolgreich unterstützt wird. Die Beratung wird auch immer wieder von Kooperationspartnern bei Kundenprojekten hinzugezogen. Vor allem dann, wenn auf Kundenseite Projekte oder ganze Projektprogramme aufgrund des hohen Komplexitätsgrads kurz vorm Scheitern sind. Dann schafft es die Beratung mit ihrer bewährten Vorgehensweise, die Projektprogramme schnell wieder in die Spur zu bringen. Insgesamt kann man sagen, die Beratung verfügt über ausgezeichnetes Know-how und Erfahrungen, ausgereifte Modelle und sehr wirksame Methoden und löst damit echte Probleme für Unternehmen in komplexen Rahmenbedingungen. Und eines ist sicher: Die Komplexität für Unternehmen wird sich in den nächsten Jahren noch weiter verstärken. Also beste Voraussetzung für Wachstum und dauerhaften unternehmerischen Erfolg.

Die Beratung besitzt eindeutige Wettbewerbsvorteile, man differenziert sich ganz klar über das Beratungsprodukt. Der Markt ist auch klar definiert. Es sind vor allem Unternehmen, die besser mit der vorhandenen Komplexität umgehen wollen oder die ihre Strukturen und Systeme anpassen müssen, um zukünftiges Wachstum, das quasi immer zur Erhöhung des Komplexitätsgrads führt, bewältigen zu können. Leider ging die Strategie der Beratung nicht auf. Trotz des vergleichsweise hohen Vertriebsaufwands gibt es kaum Kontakte zu potenziellen Kunden, die über das Kennenlernen hinausgekommen sind. Neue Aufträge wurden nicht gewonnen. Für Markus stellt sich immer dringlicher die Frage: „Was ist zu tun?"

Oliver – „Der Hersteller"

Das Unternehmen von Oliver, ein Hersteller medizintechnischer Geräte, ist noch jung – wir nennen es „den Hersteller". Die Branche und die Produkte sind für Oliver nicht neu, er kennt sie sogar ausgesprochen gut. Vor der Gründung des Herstellers hatte Oliver einige Jahre bei einem Konkurrenten in verantwortlichen Positionen gearbeitet. Die Geräte, die der Hersteller neu entwickelt hat und jetzt anbietet, sind in Bezug auf Einsatzbereiche und Funktionalität das Beste, was es auf dem Markt gibt. Auch hier gibt es klare Wettbewerbsvorteile. Der Hersteller ist anerkannter Produktführer. Deswegen kann und will er nicht der günstigste Anbieter sein. Die Hauptzielgruppe für die Geräte ist auch klar definiert: Heilpraktiker. Daneben spricht man auch niedergelassene Ärzte an. Auf Basis der starken Wettbewerbsvorteile musste eigentlich nur noch verkauft werden und entsprechende Vertriebskapazitäten wurde aufgebaut. Zur großen Über-

---

14 Komplex ist für uns „beziehungsreich", je höher der Komplexitätsgrad, desto zahlreicher und vielfältiger sind die Beziehungen in einem System. Kompliziert ist dagegen nur ein „detailreiches" System.

raschung von Oliver leider ohne Erfolg. Er fragte sich: „Warum ist das so?" Und: „Was müssen wir anders machen?"

Catrin – „Die Druckerei"

Catrin führt die Druckerei seit etwas mehr als fünf Jahren. Sie hat sie von ihrem Vater übernommen. Die Druckerei blickt auf eine fast 60-jährige Geschichte zurück und trug von Anfang an den Namen von Catrins Familie. In dieser Zeit wurde die Druckbranche zweimal von Prozessinnovationen erschüttert – zuerst durch den Fotosatz, heute durch die Digitalisierung und den Digitaldruck.

Die Prognose, dass Druckerzeugnisse komplett durch digitale Medien verdrängt werden, hat sich bisher aber nicht bestätigt. Zwar sinken die Auflagen von Zeitungen, Zeitschriften und Büchern immer noch, aber Online-Händler setzen zwischenzeitlich wieder vermehrt auf gedruckte Kataloge. Mit digitalen Druckverfahren sind Produkte personalisier- und individualisierbar. Zusätzlich haben sich immer mehr Betriebe, egal mit welcher Drucktechnik, zu Dienstleistungsunternehmen rund um die Marketingkommunikation ihrer Kunden entwickelt. Trotzdem sinkt die Zahl der Druckereien weiter. Die Druckmaschinen der insolventen Betriebe bleiben dem Markt aber als Gebrauchtmaschinen erhalten und die Druckkapazitäten reduzieren sich nicht merklich. Weiter rückläufige Druckvolumina bei konstanten Produktionskapazitäten und einer zusätzlich gestiegenen Umsatzproduktivität führen zu einem brutalen Preiswettbewerb.

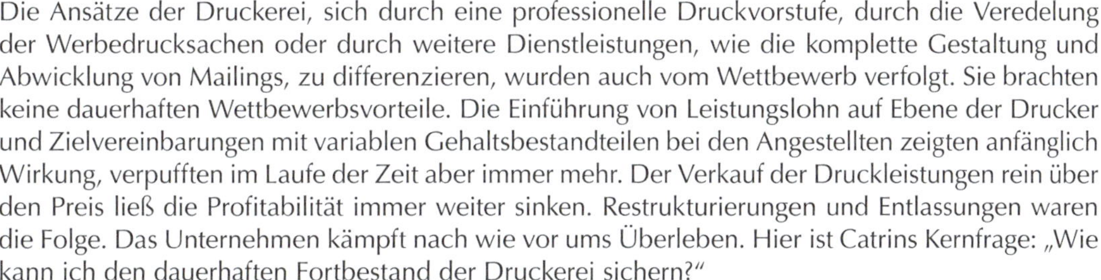

Die Ansätze der Druckerei, sich durch eine professionelle Druckvorstufe, durch die Veredelung der Werbedrucksachen oder durch weitere Dienstleistungen, wie die komplette Gestaltung und Abwicklung von Mailings, zu differenzieren, wurden auch vom Wettbewerb verfolgt. Sie brachten keine dauerhaften Wettbewerbsvorteile. Die Einführung von Leistungslohn auf Ebene der Drucker und Zielvereinbarungen mit variablen Gehaltsbestandteilen bei den Angestellten zeigten anfänglich Wirkung, verpufften im Laufe der Zeit aber immer mehr. Der Verkauf der Druckleistungen rein über den Preis ließ die Profitabilität immer weiter sinken. Restrukturierungen und Entlassungen waren die Folge. Das Unternehmen kämpft nach wie vor ums Überleben. Hier ist Catrins Kernfrage: „Wie kann ich den dauerhaften Fortbestand der Druckerei sichern?"

DIE HERAUSFORDERUNGEN DER DREI UNTERNEHMEN

Markus hat mit seiner Beratung wirklich innovative Leistungen entwickelt. Die Zielgruppe, „Unternehmen in komplexen Rahmenbedingungen", ist zu allgemein gefasst. Der Nutzen, den die Beratung stiftet, ist zu unspezifisch. Die strategische Fragestellung, die sich aus der aktuellen Situation ableiten lässt, lautet für Markus: „Welche neue Zielgruppe erschließe ich für meine innovativen Leistungen?"

Bei Olivers Unternehmen ist die Situation ähnlich, aber doch anders. Das Unternehmen bietet seine Produkte hauptsächlich der Zielgruppe Heilpraktiker an. Die Geräte differenzieren sich über ihre Leistungsfähigkeit und ihren breiten Einsatzbereich. Warum werden also die Produkte nicht nachgefragt und gekauft? Für Olivers Unternehmen geht es um die strategische Fragestellung: „Wie machen wir unsere Innovation bei unserer bestehenden Zielgruppe erfolgreich?"

Bei Catrins Druckerei erscheint die Situation aussichtslos. Der Markt ist quasi vollständig transparent, alle direkten Wettbewerber bieten den gleichen Service und die gleiche Qualität, verkauft wird nur über den Preis. Für die Werbedrucksachen sucht Catrin schon sehr lange nach Ideen für echte Differenzierung – trotz nächtelangen Grübelns ohne Erfolg. Sie ist überzeugt, dass der Bereich Werbedrucksachen eine Sackgasse ist und nicht mehr zum Erfolg führen kann. Catrin weiß, dass sie nach neuen Wegen suchen muss, und stellt sich die Frage: „Welches grundlegend[15] neue, erfolgversprechende Geschäftsmodell kann ich auf Basis der vorhandenen Stärken und Ressourcen entwickeln?"

Markus, Oliver und Catrin treffen Sie wieder ab Seite 141. Dann haben alle drei nach den ersten beiden Spinnovation-Phasen ihre Spezialisierungschancen gefunden.

---

15 „Grundlegend neu" bedeutet hier: Neue Produkte, also eine Innovation, für eine neue Zielgruppe.

3 DIE LÖSUNG: SPEZIALISIEREN UND INNOVIEREN

Was tun gegen erdrückende Konkurrenz und Austauschbarkeit? Als dieses Problem in Folge der Globalisierung vor gut 20 Jahren Einzug hielt, reagierten viele Unternehmen reflexartig damit, Kosten zu senken und über den Preis zu konkurrieren: Die Produktion wurde in Billiglohnländer verlagert, es wurde rationalisiert und Prozesse wurden optimiert. Es stellte sich aber schnell heraus, dass das „Preisspiel" nur wenige Große spielen können, die riesige Absatzmengen erreichen und/oder voll digitalisiert arbeiten. Für kleine und mittlere Unternehmen gibt es dazu nur eine Alternative: raus aus dem Wettbewerb der Austauschbaren. Rein in Teilmärkte[16] und dort über ganz besondere, einzigartige Leistungen die Attraktivität steigern.

Diese einzigartigen Leistungen sind immer verbunden mit Innovationen, also Erneuerungen: entweder über neue, bessere Produkte und Dienstleistungen und/oder über neue, bessere Prozesse. Die permanente und konstante Verbesserung der Leistungen und Produkte ist die wichtigste strategische Daueraufgabe.

Innovativ zu sein allein ist natürlich noch keine Garantie für den Erfolg. Im Gegenteil: Unzählige Unternehmen sind untergegangen, gerade weil sie hoch innovativ waren. Auf der persönlichen Ebene sieht es ähnlich aus: Nur wenige große Erfinder konnten zu Lebzeiten die Früchte ihrer Arbeit genießen. Die meisten Menschen glauben, man brauche in erster Linie mehr Kreativität, um innovativer zu werden. Doch Kreativität allein ist keine Erfolgsgarantie – im schlimmsten Fall verwirrt und verzettelt sie und sie schadet mehr, als dass sie nutzt.

In dem Maße, wie sich die Produkte und Leistungen deutlich durch ihren Nutzen voneinander unterscheiden, fällt automatisch auch die Werbung leichter und wird wirksamer. Je größer die Anziehungskraft und die Alleinstellungsmerkmale eines Produktes sind, desto einfacher ist die Vermarktung. Diese Anziehungskraft schafft man durch Innovationen, die sich an den Problemen der Zielgruppe orientieren.

Ein Beispiel: Würden Sie ein nebenwirkungsfreies Medikament gegen Aids, Krebs oder Rheuma entwickeln, würde Ihnen das praktisch aus der Hand gerissen – selbst wenn es in Zeitungspapier eingewickelt wäre. Über soziale und konventionelle Medien würde kostenlos Werbung dafür gemacht werden: ein Selbstläufer.

Um erfolgreich zu werden, brauchen Sie deutliche Alleinstellungsmerkmale Ihrer Leistungen und einen herausragenden Nutzen. Das alles erreichen Sie durch Innovationen.

Wie schafft man eine „Erfolgsgarantie" für Innovationen? Nicht, indem man ein Maximum an Kapital, Kreativität oder Intelligenz hineinsteckt[17], sondern indem man sicherstellt, dass sie präzise die Bedürfnisse der Kunden treffen.

Um das zu erreichen, brauchen wir ein zweites Element: die Konzentration der Kräfte und der Spezialisierung auf einen klar definierten Engpass – das heißt auf ein Problem, ein Bedürfnis oder

---

16   Statt „Teilmarkt" könnte man auch „Nische" sagen – dieser Begriff ist leider komplett irreführend, denn er bezeichnet einen engen, geschützten Ort, in dem man sicher ist vor dem Wind des Wettbewerbs. Einen solchen Ort gibt es nicht auf freien Märkten und er ist für ambitionierte Unternehmen auch vollkommen unattraktiv, weil Nischen kein Wachstumspotenzial bieten. Teilmärkte dagegen sind dynamisch und bieten nahezu unbegrenztes Wachstumspotenzial.

17   Keine dieser drei „Zutaten" schadet allerdings.

einen Wunsch – einer klar definierten Zielgruppe. Wir brauchen eine intelligente Spezialisierung, verbunden mit einer Innovation.

3.1 SPEZIALISIERUNG

Spezialisierung ist das einfachste und wirkungsvollste Instrument zu mehr Marktmacht, Anziehungskraft und Erfolg – allerdings auch das verpönteste.[18] Kaum eine Strategie ist mit so vielen Vorurteilen, Missverständnissen und Meinungsverschiedenheiten beladen wie die der Spezialisierung. Den Gegnern gilt sie als Strategie für Sonderlinge, gefährlich, riskant, einseitig und langweilig. Bis in die 80er-Jahre hinein galt die Diversifikation in viele unterschiedliche Geschäftsfelder und Märkte als sichere und vielversprechende Strategie gegen Spezialisierungsrisiken. Doch das endete in den meisten Fällen in einem Desaster – zumindest überall dort, wo die Töchter zentral geführt wurden. Ende der 80er-Jahre empfahlen die Strategiepäpste dann unisono Erfolgsrezepte wie „Fokussierung" oder ein moderates „Zurück zu den Kernkompetenzen". Das Teufelswort „Spezialisierung" wurde und wird gern vermieden.

In sehr vielen Managementteams schlummert noch immer der Wunsch, aus Sicherheitsgründen möglichst viele Kundenprobleme zu lösen. Je mehr Probleme wir lösen können, desto mehr Aufträge können wir annehmen und desto stärker können wir wachsen. Diese Strategie kann nicht mehr funktionieren, und zwar aus einem einfachen Grund: Das Wissen und das Angebot auf praktisch allen Gebieten sind in den letzten 20 Jahren explodiert. Selbst Gebiete, die gemeinhin schon als „Spezialisierung" gelten, sind derart ausgeufert, dass eine einzelne Person sie unmöglich in allen Nuancen bis zur Spitzenklasse beherrschen kann. Als Rechtsanwalt kann man sich auf Familienrecht spezialisieren, die Lebenszeit wird aber nicht ausreichen, um dieses Gebiet in allen Facetten zu durchdringen. Es wird aber relativ einfach sein, sich auf familienrechtliche Probleme in deutsch-türkischen Familien zu spezialisieren und auf diesem Gebiet schnell eine Expertenposition zu beziehen.

Der Evolutionsforscher Charles Darwin ist der Entdecker des Spezialisierungsprinzips in der Biologie. Als er 1835 auf die Galapagosinseln kam, katalogisierte er dort 14 offensichtlich miteinander verwandte Finkenarten. Und er entwickelte dazu folgende Theorie: Die Galapagos-Finken wurden vom südamerikanischen Festland auf die Inseln geweht und fanden dort hervorragende Lebensbedingungen. Also vermehrten sie sich rasant. Dann jedoch wurden die Nahrungsgrundlagen knapp und der Wettbewerb um Nahrung so groß, dass ihre weitere Vermehrung an ihre natürliche Grenze stieß. In der Folge bildeten die Finken nun verschiedene Unterarten, die sich jeweils auf andere Nahrungsquellen spezialisierten und dafür entsprechende Schnäbel ausformten: Finken mit großen, harten Schnäbeln konzentrierten sich auf Kerne, Finken mit zarteren Schnäbeln auf Insekten, andere auf Kakteen oder darauf, Parasiten von den Landtieren zu entfernen. Im Jahr 1999 haben Genforscher des Max-Planck-Instituts bewiesen, dass Darwin mit seiner Theorie recht hatte: Tatsächlich stammen alle Finken der Galapagosinseln von einem einzigen Urfinken ab. Nach dem gleichen Prinzip können sich Unternehmen neue Umsatzpotenziale – Nahrungsquellen – erschließen. Dazu brauchen sie nur die richtigen Werkzeuge und Fähigkeiten – also spezielle Schnäbel – auszuprägen.

Dass die Spezialisierung und Konzentration der Kräfte der natürliche Weg zu größter Wirksamkeit ist, kann man schon aus der Physik lernen: Je größer die Kraft und je kleiner die Fläche, umso größer die Wirkung. Alle Werkzeuge, die der Mensch erfunden hat, um Widerstände zu überwinden, sind spitz oder scharf: Faustkeile, Steinbeile, Nägel, Bohrer, Laserstrahlen. Das Gleiche gilt für geistige oder

---

18 Kerstin Friedrich: Erfolgreich durch Spezialisierung: Radikal anders – radikal besser. 3., überarbeitete Neuauflage, München 2014.

soziale Kräfte und Widerstände. Die Frage, ob man seine Kräfte spitz formiert oder nicht, entscheidet darüber, ob man Erfolg hat, einen schnellen Durchbruch schafft oder ob man im Durchschnittlichen hängen bleibt. Wie gut das Spezialisierungsprinzip funktioniert, sieht man besonders gut im Sport. Bei der Olympiade 2016 in Rio lief der Sprintspezialist Usain Bolt aus Jamaica die 100 Meter in 9,81 Sekunden. Der beste Sprinter unter den Zehnkämpfern, der US-Amerikaner Ashton Eaton, erreichte beim gleichen Sportfest eine Zeit von 10,46 Sekunden. Mit dieser Zeit wäre er bei den Spezialisten mit Abstand auf dem letzten Platz gelandet. Natürlich gilt unsere Bewunderung den Zehnkämpfern und nicht umsonst gelten sie als die Könige der Athleten.

Doch in jeder der zehn Disziplinen werden sie von den jeweiligen Spezialisten locker geschlagen. Wie weit die Spezialisierung fortgeschritten ist, sieht man plastisch im Skisport: 1935 errang der Norweger Birger Ruud bei der alpinen Weltmeisterschaft 1935 eine Bronzemedaille in der alpinen Kombination[19] und bei den Olympiaden 1932 und 1936 jeweils eine Goldmedaille im Skispringen – heute undenkbar. Der Wettbewerb hat zwischenzeitlich dazu geführt, dass nur noch Spezialisten siegen können: Abfahrer müssen die Statur eines Stiers haben, während die Skiflieger hart an der Magersucht vorbeischrammen.

Gerade in der Wirtschaft ist die Spezialisierung das Erfolgsrezept schlechthin. Schon vor 2500 Jahren beobachtete der griechische Politiker, Feldherr und Philosoph Xenophon, dass mit der Größe der Städte der Grad der Arbeitsteilung und damit einhergehend die Qualität der Arbeit zunahm: „Daraus folgt unweigerlich, dass derjenige, der sich mit der am engsten begrenzten Arbeit beschäftigt, diese zwangsläufig auch am besten verrichtet."[20] Im Jahr 1764 entdeckte der große Nationalökonom Adam Smith das Spezialisierungsprinzip auf der Suche nach den Ursachen des nationalen Wohlstandes. Er fand diese Ursache in der Arbeitsteilung – bei Licht betrachtet nichts anderes als eine Spezialisierung auf bestimmte Tätigkeiten. Am Beispiel einer Nadelfabrik schilderte Smith die Auswirkungen der Arbeitsteilung: Als man nämlich die erforderlichen Arbeitsgänge für die Herstellung einer Nadel zerlegte und diese jeweils einem bestimmten Spezialisten zuteilte, stieg die Produktivität gegenüber der ganzheitlichen Methode – ein Arbeiter stellt die Nadel komplett selbst her – um das 245-Fache. Eine sagenhafte Produktivitätssteigerung! Und in der Tat war Smith genau auf der richtigen Spur: Die Zerlegung der Arbeitsprozesse führte im Industriezeitalter zu extremen Produktivitätssteigerungen bei sämtlichen Konsum- und Investitionsgütern. Die durch die Zerlegung der Arbeitsprozesse mögliche Mechanisierung und Automatisierung tat ein Übriges: Die Produktivitätsraten stiegen gegenüber der handwerk-

lichen Fertigung ins Unermessliche; sinkende Kosten und in der Folge sinkende Preise führten zu steigender Nachfrage und einer nie gekannten Allverfügbarkeit von Waren. Was gestern noch als unerschwingliches Luxusgut galt, war plötzlich für die breite Mittelschicht verfügbar. Massenwohlstand mit anderen Worten. Schon Adam Smith übersah keineswegs die Schattenseite der Spezialisierung: Zunehmende Entfremdung vom Ergebnis der Arbeit, Langeweile, Monotonie, einseitige, ja, gesundheitsgefährdende Belastungen. Heute könnte man noch vieles andere hinzufügen: Raubbau an den nun nicht gerade unerschöpflichen Ressourcen der Erde, gigantische Umweltzerstörung und vieles mehr. Alles in allem ist es kein Wunder, dass die Spezialisierung nicht nur bei Anhängern des humanistischen Bildungsideals als wahres Teufelswerk gilt. Doch im Grunde völlig zu Unrecht. Denn mit der Spezialisierung verhält es sich ähnlich wie mit einem Messer: Es ist einerseits ein nützliches Instrument, andererseits kann man großen Schaden damit anrichten.

---

[19] Kombination aus Abfahrt und Slalom.
[20] Xenophon, Kyrupädie, 8.2.5, zitiert nach Tomáš Sedláček, Die Ökonomie von Gut und Böse, München 2012, S. 134.

3.1.1 SPEZIALISIERUNGSVORTEILE

In der Spinnovation-Methode wird die Spezialisierung natürlich nur zu einem einzigen Zweck eingesetzt: Um einen herausragenden Kundennutzen zu bieten! Hier die wichtigsten Vorteile der Spezialisierung[21]:

Spezialisierungsvorteil Nr. 1: Herausragende Leistungen sind möglich
Spezialisten erbringen bessere Leistungen als Allrounder, weil sie sich auf ein kleines Segment konzentrieren können. Das macht es möglich, aus dem Verdrängungswettbewerb der Durchschnittlichen und Austauschbaren in monopolartige Machtpositionen hineinzuwachsen.

Spezialisierungsvorteil Nr. 2: Produktivität und Effektivität steigen
Spezialisten haben naturgemäß durch ihre konzentrierten Lerngewinne und die einfachere Organisation eine sehr viel höhere Produktivität und Effektivität. Sie müssen für das gleiche Ergebnis weitaus weniger Energie aufwenden als jemand, der eine breite Leistungspalette hat und/oder bei jedem Auftrag immer wieder neue Erfahrungen sammeln muss.

Spezialisierungsvorteil Nr. 3: Kosten sinken – der Absatz steigt
Aus Punkt 2 – steigende Produktivität – ergibt sich zwangsläufig Vorteil 3, nämlich drastisch sinkende Grenzkosten. Werden diese über den Preis an die Käufer weitergegeben, dreht sich eine Erfolgsspirale: Mehr Nachfrage führt zu höheren Stückzahlen, diese wiederum zu weiter sinkenden Grenzkosten, neuen Preissenkungen usw.

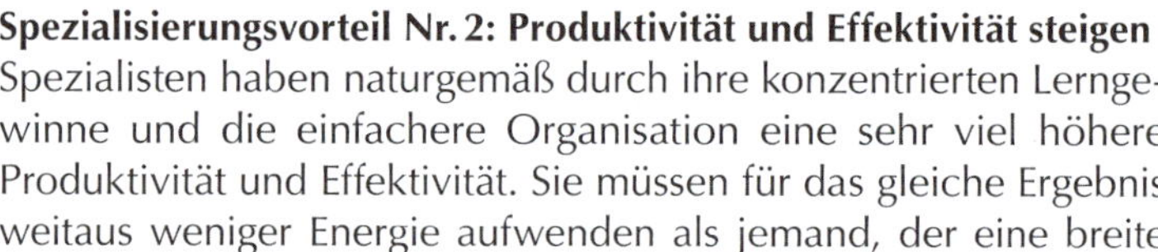

Spezialisierungsvorteil Nr. 4: Die Erwartungen
Von wem erwarten wir, dass er das Fluktuationsproblem unserer Maschinenbaufirma am besten lösen wird: der Berater, der als „Spezialgebiet" Organisations- und Personalentwicklung angibt, oder derjenige, der als Fluktuationsexperte in Produktionsbetrieben nachweisbare Erfolge vorzuweisen hat? Spezialisten wecken Erwartungen hoher Kompetenz und besitzen darum schon von ganz allein eine hohe Anziehungskraft. Ob sie diese Kompetenz tatsächlich besitzen, ist beinahe zweitrangig.

Spezialisierungsvorteil Nr. 5: Werbung, Vertrieb und Kommunikation fallen leichter
Je herausragender der Nutzen und umso überzeugender der Preis, desto größer ist der Sog für den potenziellen Kunden.

Spezialisierungsvorteil Nr. 6: Sicherheit in der Informationsflut
„Wir ertrinken in Informationen, aber wir dürsten nach Wissen", hat der Trend-Guru John Naisbitt einmal überaus treffend bemerkt. Dank des Internets stehen uns irrsinnige Informationsmengen zur Verfügung. Da fällt es trotz der besten Suchmaschinen schwer, stets den Überblick zu bewahren. Und es ist immer schwieriger, zu entscheiden, was man dazulernen muss und was nicht. Der Spezialist ist auch hier im Vorteil: Er kann sein Lernfeld klar begrenzen.

Spezialisierungsvorteil Nr. 7: Spezialisierung verschafft Macht
Natürlich hat der Spezialist erheblich bessere Möglichkeiten, einen besonders hohen, im Idealfall monopolartigen Nutzen zu entwickeln, kann er doch seine Kräfte ganz auf dieses eine Ziel konzentrieren. Damit erwirbt er Macht. Macht ist vereinfacht ausgedrückt die Fähigkeit, jemand anderem etwas Gutes oder Böses anzutun. Wir konzentrieren uns hier ganz und gar auf die erstere Variante, nämlich auf die Fähigkeit, Gutes zu bewirken. Jeder Mensch braucht ein gewisses Maß an Macht

---

21 Kerstin Friedrich: Erfolgreich durch Spezialisierung: Radikal anders – radikal besser. 3., überarbeitete Neuauflage, München 2014. Vor allem wenn Sie tiefer ins Thema einsteigen wollen.

und viele Probleme entstehen erst daraus, dass sich Menschen hilflos und ohnmächtig fühlen. Natürlich brauchen auch Unternehmen Macht und dem Systemforscher Wolfgang Mewes verdanken wir die Einsicht, dass man die Machtposition eines Unternehmens schon am Gewinn ablesen kann. Diese Unternehmen bringen es nämlich offensichtlich fertig, die ihren Leistungen und Kosten angemessenen Preise durchzusetzen. Unternehmen, die ständig Preiszugeständnisse machen müssen, sind austauschbar und damit erpressbar. Sie sind machtlos. Wer jedoch einen deutlich höheren Nutzen bietet als alle Mitbewerber, kann sicher sein, dass der Kunde dies auch honoriert. Besonders erfolgreiche Anbieter bringen es fertig, dass der Kunde monatelange Wartezeiten in Kauf nimmt und beinahe jeden Preis zu zahlen bereit ist. Der kluge Spezialist indes nutzt seine Macht und seinen Preiserhöhungsspielraum nicht aus. Machtmissbrauch rächt sich nämlich früher oder später immer.

3.1.2 SPEZIALISIERUNGSNACHTEILE

Warum gilt Spezialisierung trotz der vielen Vorteile als Unwort? Warum redet man lieber vorsichtig-vornehm von „Fokussierung" oder „Konzentration auf Kernkompetenzen", statt die Dinge beim Namen zu nennen? Sie ahnen es: Auch diese Medaille hat die berühmte Kehrseite. Die zahlreichen Nachteile der Spezialisierung sind so gravierend, dass viele Menschen sie ungeprüft verdammen. Dabei sind diese Ängste völlig unbegründet, wenn man ein paar einfache Grundregeln beherrscht.

Schauen wir uns einmal die Nachteile der Spezialisierung an.

Spezialisierungsnachteil Nr. 1: Der technische Fortschritt
Dieser Punkt ist der bedeutendste von allen: Jeder kennt Horrorstorys über den spektakulären Untergang etablierter Spezialisten. Als die Dortmunder Brauereien in den 60ern zeitgleich auf die Euroflasche mit Kronkorken umstiegen, stand ein bayrischer Spezialist für Keramikverschlüsse kurz vor der Pleite. Das Internet in Verbindung mit Cloudlösungen ist der Tod von Speichermedien wie Memorystick oder CD/DVD. Spezialisierungen sind gefährlich – und die Gefahr ist umso größer, je stärker die Spezialisierung auf bestimmte Produkte oder Rohstoffe ausgerichtet ist.

Besonders gefährlich wird der technische Fortschritt, wenn die Innovation aus einer ganz anderen Branche kommt, zum Beispiel wenn Smartphones den Amateur-Fotoapparat ersetzen oder die E-Mails das Fax. Früher wurde das Filmmaterial aus den Bundesligastadien per Motorradkurier in die Sportschau-Redaktion gefahren – heute gibt es diesen Job nicht mehr, denn die Satellitentechnik beziehungsweise das Internet machen das schneller und besser.

Spezialisierungsnachteil Nr. 2: Langeweile und Entfremdung
Mit Spezialisierungen verbunden ist ab und an die Gefahr der Einseitigkeit. Erfolgreich sein wie Sebastian Vettel, das wäre zwar sehr schön, doch den ganzen Tag im Kreis fahren: Nein danke! Die Spezialisierung in Form der Arbeitsteilung hat uns in der Produktion extreme Produktivitätsgewinne beschert. Sie hat aber auch dazu geführt, dass die Arbeiter den Bezug zu ihrem Produkt verloren haben. Wer den ganzen Tag nur Schrauben anzieht oder Faltschachteln stapelt, vollbringt vielleicht eine volkswirtschaftlich ehrenvolle und produktive Aufgabe, fühlt sich aber in aller Regel abgestumpft und genervt – von den gesundheitlichen Folgen einseitiger Belastung ganz zu schweigen.

Spezialisierungsnachteil Nr. 3: Isolation
Spezialisten haftet oft etwas Sektiererisches an. Hoch spezialisierte Experten wie Ärzte, Soziologen oder Softwareingenieure verfallen gern in Fachjargon, sie werden kaum noch von Normalsterblichen verstanden und fühlen sich am wohlsten beim Fachsimpeln mit Kollegen. Darüber hinaus verliert man bei zu enger Begrenzung des Sichtfeldes den Blick für das Ganze, was – siehe Medizin – zu gravierenden Fehlentwicklungen führt. „Der Spezialist ist seinem Winkel vortrefflich zu Hause, er hat aber keine Ahnung vom Rest der Welt", sagte der spanische Sozialphilosoph Ortega y Gasset.

Spezialisierungsnachteil Nr. 4: Beschränkung

„Ich habe so viele Interessen und Fähigkeiten – ich kann mir nicht vorstellen, mich nur auf eine Sache zu beschränken." Dieses Argument hört man sehr häufig im Zusammenhang mit Spezialisierungen. Spezialisierung wird von vielen als Verzicht gesehen. Sie haben Angst, sich festzulegen, weil sie an jeder Ecke und Kante bessere Chancen wittern. Oder sie fürchten, das Spezialgebiet sei nicht groß und tragfähig genug, um für genügend Umsatz zu sorgen. Auch evolutionstechnisch gesehen ist Spezialisierung nichts für eine Spezies wie unsere, die soeben erst dem Höhlendasein entwachsen ist. Das aus diesen Zeiten ererbte Dominanzstreben lässt uns gern nach der Position „Erster in der Herde" streben – und je größer die Herde, desto besser. Angesichts der weltweit grassierenden Megalomanie assoziiert man dagegen mit dem Wort „Spezialisierung" Begriffe wie „Nische", „klein", „unbedeutend", „unscheinbar".

Alles in allem also recht viele Nachteile, welche die Wunderwaffe Spezialisierung so mit sich bringt. So ist es wenig überraschend, dass viele vor Spezialisierungsstrategien zurückschrecken. Wie wir aber noch sehen werden: Diese Nachteile verschwinden bei „richtigen" Spezialisierungsstrategien praktisch wie von selbst.

Zunächst einmal ist es wichtig, zu wissen, dass es zwei grundlegende Arten der Spezialisierung gibt: die „klassische" Art der Spezialisierung auf ein Produkt, eine Dienstleistung, einen Rohstoff, eine Methode, einen Prozess, ein Wissensgebiet. Dieser Spezialisierungsform verdankt diese großartige Strategie ihr schlechtes Image. Und dann gibt es die Spezialisierung für Fortgeschrittene: die Konzentration auf ein komplexes Problem einer klar umrissenen Zielgruppe. Wir nennen das „ganzheitliche Spezialisierung". Diese funktioniert nur in Verbindung mit einer Innovation; und wenn sie richtig aufgesetzt wird, führt sie zu großen Erfolgen.

3.1.3 KLASSISCHE SPEZIALISIERUNG

Die klassische Spezialisierung bezieht sich auf ein Produkt (Bau von Atomkraftwerken, Produktion von Computerchips), Rohstoffe (Produktion und Verarbeitung von Stahl, Gold, Kohle, Holz), Know-how, Prozesse und Methoden (Laser-Operationen, Java-Programmieren, NLP[22], GmbH-Recht) oder auf spezielle Dienstleistungen (Tiefgaragenreinigung, Pferdeklinik, Ungezieferbeseitigung).

Klassische Spezialisierungen bieten enorme Chancen in Form von Produktivitätssteigerungen, sind aber mitunter riskant. Sie bieten sich immer dann an, wenn der Preis der größte Nachfrage-Engpass ist oder wenn sehr hohe Lerngewinne mit der Spezialisierung verbunden sind. Diese Form der Spezialisierung auf ein Produkt, eine Methode oder einen Rohstoff steht häufig am Anfang einer Erfolgsgeschichte oder einer Gründung: Breit diversifizierte Konzerne legten den Grundstock für ihren Erfolg mit der Konzentration auf ein einziges Produkt: Nestlé schaffte den Durchbruch mit Milchpulver, Bosch mit dem Magnetzünder, Volkswagen mit dem Käfer.

Klassische Produktspezialisierungen bauen immer auf vereinfachte Organisation und auf Masse, in der Folge auf Produktivitätsgewinne und Kostendegression[23] sowie – falls erwünscht – Preisführerschaft. Klassische Spezialisierung in Know-how-getriebenen Unternehmen leben dagegen von Lerngewinnen und den daraus resultierenden Produktivitätsgewinnen.

Im Grunde ist es den klassischen Spezialisten zu verdanken, dass die Spezialisierung insgesamt einen eher schlechten Ruf genießt: Sie sind naturgemäß risikoanfällig und sie gelten nicht gerade als Arbeitgeber, bei denen man seine Talente in aller Breite ausleben kann.

---

22 Neurolinguistisches Programmieren.
23 Vgl. „Kostenführerschaft" in der Marktpositionierung nach Treacy und Wiersema, siehe S. 20.

Viele berühmte Produktkrisen (EHEC-Verdacht bei Gurken und Tomaten, BSE bei Rindfleisch, Vogelgrippe bei frei laufenden Hühnern) haben dazu beigetragen, dass sicherheitsorientierte Unternehmer und Manager Angst vor dem Wort „Spezialisierung" haben. Das soll Sie nicht daran hindern, genau diese Spezialisierungsform genauer unter die Lupe zu nehmen, wenn Sie Ihr Unternehmen fokussieren wollen. Denn die Risiken sind tatsächlich überschaubar, wenn man sich ihrer in vollem Ausmaß bewusst ist. Und dass Arbeitsplätze mit hochgradiger Arbeitsteilung langweilig sein müssen, gehört auch schon lange der Vergangenheit an.

Ein großartiges Beispiel für einen klassischen Spezialisten ist das in Gründerkreisen fast schon legendäre Unternehmen „Teekampagne", das nur auf eine einzige Teesorte spezialisiert ist: fair gehandelten Bio Darjeeling Tee höchster Qualität. Hier sieht man die Vorteile der klassischen Spezialisierung besonders deutlich:

DRASTISCHE REDUKTION VON KOMPLEXITÄT

Im Vergleich zu Importeuren, die eine Vielzahl von Teesorten aus einer Vielzahl von Anbaugebieten beziehen, konzentriert sich die Teekampagne auf nur eine Sorte aus einem einzigen Anbaugebiet. Während andere Importeure an eine Vielzahl von Abnehmern liefern (zum Beispiel an Tee-Verarbeiter wie Teekanne oder Milford, an Tee-Einzelhandelsgeschäfte oder Weiterverarbeiter), verkauft die Teekampagne nur an Endkunden. Groß- und Einzelhandel werden übersprungen. Es gibt den Tee ausschließlich in Großpackungen; auf aufwendiges Marketing- und Verpackungs-Trara wird verzichtet. Dies ist bei einem derart herausragendem Nutzen auch gar nicht notwendig.

PREIS- UND QUALITÄTSFÜHRERSCHAFT

Gern wird uns erzählt, man müsse sich entweder für Qualitätsführerschaft oder Preisführerschaft entscheiden. Am Beispiel der Teekampagne sieht man deutlich, dass über gute Spezialisierung beides möglich ist: Beste Qualität zu einem hervorragenden Preis. Möglich ist dies über die Vereinfachung aller Prozesse und große Losgrößen. Dann dreht sich – bei positiver Nachfrageelastizität – die bereits oben beschriebene Positivspirale: Durch die geringen Preise erhöht sich die Nachfrage, durch die größeren Mengen sinken die Grenzkosten, das wiederum gibt Spielraum für Preissenkungen und das erhöht die Nachfrage und den Wettbewerbsvorsprung immer weiter.

Klassische Spezialisten können die ganze Bandbreite der Spezialisierungsvorteile nutzen: Kostendegression, einfache Organisation, einfache Qualifizierung der Mitarbeiter, einfache Kommunikation, einfache Beschaffung.

Aber es bleiben die oben beschriebenen Spezialisierungsnachteile und -risiken[24], insbesondere der technische Fortschritt, sich ändernde Nachfragetrends und das begrenzte Wachstum. Klassische Spezialisten können bei globaler Präsenz zwar in beachtliche Größenordnungen wachsen, aber nicht jedermann kann sich mit dem Gedanken anfreunden, weltweit Vertriebsniederlassungen zu gründen.

3.1.4 GANZHEITLICHE SPEZIALISIERUNG

Ganzheitliche Spezialisierungen führen immer zur Lösung komplexer, genau definierter Engpässe einer klar definierten Zielgruppe. Ganzheitliche Spezia-

---

[24] Siehe S. 29 f.

Zielgruppe, Kundensegment, Bedarfsgruppe

Unter dem Begriff „Zielgruppe" versteht man typischerweise die Gesamtmenge der potenziellen Bedarfsträger. Zielgruppen werden im Marketing weiter unterteilt in Kundensegmente, also in Untergruppen, die auf Kommunikationsmaßnahmen homogener reagieren als die Gesamtzielgruppe. Kriterien für Kundensegmente sind demografische, soziografische, psychografische, regionale, verhaltensorientierte oder auch formale Merkmale. Die Segmentierung nutzt man, um Kunden gezielter anzusprechen und um passende Produkte und Dienstleistungen anzubieten. Das führt dann häufig zur Verwechslung von Kundensegment und Zielgruppe.

Darum sprechen wir bei Spinnovation von Bedarfsgruppen. **Bedarfsgruppen sind Menschen mit den gleichen Problemen, Bedürfnissen und Wünschen,** unabhängig von sonstigen Merkmalen.

lisierungen haben ein geringes Risiko und sie sind in aller Regel mit einer breiteren Produkt- oder Leistungspalette verbunden.

Zur deutlichen Abgrenzung nennen wir im Rahmen der ganzheitlichen Spezialisierung die klar definierte „Zielgruppe" ab jetzt „Bedarfsgruppe".

Und was ist ein Engpass? Im Kontext der ganzheitlichen Spezialisierung ist ein Engpass ein „gefühlter", besonders problematischer Spannungszustand. Spannungen treten immer dann auf, wenn Soll und Ist voneinander abweichen. Sie zeigen sich in Problemen, Bedürfnissen, Wünschen, Sehnsüchten, Ängsten, Phobien, Abneigungen, Mangelempfinden, kurz: in unangenehmen Gefühlen, die wir gern abstellen würden. Insgesamt scheint die große Mehrzahl der Menschen nicht dazu geschaffen, mit unangenehmen Gefühlen und unerfüllten Wünschen leben zu können. Wenn wir etwas finden, das diesen Engpass auflöst, wollen wir es haben.

Eine ganzheitliche Spezialisierung konzentriert sich auf ein bedeutendes, besonderes Kundenbedürfnis. Praktisch immer sind damit Prozess- oder Produktinnovationen verbunden. Im Grunde ist dieses Konzept vollkommen banal, denn es entspricht dem ureigenen Daseinszweck von Unternehmen. Denn anders als es die Mainstream-BWL vorsieht, sind Unternehmen nicht dazu da, möglichst viel Gewinn zu erzielen, sondern ihre Aufgabe liegt darin, Kundenprobleme zu lösen und einen größtmöglichen Nutzen zu stiften.

Die Gewinnerzielung ist „nur" eine überlebensnotwendige Nebenbedingung des Wirtschaftens. Götz Werner, der Begründer der Drogeriekette dm, hat es sehr poetisch ausgedrückt: Unternehmen sind dazu da, das Paradies auf Erden zu erschaffen. Und je besser sie darin sind, desto größer sind die Umsatz- und Gewinnchancen. Da wir als Unternehmen jedoch nicht jedermanns Probleme lösen können, ohne dabei in der heillosen Verzettelung und Durchschnittlichkeit zu landen, müssen wir uns genau aussuchen, welche Probleme wir lösen wollen und welche nicht.

Die Alternative zum Verdrängungswettbewerb und zu kostenintensiven Werbeschlachten ist der Weg der Einzigartigkeit, der Weg des besonderen, des überragenden Nutzens. Doch wie bietet man diesen besonderen, im Extremfall sogar zwingenden Nutzen? Indem man sich auf reale Probleme, Bedürfnisse und Wünsche seiner (potenziellen) Kunden konzentriert. Anders ausgedrückt: indem man ein ganzheitlicher Spezialist wird.

Zwingender Nutzen

Ein Produkt oder ein Service bietet einen zwingenden Nutzen, wenn der Kunde das Produkt oder den Service nutzen muss, um im Wettbewerb bestehen zu können – B2B[25] – oder um das Bedürfnis bestmöglich zu befriedigen – B2C[26].

---

[25] Ist die Abkürzung von „business-to-business" und wird allgemein für Geschäftsbeziehungen zwischen mehreren Unternehmen verwendet.

[26] Ist die Abkürzung von „business-to-consumer" und wird für Kommunikations- sowie Geschäftsbeziehungen zwischen Unternehmen und Privatpersonen verwendet.

Ihren wahren Charme entwickeln ganzheitliche Spezialisierungen, wenn man weit über die eigene Kernkompetenz hinaus geht und sich um Kundenprobleme kümmert, die einen „eigentlich" gar nichts angehen. Hier liegt ein praktisch unbegrenztes Erfolgspotenzial, da sehr viele Unternehmen vollkommen blind dafür sind. Die folgenden drei Beispiele[27] zeigen vorbildlich, wie man dieses Potenzial heben kann.

BEISPIEL 1: TOWN & COUNTRY HAUS

Town & Country Haus aus Behringen ist ein Franchisesystem und seit vielen Jahren mit weitem Abstand Deutschlands Marktführer im Massivhausbau. Town & Country zeigt, wie ganzheitliche Spezialisierung funktioniert: über eine klare Bedarfsgruppe und über eine Problemlösung, welche die eigenen „Kernkompetenzen" deutlich übersteigt. Die Town & Country-Gründer Gabriele und Jürgen Dawo hatten von Anfang an die Mission, „Normalverdienern" den Traum von den eigenen vier Wänden zu ermöglichen. Zu den Normalverdienern gehören Familien, die so viel Miete zahlen, dass sie davon gerade so einen Immobilienkredit abzahlen können, und die kaum über nennenswerte Reserven verfügen. In Deutschland zählen rund 8 Millionen Haushalte zu dieser Bedarfsgruppe. Rund 80 Prozent davon halten die selbst genutzte Immobilie für die beste Altersvorsorge. Das frei stehende Einfamilienhaus liegt dabei klar an der Spitze der Wunschliste. Doch nur wenige erfüllen sich diesen Wunsch. Um diesen Engpass zu ermitteln, bedurfte es keiner tiefenpsychologischen Marktforschung, denn er lag auf der Hand: Es sind Unsicherheit und Angst.

Es gibt wohl kaum eine Entscheidung, die mit so vielen Emotionen und langfristigen finanziellen Folgen verbunden ist wie die, ein Haus zu bauen. Gerade für Normalverdiener bedeutet der Bau eines Hauses mitunter jahrelange Abhängigkeit von Banken. Schon eine vorübergehende Arbeitslosigkeit kann die gesamte Finanzierung gefährden und den Verlust des Traumhauses bedeuten. Ist die Entscheidung für den Hausbau gefallen, wartet die nächste schwierige Entscheidung, nämlich die Auswahl des besten Anbieters. Ob ein Bauunternehmen vertrauenswürdig ist oder nicht, ist für den Käufer nur mit großem Informationsaufwand zu ermitteln – insbesondere dann, wenn er ein preiswertes Haus bauen will. Horrormeldungen von Bauträgerpleiten, Baumängeln und entnervten Hauskäufern gehören zum Standardrepertoire der TV-Verbrauchersendungen und entsprechend verunsichert sind die Menschen. Diverse Gesetze sollen die Baufamilien schützen. Das nutzt jedoch nichts, wenn der Bauträger innerhalb der Gewährleistungszeit von fünf Jahren Pleite macht. Unterm Strich bleibt also die Verunsicherung. Jeder Bauunternehmer kennt diesen Engpass. Und es ist nachvollziehbar, dass sich niemand darum kümmerte, denn schließlich gehört das Beseitigen von Ängsten nicht zu den Kernkompetenzen der Baubranche – das verortet man eher bei den Therapeuten oder der Pharmabranche.

Bemerkenswert ist, dass Jürgen Dawo genau für diesen massiven Engpass eine Lösung gefunden hat – und zwar mithilfe eines fähigen Versicherungsmaklers, der SHL-Gruppe in München. Sie brachten diverse Gesellschaften dazu, neue Versicherungsprodukte zu kreieren, die nach und nach eingeführt wurden. Diese deckten praktisch jedes Risiko ab, das im Laufe eines Hausbaus auftreten kann. Alles zusammen ergab im Engpass „Angst und Verunsicherung" eine Spezialisierung unter dem Titel „Das sicherste Haus Deutschlands vor, während und nach dem Hausbau". Im Einzelnen werden diese Risiken durch drei Schutzbriefe abgedeckt.

Der **Bau-Finanz-Schutzbrief** umfasst:

- eine Baufertigstellungsbürgschaft
- von einem Wirtschaftsprüfer verwaltete Baugeldkonten

---

27 Kerstin Friedrich: Erfolgreich durch Spezialisierung: Radikal anders – radikal besser. 3., überarbeitete Neuauflage, München 2014.

- eine Baugewährleistungsbürgschaft
- eine Bauherrenhaftpflicht- und Bauwesenversicherung
- eine Immobilienkreditversicherung bei Arbeitslosigkeit für fünf Jahre
- eine Festpreisgarantie

Der **Bau-Qualitäts-Schutzbrief** umfasst:

- die Erstellung von Baugrundgutachten
- eine TÜV geprüfte Planung
- die Baukontrolle durch unabhängige Baugutachter
- einen Blower-Door-Test

Der **Bau-Service-Schutzbrief** umfasst:

- die individuelle Gestaltung des Hauses
- eine verbindliche Kostenkontrolle schon bei der Planung
- einen 24-Stunden-Finanzierungsservice
- einen Grundstückssuchservice
- eine Bauzeitgarantie
- die Verwendung von Markenprodukten
- die Hausakte
- einen hohen Beleihwert bei der Finanzierung

Dieses Garantiesystem ist absolut einzigartig, zumal alle diese Zusagen im Kaufpreis des Hauses enthalten sind. Darüber hinaus gibt es die Town & Country-Stiftung, die sich um Baubesitzer kümmert, denen aufgrund persönlicher Katastrophen die Zahlungsunfähigkeit droht. Die Stiftung stellt der Familie dann beispielsweise einen professionellen Schuldnerberater zur Seite.

Ganzheitliche Spezialisierungen laufen immer nach dem gleichen Muster: Man sucht ein bisher unzureichend gut oder ungelöstes Problem, konzentriert sich auf dessen Lösung und schafft sich damit ein Alleinstellungsmerkmal. Der Schlüssel liegt in den Emotionen – diese sind immer Ausdruck eines Engpasses. Im Fall Town & Country war es die Angst vor dem Hausbau – dieser Engpass begrenzte die Nachfrage nach Häusern.

Der Fall zeigt noch etwas anderes: Wenn die Nachfrage nicht so lebhaft ist, wie man es sich wünscht, ist es in vielen Fällen eine Energieverschwendung, das Produkt noch attraktiver zu machen. Es hätte Town & Country zum Beispiel wenig genutzt, die Häuser noch günstiger zu bauen. So etwas geht irgendwann auf Kosten der Qualität oder auf Kosten der Zulieferer – außer, es steckt eine intelligente Produktspezialisierung à la Teekampagne dahinter. Preiskampf hinterlässt ansonsten fast immer ein oder mehrere Opfer am Ende der Wertschöpfungskette: Sei es die Natur oder seien es Menschen, die unter unwürdigen Bedingungen zu Hungerlöhnen arbeiten. Klüger ist es, auf einen tiefer liegenden Engpass zu schauen und diesen zu lösen.

Hinter vielen sehr bemerkenswerten Erfolgen liegt genau dieses Prinzip: Lösungen für Kundenprobleme jenseits der sogenannten Kernkompetenz. Hier noch ein sehr plastisches Beispiel:

BEISPIEL 2: ADOLF WÜRTH GMBH & CO. KG

Einen Grundstein für diesen sagenhaften Erfolg legte Reinhold Würth mit dem in Handwerkerkreisen berühmten ORSY-System[28]. Als er noch für die väterliche Schraubengroßhandlung im Außendienst unterwegs war, ging er gezielt auf Engpasssuche. Ein großer Engpass war sehr häufig die mangelhafte Ordnung in der Werkstatt. Bestellen durfte meist nur der Chef und der hatte selten den kompletten Überblick über das, was fehlte. So kam es immer wieder vor, dass mitten in der Produktion

---

28 Abgeleitet von <u>Or</u>dnung und <u>Sy</u>stem.

oder auf der Baustelle ein Kleinteil fehlte, das unter großem Aufwand herbeigeschafft werden musste. Auch hier: ein Missstand, den jeder Mitbewerber kannte – und ignorierte. Was geht einen Großhändler das Chaos in der Werkstatt seiner Kunden an? Ist das nicht „deren Problem"? Würth wusste, dass gerade in solchen Problemen die größten Chancen lagen. Die Lösung war ORSY: Ein Handlager-Regalsystem, in dem Kleinteile übersichtlich in Kästen gelagert und einfach entnehmbar waren. Zunächst wurde der Gesamtbestand an Kleinteilen im Betrieb und der durchschnittliche Verbrauch analysiert. Statt jetzt den Chef zu fragen, was fehlt, braucht der Außendienst nur noch an das Regal zu gehen und die Fehlmengen zu ermitteln. Eine im Grunde einfache Innovation mit sehr hohem Nutzen für alle Beteiligten:

- Die Handwerksbetriebe hatten nie wieder Betriebsstörungen wegen fehlender C-Teile und es bestand jederzeit Ordnung im Lager.
- Der Außendienst tat sich extrem leicht: Er musste niemandem eine Bestellung aus der Nase ziehen, sondern lediglich ermitteln, was im Lager fehlte. Den Rest der Zeit konnte er dazu nutzen, Bedürfnisse seiner Kunden zu ermitteln und innovative neue Produkte vorzustellen.
- Es gab keinen weiteren Lieferanten mehr, das heißt: Der gesamte Bedarf wurde nur noch bei Würth bezogen.
- Der gesamte Bestellprozess wurde dramatisch vereinfacht.

Mittlerweile ist dieses System patentiert und für viele Branchen angepasst worden. Es bildete indes nur die Keimzelle für eine Vielzahl von Prozess- und Produktinnovationen rund um das Thema Beschaffung, Lagerung, Verwendung und Entsorgung von C-Teilen. Ausgehend von Schrauben und Befestigungselementen für Handwerker hat sich der Würth-Konzern rund um das Grundbedürfnis viele Regionen und Bedarfsgruppen erschlossen – ein Musterbeispiel guter ganzheitlicher Spezialisierung. Auch hier ist wie im Fall Town & Country die Lösung eines Engpasses jenseits der „Kernkompetenz" der Schlüssel zum Erfolg gewesen.

BEISPIEL 3: HIT HINRICHS INNOVATION + TECHNIK GMBH

Thorsten Hinrichs, der Gründer der Firma HIT Hinrichs Innovation + Technik GmbH aus Weddingstedt, ist der Erfinder des HIT-Aktivstalls. HIT sorgt maßgeblich für eine Revolution in der Pferdehaltung. Bisher dominierten zwei Arten der Pferdehaltung: Wertvollere Pferde hält man in sogenannten Boxen. Das sind kleine Pferdegefängnisse, in denen das Pferd in Einzelhaft steht, zweimal am Tag gefüttert und – wenn es Glück hat – täglich für mehrere Stunden ausgeritten wird. Eine alles andere als artgerechte Haltung: Pferde sind von Natur aus Herdentiere, deren Organismus auf ein Leben an frischer Luft, auf dauerhafte Nahrungsaufnahme und Bewegung in der Steppe – „Grasen" – ausgelegt ist. In der Boxenhaltung bekommen viele Pferde wegen der trockenen Luft Atemprobleme sowie Magen- und Darmbeschwerden wegen zu großer und zu seltener Futtergaben. Zudem werden sie verhaltensauffällig, wenn sie zu wenig Bewegung und Gesellschaft haben. Alles in allem eine zeit- und kostspielige Art der Pferdehaltung. Das andere Extrem ist die Offenstallhaltung: Hier stehen die Pferde gemeinsam auf der Weide und teilen sich bei schlechtem Wetter einen offenen Unterstand. Hier werden zwar die natürlichen Bedürfnisse nach Gemeinschaft, frischer Luft und permanenter Nahrungszufuhr befriedigt, doch es gibt gravierende Nachteile: Die Pferde tragen untereinander ihre Rangkämpfe aus und bei schlechtem Wetter verwandeln sich die Wiesen und Paddocks in unschöne Schlammlöcher. Thorsten Hinrichs gebührt der Verdienst, die Offenstallhaltung und damit die artgerechte Pferdehaltung auf ein ganz anderes Niveau gehoben zu haben.[29] In seinen Anlagen genießen die Pferde alle Vorteile des Lebens an frischer Luft in der Gruppe; gleichzeitig werden durch Bauweise und Technik die Rangkämpfe vermieden. Das technologische Kernstück

---

29   Mehr zu den technischen Details auf www.aktivstall.de.

sind sogenannte Fütterungsboxen: Hier können die Pferde konkurrenzfrei fressen. Ein Transponder am Halfter signalisiert dem Automaten, welche Menge das Pferd in einem bestimmten Zeitfenster noch fressen darf. Diese Menge wird maßgeschneidert bereitgestellt, sodass eine Überlastung des Magens verhindert wird. Insgesamt muss das Pferd relativ lange Wege gehen, um sich an unterschiedlichen Stellen Wasser, Heu und Kraftfutter zu besorgen. So ist für genügend Bewegung und für Harmonie in der Herde gesorgt. Auch hier wieder die bei guter Spezialisierung immer zu beobachtende Win-Win-Situation für alle:

- Die Pferde erfreuen sich artgerechter, konfliktfreier Haltung und danken es den Besitzern mit sensationell guter Gesundheit und ausgeglichenem Wesen.
- Die Pferdebesitzer sind deutlich entlastet, weil sie ihre Pferde nicht mehr zwangsweise täglich reiten müssen. Zudem haben sie das gute Gefühl, dass es ihrem Pferd an nichts fehlt.
- Die Pensionsstallbetreiber haben deutlich geringere Personalkosten, gesunde Pferde und zufriedene Kunden.

Der HIT-Aktivstall ist eine echte Innovation mit großem Nutzen für alle Beteiligten. Hat sie im Sturm den Markt erobert? Wie Sie sich denken können, war auch dieser Erfolg kein Selbstläufer. Der größte Feind der Innovation ist das Festhalten am Altbewährten, so fehlerhaft dieses Alte auch sein mag. Tendenziell braucht jede Innovation erst einmal ein paar mutige Pioniere. Erst wenn diese erfolgreich unter Beweis gestellt haben, dass das Neue funktioniert, ziehen die weniger Wagemutigen nach. Hinrichs löste die Akzeptanzengpässe[30] indem er seinen potenziellen Kunden Wissen über Gruppenhaltung vermittelte und ihnen bei der Umstellung auf das neue System half. Darüber hinaus löst er den zentralen Engpass bei jeder Investition: den der Rentabilität. Normale Stallbetreiber finanzieren die Investition in einen Aktivstall nicht aus der Hosentasche. Solche finanziellen Engpässe lösen Investitionsgüterhersteller gern, indem sie dem Käufer eine Finanzierung oder einen Leasingvertrag vermitteln. Doch damit lösen sie im Grunde nur ihr eigenes Problem: Der Kunde kauft und alles ist gut. Leider ist das für den Kunden nicht immer gut, denn die Finanzierung löst zwar das Beschaffungsproblem – schafft aber sofort einen Rattenschwanz von Folgeproblemen. Ob nämlich die Leasing- oder Kreditraten zurückgezahlt werden können – sprich, ob das Investitionsgut rentabel ausgelastet wird –, interessiert den Verkäufer nicht, genauso wenig wie der Preisdruck und die Wettbewerbsprobleme des Käufers. Auf der Käuferseite liegt der wahre Engpass also nicht in der mangelnden Finanzierbarkeit, sondern im rentablen Betrieb eines Investitionsgutes. Praktisch alle Hersteller von Investitionsgütern verschließen ihre Augen vor diesem Problem: Was geht sie schließlich die unternehmerische Qualifikation ihrer Kunden an? Nichts! Darin ist man sich branchenübergreifend einig. Insofern ist Hinrichs mit seinem Aktivstall eine Ausnahme. Er sorgt mit einem Strategie- und Marketingkonzept unter dem Motto „Vollauslastung mit Wunschpferden und -besitzern" für die Basis eines rentablen und harmonischen Stallbetriebes. Denn die Zufriedenheit der Kunden hängt nicht nur daran, wie gut das Pferd versorgt wird. Mindestens ebenso wichtig ist es, ob die Menschen in der Stallgemeinschaft gut miteinander auskommen – schließlich verbringen sie einen großen Teil ihrer Freizeit miteinander. Vor dem Investment entwickelt Hinrichs mit dem Stallbetreiber eine Strategie: Wer ist die künftige Bedarfsgruppe? Die Bedarfsgruppe „Reiter" fächert sich in zahllose Teilbedarfsgruppen auf. Jede von ihnen hat unterschiedliche Wünsche und Bedürfnisse. Welche davon ist die passende und welche Maßnahmen über den Aktivstall hinaus sorgen für Begeisterung? Schließlich bekommt der Kunde ein mehrfach bewährtes Marketing- und Vertriebskonzept. Wendet er es konsequent an, erfreut er sich an der Vollauslastung seines Stalles und an entsprechenden Renditen. Mit diesen kann dann auch die Finanzierung sicher bewältigt werden. Eine wirklich vorbildliche Engpass- und Nutzenstrategie.

---

30 Akzeptanzgenpässe sind Gründe, warum die Bedarfsgruppe unsere Leistung nicht kauft, obwohl sie deren Engpass löst.

DIE ROLLE DER BEDARFSGRUPPE

Für die ganzheitliche Spezialisierung ist der Fokus auf eine klare, homogene Bedarfsgruppe zwingend notwendig. Denn nur von der Bedarfsgruppe bekomme ich die Impulse und Ideen, die ich für die zwingend erforderlichen Innovationen brauche. Die Konzentration auf eine konkrete Bedarfsgruppe hilft gegen zwei Probleme:

- Der Markt ist schon voll mit klassischen Spezialisten, die alle mehr oder weniger austauschbar sind. Optiker sind spezialisiert auf Brillen, Apotheken auf den Tausch von Arzneimitteln gegen Rezepte, Softwarehäuser auf die Lösung von IT-Problemen und so weiter und so fort. Hier bieten Bedarfsgruppen weitere Differenzierungsmöglichkeiten über ganz spezielle, auf ihre Bedürfnisse zugeschnittene Leistungen.
- Der Markt ist zu groß, um mit den vorhandenen Kapazitäten Marktführer werden zu können und/oder um sich maßgeblich vom Wettbewerb abzuheben. In solchen Fällen empfiehlt sich eine weitere Segmentierung der Märkte bzw. der Bedarfsgruppen. Denn Spezialisierung soll und kann dazu dienen, Markführer zu werden.

Bedarfsgruppen sind in der ganzheitlichen Spezialisierung definiert als Menschen mit gleichen Wünschen, Problemen oder Bedürfnissen. Das wichtigste Wort in dieser Definition ist das „gleich": Nur wenn Menschen gleiche Probleme haben, können wir diese überzeugend und in großer Stückzahl lösen. Zur Erinnerung: Unternehmen sind nicht in erster Linie dazu da, um Gewinne zu maximieren, sondern um Probleme zu lösen. Je besser sie dies tun, desto größer sind die Chancen, ausreichende Gewinne zu erzielen. Je besser wir diese Probleme beziehungsweise Spannungszustände erkennen und je überzeugender wir gleichartige Probleme immer und immer wieder lösen, desto höher wird die Produktivität, desto besser kann die Leistung werden und desto höher wird unsere Attraktivität. Jenseits des Marken-Blablas werden Zielgruppen gern nach äußerlich sichtbaren Kriterien eingeteilt: Branchenzugehörigkeit, Berufsgruppen, Geschlecht, Alter etc. Das kann, muss aber nicht sinnvoll sein. Sinnvoll sind solche Klassifikationen nur, wenn aus diesem Merkmal ein gemeinsames Bedürfnis ableitbar ist und wenn es für die Befriedigung dieses Bedürfnisses eines spezielles Wissen oder spezieller Prozesse, Leistungen oder Produkte bedarf. Solche Kriterien können sein:

- Gemeinsame Eigenschaften wie gleiche Größe, gleiche Branche, Nutzung der gleichen Technologie, das Bedienen der gleichen Bedarfsgruppe etc.
- Gleiche Struktur wie Rechtsform, Organisationsstruktur, Eigentümerverhältnisse etc. oder auch eine vergleichbare Unternehmenskultur etc.
- Sind in der gleichen existenziellen Phase wie Gründung, starkes Wachstum, Konsolidierung, Fusion, drohende Insolvenz etc.
- Haben den gleichen Leidensdruck wie gesetzliche Beschränkungen, Liquiditätsmangel, Preiskampf, neue Technologien, neue Wettbewerber, Substitutionsprodukt etc.
- Haben gleiche Projekte wie IT-Einführungen, Post Merger Integration, Wachstumsinitiativen etc.
- Haben gleiche Wünsche, Leidenschaften, Präferenzen etc.

Dazu ein Beispiel: die Birkenapotheke in Köln. Die Birkenapotheke ist nicht nur hinsichtlich der Bedarfsgruppenspezialisierung vorbildlich, sondern zeigt auch wunderbar, wie man den Spagat zwischen breiter Grundversorgung einerseits und Spezialisierung andererseits schafft. Die Birkenapotheke ist eine ganz „normale" Apotheke, die ihrem gesetzlichen Auftrag entsprechend die gesamte Bandbreite der lieferbaren Arzneimittel anbietet. Sie ist darüber hinaus insbesondere auf HIV-Patienten spezialisiert. Man braucht selbst nicht HIV-positiv zu sein, um sich vorzustellen, welches die Besonderheiten dieser Apotheke sein könnten:

- Tiefes und breites Wissen rund um das Thema HIV. Die entsprechenden Mitarbeiter können sich gezielt Wissen über das Krankheitsbild, Therapieformen sowie soziale und psychologische Aspekte aneignen. In der Birkenapotheke wird das auch über den Newsletter deutlich.[31]
- Auch 30 Jahre nach dem ersten Auftauchen des Virus gilt eine HIV-Infektion bei einigen Menschen immer noch als Stigma. Den HIV-positiven Menschen wird durch die Spezialisierung klar und deutlich signalisiert, dass sie in der Birkenapotheke willkommen sind.
- Unmittelbar damit verbunden ist der Wunsch nach Diskretion. Wer jemals in der überfüllten Dorfapotheke ein Mittel gegen Fußpilz oder Kopfläuse orderte, kennt das leicht peinliche Gefühl, das sich dabei einstellt. Spezielle Beratungsräume schaffen hier Abhilfe.

Ein Kunde der Birkenapotheke, über den wir auf diesen Fall aufmerksam wurden, berichtete, dass manche Patienten mehrere Hundert Kilometer fahren, um sich quartalsweise in der Birkenapotheke mit Medikamenten zu versorgen. Solch eine Spezialisierung funktioniert natürlich nur, wenn man sich mit Leidenschaft und Hingabe einem Thema widmet.

DIE VORTEILE EINER KLAR UMRISSENEN BEDARFSGRUPPE?[32]

Vorteil Nr. 1: Größere Informationssicherheit und geringere Innovationsrisiken

Wer sich auf klar definierte Bedarfsgruppen konzentriert, weiß zuverlässig, welche Leistungen von den Kunden honoriert werden und welche nicht. Das funktioniert allerdings nur dann, wenn man die Bedarfsgruppen nach ihrer Problemgleichheit definiert. Stellen Sie sich beispielsweise vor, ein klassischer Supermarkt – alle Produkte für alle nur denkbaren Kunden – würde von seiner Kundschaft in Erfahrung bringen wollen, welche Produkte zusätzlich ins Sortiment aufgenommen werden sollen. Das Ergebnis gliche mit größter Sicherheit einem heillosen Chaos: Liebhaber japanischer Küche würden mehr japanische Grundnahrungsmittel wünschen, preissensible Käufer würden sich für mehr Sonderangebote starkmachen, notorisch Übergewichtige für mehr Diätprodukte und so weiter und so fort. Aus gutem Grund finden solche Umfragen nicht statt, denn ihr Aussagegehalt läge bei null. Stattdessen findet das Abstimmungsverhalten an der Kasse statt: Nur 20 Prozent aller Markenartikel im Lebensmitteleinzelhandel überleben die ersten zwei Jahre, der Rest floppt und ist unter der Rubrik „Fehlinvestition" abzuschreiben – trotz aufwendiger Produktentwicklung, durchgestylter Verpackungen und ausgeklügelter Werbekampagnen. Natürlich muss ein Unternehmen über einen manchmal mühseligen Trial-and-Error-Prozess herausfinden, welches Produkt und welche Dienstleistung von den Kunden am höchsten honoriert wird. Dieser Prozess kann wesentlich verkürzt und effektiver gestaltet werden, wenn man sich auf eine homogene Bedarfsgruppe – also eine mit gleichen Problemen, Bedürfnissen und Wünschen – konzentriert. Denn von dieser Bedarfsgruppe kann man klar und deutlich erfahren, mit welchen Leistungen ihre Wünsche erfüllt und Probleme gelöst werden können.

Vorteil Nr. 2: Leichteres Marketing

Wer alles für alle bietet, muss enorme Kräfte entwickeln, um sich mit seiner Werbebotschaft durchzusetzen, und dabei erhebliche Streuverluste einkalkulieren. Bei Massenmailings beispielsweise gelten Responsequoten von 0,5 Prozent als normal und akzeptabel. Welch eine gigantische Ressourcenverschwendung! Wer sich dagegen auf exakt definierte Bedarfsgruppen konzentriert, muss nicht mehr mit Kanonen auf Spatzen schießen, sondern kann seine potenziellen Kunden punktgenau erreichen. Aber es geht natürlich nicht nur darum, die Bedarfsgruppe leichter zu erfassen: Wesentliches Merkmal der Bedarfsgruppenspezialisierung ist der hohe, einzigartige, maßgeschneiderte und bedarfsgruppenspezifische Nutzen. Dieser erzeugt einen Sog oder eine Anziehungskraft, was den Vertrieb natürlich enorm erleichtert.

---

31 http://www.birkenapotheke.de/gut-zu-wissen/hiv/hiv-newsletter. Stand: 01.04.2017.
32 Kerstin Friedrich: Erfolgreich durch Spezialisierung: Radikal anders – radikal besser. 3., überarbeitete Neuauflage, München 2014.

Vorteil Nr. 3: Enge Kundenbindung – mehr Sicherheit
Gerade in Zeiten rasanten Wandels bietet die Konzentration auf eine exakt definierte Bedarfsgruppe eine Konstante, auf die man sich immer verlassen kann. Die Problemlösungen mögen sich verändern, doch die Bindung an die Bedarfsgruppe bleibt bestehen. Wir wissen schon lange, dass es wesentlich teurer ist, einen neuen Kunden zu gewinnen, als Bestandskunden an das Unternehmen zu binden. Wer eine klar umrissene Bedarfsgruppe hat, kann dieser einen sehr hohen Nutzen bieten und immer wieder neue, attraktive Leistungen anbieten. Es ist allerdings eine kleine, nicht unbedeutende Voraussetzung zu erfüllen: echte Sympathie und Zuneigung. Wer seine Bedarfsgruppe lediglich als Cash-Lieferanten und Melkkuh betrachtet, wird sich schwertun mit dauerhafter Kundenbindung.

Hier sei noch auf den entscheidenden Unterschied zwischen Kundenorientierung und Bedarfsgruppenspezialisierung hingewiesen. Für Bedarfsgruppenspezialisten ist Kundenorientierung eine Selbstverständlichkeit. Allerdings mit einer feinen Einschränkung: nur bei denjenigen Kunden, die zur definierten Bedarfsgruppe gehören. Wer auf Software für die Verwaltung der Tierarztpraxis spezialisiert ist, sollte bei Tierhandlungen „Nein" sagen – Kundenorientierung hin oder her. Generell gilt: Treue zur Bedarfsgruppe bis zur Marktführung – und erst dann eine andere Bedarfsgruppe erschließen.

ANGST VOR SPEZIALISIERUNG?

Viele etablierte Unternehmen haben Angst vor Spezialisierungsprozessen, weil sie mit einer kleineren Produktpalette immer Einbußen bei Umsatz, Gewinn und Beschäftigung befürchten. Im Grunde wissen sie, dass sie viel zu viele unrentable Produkte und Kunden mit sich herumschleppen, doch die Angst vor dem „großen Schnitt" und einer ungewissen Zukunft lässt das Weiterwurschteln allemal attraktiver erscheinen als eine klare Entscheidung. Häufig wartet die Führungsspitze mit den entsprechenden Umstrukturierungsmaßnahmen, bis ihnen das Wasser bis zum Halse steht und die Banken einen Strategiewechsel erzwingen.

Die auf den ersten Blick schlüssige Theorie „weniger Produkte = weniger Umsatz" ist beim Thema Spezialisierung mittelfristig fast immer falsch. In dem Buch „Hidden Champions des 21. Jahrhunderts" von Hermann Simon[33] finden sich Dutzende von Beispielen größerer Unternehmen, die nach einer krisenbedingten Schrumpf- und Spezialisierungskur in überschaubarer Zeit um ein Mehrfaches größer wurden als vor der Krise. Die Realität eines guten Spezialisierungsprozesses beschreibt also eher der Kalenderspruch „Weniger ist mehr".

UMGANG MIT SPEZIALISIERUNGSRISIKEN

Die Spezialisierung auf ein Grundbedürfnis ist ungefährlich; die Spezialisierung auf eine Variable kann immer nur vorübergehend sein. Das hört sich kompliziert an, ist aber im Grunde ganz einfach. Wie einfach, sieht man am besten anhand von zwei Beispielen:

Beispiel 1: Der Plattenspieler
Das hinter diesem Produkt steckende Grundbedürfnis ist das „Musikhören" in den eigenen vier Wänden. Gab es dieses Bedürfnis schon immer? Ja! Früher wurde getrommelt und gesungen, dann Harfe oder Klavier gespielt. Dank der Schellackplatte konnte man andere daheim musizieren lassen, dann kam die Vinylplatte und schließlich nach dem Tonband die CD. Die Firma Dual, ein weltbekannter Plattenspielerproduzent – hoch spezialisiert! –, ging in den Konkurs, weil sie den Sprung vom Tonträger Vinyl auf die kleinen Silberplatten nicht schaffte. Ein ähnliches Schicksal traf den CD-Player, als die nächste Basisinnovation kam: Das MP3-Format und der

---

33 Hermann Simon: Hidden Champions des 21. Jahrhunderts: Die Erfolgsstrategien unbekannter Weltmarktführer. Frankfurt/Main 2007.

iPod sowie Streaming-Plattformen wie Spotify. Das Grundbedürfnis ist nach wie vor das gleiche, Musik hören, lediglich die Technologie ändert sich, die Variable. Ähnlich verlief die Entwicklung bei Filmen: Die Videokassette wurde von der DVD abgelöst. Und diese wiederum von den Streaming-Portalen. Das Geschäft mit den Filmen auf Speichermedien wird langsam, aber sicher aussterben. Interessant ist, dass im Musikgeschäft eigentlich Sony dazu prädestiniert war, die Revolution anzuzetteln, die dann Steve Jobs und Apple siegreich beendeten. Sony war ein führender Anbieter von Tonträgern und Abspielgeräten und hatte schon lange vor der MP3-Zeit, als der Rest der Welt noch ziemlich tief schlummerte, Musikrechte aufgekauft und frühzeitig eigene Titel produziert. Denn egal, ob es Tonträger geben würde oder nicht, an den Rechten würde Sony im Rahmen des Grundbedürfnisses „Musik hören" immer verdienen. Sony versuchte selbst jahrelang, ein integriertes Geschäftsmodell rund um den Verkauf von Musik auf die Beine zu stellen, verzettelte sich aber in internen Grabenkriegen zwischen den einzelnen Abteilungen Hardware, Software und Musikproduktion. Ein schönes Beispiel dafür, dass gute Strategie ohne gute Führung wertlos ist. Steve Jobs schaffte in kurzer Zeit, woran Sony durch Führungsschwäche scheiterte: Mit dem iPod schuf er ein stylisches und benutzerfreundliches Abspielgerät. Dann überzeugte er durch seine unnachahmliche Kombination aus Charme und Nötigung die großen Musiklabels und die wichtigsten Künstler davon, ihre Alben zu zerlegen und die Musiktitel einzeln für 99 Cent anzubieten. Bei internen Widerständen machte er ohnehin kurzen Prozess: Seine Leute machten, was er wollte. Der Rest ist Geschichte: Die Plattform iTunes revolutionierte den Musikmarkt. Ihr Erfolg sprengte alle Prognosen. Jobs rettete gleichzeitig das gesamte Musikbusiness, das sich durch die illegalen Tauschbörsen schon am Rande des Abgrunds wähnte. Warum? Er spürte intuitiv, dass die Menschen lieber den legalen Weg gehen, wenn sie ein faires Angebot bekommen. Ist das das Ende der Entwicklung? Mit Sicherheit nicht. Aber ob Apple auch die nächste Revolution im Musikbusiness auslösen wird, darf bezweifelt werden.

Fazit: Wer sich auf eine Variable wie den Plattenspieler spezialisiert, macht den Plattenspieler immer schöner, besser, funktionaler und geht unter. Wer sich auf das dahinterliegende konstante Grundbedürfnis spezialisiert, hat automatisch ein ganz anderes Innovationsverhalten und ein ganz anderes Wahrnehmungsvermögen für die Spezialisierungsrisiken. Egal, worauf man sich spezialisiert: Stets gibt es ein konstantes Grundbedürfnis, das hinter dem aktuellen Produkt oder der aktuellen Dienstleistung steht. Wenn man sich dieser Bedürfnisse bewusst ist, kann man immer zielgerichtet innovieren und damit an der Spitze bleiben.

Beispiel 2: Die Banknote
Welches Grundbedürfnis steckt hinter der Banknote? Es ist das Bedürfnis, sich jederzeit Wünsche erfüllen zu können – zumindest solche, die man mit Geld erwerben kann. Anders ausgedrückt: Die Banknote stillt das Grundbedürfnis nach Liquidität und Transaktionsfähigkeit. Auch dieses Bedürfnis ist konstant: Seitdem Menschen handeln, haben sie sich universelle Tausch- und Wertaufbewahrungsmittel einfallen lassen. Wie alle Variablen hat auch die Banknote im Laufe der Jahrzehnte ordentlich Konkurrenz bekommen: Durch den Wechsel, den Scheck oder durch die Bank- und Kreditkarte. Zahlungsdienste wie Paypal und Technologien wie Mobile Payment über Smartphones gehören zu den neueren Lösungen. Wird die Banknote aussterben? Zumindest in der Schattenwirtschaft wird es ohne Bargeld schwierig werden. Und im Rahmen der NSA-Massenausspähung und der Datensammelwut des Einzelhandels mehrt sich die Zahl der Bargeldliebhaber. Schließlich hinterlässt die Banknote keine digitale Spur. Dennoch: Wer sich auf den Druck von Banknoten spezialisiert, wird wahrscheinlich mit sinkender Nachfrage rechnen müssen. Wer sich auf das Grundbedürfnis „Transaktionsfähigkeit" konzentriert, hat immer etwas zu tun.

Spezialisierungen enden keineswegs in Fachidiotie und Langeweile, wenn man das konstante Grundbedürfnis ernst nimmt: Dann nämlich ist der Innovationsprozess höchst anspruchsvoll und bedarf der Fähigkeit, Know-how aus unterschiedlichen Wissensgebieten zu kombinieren. Anders ausgedrückt: Diese Art der Spezialisierung ist ganzheitlich und höchst anspruchsvoll. „Wer eine Bohrmaschine kauft, will keine Bohrmaschine, sondern Löcher in der Wand" ist ein wohlbekannter Spruch, der eingefleischten Produktfetischisten das Denken in Problemlösungen erleichtern soll. Aus der Sicht des konstanten Grundbedürfnisses kann man den Faden noch weiter spinnen, indem man sich fragt, wozu denn diese Löcher dienen sollen. Mit Sicherheit will der Bohrmaschinenkäufer kein Loch in der Wand, sondern ein Bild an die Wand hängen. Unter diesem Blickwinkel ist dann der Weg frei zu noch besseren Problemlösungen und Innovationen.

3.2 INNOVATION

Die ganzheitliche Spezialisierung dient nur einem einzigen Ziel: überragende Problemlösungen für potenzielle Kunden entwickeln. Dazu braucht man in aller Regel etwas Neues: neue Produkte, neue Dienstleistungen, neue Prozesse, neue Vertriebswege etc.

Was ist eine Innovation? Viele Menschen denken bei diesem Begriff zunächst an weltbewegende technologische Erfindungen wie den Buchdruck, das Flugzeug, den Computer oder das Internet. Im Sinne von Spinnovation versteht man unter einer Innovation ganz einfach eine Leistungsverbesserung in einen (bedeutenden) Engpass der Bedarfsgruppe. Diese Definition schließt auch sehr kleine, vielleicht auf den ersten Blick unbedeutende, aber dennoch wirtschaftlich sehr effiziente Verbesserungen ein.

Innovation

In der Spinnovation-Methode ist eine Innovation eine Leistungsverbesserung im größten Engpass der definierten Bedarfsgruppe.

Eine Leistungsverbesserung, die den größten Engpass der Bedarfsgruppe löst beziehungsweise das größte Akzeptanzhindernis beseitigt, wird von der Bedarfsgruppe am stärksten mit steigender Nachfrage und steigenden Umsätzen belohnt. Und weil sich die Probleme einer Bedarfsgruppe bekanntlich ständig ändern, müssen Sie auch Ihre Leistungen und Produkte diesen wechselnden Bedürfnissen anpassen, wenn Sie der beste Problemlöser und Marktführer bleiben wollen. Der wirkungsvollste Ansatzpunkt der Innovation ist darum der Pfad der drängendsten Probleme und Engpässe.

Wie finden Sie heraus, welche Innovationen Sie zu Alleinstellung, Attraktivität, mehr Umsatz und mehr Wachstum führen? Mit Spinnovation ganz einfach: in enger Abstimmung mit der Bedarfsgruppe. Darum ist es so wichtig, vor der Problemanalyse die Bedarfsgruppe ganz genau zu definieren.

Haben Sie Ihre Bedarfsgruppe zu weit gefasst, können Sie deren Wünsche und Probleme nicht richtig erkennen und auswerten. Bedarfsgruppen mit zu unterschiedlichen Wünschen liefern kein eindeutiges Echo, sondern nur einen unverständlichen Wellensalat ohne konkrete Anhaltspunkte.

Beispielsweise finden sich in vielen Hotels auf den Zimmern Fragebögen, auf denen die Gäste zu Lob und Kritik aufgefordert werden und auf denen man um Verbesserungsvorschläge bittet. Es geht also darum, Probleme, Bedürfnisse und Wünsche zu erfassen, um künftig mit noch besseren Leistungen höhere Kundenzufriedenheit und mehr Umsatz zu erzeugen. Wie sinnlos und eher schädlich solche ungezielten Umfragen sind, wird schnell deutlich, wenn man sich einmal vor Augen führt, welche unterschiedlichen Bedarfsgruppen sich normalerweise in einem Hotel aufhalten und welche Bedürfnisse diese Menschen haben:

- Geschäftsreisende mit üppigem Spesenkonto werden sich kaum über das Preisniveau beschweren, dafür aber höchste Ansprüche an die Servicequalität stellen.
  - Familien mit Kindern sind eher bereit, auf Zusatzservice zu verzichten, wenn dafür das Preisniveau einigermaßen erträglich ist. Dagegen freuen sie sich über kindgerechtes Essen, Spielecken und Hochstühle.
  - Wer Zeit und Muße mitbringt – zum Beispiel aus privaten Gründen Reisende –, wird sich über ein fehlendes Schwimmbad und mangelnde Tanzgelegenheiten in der Bar beklagen.
  - Außendienstmitarbeiter, die einen anstrengenden Tag vor sich haben, wünschen sich viel Ruhe und werden sich kaum über ein Zuwenig an Unterhaltungsprogramm beschweren. Dagegen freuen sie sich über kostenloses Highspeed-WLAN und die Gelegenheit, auch morgens um 6 Uhr schon ein gutes Frühstück zu bekommen.
- Tagungsgäste und Seminarteilnehmer wünschen sich helle Räume mit Tageslicht und funktionaler Ausstattung sowie ein leichtes Mittagsbuffet.
- Bankettgäste wünschen sich dagegen schöne Räume mit feierlicher Atmosphäre und eine erstklassige Küche.

Die Reihe ließe sich beliebig verlängern: Je nachdem, aus welchem Grund man sich im Hotel aufhält und wie sehr die eigene Brieftasche damit belastet wird, werden die unterschiedlichsten Verbesserungsvorschläge kommen. Was lernt ein Hotelmanager, der sich mit einer solchen Wunschliste auseinandersetzt? Gar nichts – oder nur, dass seine Gäste angeblich alles wollen, und das auch noch zum minimalen Preis. Aber das wusste er auch schon vorher. So verfestigen sich Vorurteile über die angebliche Maßlosigkeit der Kunden, schlimmer noch: Es wird häufig übersehen, dass es sehr wohl eindeutige und erfolgversprechende Anregungen und Wünsche gibt und dass die Kunden mit viel weniger zufrieden sind, als man gemeinhin glaubt. Diese unschätzbar wichtigen Informationen gehen nur im Wirrwarr widersprüchlicher Meinungen unter! Stattdessen jagt man dann den sogenannten Megatrends hinterher – in der Hotellerie zum Beispiel der Wellness-Welle. Wenn dies aber zu viele tun, beginnt der Preiskampf von vorn, dem man durch die hohen Investitionen eigentlich entkommen wollte. Ein Teufelskreislauf. Der andere Weg läuft über klare Spezialisierung und eine gute Bedarfsgruppendifferenzierung.

Je besser Sie Ihre Bedarfsgruppe abgegrenzt haben, desto leichter fällt Ihnen das Aufspüren von eindeutigen Wünschen und Bedürfnissen und damit das Erkennen von Chancen für bessere Profilierung und größeren Erfolg.

Haben Sie Ihre Bedarfsgruppe definiert, geht die Engpasssuche los.[34]

VORAUSSETZUNGEN FÜR EINE ERFOLGREICHE ENGPASSSUCHE

Voraussetzung 1: Denkt alterozentriert[35]
Die wichtigste Voraussetzung für das Aufspüren von Bedarfsgruppenproblemen ist eine Änderung der Denkrichtung. Bisher steht im Mittelpunkt des Denkens der meisten Unternehmer und Führungskräfte immer noch die Frage, wie sie am stärksten ihren eigenen Gewinn, ihr Einkommen und ihre Macht steigern können – egozentriertes[36] Denken. Das ist im Grunde ganz normal, denn darauf wurden wir in der Managementlehre konditioniert: Wir denken und handeln egozentriert.

---

34 Siehe dazu Prozessschritt III.1: Bedarfsgruppeninterviews ab S. 146.
35 lateinisch: „alter" = der Andere, das Gegenüber, lateinisch: „centrum" = Mittelpunkt.
36 griechisch: „ego" = ich, lateinisch: „centrum" = Mittelpunkt.

Wenn wir erfolgreiche Innovationen entwickeln wollen, brauchen wir einen komplett anderen Blick: den auf bisher ungelöste Probleme unserer (potenziellen) Kunden. Diese Probleme finden wir nur dann, wenn im Mittelpunkt unseres Denkens die Frage steht, wie wir den Nutzen unserer Bedarfsgruppe steigern können – alterozentriertes Denken und Handeln.

Dieses Denken ist schon bei der Definition der Bedarfsgruppe unverzichtbar. Denn die erfolgversprechendste Bedarfsgruppe ist nicht diejenige, der man am meisten abnehmen kann, sondern diejenige, deren Probleme man besser als andere lösen kann und will. Wie kann ich meiner Bedarfsgruppe am besten helfen, sich weiterzuentwickeln? Was braucht sie, damit es ihr noch besser geht, damit sie sich noch mehr wohlfühlt, damit sie noch erfolgreicher wird – gehen Sie aus dieser Grundhaltung heraus in die Problem- und Engpassanalyse.

Voraussetzung 2: Denken Sie sich in die Bedarfsgruppe hinein

Bevor Sie Ihre Bedarfsgruppe befragen, denken Sie sich erst einmal in Ihre Bedarfsgruppe hinein und fragen sich, welches Ihr größtes Problem wäre, wenn Sie in der Situation der Bedarfsgruppe wären! Ein Tipp: Orientieren Sie sich an einem repräsentativen Mitglied der Bedarfsgruppe, vielleicht einer Person oder einem Betrieb, die oder den Sie besonders gut kennen. Wenn Sie selbst sehr intensiv über die Probleme und Wünsche Ihrer Bedarfsgruppe nachgedacht haben, fällt es Ihnen sehr viel leichter, mit ihr ins Gespräch zu kommen und dann möglicherweise ganz neue Aspekte wahrzunehmen.

> „Du kannst einen anderen nur dann verstehen, wenn du einige Meilen in seinen Mokassins gelaufen bist." – Eine alte indianische Weisheit.

Achtung: Es führt kein Weg an der direkten Befragung der Bedarfsgruppe vorbei! Einer der größten Fehler liegt immer darin, dass man glaubt, die Probleme, Wünsche und Engpässe der Bedarfsgruppe schon gut genug zu kennen. Oder noch schlimmer: Man versetzt sich in die Lage der Bedarfsgruppe und versucht so herauszufinden, wo diese der Schuh drücken könnte. Dieses Vorgehen ist auf jeden Fall wichtig – doch nur als erster Schritt. Sie müssen dann im direkten Dialog herausfinden, was die Bedarfsgruppe selbst glaubt, denkt und fühlt. Aus der Wahrnehmungspsychologie wissen wir, dass jeder Mensch seine Umwelt durch einen Filter individueller Erfahrungen, Interessen und Intentionen betrachtet. Jeder Mensch bewertet „objektiv" gleiche Tatbestände anders – manchmal fallen solche Beurteilungen komplett gegensätzlich aus, manchmal unterscheiden sie sich nur in Nuancen. Beispiel: Wenn zwei Menschen den gleichen Kinofilm gesehen oder das gleiche Buch gelesen haben, so haben sie „objektiv" gesehen die gleiche Leistung konsumiert. Ihr Urteil, ihre Bewertung und ihre Wahrnehmung werden sich jedoch in vielen, vielen Details voneinander unterscheiden. So etwas wie eine „objektive" Wirklichkeit existiert in der individuellen Wahrnehmung nicht. Darum ist es unumgänglich, die Informationen direkt und ungefiltert von der Bedarfsgruppe zu gewinnen.

Voraussetzung 3: Seien Sie hungrig auf Probleme!

Hinter jedem Problem steht der Bedarf nach einer Problemlösung. Und jede Problemlösung ist zugleich eine Profilierungs- und Umsatzchance. Allerdings ist in einigen Unternehmen noch eine ganz andere Mentalität verbreitet. Häufig kommt es deswegen innerhalb von Organisationen zu typischen Kämpfen zwischen Vertrieb und Produktentwicklung: Der Vertrieb würde am liebsten jedes Kundenproblem lösen, in der Organisation versucht man dagegen, mit den bestehenden Lösungen so lange wie möglich irgendwie durchzukommen. Innovationen kosten immer Ressourcen und typischerweise besteht nicht immer Einigkeit darüber, wie diese verwendet werden.

Einfache Verbesserungsmöglichkeiten findet man zuhauf, indem man seine Kunden befragt. Man braucht sich beispielsweise nur die Produktbewertungen bei Amazon anschauen, um viele Ansatzpunkte für die Verbesserung bestehender Leistungen zu finden. Jede Reklamation und jeder

Verbesserungsvorschlag sind sehr gute Gelegenheiten, um ungelöste Kundenprobleme zu erkennen und zu lösen.

Etwas komplexer ist die Sache, wenn man grundsätzlich neue Lösungen, Innovationen, entwickeln will, und das möglicherweise für Menschen, die noch gar nicht zum Kundenkreis zählen. „Unsere Kunden wissen nicht, was sie wollen, bis wir es ihnen zeigen", merkte Steve Jobs, eines der größten Genies in der Unternehmensstrategie, einmal treffend an. Auch für diese Herausforderung bietet Spinnovation eine Lösung.

Voraussetzung 4: Begrenzen Sie das Suchfeld und orientieren Sie sich am zentralen Engpass
Noch einmal zur Wiederholung: Innovationen funktionieren am besten im Zusammenspiel von Konzentration und Spezialisierung. Verschiedene Bedarfsgruppen haben unterschiedliche, sich manchmal widersprechende Probleme. Das erschwert den Dialog. Ist die Bedarfsgruppe zu groß gewählt und sind ihre Wünsche zu unterschiedlich, ist das Feedback auf einen Lösungsvorschlag unklar – es entsteht ein unverständlicher Wellensalat. Jedes System will sich weiterentwickeln und natürlich wollen Ihre Kunden das auch. Der wirkungsvollste Ansatzpunkt liegt darum jeweils im sogenannten Minimumfaktor der Bedarfsgruppe: Das ist der entscheidende Engpass, der die Entwicklung behindert.

WIE SPINNOVATION NICHT FUNKTIONIERT

- **Erst forschen – dann suchen**
  Machen Sie nicht den Fehler, den speziell viele technologieorientierte Unternehmen machen. Dort wird geforscht, was das Zeug hält, und wenn man etwas gefunden hat, wird dazu eine passende Bedarfsgruppe, hier besser Zielgruppe, gesucht – mit erheblichem Marktforschungs- und Werbeaufwand. Wer im Geld schwimmt, kann das gerne so tun. Doch wer mit seinen Ressourcen haushalten muss, sollte davon die Finger lassen. Erst das Problem, für dessen Lösung Zahlungsbereitschaft besteht, finden – dann entwickeln.
- **Falsch verstandene Bedarfsgruppenorientierung**
  Alles, was die Bedarfsgruppe (vermeintlich) will, wird entwickelt – immerhin will man ja als flexibel und innovativ gelten. Da wird so manches Projekt in der Hoffnung ausgetüftelt, dass man später noch den einen oder anderen Kunden dafür findet. Leider trügt diese Hoffnung allzu oft.

Natürlich wird sich jede Innovation entweder auf Leistungen oder Produkte oder auf Prozesse richten. Entscheidend ist aber, woher der Impuls für das Innovationsvorhaben kommt. Denken Sie immer von der Bedarfsgruppe und vom Bedarf her und innovieren Sie nicht einfach um der Innovation willen. Nur wenn Sie bedarfsgruppen- und problemorientiert denken und handeln, haben Ihre Innovationen den optimalen Erfolg.

WIE SPINNOVATION FUNKTIONIERT

Die wichtigste und unabdingbare Voraussetzung für eine intelligente ganzheitliche Spezialisierung ist der im Dialog mit der genau definierten Bedarfsgruppe herausgearbeitete zentrale Engpass.

Aus der Psychologie wissen wir, dass wir automatisch kreativer und innovativer sind, wenn wir die Probleme anderer Menschen lösen anstatt unserer eigenen. Dazu bekommen wir im Spinnovation-Prozess noch einen weiteren machtvollen Verbündeten: unsere Bedarfsgruppe. Diese ist naturgemäß stark an der Lösung ihrer Probleme interessiert und hat daher eine zentrale Rolle im Innovationsprozess. Die Bedarfsgruppe ist der Spezialist für die Probleme und gemeinsam mit der Bedarfsgruppe sind Sie die Spezialisten für die Lösung. Durch diesen Gleichklang der Interessen entsteht eine kreative und kooperative Zusammenarbeit – oder anders ausgedrückt: Synergie. Voraussetzung ist allerdings, dass Sie die Entwicklung der Innovation in einem kybernetischen Prozess stets am Echo der Bedarfsgruppe orientieren. Kapital wird im Idealfall nur dann eingesetzt, wenn sichergestellt ist, dass die Bedarfsgruppe die Innovation annimmt.

Spinnovation funktioniert über Trial and Error. Sobald irgendwelche Unklarheiten oder Unsicherheiten darüber bestehen, ob man den richtigen Weg eingeschlagen hat, bestimmt das Feedback der Bedarfsgruppe, wie es weitergeht. Auf keinen Fall dürfen solche Fragen hierarchisch entschieden werden. Im Idealfall wird die Innovation im ständigen Kontakt mit der Bedarfsgruppe entwickelt. Gerade in der Innovationsphase funktioniert die Bedarfsgruppe wie ein Echolot, mit deren Hilfe Sie stets den optimalen Kurs steuern. Häufig wird eingewendet, dass die Konkurrenz mit solchen Tests zu früh aufmerksam wird. Das lässt sich durch eine gewisse Vorsicht bei der Auswahl der Gesprächspartner verzögern, jedoch niemals ausschließen. Eine übertriebene Geheimhaltung hat neben dem besonders krassen Nachteil der Isolation von der Bedarfsgruppe außerdem den Nachteil, dass man sich auch gegenüber Informationen, Anregungen und Ideen von außen abschottet. Den besten Schutz gegen Nachahmer bieten eine schnelle Etablierung auf dem Markt sowie die Aktivierung aller Ideen und Energien des gesamten Teams und des gesamten Unternehmens.

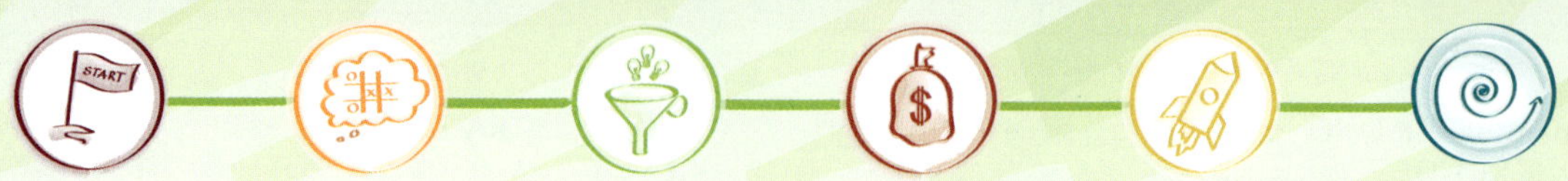

4 VON TRÄGEN MITARBEITERN UND GIERIGEN KUNDEN

Dieses Kapitel zeigt, dass wir unser Denken ändern sollten, wenn wir wirklich andere und bessere Ergebnisse erzielen wollen: Es geht um unsere mentalen Modelle, die wir von der Welt haben. Denn wie man es auch dreht und wendet: Was wir glauben, bestimmt, wie wir handeln. Halten wir die Erde für eine Scheibe, werden wir uns nicht allzu weit vom Ufer entfernen, weil wir Angst haben, am Rand in den Abgrund zu stürzen. Sind wir überzeugt, die Erde sei rund, werden wir mit größerer Zuversicht zu neuen Ufern aufbrechen. Auch mit einer neuen Strategie begeben wir uns auf eine Reise ins Neuland. Darum schauen wir im Folgenden auf die mentalen Modelle – man kann stattdessen auch von Theorien oder Überzeugungen sprechen –, die wir uns über die beiden wichtigsten Mitspieler im Strategie- und Innovationsprozess zugelegt haben: unsere Mitarbeiter und unsere Kunden.

Sowohl zu Kunden als auch zu Mitarbeitern haben wir ein mehr oder weniger schizophrenes Verhältnis, wenn wir uns an das Paradigma der Gewinnmaximierung halten. Einerseits ist das Unternehmen ohne Mitarbeiter und Kunden gar nicht denkbar – andererseits hindern sie uns mit ihren Ansprüchen daran, unser wichtigstes Ziel zu erreichen: Gewinn zu machen. Denn in der Theorie wollen die Mitarbeiter möglichst viel Geld für ihre Arbeit und sind daher ein störender Kostenfaktor. Auf der anderen Seite will der Kunde möglichst wenig für ein Maximum an Kundennutzen bezahlen. Auch das drückt auf die Renditen. Wir werden für Spinnovation aber gerade Kunden und Mitarbeiter als wichtige Verbündete brauchen. Wie schon ausführlich im Kapitel über Spezialisierung erklärt, funktioniert Spinnovation nur unter der Zielsetzung „Maximierung des Kundennutzens". Also werden wir jetzt noch ein bisschen tiefer in das Thema „alte Wahrheiten hinterfragen" einsteigen.

WER MACHT DIE STRATEGIE?

Da Strategie und Innovation für das Überleben des Unternehmens entscheidend sind, ist es selbstverständlich Chefsache, darüber zu entscheiden. Das passt zu unserem Bild vom Kapitän, der das Unternehmensschiff zu neuen Ufern durch stürmische See führt und von seinen Offizieren dabei unterstützt wird. Die Mannschaft schuftet derweil unter Deck, stellt den Kurs nicht ernsthaft in Frage – sie wird natürlich dazu auch nicht gefragt –, und verlässt sich auf die Pläne und Kompetenzen von „denen da oben".

Auf dies Art und Weise führen wir Unternehmen, seitdem in den Heerlagern der Römer das erste Mal Massengüter wie Waffen, Rüstungen und Haushaltsgegenstände hergestellt wurden. In diesen *fabricas* galten die gleichen hierarchischen Regeln wie im Militär. Das Muster „Die oben entscheiden, die unten folgen ohne Murren" ist natürlich nicht nur auf Wertschöpfungsprozesse oder Wirtschaftssysteme beschränkt. Es verfolgt uns unser Leben lang. Als Kinder folgen wir den Eltern, als Schüler den Lehrern, als Azubis den Meistern, als Studenten den Professoren und in den Unternehmen unseren Vorgesetzten. Alle wissen, was gut für uns ist und welche Lern- und Arbeitsschritte wir zu absolvieren haben. In keinem dieser Systeme werden wir normalerweise ermuntert, dieses System infrage zu stellen und eigene Entwürfe zu entwickeln. Im Gegenteil: Das Infragestellen der Systeme wird wahlweise mit Zynismus, Spott, schlechten Noten, Verwarnungen oder Kündigungen sanktioniert.[37] Bis vor kurzem konnte man mit selbstständig denkenden Menschen auch nicht allzu

---

[37] Natürlich gibt es löbliche Ausnahmen von dieser Regel: Eltern und Lehrer, die Kinder als eigenständige Persönlichkeiten ernst nehmen, und Unternehmer, die nicht glauben, die Weisheit für sich gepachtet zu haben. Doch das sind leider immer noch eins: Ausnahmen.

viel anfangen: Der gehorsam folgende Bürger passt bestens in die Industriegesellschaft, ins Militär und in praktisch alle Regierungssysteme zwischen Diktatur und Demokratie[38] – bis heute.

Zur Erinnerung: Die Fähigkeit zur erfolgreichen Innovation ist nicht nur zur zentralen Überlebensfrage von Unternehmen, sondern – das mag jetzt pathetisch klingen – nach allem was wir wissen auch zur zentralen Überlebensfrage unserer Spezies geworden. Dass es innerhalb des bestehenden Systems überhaupt gelungen ist, ein so hohes Maß an Fortschritt zu erzeugen, grenzt an ein Wunder. Wir brauchen technologische und soziale Innovationen auf allen Ebenen:

- Technologie: Nach wie vor verzettelt sich die Welt in Energiekriegen, statt die Kräfte zu bündeln, um die im Überfluss zur Verfügung stehende Sonnenenergie schneller zu nutzen.
- Ökologie: Unser derzeitiges System belohnt Unternehmen, die schneller als andere Kundenbedürfnisse erkennen und dafür Lösungen produzieren. Ob wir dabei die natürlichen Ressourcen noch schneller erschöpfen und/oder unbrauchbar machen, interessiert noch immer viel zu wenige.
- Politik: Wir sehen in praktisch allen Systemen ein Politikversagen von mehr oder weniger dramatischem Ausmaß. Das betrifft nicht nur die Ökologie (siehe oben), sondern auch Themen wie Staatsverschuldung, Entwicklungschancen aller Menschen, Friedenspolitik, Migration.
- Management: Die Art und Weise, wie wir Wertschöpfung betreiben, gehört auf den Müll. Diese Erkenntnis ist schon seit Langem in der Managementforschung angekommen. Strategiepapst Gary Hamel hält Managementinnovationen für die vordringlichste Aufgabe seiner Zunft. „First get angry. And then fire all the Managers", lautet seine Empfehlung. Wütend kann man gern werden, alle Manager zu feuern ist Unsinn: Nicht die Manager sind das Problem, sondern das System, innerhalb dessen diese Manager durchaus rational agieren und keinerlei Anreize haben, sich anders zu verhalten. Nicht das Feuern der Manager ist die Lösung, sondern die Änderung der Spielregeln.

Kurz gefasst hier die wichtigsten Gründe, warum die Art und Weise, wie wir Unternehmen führen, dringend geändert werden muss:

- Demotivation. Wie im zweiten Kapitel schon ausgeführt, gingen 2016 nur 15 Prozent der Mitarbeiter motiviert zur Arbeit – der Rest machte Dienst nach Vorschrift (70 Prozent) oder befand sich in der inneren Kündigung (15 Prozent). Das heißt: 85 Prozent der Mitarbeiter sitzen ihre Zeit im Unternehmen ab und tun nur das, was gerade so erforderlich ist. Das sind dramatische Zahlen: Zum einen für die Menschen, die einen erheblichen Teil ihrer Lebenszeit in offensichtlich ungeliebten Arbeitsumgebungen verschwenden. Und natürlich genauso für die Unternehmen, denen ein riesiges Potenzial von Ideen und Engagement entgeht.
- Kompliziert versus komplex. Unser Managementmodell ist auf das Industriezeitalter zugeschnitten und hat dort hervorragend funktioniert. Neben der gewohnt hierarchischen Struktur zeichnete es sich vor allem durch eine Trennung von Denken und Handeln aus: Im Management wird gedacht, auf den unteren Rängen ausgeführt. Ein dichtes Netz von Arbeitsplatz- und Prozessbeschreibungen, Zielvereinbarungen, Budgetierungen und Kontrollmechanismen versucht sicherzustellen, dass keiner auf den unteren Rängen auf falsche Gedanken kommt und aus dem System ausschert. So ist es kein Wunder, dass die oben genannten 85 Prozent bestenfalls Dienst nach Vorschrift machen – denn das ist genau das, was von ihnen erwartet wird. Das Industriesystem hat zu unglaublichen Produktivitätsgewinnen und – zumindest für eine Minderheit – zu einem vor 100 Jahren noch unvorstellbaren Wohlstand geführt. Industrieunternehmen sind exzellent darin, komplizierte Aufgaben zu lösen. Sie versagen allerdings, wenn es darum geht, komplexe Aufgaben zu lösen. Kompliziert

---

[38] Möglicherweise resultiert daraus das erstaunliche Desinteresse an einer wirklichen Reform unseres Bildungssystems.

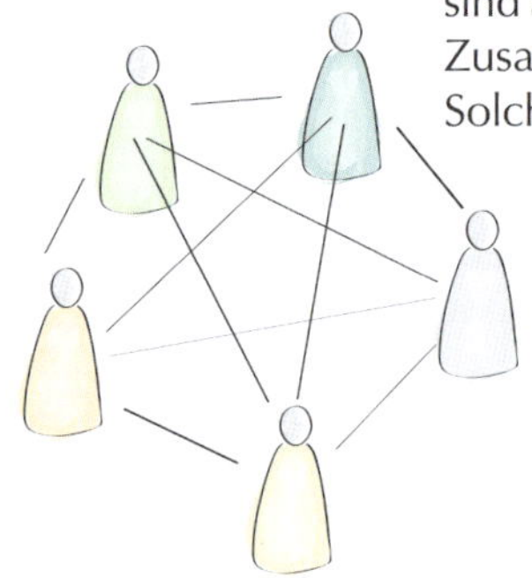

sind alle vorhersehbaren und berechenbaren Aufgaben, in denen es einfache Ursache-Wirkungs-Zusammenhänge gibt. Der Bau einer Waschmaschine oder eines Airbus A380 gehört dazu. Solche Aufgaben bewältigt man mit Expertenwissen. Komplexe Aufgaben dagegen sind nicht berechenbar. Sie stecken voll Überraschungen und sind nicht planbar. Zu diesen Aufgaben gehören Innovation und Strategie: Ob und wie sie funktionieren, wird von unzähligen Faktoren beeinflusst – vor allem von Menschen. Denn wann und wie Menschen Ideen haben, ob diese Ideen tatsächlich zu Innovationen werden und ob diese zu höherer Produktivität oder höherer Nachfrage führen, kann niemand vorhersagen. Diejenigen Unternehmen haben bei komplexen Aufgaben die Nase vorn, die am schnellsten Experimente machen, die am schnellsten lernen und die das Können ihrer Mitarbeiter dabei möglichst gut einbeziehen. Hierarchische Systeme funktionieren in komplizierten Welten. In komplexen Welten arbeiten sie ineffizient.

Vor der wichtigen Überlebensfrage „Mit welcher Strategie und welchen Innovationen schlage ich die Konkurrenz?" müssen wir also die Frage beantworten: „Welche Systeme und Rahmenbedingungen brauchen meine Mitarbeiter, damit sie diese Strategien und Innovationen entwickeln und umsetzen können?" Denn Kreativität gedeiht nicht besonders gut in hierarchischen Kommando- und Kontrollsystemen. Nicht Chefs dürfen entscheiden, wer welche Budgets für welche Innovationen bekommt. Diese Antworten müssen wir anders finden. Damit wir das zulassen können, müssen wir zunächst an die Wurzel unserer Managementsysteme gehen: an unser Menschenbild.

DIE ROLLE DES MENSCHENBILDES

Die Erfinder der Managementlehre glaubten, der Mensch sei ein egoistisches, bequemes Wesen, das gern den Weg des geringsten Widerstandes geht und sich nur anstrengt, um sich selbst und seine Familie zu ernähren. Auch ist er nur um seines eigenen Vorteils willen kooperationsfähig. Ansonsten ist der Mensch ein zivilisiertes Tier, das seinen Eigennutz maximiert und nur über Erziehung, Reglementierung, Belohnungen und Strafandrohung auf Kurs gehalten werden kann. Dahinter steckt das Menschenbild der Soziobiologie. Derzufolge ist der Mensch auf Selbst- und Arterhalt – also in erster Linie auf Fortpflanzung – programmiert. Alle seine Handlungen sind auf dieses Ziel gerichtet: Karriere machen, schön aussehen, Statussymbole anschaffen – alles das steht ganz im Dienst eigennütziger Motive.

Die ökonomische Theorie setzt da noch eins drauf: Hier agiert der Mensch, der Homo oeconomicus, wie eine gefühlsamputierte, egozentrische Witzfigur. Der wichtigste Protagonist, der Unternehmer oder das Unternehmen, betrachtet als obersten Daseinszweck das Anhäufen von Gewinnen. Der Antagonist kennt nur einen einzigen Lebenszweck: das Konsumieren von Gütern und Dienstleistungen bis zur Sättigungsgrenze. Diese ist bei einzelnen Gütern schnell erreicht – der Grenznutzen des fünften Biers in Folge ist negativ –, in Gänze jedoch sind die Bedürfnisse unendlich. Ob irgendjemand durch das eigene Streben nach Befriedigung zu Schaden kommt, interessiert den Modellkonsumenten nicht. Auch hat er keinerlei Bedürfnisse nach Dingen, die nicht von Knappheit regiert werden. Luft und Liebe, die Nahrung der Verliebten, kommen im Marktmodell nicht vor. Diese Vereinfachung ist in der ökonomischen Theorie so lange in Ordnung, solange sie damit komplizierte, also berechenbare Probleme lösen kann. Sobald aber der unberechenbare und komplexe Mensch ins Spiel eintritt, kommen wir damit nicht weit.

Ungeachtet dessen haben wir in Unternehmen Strukturen geschaffen, die auf dem egoistischen Menschenbild aufbauen. Sie sind geprägt von Misstrauen, Kontrolle, Leistungsprämien, Stellenbeschreibungen und anderen Folterwerkzeugen. Wir haben Zeiterfassung, weil die Arbeiter sonst nicht pünktlich an die Maschine gehen, oder geben den Vertrieblern Prämien, weil sie sonst nur

Däumchen drehen würden. Zielvorgaben und Budgets sorgen dafür, dass die Mitarbeiter sich in einem exakt vorbestimmten Rahmen bewegen. Leider hat man dabei übersehen, dass man in solchen Systemen genau die Verhaltensweisen erzeugt, für die man sie konstruiert hat: Halten wir unsere Mitarbeiter für bequem, werden sie sich genauso verhalten. Ein typischer Teufelskreis.

Das negative Menschenbild ist keine Domäne der Ökonomie: In praktisch allen Lebensbereichen hält man den Menschen für ein Mängelwesen, das nur durch Strafandrohungen und Belohnungen auf Kurs gehalten werden kann. Ein gutes Beispiel ist das Bildungssystem. Dieses haben wir exakt der Industrieproduktion nachgestellt: Dort ist das Ziel, gleichartige, fehlerfreie Produkte hervorzubringen. In unseren Schulen soll genau das passieren. In jeder Schulstufe werden homogene Bildungsgüter erzeugt: Menschen, die alle das Gleiche wissen und können. Abweichungen von der Norm werden allenfalls nach oben geduldet. Wie die Arbeiter in der Fabrik setzen sich die Schüler auf Kommando an ihren Arbeitsplatz und tun dort das, was ihnen aufgetragen wird: Wissen in kleinen Häppchen durchkauen, verdauen und wieder ausscheiden. Nach Zusammenhängen und Sinn wird – ebenso wie in der arbeitsteiligen Fabrik – nicht gefragt. Die Kommunikation ist streng hierarchisch reglementiert und das Ergebnis einer externen Qualitätskontrolle, den Schulnoten, unterworfen. Am Ende werden Menschen auf den Arbeitsmarkt entlassen, die sich anzupassen gelernt haben und sinnlose Aufgaben klaglos ertragen. Das ist aus sehr vielen Gründen fatal. Unter anderem deshalb, weil dummerweise die Arbeitsplätze aussterben, an denen unkritische Befehlsempfänger gebraucht werden. Und last not least: Menschen, die darauf brennen, nach der Schule ihr persönliches Potenzial zum Nutzen des Ganzen zu entfalten, gewinnt man auf diese Art und Weise nicht. Dass ein solches Zwangssystem Widerstände und „Versager" produziert, liegt auf der Hand. Auch hier: Unter der Annahme, Kinder seien nicht von sich aus motiviert zum Lernen, wird ein System installiert, das genau die Unlust erzeugt, die es zu bekämpfen versucht.

Der Ökonomieprofessor Douglas McGregor übte schon in den 60er-Jahren massiv Kritik am negativen Menschenbild der Managementlehre. Diese bezeichnete er als Theory X und stellte ihr das Menschenbild der Theory Y gegenüber. Derzufolge wird der Mensch auch von Motiven wie Selbstwirksamkeit und Sinnverwirklichung angetrieben. Menschen werden nicht als X geboren, sondern sie werden von den Systemen, in denen sie leben, dazu gemacht. Heute wissen wir aus der Positiven Psychologie und der Neurobiologie, dass McGregor genau auf der richtigen Spur war: Der Mensch ist keineswegs ein egoistischer Eigennutzmaximierer, sondern er ist ein Sozialwesen durch und durch. Für eine gesunde und glückliche Entwicklung braucht er neben materiellen Gütern vor allem Immaterielles: Bindung, Selbstentfaltung, Sinn, Sicherheit, Anerkennung und Wertschätzung. Wird dem Theory-Y-Menschen im Unternehmen der passende Rahmen geboten, übernimmt er gern Verantwortung und setzt sich mit allen seinen Fähigkeiten für den Erfolg des Systems ein.

Zur Frage nach der Natur des Menschen hat insbesondere die Neurobiologie interessante Ergebnisse zutage gefördert. Beispielhaft sei hier der Freiburger Professor Joachim Bauer genannt, der 80 neurobiologische Studien weltweit auswertete und zu folgendem interessantem Ergebnis kam: Wir sind aus neurobiologischer Sicht auf soziale Resonanz und Kooperation angelegte Wesen. Kern aller menschlichen Motivation ist, zwischenmenschliche Anerkennung, Wertschätzung, Zuwendung oder Zuneigung zu finden und zu geben. Das Bemühen des Menschen, als Person gesehen zu werden, steht noch über dem, was als Selbsterhaltungstrieb bezeichnet wird. Bauer zitiert aus einer amerikanischen Studie: „Die stärkste und beste Droge für den Menschen ist der andere Mensch." Wer jemals glücklich verliebt war in seinem Leben oder wer sich schon einmal über das Lob eines Kunden oder Kollegen gefreut hat, kann dies sicherlich sofort bestätigen. Fühlen wir uns angenommen und wertgeschätzt, schüttet der Körper die sogenannten Glückshormone wie Oxytocin und Dopamin aus – das Gleiche passiert, wenn wir Drogen wie Kokain oder MDMA, den Kernbestandteil von Ecstasy, einwerfen. Umgekehrt produzieren wir sofort Neuroleptika, sobald wir ausgeschlossen, gemobbt oder kritisiert werden. Eine dauerhafte Überflutung durch solche Stresshormone macht uns krank.

Es stellt sich hier sofort die Frage, warum wir so viel Gewalt und Aggression in der Welt erleben, wenn doch der Mensch von Natur aus kooperativ und sozial veranlagt ist. Auf diese Frage findet Bauer drei einleuchtende Antworten:

1. Das angeborene Bedürfnis nach zwischenmenschlichem Kontakt und Wertschätzung muss durch starke und verlässliche Bindungserfahrungen vom Moment der Geburt an gefördert und weiterentwickelt werden. Ansonsten verkümmern die dafür zuständigen Rezeptoren und der Weg ist frei für aggressive und unsoziale Verhaltensweisen, wie wir sie in jeder Gesellschaftsschicht finden. Die Bindungsforschung hat dazu in Langzeitstudien eindeutige empirische Belege gefunden.
2. Aggression und Isolation sind häufig die Folge fehlgeschlagener Bindungsversuche. Auch dieses Phänomen kennt man aus dem Privatleben: Gerade noch stand der/die Angebetete im Mittelpunkt der Träume, doch kaum ist man abgeblitzt, drehen sich die Gefühle möglicherweise genau in die entgegengesetzte Richtung.
3. Man erfährt in gemeinsam ausgeübter Aggression Bindung, soziale Akzeptanz und Wertschätzung. Beispiele sind Bandenkriminalität, Armeen oder Unternehmen, die ihre Mitarbeiter auf den Kampf um Marktanteile und/oder die Vernichtung von Konkurrenten einstimmen und so ein großes Zusammengehörigkeitsgefühl erzeugen.

Praktisch alles, was wir heute tun, tun wir letztlich für Anerkennung und Wertschätzung – und dieses Grundmotiv ist es auch, das uns selbst und die Märkte am Laufen hält.

Wenn wir zu einer ganzheitlichen, nachhaltigen und sozial akzeptierten Form des Wirtschaftens finden wollen, so müssen Betriebswirtschaft und Managementlehre aus dem engen Korsett ihres weltfremden Reduktionismus und von ihrem negativen Menschenbild befreit werden. Die Alternativen dazu existieren längst. Unzählige kleine und mittlere Unternehmen, die nicht von Angst und Gier getrieben werden, sondern von Werten wie Kundennutzen, Innovationsfreude und Verantwortung für ihre Mitwelt, leben es täglich vor, sind jedoch unsichtbar in den Medien und in der ökonomischen Theorie.

Spinnovation liegt – natürlich – das Theory-Y-Menschenbild zugrunde. Denn Sie werden für Ihre neue Strategie das gesamte Wissen und die gesamte Kreativität Ihres Teams benötigen. Im weiteren Verlauf werden Sie diverse Methoden kennenlernen, mit deren Hilfe Sie Ihre Mitarbeiter mit all ihren Fähigkeiten in den Strategieprozess einbinden. Sie werden damit umso erfolgreicher sein, je mehr Sie daran glauben, dass jeder Mitarbeiter nur darauf wartet, mehr Verantwortung zu übernehmen, und sich unter den richtigen Rahmenbedingungen mit voller Kraft für das Unternehmen einsetzen wird.

JETZT ZU DEN KUNDEN

Soweit zu unseren mentalen Modellen in Bezug auf unsere Mitarbeiter. Kommen wir jetzt zum nächsten Thema: unser Verhältnis zu unseren Kunden. Auch hier hat das Theoriemodell der BWL dafür gesorgt, dass wir die gleiche schizophrene Beziehung zu unseren Kunden haben wie zu unseren Mitarbeitern. Und das liegt zunächst einmal am Paradigma der Gewinnmaximierung. Dadurch sind wir unseren Kunden bzw. Nachfragern in einer eigentümlichen, schizophrenen Hassliebe verbunden: ohne Konsument kein Gewinn. Und auf der Suche nach mehr Gewinn muss das Unternehmen in die Tiefe der Psyche seiner Kunden vordringen, denn jeder unerfüllte Wunsch, jedes unerwünschte Gefühl bedeutet eine Umsatzchance. Ist das gelungen, muss eine Bindungsbeziehung her: Ein treuer Kunde ist ein besonders profitabler Kunde. Also müssen wir ihn weiter umgarnen, ihm jeden Wunsch von den Lippen ablesen und immer besser erspüren, wie wir ihn für ewig an uns binden. Je höher sein Lifetime-Value[39], desto größer unser Bindungsbedürfnis. Geht es jedoch um den Preis, ist Schluss mit Romantik. Und auch sonst ist gelegentlich die vordergründige Liebesbeziehung eine reine Ausbeutungsbeziehung.

Natürlich ahnt der Konsument, dass der Anbieter nur des lieben Geldes wegen so nett zu ihm ist. Hat der Anbieter seinen Job gut gemacht, hat er seine Kunden durch Gehirnwäsche – Markenführung – zum willenlosen Konsum-Zombie gemacht. Hat der Konsument sich jedoch noch einen Rest freien Willens bewahrt, spielt er die Anbieter gnadenlos gegeneinander aus. Märkte sind Experimentierfelder der psychologischen Kriegsführung.

Auch im Vertrieb geht es zu wie im Krieg. An der Kundenfront wird um Marktanteile und Margen gekämpft. Bewaffnet und trainiert wird der Verkäufer mit Psychomethoden, Einwandbehandlung und Abschlusstechniken. Dahinter steckt der falsch verstandene Darwinismus des „Survival of the fittest" und des „Struggle for survival": Im Überlebenskampf siegt der Stärkste und Beste. Begleitet wird dieses Missverständnis vom linear-statischen Kuchen-Denken: Der Markt ist wie ein großer Kuchen, von dem sich viele Mitbewerber ein möglichst großes Stück abschneiden wollen. Wer sich am schnellsten und mit den besten Messern bewaffnet in den Kampf stürzt, erkämpft sich das größte Stück. So ist es denn kein Wunder, dass normale Menschen „die Wirtschaft" nicht als einen Ort der Erfüllung und der Selbstentfaltung verstehen, sondern als notwendiges Übel.

Alles Unsinn. Denn die Welt ist kein Jammertal der Knappheit, sondern eine Wundertüte voll von Möglichkeiten. Statt uns auf den Mangel und den Kampf inklusive bestmögliche Bewaffnung zu konzentrieren – inklusive Kampf gegen unsere Kunden –, ist es einfacher, erfreulicher und kostengünstiger, sich auf Chancen, Verbesserungen und Kreativität zu konzentrieren. Ökonomie ist kein Krieg mit anderen Mitteln, in dem die beste Waffe genügend Eigenkapital ist. Im Gegenteil: Die Umsatzchancen sind unendlich, solange es Probleme auf der Welt gibt. Knapp ist allenfalls unsere Fähigkeit, diese Probleme zu erkennen und auf innovative Art zu lösen. Im neuen Paradigma muss Gewinn nicht maximal, sondern optimal sein: Genug, um in die Zukunft investieren zu können, genug, um Menschen ordentlich zu bezahlen, genug, um die Prozesse an ökologischen Kriterien auszurichten. Die Ökonomie, welche die Kapitalrendite in den Mittelpunkt stellt, hat ausgedient. Stattdessen gilt der Spinnovation-Grundsatz: Unternehmen sind dazu da, Kundennutzen zu maximieren. Und dabei sind unsere (potenziellen) Kunden die besten Verbündeten. Denn sie kennen ihre Bedürfnisse und Probleme am besten. Sie haben jede Menge eigene Ideen, wie man jene lösen kann. Und wenn sie die nicht haben, so können sie doch schon sehr früh beurteilen, ob unsere eigenen Ideen etwas taugen oder nicht, und können uns sagen, was sie stattdessen wollen. Und damit ersparen unsere Kunden – oder die, die es werden sollen – uns jede Menge Zeit und Kosten. Im Spinnovation-Prozess binden wir die potenziellen Kunden von Anfang an in die kreativen Prozesse ein. Spinnovation baut auf eine symbiotische Beziehung zwischen Unternehmen und Bedarfsgruppe. Zum ganzheitlichen Spezialisierungsprozess gehört das klare Bekenntnis zu einer Bedarfsgruppe. Deren Wohlergehen bildet die Mission Ihres Unternehmens. Sie ist also nicht mehr Mittel zum Zweck – Gewinn machen –, sondern Verbündeter und Entwicklungspartner!

---

[39] Der Lifetime-Value ist der (diskontierte) Deckungsbeitrag, der mit einem Kunden während seines gesamten „Kundenlebens" realisiert wird.

5 DIE STRATEGIEMETHODE „SPINNOVATION"

In diesem Kapitel fassen wir zuerst kurz zusammen, was Spinnovation genau ist. Dann gehen wir noch einmal näher auf die Grundlagen von Spinnovation ein, um im Anschluss die Prinzipien dieser neuen Strategiemethode zu formulieren.

Wer mit Spinnovation seine neue ganzheitliche Spezialisierung entwickeln will, muss zu Beginn des Strategieprozesses seine Aufgabenstellung einer der vier grundlegenden strategischen Fragen zuordnen. Welche Fragen das sind, erläutern wir in Kapitel 5.4 „Die vier strategischen Fragestellungen".[40] Danach stellen wir kurz die einzelnen Phasen, die ein Spinnovation-Strategieprozess durchläuft, vor.

Bei Spinnovation geht es aber nicht nur um das „Was machen wir", sondern ganz konkret auch um das „Wie machen wir es". Die dazu notwendigen Modelle, Methoden und Werkzeuge führen wir am Ende dieses Kapitels ein, bevor es dann mit dem Strategieprozess losgeht.

5.1 SPINNOVATION – SPEZIALISIERUNG UND INNOVATION

Sie fragen sich, woher kommt der neue Begriff Spinnovation? Bestimmt ahnen oder wissen Sie es schon, falls nicht: Spinnovation setzt sich aus **„Spezialisierung"** und „**Innovation**" zusammen. Was genau ist jetzt aber Spinnovation?

Spinnovation ist eine neue Methode zur Entwicklung einer ganzheitlichen Spezialisierungsstrategie und zu deren dauerhafter Verankerung in der Unternehmenskultur. Spinnovation trennt dabei nicht zwischen Strategieentwicklung und -umsetzung, beides findet zeitgleich statt. Ganzheitliche Spezialisierung ist – wie wir schon kennengelernt haben – die Konzentration der Unternehmenskräfte auf Produkte oder Dienstleistungen, die wesentliche Engpässe bei einer eng umrissenen Bedarfsgruppe[41] lösen. Bei Spinnovation wird alles der Verbesserung im Engpass der Bedarfsgruppe untergeordnet und alle Unternehmensressourcen werden darauf ausgerichtet. Um dauerhaft erfolgreich zu sein und mögliche Spezialisierungsrisiken zu vermeiden, geht es nicht nur um den vordergründigen Engpass der Bedarfsgruppe, sondern um das dahinterliegende dauerhafte Grundbedürfnis. Um es auf den Punkt zu bringen: Das Ziel von Spinnovation ist, keinen Wettbewerb mehr zu haben! Oder anders ausgedrückt: den Kunden einen zwingenden Nutzen zu bieten und Bedarfsgruppenbesitzer zu sein.

Grundlegende Definitionen

Ein **Engpass** ist ein besonders problematischer Spannungszustand, der auf Problemen, Bedürfnissen, Wünschen, Sehnsüchten, Ängsten, Phobien, Abneigungen und Mangelempfinden der Bedarfsgruppe beruht und die Entwicklung der Bedarfsgruppe maßgeblich behindert.

Ein **Spezialgebiet** bzw. eine Spezialisierung ist die Konzentration auf die Lösung eines Engpasses einer eng umrissenen Bedarfsgruppe.

Unter **Bedarfsgruppenbesitz** versteht man das Vertrauen und die Zuneigung einer Bedarfsgruppe, in der man als bester Problemlöser in seinem Spezialgebiet gilt.

---

40 Siehe ab S. 67.
41 Später werden wir noch sehen, dass sich ein ganzheitlicher Spezialist auch mehrere Bedarfsgruppen erschließen kann – das würde jetzt aber erst einmal zu weit führen.

Spinnovation definiert Strategieentwicklung als Teamaufgabe. Über den gesamten Strategieprozess sind neue Arbeitsformate integriert, die viele Mitarbeiter auf Augenhöhe einbinden. Einige davon nutzen spielerische Elemente. Die Konsequenz: Aus „Culture eats Strategy for Breakfast" wird „Culture feeds Strategy". Auch die Kunden werden eng in die Strategieentwicklung eingebunden. Nicht nur beim Herausarbeiten des größten Engpasses und beim Testen der entwickelten Innovationen. Es geht so weit, dass wir im direkten Dialog mit den Kunden die Problembeschreibungen erarbeiten und gemeinsam innovative Lösungen entwickeln. Dazu bauen wir bei Spinnovation einen Kundenbeirat auf und nutzen dort Großgruppenmethoden und Design Thinking[42]. In dem Zusammenhang sprechen wir von Customer Co-Creation[43] – unsere Kunden gestalten Produkte oder Dienstleistungen mit.

Wie kann man es mit Spinnovation aber schaffen, dauerhaft erfolgreich zu sein? In den letzten drei Jahrzehnten wurde mit zunehmender Geschwindigkeit und Intensität innoviert, egal ob auf Prozess-, Produkt- oder Geschäftsmodellebene. Immer mit dem Ziel, Wettbewerbsvorteile zu erlangen. Leider bietet das schnelle Innovieren immer weniger Schutz: Es gibt ausreichend Nachmacher, die sich schnell aufs Trittbrett stellen. Die Folge: Wettbewerbsvorteile nivellieren sich immer schneller.[44] Warum bietet hier Spinnovation eine dauerhafte Lösung? Um eine ganzheitliche Spezialisierung zu erreichen, braucht man eine entsprechende Unternehmenskultur. Seiner Bedarfsgruppe wirklich dienen zu wollen und zu können ist Geisteshaltung und Kultur; erst sie schafft die engen Beziehungen, die am Ende zu Bedarfsgruppenbesitz führen. Zusätzlich zur Unternehmenskultur braucht man zu ganzheitlicher Spezialisierung noch eine weitere Zutat: reiches Erfahrungswissen. Und beides, Unternehmenskultur und Erfahrungswissen, ist nicht schnell und einfach kopierbar.

Es gibt noch einen weiteren Punkt, in dem sich Spinnovation wesentlich von den herkömmlichen Strategiemethoden unterscheidet. Letztere basieren in vielen Bereichen auf Annahmen. Selbst die Ergebnisse eines mehrstufigen und gründlichen Analysierens von Zahlen über Marktgrößen, Marktanteilen etc. sind nichts anderes als durch die vordergründige Objektivität von Zahlen getarnte Annahmen und Vermutungen! Erst bei der Markteinführung der Produkte oder Dienstleistungen kommt die harte Überprüfung der Annahmen. Nimmt der Markt unser Produkt oder unsere Dienstleistung an? Falls nicht, waren die Annahmen falsch. Der Zeitpunkt, die Annahmen zu überprüfen, ist aber sehr schlecht. Floppt das Produkt, wurden jede Menge Ressourcen verschwendet. Neuere Ansätze wie Design Thinking[45], Lean Startup[46] oder Business Model Generation[47] überprüfen, wie Spinnovation auch, in iterativen Prozessschritten ständig die Annahmen, vor allem jene, die über den Nutzen des neuen Wertangebotes bei der Bedarfsgruppe gemacht wurden.

Spinnovation ist mit seiner ganzheitlichen Spezialisierung aber „kontra-intuitiv". Wie zuvor schon gesagt, versuchen die meisten Manager aus Sicherheitsgründen, möglichst viele Kundenprobleme zu lösen. Der Logik folgend: Je mehr Probleme wir lösen, desto mehr Aufträge können wir annehmen und desto stärker werden wir wachsen. Um Spinnovation erfolgreich anwenden zu können, braucht es beim Unternehmer bzw. Geschäftsführer zwei grundlegende Voraussetzungen: Er muss der Intuition, sein Unternehmen breit aufzustellen, erst einmal widerstehen – wie oben

---

[42] Design Thinking ist ein Ansatz bzw. eine Methode, die zum Entwickeln neuer Ideen und zum Lösen von Problemen eingesetzt wird und bei der die Nutzersicht eine entscheidende Rolle spielt. Darauf gehen wir in Kapitel 5.6.4 ab S. 78 näher ein.

[43] Bei Customer Co-Creation sind Kunden nicht nur passive Konsumenten einer angebotenen Leistung, sondern gestalten Produkte oder Dienstleistungen mit. Teilweise übernehmen dabei Kunden sogar ganz oder teilweise die Entwicklung und Herstellung der Produkte.

[44] Jürgen Erbeldinger, Thomas Ramge: Durch die Decke denken: Design Thinking in der Praxis, 3. Auflage München 2015.

[45] Siehe ab S. 78.

[46] Eric Ries: Lean Startup: Schnell, risikolos und erfolgreich Unternehmen gründen. München 2014.

[47] Alexander Osterwalder, Yves Pigneur: Business Model Generation. Ein Handbuch für Visionäre, Spielveränderer und Herausforderer. Frankfurt am Main, 2011.

gesagt, Spinnovation ist „kontra-intuitiv". Und er muss Strategie als Aufgabe des ganzen Unternehmens sehen und sich voll und ganz mit einem vielfältig zusammengesetzten Strategieteam auf den Strategieprozess einlassen.

5.2 DIE GRUNDLAGEN VON SPINNOVATION

Der Spinnovation-Prozess basiert auf tausendfach erprobten Powermethoden, die bisher beziehungslos nebeneinander existierten. Wir haben sie verdichtet und – ergänzt um Erfahrung aus Hunderten von Strategieprozessen – in ein praxisorientiertes Konzept gegossen. Die Grundlagen dieser Methoden stellen wir auf den nächsten Seiten vor. Sie bilden so etwas wie eine „Metamethode", das heißt: Was wir jetzt erfahren, können wir auf jede Fragestellung anwenden, die im Rahmen des Strategie- und Innovationsprozesses auftaucht. Sie sind so etwas wie die Schlüsselmethoden in komplexen Situationen, denn alle drei drehen sich um ein zentrales Thema: Wie können wir Menschen – Mitarbeiter, Kunden und Partner – für das begeistern, was wir tun wollen oder für das, was getan werden muss? Alle drei Methoden wurden übrigens von Unternehmern für Unternehmer entwickelt. Hier sind sie:

- Die Engpasskonzentrierte Strategie (EKS®) – eine zwingend einfache Methode zur ganzheitlichen Spezialisierung.
- Visioning – ein Führungsinstrument in Veränderungsprozessen, mit dem man die Kreativität fördert und gleichzeitig die Widerstände in Unterstützung umwandelt.
- The Great Game of Business – ein spielerisches Verfahren, das man unter anderem dafür einsetzen kann, Projekte schneller und mit viel Motivation umzusetzen.

5.2.1 ENGPASSKONZENTRIERTE STRATEGIE (EKS)

Die Engpasskonzentrierte Strategie wurde von Wolfgang Mewes bereits in den 60er-Jahren entwickelt. Mewes betrieb damals in Frankfurt ein florierendes Fernlehrinstitut für Bilanzbuchhalter und Betriebswirte sowie eine Druckerei. Schon früh dämmerte es ihm, dass die kapital- und gewinnorientierte klassische Betriebswirtschaftslehre in eine Sackgasse führen würde. Seine zentrale Erkenntnis: Unternehmen sind nicht dazu da, ihren Gewinn zu maximieren, sondern dazu, die Probleme anderer zu lösen. Anders ausgedrückt: Unternehmen müssen den Nutzen für ihre Mitwelt maximieren, statt auf maximalen Eigennutz zu zielen. Je besser sie dies tun, desto erfolgreicher verläuft ihre eigene Entwicklung.

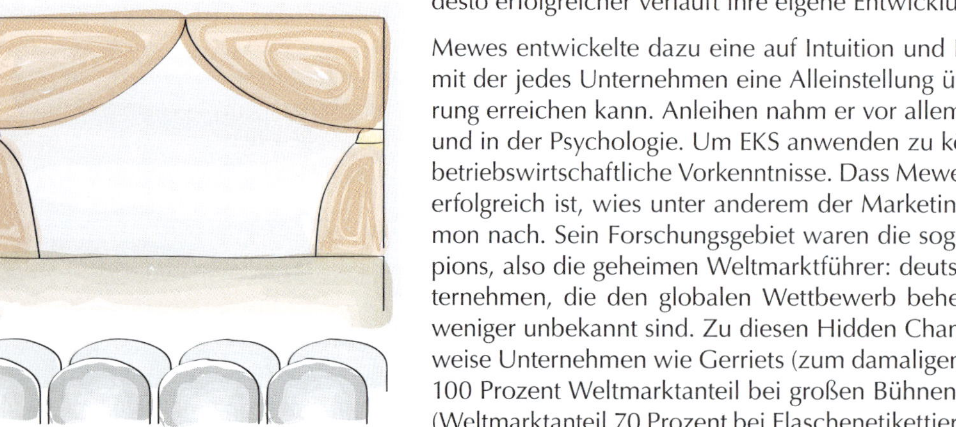

Mewes entwickelte dazu eine auf Intuition und Dialog basierende Methodik, mit der jedes Unternehmen eine Alleinstellung über ganzheitliche Spezialisierung erreichen kann. Anleihen nahm er vor allem in den Naturwissenschaften und in der Psychologie. Um EKS anwenden zu können, braucht man keinerlei betriebswirtschaftliche Vorkenntnisse. Dass Mewes' Lehre in der Praxis überaus erfolgreich ist, wies unter anderem der Marketing-Professor Hermann Simon nach. Sein Forschungsgebiet waren die sogenannten Hidden Champions, also die geheimen Weltmarktführer: deutsche mittelständische Unternehmen, die den globalen Wettbewerb beherrschen, aber mehr oder weniger unbekannt sind. Zu diesen Hidden Champions gehörten beispielsweise Unternehmen wie Gerriets (zum damaligen Zeitpunkt Monopolist mit 100 Prozent Weltmarktanteil bei großen Bühnenvorhängen), die Krones AG (Weltmarktanteil 70 Prozent bei Flaschenetikettiermaschinen) oder der Druck-

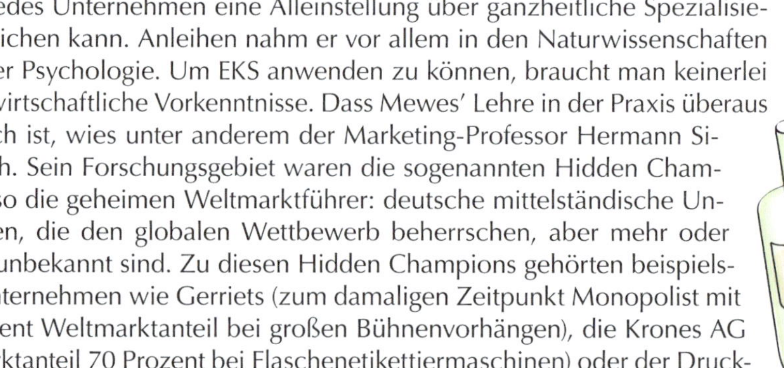

maschinenhersteller Koenig & Bauer (90 Prozent Weltmarktanteil für Geldschein-Druckmaschinen). Sensationelles konnte Simon den verborgenen Champions nicht entlocken – mit einer Ausnahme: „Im Zusammenhang mit der Spezialisierung und Schwerpunktbildung konnten wir feststellen, dass die EKS-Methode erstaunlich oft eingesetzt wurde. Dies ist eines der wenigen ‚Geheimnisse', die wir bei den ‚Hidden Champions' aufdecken konnten."[48]

Die EKS ist eine Metamethode. Wer dieses Wissen richtig anwendet, verfügt über die Fähigkeit, seine Kräfte auf den wirkungsvollsten Punkt zu richten und selbst mit begrenzten Mitteln große Wirkungen zu erzielen. Erinnern wir uns an die biblische Sage von David und Goliath: Der schmächtige Hirte besiegte den übermächtigen, hochgerüsteten Heeresführer der Philister mit einem einzigen Treffer seiner Steinschleuder. Warum? David hatte Goliath am sogenannten wirkungsvollsten Punkt getroffen, nämlich an der Stirn. Spätestens seit Jiu-Jitsu wissen wir, dass es nicht eine Frage der Stärke ist, wer siegt, sondern dass es vor allem eine Frage der Strategie ist: der Frage, wie und wofür wir unsere Kräfte einsetzen. Hätte David Goliath am Arm oder am Bein getroffen, wäre die Sache wahrscheinlich nicht gut ausgegangen. Doch der Treffer auf die Stirn reichte aus, um Goliath zu besiegen.

Vergleichbar ist die EKS auch mit der Wirkung eines Brennglases: Die gleichen Sonnenstrahlen, die gerade mal dazu ausreichen, innerhalb von zwei Stunden einen leichten Sonnenbrand hervorzurufen, werden mithilfe eines Brennglases zu einer Kraft, die innerhalb von Sekunden ein Feuer erzeugt. Nach genau dem gleichen Brennglasprinzip kann man auch in der Strategie die eigenen Kräfte – oder die Kräfte anderer – einsetzen.

Vier Prinzipien bilden die geistigen Grundlagen und die Philosophie der EKS.[49] Diese bilden auch die Basis für den Strategieansatz von Spinnovation.

EKS-PRINZIP 1: GANZHEITLICHE SPEZIALISIERUNG UND KONZENTRATION DER KRÄFTE

Über dieses Prinzip haben wir bereits alles in Kapitel 3 erfahren. Kurz gefasst: Spitzenleistung ist heute nur noch über Spezialisierung und Konzentration möglich, wenn man sich aus der Austauschbarkeit des Verdrängungswettbewerbs befreien will.

EKS-PRINZIP 2: DAS MINIMUMPRINZIP

Die sich an Prinzip 1 anschließende Frage lautet: Auf welche Leistungen und Probleme soll ich meine Kräfte richten, um selbst mehr Erfolg zu haben und um attraktiver für andere zu werden?

Die Welt ist bekanntlich voll von ungelösten Problemen. Es gibt zu jeder Zeit unzählige unerfüllte Kundenwünsche und es entstehen laufend neue. Neben individuellen Problemen gibt es weiterhin noch ungezählte soziale und ökologische Probleme.

Auf welche dieser Aufgaben wollen wir künftig unsere Kräfte richten? Diese Frage ist manchmal ganz einfach zu beantworten – manchmal ergibt sich das erfolgversprechendste Spezialgebiet schon aus der Analyse der eigenen Stärken und der Marktanalyse. Doch nicht immer ist es so einfach und nicht überall können wir unsere Kräfte so entfalten, wie wir es wollen. Häufig stoßen wir mit unseren Plänen und Entfaltungswünschen auf Widerstände ganz unterschiedlicher Art. Wir glauben, über gute Problemlösungen und Leistungen zu verfügen, können diese aber nicht an den zahllosen Widerständen der Händler, Kunden, Geschäftspartner und Vorgesetzten vorbei durchsetzen. Wir können solche Widerstände leicht überwinden, wenn wir lernen, uns in sogenannten vernetzten und komplexen Systemen zu bewegen. In vernetzten Systemen kommt es nicht darauf an, möglichst viele Kräfte einzusetzen, sondern mit den vorhandenen Kräften auf den jeweils kybernetisch[50] wirkungsvollsten Punkt zu zielen.

---

48   Hermann Simon: Die heimlichen Gewinner (Hidden Champions). Die Erfolgsstrategien unbekannter Weltmarktführer. Frankfurt/New York 1996.

49   Kerstin Friedrich, Fredmund Malik, Lothar Seiwert: Das große 1 x 1 der Erfolgsstrategie: EKS® – Die Strategie für die neue Wirtschaft. 23., aktualisierte Auflage Offenbach 2017.

50   Kybernetik ist die Wissenschaft von der Steuerung und Regelung komplexer Systeme.

In komplexen Systemen steht eine Vielzahl materieller und immaterieller Faktoren miteinander in Beziehung. Anders als in komplizierten Systemen ist nicht vorhersehbar, welche Dynamiken sich zwischen den Elementen dieser Systeme entwickeln. Veränderungen auf einer Ebene führen immer zu Veränderungen auf den anderen Ebenen. Besonders starke positive Wirkungen werden ausgelöst, wenn zentrale Engpass- oder Kernprobleme gelöst werden. In dieser Kettenreaktion lösen sich viele Probleme von selbst und das Lösen der restlichen wird einfacher. Jedes vernetzte System hat einen oder mehrere solcher „kybernetisch wirkungsvollen Punkte", von denen aus die Entwicklung des gesamten Systems gesteuert werden kann.

Je zentraler die Funktion des angezielten Punktes, desto größer ist die Wirkung. In vernetzten Systemen kommt es also entscheidend darauf an, die vorhandenen Kräfte auf den jeweils wirkungsvollsten Punkt zu konzentrieren. Wenn Sie in vernetzten Systemen den zentralen Problemknoten lösen, ist eine Kettenreaktion die Folge: Die mit dem Kernproblem vernetzten Probleme lösen sich automatisch einfacher. Je dichter die Vernetzungen werden – und genau das geschieht zurzeit auf allen Märkten –, desto wichtiger ist es, genau auf den wirkungsvollsten Punkt zu zielen, statt sich immer mehr anzustrengen und immer größere Kräfte einzusetzen. Der wirkungsvollste Punkt ist in der Praxis selten so klar erkennbar wie in dem Beispiel von David und Goliath. Die Kunst des Managements vernetzter Systeme liegt aber gerade darin, in der Masse der Probleme das Kernproblem zu erkennen, das mit allen anderen verknüpft ist. Wie können wir in der immer unübersichtlicher und komplexer werdenden Welt den wirkungsvollsten Punkt in vernetzten Systemen einkreisen? Die Antwort findet sich in den Naturwissenschaften über das Minimumprinzip. Es wurde Mitte des 19. Jahrhunderts von Philipp Carl Sprengel entdeckt und durch den Gießener Chemiker Justus von Liebig populär gemacht, als er nach den Ursachen des Pflanzenwachstums suchte. Er stellte fest, dass eine Pflanze vier Elemente zum Wachstum braucht: Phosphorsäure, Kalk, Kali und Stickstoff. Mittlerweile weiß man zwar, dass es nicht nur vier, sondern erheblich mehr Faktoren sind, aber das ändert nichts an der grundsätzlichen Richtigkeit der Erkenntnis. Wenn nur einer dieser Stoffe fehlt, kommt das Wachstum zum Stillstand, und zwar selbst dann, wenn alle anderen Stoffe im Überfluss vorhanden sind. Als „Minimumfaktor" bezeichnete Liebig das jeweils knappste Element, also das, welches den Wachstumsprozess behindert. Führt man den Minimumfaktor zu, entwickelt sich die Pflanze ganz von allein weiter, bis ein anderes Element zum Minimumfaktor wird.

Wolfgang Mewes übertrug Liebigs Minimumprinzip auf soziale und damit auch ökonomische Systeme. Die Kunst des Managements besteht darin, einem System immer den Engpassfaktor zuzuführen, also das, was es aktuell am dringendsten für seine Entwicklung braucht. Der interne Minimumfaktor ist diejenige Ressource, die ein Unternehmen selbst benötigt, um sich optimal zu entfalten.

Der externe Minimumfaktor begrenzt das Wachstum beziehungsweise das Wohlergehen Ihrer Bedarfsgruppe; er behindert deren Selbsterhaltungs- und Entwicklungtrieb. Die Bedarfsgruppe hat natürlich eine starke Motivation, diesen Engpass zu beseitigen. Wir lösen die Widerstände, die sich uns täglich in den Weg stellen, umso leichter, je eher wir mit unseren Aktivitäten die Engpässe, die Interessen und Bedürfnisse unserer Bedarfsgruppe berücksichtigen.

Konkret: Wenn wir unserer Bedarfsgruppe genau das anbieten, was sie dringend zu ihrer Weiterentwicklung benötigt, haben wir den wirkungsvollsten Punkt getroffen und besitzen die stärkste Machtposition[51]. Gleichzeitig können wir uns der größten Nachfrage und des größten Erfolges sicher sein. Im besten Fall unterstützt uns unsere Bedarfsgruppe darin, ihre Probleme zu lösen. Auch so steigern wir die zur Verfügung stehenden Energien wesentlich über die Grenzen der eigenen Möglichkeiten hinaus.

Bei Spinnovation geht es genau darum: den größten Engpass der Bedarfsgruppe zu identifizieren und sie in die Lösung dieses Engpasses miteinzubeziehen.

---

[51] Macht im Sinne von Nutzen stiften.

Bei allen Widerständen, die sich Ihnen täglich in den Weg stellen, müssen Sie sich stets fragen: Wo liegen die Interessen der Beteiligten? Wo liegen ihre Engpässe, Wünsche, Sehnsüchte und Bedürfnisse? Was hindert sie in der Weiterentwicklung? Wer den größten Engpass der Bedarfsgruppe löst, kann mit Sicherheit davon ausgehen, dass seine Leistungen von der Bedarfsgruppe gesucht, akzeptiert und honoriert werden.

Ein Beispiel ist das Backpulver, das ebenfalls von Justus von Liebig entdeckt wurde. Liebig hatte nach einer Alternative zur leicht verderblichen Hefe gesucht und diese schließlich auch gefunden. Den finanziellen Durchbruch und ökonomischen Erfolg schaffte aber nicht Liebig, sondern August Oetker: Er verpackte das Backpulver 1893 in kleine Tüten und erschloss sich damit die Bedarfsgruppe der Hausfrauen, die das Pulver zum Kuchenbacken nutzten. Oetker hatte sich auf den zentralen Akzeptanzengpass konzentriert: die Verfügbarkeit in Kleinstmengen über den Einzelhandel.

Wichtig: Der externe Minimumfaktor hat immer Vorrang vor dem internen. Der externe Minimumfaktor gibt uns stets das kurzfristige Ziel vor. Erst wenn wir dieses konkrete Ziel vor Augen haben, stellen wir fest, was uns an der Zielerreichung hindert – der interne Engpass oder Minimumfaktor. Ausnahme: Die internen Probleme sind so groß, dass wir handlungsunfähig sind. Denken Sie also stets extravertiert und verstricken Sie sich nicht zu sehr in den internen Problemen. Denn je besser Sie die Probleme und Engpässe Ihrer Bedarfsgruppe lösen, desto besser werden Sie Ihre eigenen Probleme lösen.

EKS-PRINZIP 3: IMMATERIELLES VOR MATERIELLEM

Im Mittelpunkt der BWL steht das Kapital. Jahrhundertelang sind Kaufleute dazu erzogen worden, darin den wichtigsten Faktor zu sehen. Buchhaltung, Bilanz, Kostenrechnung, Planung und Controlling sind praktisch vollständig auf den Einsatz des Kapitals und auf dessen Vermehrung gerichtet. Das Kapital ist der Dreh- und Angelpunkt aller Überlegungen.

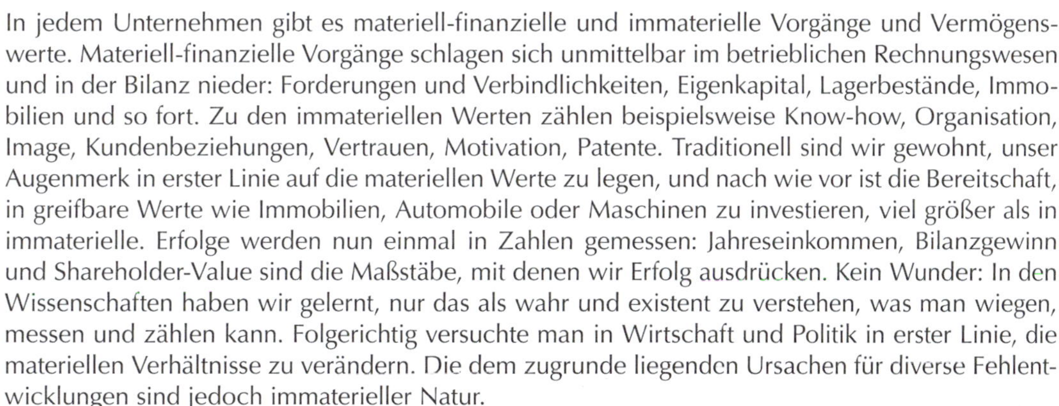

Mewes wurde schon in den 60er-Jahren klar, dass große und kleine Erfolge ihre Ursachen nicht auf der materiellen, sondern auf der immateriellen Seite haben: die Motivation, das Wissen, die Strategie, die Führungsqualität, der Unternehmergeist, die Ideen, die moralischen Werte, die Innovationskraft, die Zuneigung und Treue der Kunden, die Mundpropaganda, das Vertrauen der Mitarbeiter – kurz: Werte, die sich nicht anfassen, anschauen, messen, wiegen oder zählen lassen. Je besser die immateriellen Werte ausgeprägt sind, desto besser entwickeln sich die materiellen Werte.

In jedem Unternehmen gibt es materiell-finanzielle und immaterielle Vorgänge und Vermögenswerte. Materiell-finanzielle Vorgänge schlagen sich unmittelbar im betrieblichen Rechnungswesen und in der Bilanz nieder: Forderungen und Verbindlichkeiten, Eigenkapital, Lagerbestände, Immobilien und so fort. Zu den immateriellen Werten zählen beispielsweise Know-how, Organisation, Image, Kundenbeziehungen, Vertrauen, Motivation, Patente. Traditionell sind wir gewohnt, unser Augenmerk in erster Linie auf die materiellen Werte zu legen, und nach wie vor ist die Bereitschaft, in greifbare Werte wie Immobilien, Automobile oder Maschinen zu investieren, viel größer als in immaterielle. Erfolge werden nun einmal in Zahlen gemessen: Jahreseinkommen, Bilanzgewinn und Shareholder-Value sind die Maßstäbe, mit denen wir Erfolg ausdrücken. Kein Wunder: In den Wissenschaften haben wir gelernt, nur das als wahr und existent zu verstehen, was man wiegen, messen und zählen kann. Folgerichtig versuchte man in Wirtschaft und Politik in erster Linie, die materiellen Verhältnisse zu verändern. Die dem zugrunde liegenden Ursachen für diverse Fehlentwicklungen sind jedoch immaterieller Natur.

Was man zur Lösung von Problemen braucht, ist vor allem Immaterielles: zum einen Unternehmergeist und Innovationsbereitschaft, zum anderen die richtige Strategie. Das heißt, wir brauchen die Fähigkeit, die bestehenden Kräfte und Mittel klar zu profilieren und auf erfolgversprechende Aufgaben zu richten. Je besser sich die immateriellen Verhältnisse entwickeln, desto besser entwickeln sich in der Folge die materiell-finanziellen Verhältnisse. Wenn das Kernproblem auf der immateriellen Ebene liegt – das ist oft, aber nicht immer der Fall –, macht es absolut keinen Sinn, mit Geld und Sachleistungen gegenzusteuern. Damit werden die Probleme allenfalls verschoben, oft sogar verschlimmert.

Die immateriellen Werte, auf die es im Rahmen von Spinnovation besonders ankommt, sind folgende:

Spannungen

Wünsche, Bedürfnisse, Ängste, Visionen, Erwartungen, Probleme, Intuition – alle diese emotionalen „Zustände" sind die Triebfedern menschlichen Handelns. Immer dann, wenn zwischen dem, was ist, und dem, was wir wollen, eine Differenz auftritt, erleben wir Spannungszustände, die uns zum Handeln und zu Verhaltensänderungen motivieren. Spannungen zeichnen sich dadurch aus, dass ihnen Energie innewohnt. Wer beispielsweise unzufrieden mit seiner Einkommenssituation ist – Spannungszustand –, trägt die Bereitschaft in sich, etwas an seiner Situation zu verändern, also Energie zu mobilisieren. Wer ein starkes Bedürfnis nach „Entspannung" hat, löst dies beispielsweise durch einen Spaziergang, ein Glas Wein oder einen interessanten Roman. Der Spannungszustand war Auslöser für ein bestimmtes Nachfrageverhalten, das bei dem Winzer, dem Weinhändler, dem Verlag oder dem Buchhandel zu Umsätzen – materiellen Vorgängen – geführt hat.

Schon vor Jahrhunderten haben die Menschen gelernt, dass physikalischen Spannungen oder Druck[52] Energie innewohnt: in einem gespannten Bogen, der den Pfeil zum Jagen beschleunigt, oder in Wasserdampf mit Überdruck. In der Industriellen Revolution nutzte man den erzeugten Überdruck, um mit Dampfmaschinen beispielsweise Spinnmaschinen oder mechanische Webstühle anzutreiben – die Arbeitsproduktivität erhöhte sich um ein Vielfaches.

Mewes ist es mit seiner EKS gelungen, Spannungen auf der psychischen, wirtschaftlichen, finanziellen oder sozialen Ebene nach dem gleichen Prinzip zur „Energiegewinnung" und als Antriebskraft zu nutzen. Der eigene Erfolg hängt demnach nicht davon ab, wie hart man arbeitet und wie sehr man sich anstrengt, sondern davon, wie gut es gelingt, auch die im Umfeld vorhandenen Spannungen zum eigenen Vorteil zu nutzen. Im Engpass sind die Spannungen und somit die vorhandene Energie immer am größten. Ein Wasserkraftwerk baut man nicht an der breitesten Stelle des Flusses, sondern dort, wo die Strömung am schnellsten, das heißt der Engpass am größten ist. Spannung entsteht durch Abweichung vom Gleichgewicht und drängt stets darauf, wieder ins Gleichgewicht, das heißt in Harmonie, zurückzukehren.

Viele Erfolgsmethoden bauen darauf, durch starke Eigenmotivation über materielle Ziele ein inneres Spannungsgefühl aufzubauen: Man steckt sich verlockende Ziele und malt sich diese in Gedanken und mit allen Sinnen so lebendig aus, dass dadurch eine hohe Eigenmotivation entsteht. Diese Antriebskraft entlädt sich dann durch entsprechende Taten, die im Idealfall dazu führen, dass man seine selbst gesteckten Ziele erreicht. Insbesondere mit diesem Aspekt beschäftigen wir uns im nächsten Kapitel „Visioning" ab Seite 61.

Mit einer guten Strategie kann man ganz besonders gut die Spannungsenergie seines Umfelds nutzen. Dort, wo die Engpässe – die Probleme, Bedürfnisse, Wünsche – am größten sind, erzielt man die größte Wirkung. Im Lauf des Spinnovation-Strategieprozesses werden wir die Fähigkeit erlernen, diese Spannungen zu finden und sie bestmöglich zu nutzen. Das setzt allerdings voraus, dass man nicht zuerst an seinen eigenen Gewinn und an seinen eigenen Vorteil denkt, sondern dass man sich darauf konzentriert, den Vorteil und den Gewinn anderer zu mehren. Dabei wird man ein Höchstmaß an Unterstützung gewinnen.

---

52 Druck ist nichts anderes, als eine in alle Richtungen gleichermaßen wirkende Spannung.

Lerngewinne

An jeder Arbeit verdient man bekanntlich zweimal: Einmal durch das direkte Entgelt für die erbrachte Leistung, zum anderen durch die Lerngewinne. Darunter verstehen wir den Zuwachs an
Know-how, Effizienz, Innovationsideen, Souveränität und Sicherheit. Diese Lerngewinne haben
eine zentrale Bedeutung für „Strategie" und deren Erfolg. Seit den 80er-Jahren rückten die Strategielehren immer stärker die Bedeutung des Know-hows und der Lerneffekte für die Entwicklung
von Unternehmen und Individuen in den Mittelpunkt. Der bedeutende Strategielehrer Peter F.
Drucker hat in seinem Buch „Die postkapitalistische Gesellschaft" eindrucksvoll dargelegt, dass
in Zukunft nicht mehr Kapital, Bodenschätze oder Arbeitskraft die grundlegenden Ressourcen
sind, sondern das Wissen. Er prägte die Begriffe „Wissensarbeit" oder „Geistesarbeiter". Alle
Strategielehren haben sich bisher jedoch immer darauf beschränkt, ein Unternehmen als ein „wissensverarbeitendes" System zu betrachten. Wie man jedoch Wissen und Know-how – und damit
auch Kreativität und Innovationskraft – ganz systematisch fördert, hat bisher keines der neueren
Strategiekonzepte erklären können.

Die Spezialisierungsvorteile und Lerngewinne sind bei wissensintensiven Leistungen naturgemäß
besonders groß. Für alle Freiberufler wie Ärzte, Anwälte, Steuerberater, Unternehmensberater oder
Ingenieure und für alle Unternehmen, die know-how-intensive Leistungen und Produkte anbieten,
ist die Spezialisierung der Königsweg zum Erfolg, und zwar besonders dann, wenn man sich auf
bestimmte Probleme und auf eine Bedarfsgruppe konzentriert – ganz so wie beim ganzheitlichen
Spezialisierungsansatz von Spinnovation. Der Kernpunkt ist die systematische Anreicherung von
Know-how durch soziale Spezialisierung.

Bedarfsgruppenbesitz

Darunter versteht man das Vertrauen und die Zuneigung einer Bedarfsgruppe, in der man als
bester Problemlöser in seinem Spezialgebiet gilt. Dieser Begriff geht weit über das hinaus, was wir
traditionell als „Kundenstamm" bezeichnen. „Bedarfsgruppenbesitz ist wichtiger als Produktionsmittelbesitz" lautet einer der wesentlichen Sätze der EKS; und Bedarfsgruppenbesitzer zu
werden gehört auch zu unseren wesentlichen Zielen im Strategieprozess. In Zeiten, in denen
der Wachstumsengpass Nr. 1 die Kunden sind und in denen weltweit Billionenbeträge im
Kampf um Kunden ausgegeben werden, ist das wichtigste Aktivum mittlerweile das Zutrauen
und die Verbundenheit mit unseren Kunden.

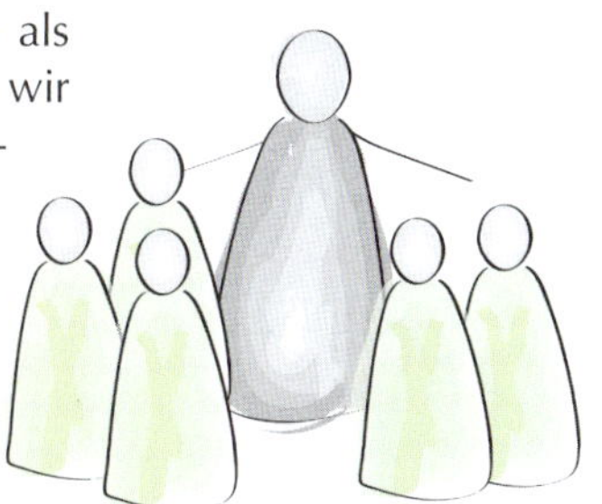

Das Schöne an den immateriellen Werten ist, dass sie – wenn man es richtig macht! – bei
Gebrauch immer mehr an Wert gewinnen. Materielle Güter dagegen werden bei Gebrauch
immer weniger wert: Jedes Auto, jede Maschine, jedes Gebäude nutzt sich bei kontinuierlichem Gebrauch immer mehr ab. Immaterielle Werte wie Wissen oder Kundentreue werden dagegen
immer mehr wert, je häufiger man sie benutzt: Jeder – aus Sicht des Kunden – exzellente Kundenkontakt und jeder strategisch wertvolle Wissenszuwachs vermehrt den Wert dieser immateriellen
Güter. Geht man mit seinen Kunden jedoch unachtsam oder unfreundlich um und entwickelt man
sein Know-how nicht zielgerichtet, so kann sich auch hier kein immaterieller Wert ergeben.

EKS-PRINZIP 4: NUTZEN VOR GEWINN

Wie wir schon wissen, geht es bei diesem Prinzip um die Fokussierung auf den Nutzen der Bedarfsgruppe. Jeder Mensch trifft im Lauf seines Lebens Hunderttausende von Entscheidungen: Es beginnt damit, wann man am Morgen aufsteht und was man anzieht, mit welchen
Dingen man sich mit welcher Intensität und Priorität beschäftigt, wen man anruft und
wen nicht, wohin man abends zum Essen geht und so weiter und so fort. Bei jeder
Entscheidung hat man immer mindestens eine Alternative. Für welche wir uns entscheiden, wird von einer Art „innerem Kompass" bestimmt, der uns bei der
Entscheidungsfindung hilft. Dieser Kompass bezieht seine Informationen aus
unseren Zielen und aus unseren Überzeugungen darüber, wie wir diese Ziele erreichen.

Unsere Ziele bestimmen, worauf wir unsere Aufmerksamkeit lenken, was wir für wichtig oder unwichtig halten, was wir anstreben oder ablehnen, was wir beachten oder ignorieren. Wer nach Paris fahren will, interessiert sich nicht für das Wetter in Moskau. Die Folge eines schädlichen Zieles ist darum zwangsläufig die Aufnahme schädlicher Informationen und das Treffen schädlicher Entscheidungen. Umgekehrt gilt: Je besser die Zielsetzung, desto besser verlaufen die Informationsaufnahme, die Bewusstseinsbildung und die gesamte Entwicklung. Konzentriert sich ein Unternehmen zu stark auf egoistische, materielle Ziele, so hat das folgende Auswirkungen.

Erstens: In einer ausschließlich gewinnorientierten Wirtschaft kommt das Allgemeinwohl zu kurz. Schon der Urvater der Marktwirtschaft, Adam Smith, hielt das freie Walten der Marktkräfte nur dann für funktionsfähig, wenn die Gesellschaft ein hoch entwickeltes Moral- und Sozialbewusstsein besitzt.

Zweitens: Je mehr sich ein Mensch am eigenen Vorteil und Gewinn orientiert, desto mehr reduzieren sich die zwischenmenschlichen Beziehungen auf das rein Materielle. Das haben Verhaltens- und Gehirnforscher schon vor Jahrzehnten als schädliche Wirkungen des gewinnzentrierten und damit egoistischen Verhaltens herausgefunden. Ein Beispiel ist die wachsende Kälte und Rücksichtslosigkeit im Profisport. Dort werden mittlerweile normale menschliche Eigenschaften wie Ehrlichkeit und Bescheidenheit mit Fairnesspreisen ausgezeichnet.

Drittens: Im Unternehmen lockern sich die Bindungen zwischen Mitarbeitern und Management, sodass man am Ende lediglich eine Zweckgemeinschaft egoistischer Gewinn- und Einkommensmaximierer bildet. Wenn Unternehmen trotz Rekordgewinnen Tausende von Mitarbeitern entlassen, um noch höhere Renditen zu erwirtschaften, wirkt dies zynisch und verantwortungslos auf die Verbliebenen. Die Werte wie Freundschaft, Verständnis, Mitleid oder Moral schwinden. Es ist charakteristisch für diese schleichende Entwicklung, dass Begriffe wie Ehre, Fairness, Gewissen, Kameradschaft und Moral gegenüber dem eigenen Vorteil an Bedeutung verlieren, ja, auf manche Menschen nur noch lächerlich und antiquiert wirken. Die Skandale in deutschen Großunternehmen rund um Schmiergeld, Bestechung, Prostitution, Bespitzelungen und Betrug sind das Ergebnis eines jahrzehntelangen Drills Richtung Gewinnmaximierung in den Universitäten. Wer schon jungen Menschen beibringt, dass im Profit der höchste Wert der Unternehmensführung liegt, muss sich nicht wundern, wenn diese Menschen alle anderen Werte diesem unterordnen, wenn sie später in Amt und Würden sind.

Viertens: Das direkte Profitstreben widerspricht den Naturgesetzen. Amerikanische Verhaltensforscher haben nachgewiesen, dass sich die Egoisten im gesamten Verlauf der Evolution – und reines Profitstreben ist Egoismus – längerfristig immer wieder selbst vernichtet haben. Auch die Erkenntnisse der Neurowissenschaften laufen in diese Richtung. Der Mensch ist ein Sozialwesen durch und durch, dessen Verhalten vor allem einem Ziel dient: dem Wunsch nach Anerkennung und sozialer Akzeptanz. Dieses Bedürfnis steht sogar noch höher als das, was landläufig als Selbsterhaltungstrieb bezeichnet wird.

Das direkte Gewinnstreben macht einen normalen Beziehungsaufbau zu den Kunden fast unmöglich, denn unterschwellig wird man sie immer bestmöglich ausbeuten wollen.

Mewes hat herausgefunden, dass die langfristig wirklich erfolgreichen Unternehmer ganz bewusst zuerst den Nutzen für ihre Bedarfsgruppe steigerten, bevor sie ihren Gewinn steigerten. Diese besonders Erfolgreichen hatten schon von sich aus begriffen, was im Grunde banal ist: Unternehmen sind nicht dazu da, um Gewinne zu erzielen, sondern um die Probleme anderer zu lösen. Je besser sie das tun, desto größer sind die Gewinne. Die Gewinnerzielung ist eine „überlebenswichtige Nebenbedingung" für das Unternehmen.

Ein besonders eindrucksvolles Beispiel für nutzenorientierte Unternehmer ist Gottlieb Duttweiler, der Begründer der Schweizer Einzelhandelskette Migros. Duttweiler hatte sich schon als junger Mann zum Ziel gesetzt, die Schweizer Bergbevölkerung mit günstigen Lebensmitteln zu versorgen.

Seine Gewinne gab er stets über Rabatte und Preissenkungen an seine Kunden weiter. Durch diese großzügige Haltung erzeugte er eine lawinenartige Nachfrage. Obwohl er ursprünglich nicht mehr als ein Angestellter verdienen wollte, konnte er sich der explodierenden Gewinne kaum erwehren und wurde Milliardär. Aber Vorsicht: Ohne Kenntnis der dahinterstehenden Gesetze gehen solche Spontanerfolge auf die Dauer oft schief.

5.2.2 VISIONING

Kommen wir nun zur zweiten Powermethode, dem Visioning. Die EKS ist im Grunde eine Methode, die sich nach außen richtet: Mit ihrer Hilfe erzeugen wir die Ideen für strategische Ziele und Innovationen. Visioning dagegen ist eine Methode, mit der man im Unternehmen die passende Aufbruchstimmung erzeugt und die Widerstände im Team in Unterstützung umwandelt. Insofern passen beide Methoden hervorragend zusammen, denn in beiden geht es um die Optimierung energetischer Prozesse. Dabei konzentriert sich die EKS mehr auf alles, was die Interaktion mit der Bedarfsgruppe betrifft, während Visioning primär auf die Mitarbeiter zielt. Als ganzheitliche Methoden wirken beide auf beide Gruppen, allerdings mit unterschiedlicher Intensität.

Das Visioning wurzelt in der Gestaltpsychologie der 30er-Jahre. Später haben Organisationspsychologen rund um Abraham Maslow an der Universität von Ann Arbor in Michigan die Methode weiterentwickelt, um unternehmerische Veränderungsprozesse zu unterstützen. Menschen in Organisationen tun sich häufig mit Veränderungen schwer, denn sie lösen bei vielen Menschen Widerstände und diffuse Ängste aus.

Ein Weg, um diese Angst abzubauen, besteht darin, die Veränderung vorwegzunehmen und ein positives Ergebnis des angestrebten Zustands zu visualisieren – den Prozess dazu nennen wir „Visioning". Dieses positive und plastische Bild führt zur Ausschüttung von „Glückshormonen" und in der Folge zu positiver Energie und Umsetzungsstärke. Werden die Beteiligten in den Visioning-Prozess eingebunden, so führt das zu positiven „Kontrollüberzeugungen", also dem Gefühl, selbst auf die Zukunft Einfluss nehmen zu können, statt nur ein Opfer zu sein. Es geht also zunächst darum, sich eine „Preferred Future", eine wünschenswerte Zukunft, auszumalen. Doch Maslows Überlegungen blieben erst einmal unbeachtet. Erst der Management-Guru Peter Drucker nahm sich dieser Idee an. In den 80er- und 90er-Jahren wurde der Bedarf an Veränderungen dann so dramatisch, dass diese Methode wieder aufgegriffen wurde, und zwar von Lawrence Lippitt[53].

Es bedurfte eines herausragenden Unternehmers, Ari Weinzweig[54], um diese Methode zu einem verlässlichen Führungsinstrument zu entwickeln. Weinzweig ist Mitgründer eines der großartigsten Unternehmen der Welt: Die ursprünglich als Sandwich-Restaurant in Ann Arbor gegründete Zingerman's Community of Businesses. In USA ist Zingerman's eine Berühmtheit: Prominente wie Barack Obama oder Oprah Winfrey geben sich dort die Klinke in die Hand. Zingerman's steht für herausragende Qualität auf höchstem Niveau. Viele der auswärtigen Gäste haben das Gründerduo Ari Weinzweig und Paul Saginaw schon bestürmt, Zingerman's-Filialen in anderen US-Städten zu eröffnen. Die Antwort ist immer die gleiche: Das Unternehmen habe eine Seele – und die könne man nicht klonen. Statt über Filialen zu expandieren geht man bei Zingerman's einen anderen Weg.

---

53 Lawrence Lippitt: Preferred Futuring: Envision the Future You Want and Unleash the Power to Get There. San Francisco 1998. Enthält u. a. einen kompletten Leitfaden für einen zweitägigen Workshop zur Entwicklung einer Vision in einem Team.
54 Mitgründer von Zingerman's Community of Businesses. Weitere Informationen auf URL: http://www.zingtrain.com/about-us/meet-the-trainers/ari-weinzweig. Stand: 14.04.2017.

Zusammen mit talentierten Mitarbeitern wurden mittlerweile in Ann Arbor 12 weitere spezialisierte Tochterunternehmen gegründet, die alle die gleiche Mission verbindet: Herausragende Lebensmittel auf hohem ökologischen Niveau zu produzieren und dabei eine einzigartige Unternehmenskultur zu pflegen.[55]

Vorbildlich ist Zingerman's vor allem für ihren Umgang mit Unternehmenswachstum und den dabei zwangsläufig auftretenden Problemen und Engpässen. Dort beobachtete Weinzweig, dass sich sein Team vor allem gegen Veränderungen wehrte, weil es nicht wusste, für welches höhere Gut sie ihre bewährten Routinen aufgeben und Mehrarbeit in Kauf nehmen sollten. Hatten sie hingegen eine klare, lebendige und vor allem attraktive (!) Vorstellung – eine „Vision" – von ihrem Arbeitsplatz und ihrer beruflichen Zukunft, verschwanden zum einen die Widerstände, zum anderen entfalteten sich Selbstorganisation und Unterstützung für die Veränderung. Dies zwingt die Unternehmen natürlich auch dazu, sinnstiftende und attraktive Strategien zu entwickeln, denn für das Ziel „Maximierung des Shareholder-Value" kommt wahrscheinlich kein normaler Mensch begeistert zur Arbeit.

Visioning wird bei Zingerman's auf mehreren Ebenen betrieben:

- Es gibt eine mehrseitige Unternehmensvision, die alle zehn Jahre erneuert wird[56]. Dort steht detailliert beschrieben, wo das Unternehmen bezogen auf Geschäftsmodell, Kundennutzen, Finanzen, Wachstum und Unternehmenskultur stehen will. Diese Vision hat sieben Seiten und ist auf der Webseite öffentlich einsehbar.[57]
- Für jedes Projekt wird eine Vision geschrieben. So weiß jedermann, was Sinn und Zweck des Vorhabens ist und wie das Ergebnis auszusehen hat. Selbst zu kleineren Vorhaben wird das Wunschergebnis mit wenigen Sätzen beschrieben und zwischen allen Beteiligten abgestimmt.
- Mitarbeiter formulieren ihre Veränderungswünsche und Beschwerden in Form von kleinen Visionen. Hinter jeder Beschwerde stecken im Grunde Motivation und Energie. Statt diese jedoch in Jammerei und schlechte Stimmung zu lenken, werden unzufriedene Mitarbeiter angehalten, zu beschreiben, wie sie sich das Produkt, den Prozess oder die Arbeitsbedingungen vorstellen, wenn der Mangel behoben wurde. Auf diese Weise werden Kreativität und positive Energie freigesetzt.
- Mitarbeiter werden nach der Probezeit angehalten, eine Vision zu ihrer beruflichen Zukunft zu schreiben. Das kann dann in einigen Fällen dazu führen, dass diese Mitarbeiter unter dem Dach von Zingerman's Tochterunternehmen gründen. Es kann aber auch sein, dass dabei Lebensziele entdeckt werden, die mit Küchen- oder Servicearbeit wenig zu tun haben. In diesem Fall unterstützt das Unternehmen diese Kollegen nach Kräften, damit sie ihr Ziel erreichen.

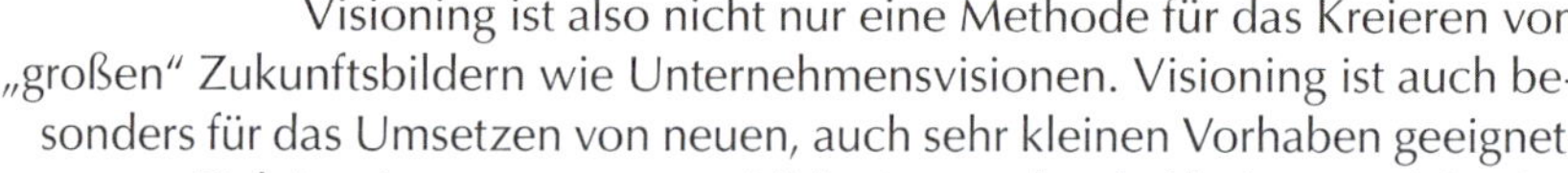

„Wenn du schnell vorankommen willst, geh allein – wenn du weit kommen willst, geh zusammen." – Afrikanisches Sprichwort.

Visioning ist also nicht nur eine Methode für das Kreieren von „großen" Zukunftsbildern wie Unternehmensvisionen. Visioning ist auch besonders für das Umsetzen von neuen, auch sehr kleinen Vorhaben geeignet. Richtig eingesetzt erzeugt Visioning „nebenbei" eine partizipative Organisationskultur und weckt die kreativen Kräfte aller Mitarbeiter. Visioning kann von jedem in jeder Hierarchiestufe eingesetzt werden – ist also eine ideale Vorgehensweise, wenn sich Mitarbeiter über Missstände beschweren. Deren negative Energie wird dann sofort in kreative Bahnen gelenkt, indem sie aufgefordert werden, eine Vision über den Idealzustand zu schreiben.

---

[55] Weiteres auf www.zcob.com.
[56] Die aktuelle Vision von Zingerman's bezieht sich auf das Jahr 2020.
[57] http://www.zingtrain.com/sites/default/files/2020_FINAL_REAL_LIVE_VERSION.pdf. Stand: 14.04.2017.

Wenn Visioning-Prozesse fest in der Organisation verankert sind, kann man nach Erfahrungen von Weinzweig mit diesen Folgen rechnen:

- Bessere Ergebnisse.
- Es lehrt systemisches Denken.
- Es werden die richtigen Leute in den Veränderungsprozess einbezogen. „Die erforderliche Weisheit existiert irgendwo im Unternehmen."
- Viele Menschen schließen sich den Veränderungen an und sie fühlen sich nicht länger als Opfer willkürlicher Chef-Entscheidungen.
- Es fließen so viele Informationen wie möglich durch die Organisation.
- Es würdigt die Menschen in der Organisation und ihre Fähigkeiten.
- Es befördert die Kreativität und die Innovationskraft.
- Es reduziert den Stress.
- Es minimiert interne Meinungsverschiedenheiten.
- Es erhöht das Ausmaß des Vertrauens innerhalb der Organisation.
- Es verbessert das Verhältnis zwischen Kollegen.
- Die Menschen fühlen sich an ihrem Arbeitsplatz sicherer – sie haben keine Angst mehr vor der nächsten „Bombe", die an ihrem Arbeitsplatz explodieren könnte.
- Die Überzeugung wird gestärkt, dass jeder Mensch eine Führungspersönlichkeit ist – und es wird offensichtlich, wie Führung geht.
- Einer breiten Akzeptanz, dass es in Organisationen immer Veränderungen geben wird.
- Einem wirkungsvollen Umgang mit Veränderungen.
- Vertreibt die Opfermentalität, die viele Organisationen durchdringt. Wenn jemandem etwas nicht gefällt, muss er nur einen Visioning-Prozess initiieren.
- Entzieht den Zynikern und Kritikern die Macht. Wenn jemand rumjammert und nichts dagegen tut, müssen die Kollegen nur sagen: „Starte einen Visioning-Prozess."
- Trägt zur Überzeugung bei, dass effektive Einsichten und Ideen von jedermann in der Organisation kommen können – und dass das weder gebunden ist an Hierarchie, Firmenzugehörigkeit noch an Sonstiges.
- Schnelles und reibungsloses Umsetzen von Vorhaben – dadurch werden Geld, Zeit und andere Ressourcen gespart, die für andere Dinge eingesetzt werden können.

Wir werden Visioning in Phase IV „Geschäftsmodell & Vision" für das Formulieren der neuen Unternehmensvision und in Phase VI „Entwickeln & vorangehen" als Change-Instrument einsetzen. Dort zeigen wir im Detail, wie man dabei vorgeht.

5.2.3 GREAT GAME OF BUSINESS

Ebenso wie Visioning ist das Gamifizieren eine großartige Methode, um frischen Schwung und Dynamik in ungeliebte Projekte, Arbeiten und Routinen zu bekommen.

Gamification ist heute ein angesagter Trend in vielen Bereichen. Wir kennen Gamification schon länger im Werbe- und Unterhaltungsbereich, beispielsweise zur Kundenbindung als „Bonusmeilen bei Fluglinien" oder in der Weiterbildung als Online-Planspiele. Neueren Datums sind die ganzen Apps rund um die Themen „Fitness und Gesundheit". Jack Stack, ein höchst kreativer Unternehmer aus Springfield in Missouri, entdeckte „Spielen" aber schon in den 80er-Jahren als Transformationsmethode für sein Unternehmen. Genau wie Mewes und Weinzweig hat Stack nie eine Business School von innen gesehen und hat seine Methode rein aus der Unternehmenspraxis heraus entwickelt. Stack hatte 1982 als Manager mit Kollegen die Springfield Renewal Company von der angeschlagenen Muttergesellschaft International Harvester erworben. Vom Start an war das Unternehmen praktisch pleite, weil der größte Kunde nach dem Buy-out abgesprungen war. Stack versammelte alle Mitarbeiter um sich, schilderte offen die Lage und bat um gute Ideen. Diese kamen denn auch – doch sehr viele waren unbrauchbar, weil sie den größten Engpass – „Cash" – nicht lösten. Stack erkannte, dass Mitarbeiter die Unternehmersprache sprechen müssten, wenn sie sich wie Unternehmer verhalten sollten. Doch die Begeisterung für Finanzkurse hielt sich bei seinen Mitarbeitern in Grenzen. Stack stellt sich die kluge Frage, wann sich seine Leute freiwillig mit Zahlen beschäftigen. Die Antwort: Beim Football und beim Baseball. Regeln lernen, Raumgewinn und Passgenauigkeit errechnen, Punkte zählen – alles das lernt man beim Sport mit großer Motivation und Leichtigkeit. Man musste die Unternehmensführung also lediglich so interessant machen wie ein Footballmatch. Mehr noch: die Mitarbeiter nicht mehr in der Rolle der gut informierten „Fans" zu belassen, sondern sie zu aktiven Mitspielern zu machen.

Aus diesen Anfängen heraus entwickelte er ein Konzept, das er The Great Game of Business taufte. Stack verwandelte die Unternehmensführung in ein großes Spiel: In großen und kleinen Teams „spielen" die Mitarbeiter auf das Erreichen bestimmter Kennzahlen: auf die kritische Zahl, den zentralen Treiber des Unternehmenserfolges, sowie auf diverse andere Kennzahlen, die mittelbar mit der kritischen Zahl verbunden sind. Voraussetzung ist, dass ausnahmslos alle Mitarbeiter vom Vorstand bis zur Putzfrau grundlegende Finanzkenntnisse besitzen, dass sie die Strategie und die Vision kennen und dass sie diese unterstützen. Wer einmal selbst in Springfield erlebt hat, wie „einfache Arbeiter" einem Außenstehenden mit großer Selbstverständlichkeit Konzepte wie den Cashflow oder eine komplexe Kennzahl wie die Lagerumschlagsgeschwindigkeit erklären, wird sich schnell für diesen unglaublichen Ansatz begeistern.[58]

Selbstredend sind unter dem Stichwort „Open Book Management" sämtliche Finanzkennzahlen allgemein bekannt und selbstredend werden die Mitarbeiter angemessen am gemeinsam erwirtschafteten Gewinn beteiligt. Rund 6000 US-amerikanische Unternehmen haben sich bereits von „The Great Game of Business" infizieren und inspirieren lassen und haben den täglichen Kampf in einen spielerischen Wettbewerb verwandelt – mit überragenden Erfolgen, was Motivation, Selbstorganisation und Finanzen angeht.

Wir wissen ja schon lange, dass das Verlangen nach Anerkennung und Wertschätzung einer der grundlegenden Treiber unseres Verhaltens ist. Normalerweise wird dieses Grundbedürfnis in den Unternehmen eher zufällig und nebenher erfüllt: durch ein gelegentliches Lob vom Chef, eine Ansprache auf der Weihnachtsfeier oder durch die Insignien der Macht, die mit Beförderungen einhergehen. Indem wir aber Teamleistungen regelmäßig messen, Erfolge öffentlich machen und sie auch gebührend feiern, schaffen wir eine Kultur von Anerkennung und Wertschätzung. Dem Messen von Leistungen hängt leicht der Geruch von Kontrolle und Misstrauen an. Das eine ist aber völlig unabhängig vom anderen. Wenn überhaupt keine Leistung gemessen wird, bekommt man keinerlei Rückmeldung darüber, was man geleistet und bewirkt hat. Das ist für normale Menschen überaus frustrierend. Denn tief im Inneren wollen wir stolz sein auf unsere Ergebnisse. Wenn wir aber gar nicht wissen, was wir geleistet haben – und wenn andere das auch nicht sehen –, können wir auch schlecht Stolz auf gute Arbeit entwickeln. Andererseits wird Leistungsmessung seit Jahrzehnten missbraucht, um den Mitarbeitern immer wieder höhere Lasten in Form von Zielvereinbarungen aufzubürden. In den 50er-Jahren hat das sogenannte „Management by Objectives", das Führen über konkrete Zielvorgaben, einen beispiellosen Siegeszug angetreten. Keine andere Managementmethode hat sich in der empirischen wissenschaftlichen Überprüfung als derart wirksam erwiesen. Man musste den Menschen lediglich konkrete Ziele vorgeben und schon steigerten sie ihre Leistung deutlich bis dramatisch. Denn es liegt einfach in unserer Natur, dass wir erfolgreich sein und dafür Anerkennung haben wollen.

[58] In Deutschland arbeitet die GoGREAT-Community nach einem ähnlichen Konzept: www.gogreat.community.

Doch wie so viele Systeme, die gut funktionieren, wurde auch das Prinzip des „Management by Objectives" vollkommen pervertiert. Mittlerweile wirkt es in erster Linie als Demotivationsmethode. Die Muster verlaufen in etwa so: „Die da oben" legen die Latte immer höher und „die da unten", lassen sich alle möglichen Tricks und Kniffe einfallen, um das System zu betrügen oder die Latte wieder nach unten zu legen. Darum schlägt das Pendel mittlerweile wieder in die andere Richtung: Man gibt gar keine Ziele mehr vor und hofft, dass sich bei genügend „Vertrauen" schon alles richten wird: Aus „Control and command", dem System von Befehl und Kontrolle, wurde „Trust and hope" – Vertrauen verbunden mit der Hoffnung, dass alles irgendwie gut gehen wird. Doch das ist auf andere Art demotivierend, weil in solchen Systemen gute Leistungen weder gesehen noch honoriert werden können. Die bessere Alternative ist das „Trust and track"[59] – „Vertraue und halte nach". Trotz der vielen Unternehmen, die „The Great Game of Business" in den USA einsetzen, ist diese phänomenale Methode hierzulande praktisch unbekannt.[60]

In Kapitel 5.6.3 „Spinnification – Teams spielend motivieren" zeigen wir, wie wir „The Great Game of Business" auf die Anforderungen von Spinnovation angepasst haben – das nennen wir „Spinnification". Spinnification setzen wir über den gesamten Strategieprozess hinweg ein, sogar beim Ausrollen unseres neuen Geschäftsmodells.

5.3 DIE SPINNOVATIVEN PRINZIPIEN

Wir unterscheiden bei Spinnovation zwei Arten von Prinzipien: die grundlegenden und die prozessbezogenen. Die grundlegenden bilden das Fundament von Spinnovation, die prozessbezogenen beziehen sich auf den Prozess der Strategieentwicklung.

Spinnovation ist, genau die EKS, eine Methode zur Entwicklung einer ganzheitlichen Spezialisierung. Damit gelten für Spinnovation quasi dieselben Prinzipien wir für EKS – wir haben sie etwas kompakter formuliert. Zusätzlich haben wir zwei weitere Prinzipien ergänzt, die sich auf die Menschen beziehen.

DIE GRUNDLEGENDEN SPINNOVATIVEN PRINZIPIEN

Prinzip 1: Ganzheitliche Spezialisierung (EKS-Prinzip 1 und 2)
Die Konzentration der Unternehmenskräfte auf den kybernetisch wirkungsvollsten Punkt im wesentlichen Engpass einer eng umrissenen Bedarfsgruppe.[61]

Prinzip 2: Immaterielle vor materiellen Vorgängen (EKS-Prinzip 3)
Je besser Immaterielles ausgeprägt ist, desto besser entwickelt sich Materielles. Entsprechend hat Erfolg immer seine Ursachen auf der immateriellen Seite: die Motivation, das Wissen, die Strategie, die Führungsqualität, der Unternehmergeist, die Ideen, die moralischen Werte, die Innovationskraft, die Zuneigung und Treue der Kunden, die Mundpropaganda, das Vertrauen der Mitarbeiter etc. Und das hat für spinnovative Unternehmen Vorrang.

Immaterielle Werte gewinnen bei richtigem Gebrauch an Wert! Durch die Lerngewinne erzielen wir Zuwachs an Know-how, Effizienz, Innovationsideen, Souveränität und Sicherheit. Die Lerngewinne sind besonders groß, wenn man sich gemäß Prinzip 1 auf den wesentlichen Engpass einer eng umrissenen Bedarfsgruppe konzentriert. Dort ist die Spannungsenergie am größten und wir erzielen die

---

59   Vorher aber nicht das „enabling" also das Befähigen, beispielsweise im Rahmen der Finanztrainings, vergessen.
60   „The Great Game" kann man in Seminaren direkt bei Springfield Renewal Company erlernen. Nähre Informationen auf www.greatgame.com.
61   Selbstredend suchen wir auch bei internen Hindernissen oder Engpässen den wirkungsvollsten Punkt und konzentrieren unsere Kräfte darauf.

größte Wirkung. In dessen Folge gewinnen wir die Zuneigung unserer Bedarfsgruppe und gelten als bester Problemlöser in unserem Spezialgebiet – wir werden zum Bedarfsgruppenbesitzer.

Prinzip 3: Nutzen- vor Gewinnmaximierung (EKS-Prinzip 4)

Dass die Maximierung des Kundennutzens vor der Gewinnmaximierung kommt, ist implizit in Prinzip 2 enthalten. Trotzdem formulieren wir hierzu, weil es so wichtig ist, wie die EKS auch ein eigenes Prinzip.

Die Gewinnmaximierung wird, wie oben schon beschrieben, von fast allen Managern als der ausschließliche Unternehmenszweck gesehen trotz der ganzen negativen Auswirkungen auf Mensch – Mitarbeiter, Kunden und Partner – und Umwelt. Das ist bei Spinnovation grundlegend anders.

Prinzip 4: Intrinsische Motivation vor externer Motivierung

Ein Grundpfeiler von Spinnovation bildet das Menschenbild Theory Y[62], das wir bereits kennengelernt haben. Das heißt Spinnovation baut darauf auf, dass Menschen von Natur aus

- leistungsbereit und von innen motiviert sind,
- verantwortungsbereit sind und aktiv Verantwortung übernehmen,
- eigeninitiativ und
- kreativ sind.

Allerdings verhalten sich Menschen „kontextspezifisch". Wird ein anderes Verhalten „verlangt" oder vorgeschrieben – implizit oder explizit incentiviert –, verhalten sich Menschen entsprechend. Welche Folgen externe Motivierung über Zielvorgaben und Incentivierung hat, haben wir schon ausführlich behandelt.

Menschen sind nicht nur als Individuen intrinsisch motiviert, sondern auch als Team und besonders im Teamsport. Dort versuchen Teams, gemeinsam zu gewinnen. Diesem Prinzip tragen wir u. a. mit dem Gamificationansatz Rechnung – wir spielen aber nicht gegen andere Menschen, sondern gegen Zahlen.

Prinzip 5: Interdisziplinäre Vielfalt vor Eindimensionalität

„Um komplexe Probleme zu lösen, reicht das Wissen einer einzelnen Person und aus einer einzelnen Fachrichtung heute nicht mehr aus. Deshalb fokussieren wir uns statt auf die Leistungsfähigkeit des Einzelnen auf die Leistungsfähigkeit von Teams."[63]

Bei Spinnovation setzten wir entsprechend auf multidisziplinäre Teams und die Verschiedenheit und Vielfalt der Teammitglieder. Das bezieht sich nicht nur auf interne Mitarbeiter, sondern wir binden auch unsere Kunden in die Problemlösung ein und integrieren damit noch eine zusätzliche Perspektive – die der Nutzer.

DIE PROZESSORIENTIERTEN SPINNOVATIVEN PRINZIPIEN

Auch für den Prozess der Strategieentwicklung gibt es bei Spinnovation Prinzipien. Sie sorgen dafür, dass wir in der Strategiefindung keine grundlegenden Fehler machen.

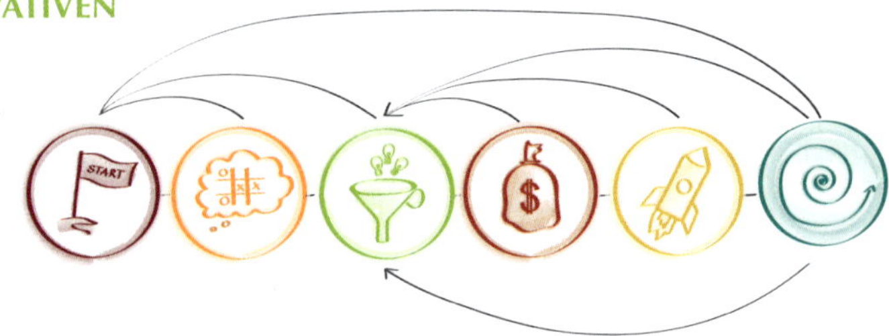

---

62 Siehe S. 49.
63 Pauline Tonhauser: Design Thinking Workshop (eBook), Berlin 2015.

Prinzip a: Erkenntnisbasiert

Im Spinnovation-Strategieprozess setzen wir auf Erkenntnisse, nicht auf Annahmen. Klar, müssen wir an bestimmten Stellen auch Annahmen treffen, beispielsweise über die Zahlungsbereitschaft der Bedarfsgruppe für eine Problemlösung. Aber diese Annahmen überprüfen wir schnellstmöglich, immer vor dem nächsten ressourcenintensiven Prozessschritt. Wichtigster Partner dabei ist unsere Bedarfsgruppe. Solange Annahmen nicht als richtig oder falsch bestätigt werden, bleiben sie Annahmen und unser Geschäftsmodell ist nur eine „schöne" Idee – nicht mehr! Also noch kein tragfähiges Fundament, auf dem man aufbauen und ein Unternehmen zukunftsfähig ausrichten und dauerhaft erfolgreich machen kann.

Prinzip b: Inkrementell

Wir machen immer nur kleine Schritte – einen nach dem anderen. Nach jedem Schritt schauen wir, was wir erreicht haben, und prüfen, ob die Ergebnisse tragfähig genug für den nächsten Schritt sind.

Prinzip c: Iterativ

Es kann nicht anders sein: Unser Vorgehen berücksichtigt die komplexe und schnelllebige Welt. Stellen wir am Ende eines Prozess- oder Arbeitsschritts fest, dass getroffene Annahmen falsch waren oder der eingeschlagene Weg nicht zu einer ganzheitlichen Spezialisierung führen kann, müssen wir zurückspringen. Und zwar so weit wie nötig, um mit neuen Ideen den Prozess an der passenden Stelle wiederaufzunehmen.

Auch in einzelnen Prozessschritten gehen wir iterativ, sogar inkrementell iterativ vor, beispielsweise beim Test unserer Innovation bei der Bedarfsgruppe.

Ist meine Strategie spinnovativ?

Ihr Unternehmen ist vielleicht schon spezialisiert – klassisch oder schon in Ansätzen ganzheitlich? Wie kann man am einfachsten prüfen, ob die vorhandene Strategie spinnovativ ist? Oder anders gefragt: Was macht eine Spinnovation-Strategie aus?

Eine Strategie ist spinnovativ, wenn

- sie die Unternehmenskräfte auf den wesentlichen Engpass einer eng umrissenen Bedarfsgruppe konzentriert,
- sie einen in Qualität und Quantität herausragenden Nutzen bietet und nicht der Kunde den Preis bestimmt,
- sie in einer attraktiven Mission auf Basis eines dauerhaften Grundbedürfnisses ausgedrückt werden kann,
- die dazugehörige Unternehmensvision für Mitarbeiter, Kunden und Partner attraktiv ist,
- sie in der Unternehmenskultur fest verankert ist und dauerhaft von ihr nach vorne getragen wird.

Wie man eine solche spinnovative Strategie auf Basis der oben definierten Prinzipien entwickelt, zeigen wir konkret in Kapitel 6 „Der Spinnovation-Strategieprozess" ab Seite 92.

5.4 DIE VIER STRATEGISCHEN FRAGESTELLUNGEN

Wenn wir das erste Mal in den Spinnovation-Strategieprozess einsteigen, sind wir noch kein ganzheitlicher Spezialist – unsere ganzheitliche Spezialisierung wollen wir erst entwickeln. Entsprechend haben wir mit großer Wahrscheinlichkeit keine Innovation im Sinne von Spinnovation und auch keine eng umrissene Bedarfsgruppe – sondern eine Zielgruppe. Trotzdem sprechen wir an dieser Stelle schon von Bedarfsgruppe, denn ab jetzt heißt das Ziel, eine solche klar definierte Bedarfsgruppe zu finden und für diese eine Innovation zu entwickeln.

Starten wir mit dem Strategieprozess, gibt es für uns vier grundsätzliche Ausgangspunkte, die wir im Weiteren die „vier strategischen Fragestellungen" nennen.

- Haben wir aktuell eine Innovation auf den Markt gebracht, die uns von den Mitbewerbern abhebt – mit der wir aber bei unserer Bedarfsgruppe nicht so erfolgreich sind, wie wir es gern wären? Im Strategieprozess wollen wir herausfinden, woran das liegt und was wir tun müssen, um das zu ändern.
- Oder wir sehen für unsere Innovation außerhalb unserer vorhandenen Bedarfsgruppe Möglichkeiten und wollen herausfinden, bei welcher neuen Bedarfsgruppe das Potenzial am größten ist.
- Vielleicht sind wir in vielen Dingen gut, aber nirgendwo wirklich überragend. Der Wettbewerb setzt uns immer mehr zu. Darum müssen wir etwas grundlegend Neues für unsere vorhandene Bedarfsgruppe entwickeln, mit dem wir eine Alleinstellung erreichen. Wir wollen wissen, mit welcher Innovation wir unsere Kunden künftig begeistern.
- Oder wir haben keine Innovation und sind davon überzeugt, dass wir für die vorhandene Bedarfsgruppe keine alleinstellende Innovation mehr entwickeln können. Wir sind auf der Suche nach einem grundlegend neuen Geschäftsmodell, bei dem wir auf unseren Stärken und Ressourcen aufbauen können, um eine alleinstellende Innovation für eine neue Bedarfsgruppe zu entwickeln.

Legen wir jetzt diese beiden Dimensionen „Bedarfsgruppe" und „Innovation" zugrunde, kann man die in Kapitel 2 „In der Professionalisierungsfalle" formulierten Fragestellungen von Markus, Oliver und Catrin in folgende Matrix einordnen.

Markus mit seiner Beratung gehört mit der Frage „Wie erschließe ich für meine innovativen Leistungen eine neue, klar definierte Bedarfsgruppe?" in Feld 2 „Leistung sucht Nutzer". Er hat mit seinem Beratungsprodukt eine echte Innovation entwickelt – es fehlt ihm allerdings eine klar definierte Bedarfsgruppe und der Nutzen ist noch nicht unmittelbar ersichtlich.

Olivers Frage „Wie schaffe ich es, meine Innovation bei meiner bereits vorhandenen Bedarfsgruppe erfolgreich zu machen?" gehört in Feld 1 „Nicht schon wieder ein Flop!?". Er hat ebenfalls mit seinem medizintechnischen Gerät eine Innovation entwickelt und zielt sogar auf eine definierte Bedarfsgruppe, die Heilpraktiker. Trotzdem ist er nicht so erfolgreich, wie er es sich wünscht.

Die Druckerei von Catrin mit der Fragestellung „Wie entwickle ich auf Basis der vorhandenen Stärken und Ressourcen ein grundlegend[64] neues, erfolgversprechendes Geschäftsmodell?" ist Feld 4 „Auf zu neuen Ufern" zuzuordnen. Sie hat im Moment weder eine zündende Idee für eine Innovation noch hat sie eine klar definierte Bedarfsgruppe. Sie druckt vieles für viele.

Feld 3 „Neues für die Kunden!" mit der Frage „Wie entwickle ich ‚alleinstellende' Innovationen für meine bereits definierte Bedarfsgruppe?" ist von den drei Beispielunternehmen am Anfang nicht besetzt. Und schon mal so viel vorweg: Eins der drei

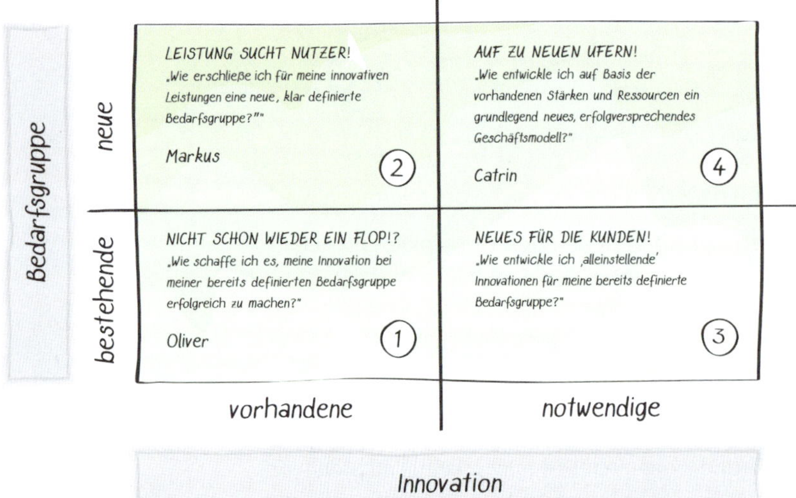

Abbildung 3: Matrix „Vier strategische Fragestellungen"

64   Eine Innovation für eine neue Bedarfsgruppe.

Beispielunternehmen wird sich im Laufe seines Strategieprozesses im Feld 3 „Neues für Kunden" wiederfinden.

Um es deutlich zu sagen: Ein Unternehmen mit komplett austauschbaren Leistungen – also ohne eine Innovation, die es klar vom Wettbewerb abhebt – hat nichts in Feld 2 zu suchen, sondern muss erst durch den Spezialisierungsprozess (Feld 3 oder 4). Austauschbare Leistungen weiteren Bedarfsgruppen anzubieten führt nur immer weiter in die Mittelmäßigkeit und Vergleichbarkeit – eine Sackgasse.

Die vier typischen strategischen Fragestellungen am Anfang der Entwicklung einer ganzheitlichen Spezialisierung lauten also:

- Feld 1: „Wie schaffe ich es, meine Innovation bei meiner bereits definierten Bedarfsgruppe erfolgreich zu machen?"
- Feld 2: „Wie erschließe ich für meine Innovation eine neue, klar definierte Bedarfsgruppe?"
- Feld 3: „Wie entwickle ich ‚alleinstellende' Innovationen für meine bereits definierte Bedarfsgruppe?"
- Feld 4: „Wie entwickle ich auf Basis der vorhandenen Stärken und Ressourcen ein grundlegend neues, erfolgversprechendes Geschäftsmodell?"

Zusammengefasst: Will ein kleines oder mittelständisches Unternehmen mit Spinnovation raus aus dem Preis- und Verdrängungswettbewerb, muss es, je nach Ausgangssituation, zur Entwicklung einer ganzheitlichen Spezialisierung eine der vier strategischen Fragestellungen lösen.

> ### Unternehmensgründung mit Spinnovation
>
> Selbstverständlich kann man mit Spinnovation auch „gründen" und damit ein komplett neues Geschäftsmodell aufbauen und umsetzen. Alle Methoden und Werkzeuge, die wir später noch kennenlernen und die viele Mitarbeiter aus dem Unternehmen einbinden, werden bei einer Gründung aber mangels Mitstreitern kaum sinnvoll sein. Trotzdem kann man sich mit seiner „Innovation im Kopf" und mit Spinnovation alles andere erarbeiten – strukturiert in einem zielführenden Prozess. Denn eine Bedarfsgruppe hat man als Korrektiv auch als Gründer.

5.5 DAS SPINNOVATION-PHASENMODELL

Die Strategiemethode Spinnovation folgt einem Phasenmodell mit insgesamt sechs aufeinander aufbauenden Phasen. Innerhalb der Phasen arbeiten wir Prozessschritte und ggf. darunterliegende Arbeitsschritte ab. Stellt man, egal an welcher Stelle im Prozess, fest, dass die erzielten Arbeitsergebnisse keine belastbare Basis für eine neue, erfolgversprechende Strategie sind, müssen wir zum nächst sinnvollen Prozess- oder Arbeitsschritt zurückspringen. Die Spinnovation-Phasen und ihre Prozessschritte sind zwar linear angeordnet, werden im Strategieprozess aufgrund von Arbeitsergebnissen aber häufig iterativ abgearbeitet.[65]

Phase I „Startpunkt & Aufbruch"
Mit der Unternehmensanalyse und der Analyse der externen Marktkräfte verorten wir unseren Startpunkt für die Strategieentwicklung. Die neuen Arbeitsmethoden und -formate erzeugen eine Aufbruchsstimmung.

Phase II „Ideen & Chancen"
Aus theoretisch unendlich vielen Spezialisierungsideen filtern wir diejenigen heraus, die am besten zu uns passen und die größten Chancen versprechen.

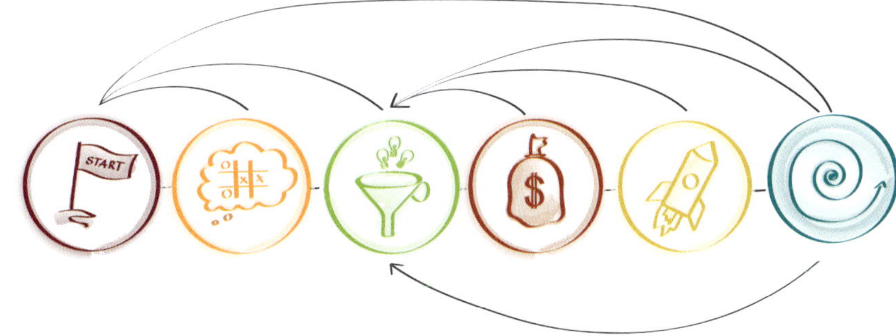

Abbildung 4: Spinnovation-Phasenmodell

---

65 Vergleiche „Prinzip c: Iterativ", siehe S. 67.

Phase III „Spezialisierung & Innovation"

Im engen Austausch mit unserer Bedarfsgruppe überprüfen wir die Spezialisierung und entwickeln die Innovationen, die in Alleinstellung münden.

Phase IV „Geschäftsmodell & Vision"

Wir finden heraus, mit welchen Wertschöpfungsprozessen, Kooperationsmodellen und Angeboten das Unternehmen Gewinn erwirtschaften wird. Wir formulieren die Vision, das für Mitarbeiter, Partner und Kunden attraktive und anzustrebende Zukunftsbild.

Phase V „Ausrollen & durchstarten"

Für die Markteinführung unserer Innnovation finden wir die passenden Marketing- und Vertriebsmaßnahmen und die gesamte Organisation steuert das Ausrollen des Geschäftsmodells.

Phase VI „Entwickeln & vorangehen"

Wir entwickeln Wachstumsszenarien für die Spezialisierung, implementieren einen permanenten Prozess zum Finden und Umsetzen von Entwicklungschancen und festigen die neue Unternehmenskultur.

5.6 MODELLE, METHODEN, WERKZEUGE

Im Folgenden stellen wir dir die Methoden, Modelle und Werkzeuge vor, auf die wir im Spinnovation-Strategieprozess zurückgreifen.

5.6.1 DIE CHANGE-UNGLEICHUNG

Strategieentwicklung und -umsetzung bringt immer Veränderungen oder neudeutsch „Change" mit sich. Das gilt ganz besonders für den Spinnovation-Strategieprozess. Schließlich wollen oder besser müssen wir auch einen kulturellen Wandel im Unternehmen bewirken, hin zu einer Unternehmenskultur, die dauerhaft die Strategie antreibt. Dafür werden wir über die in Kapitel 5.2 beschriebenen Grundlagen hinaus weitere praxiserprobte Methoden, Modelle und Werkzeuge einsetzen, die den Wandel ermöglichen.

Um Veränderungsprozesse mit ihren Widerständen besser zu verstehen, nutzen wir das Modell der Change-Ungleichung[66]. Die Formel geht auf Erkenntnisse der Organisationspsychologie zurück und wurde durch Erfahrungen in der Unternehmensführung und aus Beratungsprojekten weiterentwickelt. Es geht nicht darum, die Formel mit Zahlen zu füllen, um am Ende zwei Werte miteinander zu vergleichen. Wir können aus der Ungleichung aber sehr gut ablesen, welche Voraussetzung Veränderung braucht. Und wir können damit hervorragend einschätzen, welche Parameter wir bearbeiten müssen, um Veränderung zu ermöglichen.

$$\textit{Dringlichkeit} \times \textit{Zukunftsvision} \times \textit{erste Schritte} \times \textit{Vertrauen} \quad > \quad \textit{Angst} + \textit{Gewohnheit} + \textit{Illusion}$$

Auf der linken Seite steht ein mathematisches Produkt[67]. Die Summe auf der rechten Seite zeigt, aus welchen Quellen die Widerstände gegen Veränderung erwachsen. Ist einer der Faktoren links null, ist das Produkt null und die linke Seite kann nicht größer werden als die rechte. Veränderung findet nicht statt.

Der gesamte Spinnovation-Strategieprozess bearbeitet implizit die linke Seite. Beispielsweise werden in Phase I „Startpunkt & Aufbruch" das Unternehmen und die externen Marktkräfte analysiert.

66   Dietmar Straub, Frank Kuhnecke, Torsten Kirchmann: Change Management: Das Zugvogel-Prinzip: Notwendige Veränderungen erkennen und gemeinsam umsetzen. München 2013.

67   Vertrauen wurde von den Autoren ergänzt. Ohne Vertrauen in die Führung finden kein erster Schritt und keine dauerhafte Veränderung statt.

Je nachdem, wo das Unternehmen steht und wie die Prognose seiner Entwicklung aussieht, kann die Dringlichkeit sehr groß sein, das Unternehmen bzw. seine Strategie zu verändern. Die Zukunftsvision beschreiben wir ganz konkret in Phase IV „Geschäftsmodell & Vision". Erste Schritte in Richtung einer neuen Strategie und in Richtung einer neuen Art der Zusammenarbeit machen wir mit jedem Prozess- und Arbeitsschritt. Ob Vertrauen vorhanden ist, prüfen wir mit der Analyse der Unternehmenskultur ebenfalls in Phase I. Ist kein Vertrauen vorhanden, ist das Unternehmen nicht strategiefähig. Gibt es ein Basisvertrauen, wird es mit jedem Arbeits- oder Prozessschritt wachsen. Auch die rechte Seite wird im Spinnovation-Strategieprozess bearbeitet. Die Angst vor Neuem wird mit jedem Arbeitsschritt, mit dem wir uns der neuen Strategie nähern, geringer. Mit den neuen Arbeits- und Workshop-Formaten durchbrechen wir Gewohnheiten. Auch die Transparenz über die Unternehmenssituation kann die eine oder andere Illusion erschüttern. Mit Spinnovation wird zwar vordergründig „nur" eine neue Strategie entwickelt und parallel umgesetzt, aber gleichzeitig werden alle Faktoren, die eine Veränderung unterstützen oder behindern, implizit bearbeitet. Spinnovation wird im positiven Sinne zum trojanischen Pferd. Kulturelle Veränderung „passiert" einfach.

5.6.2 WISSEN TEILEN, GENERIEREN, BEWERTEN

Der Spinnovation-Strategieprozess lebt vom Wissen, den Erfahrungen und dem Know-how der Mitarbeiter im Unternehmen. Und auch vom Input und vom Feedback der Bedarfsgruppe. Um Mitarbeiter und Kunden in den Strategieprozess einzubinden, braucht es passende Methoden. Eine davon ist Spinnsession, eine spezifische Ausprägung der WissensDrehScheibe.

5.6.2.1 DIE WISSENSDREHSCHEIBE

Die WissensDrehScheibe[68] ist eine Großgruppenmethode zum Austausch, Generieren und Bewerten von Wissen. Durch ihren Einsatz verkürzen sich Kommunikationszeiten, wird Wissen transparent und nutzbar gemacht, Aufwand im Schnittstellenmanagement reduziert, werden Veränderungen beschleunigt und Gemeinschaft gestärkt. Mit dieser Methode können viele Personen gleichzeitig an komplexen Themen und Problemen arbeiten. Setzt man sie beispielsweise in der Entscheidungsfindung ein, steigt die Qualität der darauffolgenden Entscheidung.

Eine WissensDrehScheibe ist in drei Runden unterteilt. Jeder Teilnehmer nimmt in den drei Runden jeweils eine von drei unterschiedlichen Perspektiven ein. Nach jeder Runde werden die Zwischenergebnisse gemeinsam reflektiert und zusammengefasst. Automatisch öffnen sich festgefahrene Denkstrukturen und die gemeinsame Lösung rückt ins Zentrum. Sind die Teilnehmer geschickt ausgewählt, arbeitet man intensiv über Schnittstellen und Abteilungsgrenzen hinweg zusammen. Bei Entscheidungen, die mit der WissensDrehScheibe vorbereitet werden, festigt sich auch die Gemeinschaft für die anschließende Umsetzung der Lösung. Das Format kann zwischen zwei Stunden bis 2,5 Tage dauern und 12 bis rund 500 Teilnehmer umfassen. Eine WissensDrehScheibe ist nicht zwingend auf ein einzelnes Thema beschränkt. Es können mehrere komplexe Fragestellungen nacheinander oder abwechselnd bearbeitet werden. Mit einer entsprechend großen Anzahl von Teilnehmern kann man auch in mehreren WissensDrehScheiben parallel arbeiten. Die WissensDrehScheibe ist eine mächtige Methode. Sie ist nicht nur im Rahmen des Spinnovation-Strategieprozesses einsetzbar, sondern auch auf andere komplexe unternehmerische Fragestellungen anwendbar.

Die Teilnehmer einer WissensDrehScheibe verteilen sich gleichmäßig über drei Stuhlkreise. Jeder Stuhlkreis steht für eine andere Rolle bzw. Perspektive:

* Im inneren Stuhlkreis wird aktiv diskutiert.

„Nicht Arbeit, nicht Kapital, nicht Land oder Rohstoffe sind die Produktionsfaktoren, die heute in unserer Gesellschaft zählen, sondern das Wissen der Mitarbeiter in den Unternehmen."
Peter F. Drucker

„Das Wesen des Managements ist es, Wissen produktiv zu machen."
Peter F. Drucker

Wir empfehlen, das Format fest in den Methodenpool aufzunehmen und auch außerhalb des Strategieprozesses einzusetzen. Dann lohnt sich der Einarbeitungsaufwand vielfach.

---

68   Gebhard Borck: WissensDrehScheibe: Die Praxisanleitung für Moderatoren. CreateSpace Independent Publishing Platform, o.O. 2013.

- Im mittleren Stuhlkreis wird unter einer spezifischen Perspektive bzw. Fragestellung zugehört.
- Im äußeren Stuhlkreis wird ebenfalls, unter einer anderen Fragestellung, zugehört.

Die drei Stuhlkreise zusammen werden „Kreis" genannt. Jeder Teilnehmer an einer WissensDrehScheibe bekommt vorab einen individuellen Fahrplan mit seinen jeweiligen Aufgaben in den einzelnen Runden.

Die beiden verschiedenen Perspektiven bzw. Fragestellungen des mittleren und äußeren Kreises werden im Vorfeld aus dem Thema und der Zielsetzung der WissensDrehScheibe abgeleitet. Für jede der beiden Perspektiven gibt es ein Dokumentationsformular. Auf dem notieren die Teilnehmer die Punkte, die sie aus der Diskussion aufnehmen. Um in der ersten Runde die Diskussion anzuregen, formuliert der Moderator im Vorfeld zwei gegensätzliche Thesen zum Thema der WissensDrehScheibe und schreibt sie auf ein Flipchart. Vor Beginn der ersten Diskussionsrunde stellt er den Teilnehmern diese Thesen vor.

GENERELLER ABLAUF EINER WISSENSDREHSCHEIBE

Zu Beginn erläutert der Moderator Methode, Vorgehensweise und die Regeln der WissensDrehScheibe. Dann nennt er das zu behandelnde Thema sowie die beiden Fragestellungen bzw. Perspektiven für den mittleren und den äußeren Stuhlkreis. Abschließend verteilt er die vorbereiteten individuellen Fahrpläne[69] und die Dokumentationsformulare[70], je eins je Perspektive an alle Teilnehmer.

Danach stellt der Moderator die beiden zur Anregung der Diskussion formulierten Thesen vor, startet im Anschluss den Timer und auf sein Zeichen beginnt die Diskussion. Der Moderator achtet genau darauf, dass nur die Diskutanten reden. Alle anderen Teilnehmer sind ruhig und konzentrieren sich auf ihre jeweilige Aufgabe. Die Zuhörergruppe 1, der mittlere Stuhlkreis, hört der Diskussion aufmerksam zu und jeder Teilnehmer nimmt Hinweise und Aussagen zu ihrer Perspektive bzw. Fragestellung auf und notiert sie auf dem Dokumentationsformular. Aber nur das, was im inneren Stuhlkreis tatsächlich gesagt wurde. Die Zuhörergruppe 2, der äußere Stuhlkreis, macht dasselbe für ihre Perspektive bzw. Fragestellung. Nach 10 Minuten ertönt der Timer. Ein gerade begonnener Satz darf noch beendet werden. Dann, nach jeder Diskussionsrunde, fragt der Moderator nacheinander für beide Perspektiven die Beobachtungen jedes einzelnen Zuhörers ab, fasst sie jeweils zusammen und schreibt sie auf das jeweilige Ergebnisboard – ein Ergebnisboard je Perspektive. Nachdem alle Zuhörer ihr Feedback abgegeben haben, fordert der Moderator die Teilnehmer auf, sich für die nächste Runde einen Platz gemäß Fahrplan zu suchen. Sitzen alle, fasst der Moderator noch einmal kurz und prägnant die Ergebnisse der vorangegangenen Runde(n) zusammen, stellt den Timer und übergibt das Wort an den inneren Stuhlkreis. Nach dem Ablauf der Diskussionszeit wird wiederum das Feedback abgefragt und auf den Ergebnisboards dokumentiert. Nach den drei Runden fasst der Moderator die Ergebnisse der Spinnsession abschließend zusammen und bedankt sich bei den Teilnehmern. Nachdem die Teilnehmer ihre ausgefüllten Dokumentationsformulare abgegeben haben,

---

> **Die Aufgaben des Moderators**
>
> Die Rolle des Moderators bei einer WissensDrehScheibe ist sehr wichtig. Er hat vielfältige Aufgaben. Die Qualität seiner Moderation wirkt sich unmittelbar auf die Qualität der Ergebnisse aus.
>
> Der Moderator …
>
> … sorgt für die Räumlichkeiten, den Timer und die Flipcharts,
>
> … bereitet das Thema, die Anfangsthesen, die Fragestellungen des mittleren und äußeren Stuhlkreises, die Dokumentationsformulare und die individuellen Fahrpläne vor,
>
> … achtet darauf, dass nur im inneren Stuhlkreis geredet wird und die Diskussionszeiten eingehalten werden,
>
> … fasst die Beobachtungen des mittleren und äußeren Stuhlkreises zusammen und formuliert am Ende die Ergebnisse der WissensDrehScheibe,
>
> … erstellt eine Fotodokumentation der Ergebnisboards.

---

69 Vorlage „Individuelle Fahrpläne" für 12 – 21 Teilnehmer, siehe Anhang S. 215.
70 Vorlage „Dokumentationsformulare", siehe Anhang S. 216.

ist die WissensDrehScheibe beendet. Im Anschluss erstellt der Moderator eine Fotodokumentation der Ergebnisse.

Für eine WissensDrehScheibe, bei der ein Thema behandelt wird und an der beispielsweise 21 Personen teilnehmen, benötigt man ohne weiteren inhaltlichen Input knapp zwei Stunden.[71] Sind es mehr oder weniger als sieben Teilnehmer in den gleichmäßig besetzten Stuhlkreisen, verlängert oder verkürzt sich der Zeitbedarf für die Feedbackrunden entsprechend.

5.6.2.2 SPINNSESSION

Die WissensDrehScheibe wird im Spinnovation-Strategieprozess in vielen Prozess- und Arbeitsschritten in einer spezifischen Ausprägung eingesetzt. Wir nennen sie ab jetzt „Spinnsession". Strategieentwicklung ist eine komplexe Aufgabe, deren Qualität erfahrungsgemäß durch den Einsatz einer Spinnsession deutlich gesteigert wird. Wir setzen Spinnsessions immer dann ein, wenn es hilfreich und notwendig ist, Wissen auszutauschen, neues Wissen zu generieren und abschließend zu bewerten. Egal ob nur intern mit Mitarbeitern oder auch zusammen mit Kunden und Vertretern der Bedarfsgruppe.

In einer Spinnsession nehmen mindestens 12, maximal 21 Personen – optimal sind zwischen 18 und 21 – teil. Das sind mehr Personen als Mitarbeiter im Strategieteam.[72] Durch die zusätzlichen Teilnehmer einer Spinnsession wird einerseits das Strategieprojekt breiter im Unternehmen verankert und Zwischenergebnisse werden ins Unternehmen kommuniziert. Andererseits wird viel vom vorhandenen Wissen und von den Ideen im Unternehmen in den Strategieprozess eingebracht. Ganz wesentlich ist, dass auch die Gemeinschaft für die parallele Umsetzung der neuen Strategie gestärkt wird.

Beispielsweise nutzen wir eine Spinnsession, um im Rahmen der Unternehmensanalyse in Phase I auf breiterer Front unternehmensinterne Hindernisse zu identifizieren. Das entsprechende Thema der Spinnsession lautet: „Welche internen Engpässe und Hindernisse behindern die Entwicklung unseres Unternehmens maßgeblich?"

Die Anfangsthesen sind:

These 1: „Wir haben keine Engpässe und Hindernisse im Unternehmen. Das wird doch nur vorgeschoben, damit sich nichts ändern muss!"

These 2: „Wir haben so große Probleme und Hindernisse im Unternehmen, dass wir kaum noch dazu kommen, unser Tagesgeschäft richtig zu erledigen!"

Die Fragestellung für Perspektive 1 lautet: „Welche internen Hindernisse haben wir und wo behindern sie die Entwicklung unseres Unternehmens?"

Das entsprechende Dokumentationsformular[73] hat die Spalten „Internes Hindernis", „Wo behindert es uns?", „Welche Ursachen hat das Hindernis?".

Die Fragestellung für Perspektive 2 lautet: „Mit welchen Maßnahmen können wir das Hindernis beseitigen?"

Teilnehmer der Spinnsessions

Die Mitarbeiter Ihres Strategieteams sind natürlich als Teilnehmer an den Spinnsessions gesetzt. Sie brauchen aber noch zusätzliche Teilnehmer. Wichtig ist, dass diese Lust und Interesse haben, das jeweilige Thema zu bearbeiten. Frage Sie also danach. Sorgen Sie bei der Auswahl der zusätzlichen Teilnehmer dafür, dass die Spinnsession möglichst „vielfältig" besetzt ist. Die Qualität der Ergebnisse ist umso höher, je größer die Vielfalt der Perspektiven ist. Je unterschiedlicher die Bildungsabschlüsse, die Funktionen, die Unternehmensbereiche und ggf. -standorte sowie Alter und Herkunft sind, umso besser. Am besten nehmen auch gleich viele Männer und Frauen teil. Idealerweise ergänzen sich die Teammitglieder in ihrem Wissen, ihren Kompetenzen, Expertisen und Erfahrungen.

Im Rahmen des Bedarfsgruppentests werden zusätzlich auch Kunden an einer Spinnsession teilnehmen.

---

[71] Detaillierter Ablaufplan, siehe Anhang S. 214.
[72] Die neue Unternehmensstrategie wird in einem Kernteam entwickelt. Siehe Kapitel 6.1.2.1 „Arbeitsschritt I.1a: Strategieteam" ab S. 95.
[73] Vorlage „Dokumentationsformulare", siehe Anhang S. 217.

Das entsprechende Dokumentationsformular hat die Spalten „Internes Hindernis", „Was kann konkret getan werden, um das Hindernis zu beseitigen?".

Der generelle Ablauf einer Spinnsession ist genau derselbe wie der einer WissensDrehScheibe[74].

INFRASTRUKTUR ZUR DURCHFÜHRUNG EINER SPINNSESSION

Zur erfolgreichen Durchführung einer Spinnsession ist außer einem geeigneten Raum, ausreichend Stühlen und ein paar Flipcharts nicht viel nötig.[75] Falls Sie alles im Haus haben, gut. Falls nicht, beschaffen Sie zum Beginn des Strategieprojektes das notwendige Equipment. Spinnsessions werden häufig genutzt und kommen in allen vier strategischen Fragestellungen zum Einsatz.

VORLAGE ZUR VORBEREITUNG EINER SPINNSESSION

Nutzen wir im Strategieprozess eine Spinnsession, beschreiben wir sie kompakt mit den folgenden Informationen:

- Thema der Spinnsession
- Inhaltlicher Input für die Spinnsession
- Dauer der Präsentation des Inputs
- Anfangsthese 1
- Anfangsthese 2
- Fragestellungen Perspektive 1
- Spalten Dokumentationsformular Perspektive 1
- Fragestellungen Perspektive 2
- Spalten Dokumentationsformular Perspektive 2

ABLAUFPLAN SPINNSESSION

Der Ablauf einer Spinnsession ist fast identisch mit dem einer WissensDrehScheibe. Es kommen lediglich die beiden Punkte „Status Spinnovation-Strategieprojekt" und „Inhaltlicher Input für die Spinnsession" dazu (siehe unten).

Ablaufplan Spinnsession			
Was?	Zeitaufwand	Anzahl	Summe
Einführung durch Moderator in Methode, Vorgehensweise und Thema der Spinnsession Verteilen der Fahrpläne und der Dokumentationsformulare	00:25	1	00:25
Status Spinnovation-Strategieprojekt, Einordnen der Spinnsession in den Strategieprozess	00:15	1	00:15
Inhaltlicher Input für die Spinnsession (Dauer unterschiedlich, i. d. R. abhängig vom Input)	00:20	1	00:20
Einführung in Runde durch Moderator 1. Runde mit Ausgangsthesen 2. und 3. Runde mit Zusammenfassung der bisherigen Ergebnisse	00:05	3	00:15
Diskussion	00:10	3	00:30
Feedback Zuhörer mit Dokumentation durch Moderator (je 7 min je Perspektive, 1 min je Teilnehmer)	00:14	3	00:42
Durchmischung nach Runde 1 und 2	00:03	2	00:06
Gesamtzeitbedarf Spinnsession für ein Thema			02:33

74 Siehe S. 72.
75 Infrastruktur und Material für eine Spinnsession, siehe Anhang S. 217.

Sowohl die Anfangsthesen als auch der inhaltliche Input einer Spinnsession kommen immer für alle gut sichtbar auf Flipcharts oder Metaplanwände.

IHRE ROLLE IN EINER SPINNSESSION

Für Sie als Chef gibt es im Grunde nur zwei Möglichkeiten, an einer Spinnsession teilzunehmen. Entweder als Moderator oder als „normaler" Teilnehmer. Der Moderator nimmt aber nur die Diskussionsbeiträge auf und formuliert sie auf den Punkt, ohne inhaltlich zu beeinflussen. Um zu vermeiden, dass Ihre Mitarbeiter Ihnen auch als Moderator nur nach dem Mund reden, fordern Sie sie zu Beginn jeder Spinnsession explizit auf, unbedingt ihre eigenen Ideen einzubringen. Dann stehen die Chancen gut, dass auch einige für Sie neue Sichtweisen und Ansätze erarbeitet werden. Als Moderator können Sie aber nicht Ihre eigenen Ideen und Gedanken einbringen. Da man das in einem Spinnovation-Strategieprozess auch später unter keinen Umständen von „oben" her macht, ist es am besten, Sie gewinnen zu Beginn des Strategieprozesses einen oder besser zwei aus Ihrer Mannschaft für die Moderation der anstehenden Spinnsessions. Von Vorteil ist, wenn diejenigen schon Erfahrung in der Moderation von Workshops haben. Und sie sollten sich auch trauen, falls notwendig, Sie deutlich auf die Spielregeln im Workshop hinzuweisen. Ist das erfüllt, können Sie an den Spinnsessions als normaler Teilnehmer dabei sein. Bringen Sie Ihre Ansätze und Ideen in die Diskussion ein, aber dominieren Sie unter keinen Umständen die Runden. Sie ersticken damit alle neuen Ansätze im Keim. Auch wenn es zwei Diskussionsrunden gibt, bei denen Sie nur zuhören dürfen, ist Folgendes sehr wichtig: Lassen Sie sich so einteilen, dass Sie immer erst in der letzten Runde als Diskutant im inneren Stuhlkreis sitzt. Bis dahin sind schon zwei Drittel der Diskussion ohne Diskussionsbeiträge von Ihnen gelaufen. Wir gehen im Weiteren davon aus, dass Sie als „normaler" Teilnehmer bei den Spinnsessions dabei sind.

Zum Abschluss einer Spinnsession können Sie aus Ihrer Rolle als Teilnehmer heraustreten. Bedanken Sie sich bei den Teilnehmern für das Engagement, die Disziplin, die konzentrierte Mitarbeit und die tollen Ergebnisse – aber nur, falls Sie es auch wirklich so empfinden. Danach können Sie den Teilnehmern noch einen kurzen Ausblick geben, wie es im Strategieprozess weitergeht und wie die Ergebnisse der Spinnsession darin einfließen.

5.6.3　SPINNIFICATION – TEAMS SPIELEND MOTIVIEREN

MiniSpiele sind eine spielerische Methode, bei der sich Teams herausfordernden Aufgaben stellen, diese gemeinsam bearbeiten und zusammen erfolgreich lösen. Wir setzen MiniSpiele vor allem dann in einem Spinnovation-Strategieprozess ein, wenn wir unsere Komfortzone verlassen müssen. Der Ansatz bindet viele Mitarbeiter aktiv in das Bearbeiten der Aufgabe ein, macht Zwischenergebnisse transparent, motiviert über das Erreichte, lässt Gemeinschaft entstehen. Er schafft nur Gewinner und macht vor allem eines – Spaß!

Nach dem folgenden Muster können Sie MiniSpiele[76] aufsetzen. Damit es nicht zu abstrakt bleibt, gibt es gleich ein Beispiel dazu: Das MiniSpiel aus Phase III, mit dem wir die Bedarfsgruppeninterviews[77] organisieren und das wir bei allen vier strategischen Fragestellungen nutzen.

MINISPIEL
1. Der Name
Das Spiel bezieht sich immer auf eine Herausforderung im Spinnovation-Strategieprozess. Es braucht einen guten Namen, der einen Bezug zu dieser Herausforderung bzw. zur konkreten Aufgabe hat. Es muss schnell zu den notwendigen Ergebnissen führen, um im Prozess weiter voranzukommen. Und mit ein bisschen Anstrengung soll es zu gewinnen sein.

76　Vorlage zum Aufsetzen von MiniSpielen, siehe Anhang ab S. 218.
77　Siehe ab S. 150.

Beispiel „Bedarfsgruppeninterviews organisieren": Für jede Bedarfsgruppe setzen wir mindestens ein MiniSpiel auf. Ziel des MiniSpiels ist, die vorgegebene Anzahl von Gesprächsterminen mit Vertretern der Bedarfsgruppe zu vereinbaren. In den Bedarfsgruppeninterviews, bei denen wir einen tatsächlichen Engpass der Bedarfsgruppe finden wollen, ist auch Reden Silber und Schweigen Gold. Besser gesagt, ist „aktives" Zuhören Gold. Da wir am Ende mit Spinnovation auf den ersten Platz in unserem Marktsegment wollen, können wir das MiniSpiel „Zuhören für die Goldmedaille" nennen.

2. Das Ziel

Setzt klare, aber keine „Alles oder nichts"-Ziele! Am besten sind drei Gewinnstufen. Gespielt wird gegen Kennzahlen und nie gegen Menschen. Dort wo es möglich und sinnvoll ist, setzt sich das Team am besten selbst sein Ziel. Erfahrungsgemäß sind die selbstgesteckten Ziele höher und die Anfangsmotivation deutlich größer. Erfolg wird belohnt. Versagen wird aber nicht bestraft. Das Ziel muss leicht zu verstehen und einfach zu messen sein. Zwischenergebnisse werden regelmäßig veröffentlicht und gemeinsam ausgewertet.

Beispiel „Bedarfsgruppeninterviews organisieren": Erfahrungsgemäß ist es zwar umso besser, je mehr Bedarfsgruppeninterviews man führt, aber wir können uns dafür ja nicht unendlich viel Zeit nehmen. Als Faustregel gilt: Je größer die Bedarfsgruppe und je größer das Unternehmen, desto mehr Gespräche sind zu führen. Wir starten erst einmal mit 9, 15 oder 21 Bedarfsgruppengesprächen. Bei der Bedarfsgruppe unterscheiden wir dann noch zwischen Kunden und Nicht-Kunden. Eigentlich sollte das Verhältnis von Gesprächen mit Kunden und mit Nicht-Kunden gemäß dem Marktanteil gewählt sein. Pragmatisch und zielführend ist aber auch die 50:50-Aufteilung. Wir wählen also die Gewinnstufen nach folgendem Muster:

- Gewinnstufe 1: 5 Gesprächstermine mit Kunden und 4 Gesprächstermine mit Nicht-Kunden
- Gewinnstufe 2: 8 Gesprächstermine mit Kunden und 7 Gesprächstermine mit Nicht-Kunden
- Gewinnstufe 3: 11 Gesprächstermine mit Kunden und 10 Gesprächstermine mit Nicht-Kunden

3. Das Team und der Spielleiter

Kein Spiel ohne Spieler. Aber es spielen nur die mit, die auch wirklich spielen wollen. Zusätzlich braucht das MiniSpiel einen Spielleiter. Das ist jemand aus dem Team, der dazu Lust hat und sich dazu bereit erklärt. Der Teamleiter steht am besten schon vor dem Start des MiniSpiels fest.

Beispiel „Bedarfsgruppeninterviews organisieren": Auf jeden Fall spielen alle Mitglieder des Strategieteams. Falls noch weitere Kollegen mitspielen wollen, sehr gerne. Derjenige unter den Mitspielern, der am meisten dazu Lust hat, soll das Spiel leiten. Das klären Sie am besten beim ersten Treffen.

4. Die Spieldauer

Die Spieldauer hängt wesentlich von den gesteckten Zielen ab. Sie muss lang genug sein, um die Ziele zu erreichen. Bei den MiniSpielen im Strategieprozess geben wir Richtwerte an, wie lange sie erfahrungsgemäß dauern.

Teambesprechung

Das Team trifft sich zur Teambesprechung, entweder regelmäßig oder zu vorher festgelegten Terminen. Die Teambesprechungen werden so kurz wie möglich gehalten. Hat sich das Team eingespielt, reichen wenige Minuten. In der Besprechung wird der Spielstand besprochen, reflektiert, was leichtfiel und wo es Schwierigkeiten gab. Man schätzt gemeinsam ein, wie der Spielstand zur nächsten Teambesprechung sein wird. Oder man setzt sich im Team ein ambitioniertes Ziel bis zur nächsten Besprechung und legt die Maßnahmen fest, wie das Ziel erreicht werden soll. Auch die Frage, ob und welche Unterstützung das Team braucht, wird geklärt.

Am besten sind Sie selbst beim ersten MiniSpiel der Spielleiter. Dann sind Sie sehr nah dran und spüren, ob der Funke überspringt und das Team ins „Spielen" kommt. Und Sie machen damit klar, dass die MiniSpiele für Sie und für den Strategieprozess eine „ernste Sache" sind.

Beispiel „Bedarfsgruppeninterviews organisieren": Mit „Zuhören für die Goldmedaille" soll schnell die notwendige Anzahl von Gesprächsterminen vereinbart werden. Um richtig ins „Spielen" zu kommen, braucht man aber schon zwei Wochen. Also läuft das Spiel zwei, maximal drei Wochen.

5. Die Preise
Ein MiniSpiel hat drei Gewinnstufen. In allen drei Gewinnstufen sollen die Preise motivierend und von hohem Erinnerungswert sein, selbstverständlich mit der Gewinnstufe ansteigend. Der Fantasie sind keine Grenzen gesetzt. Die Preise sollen das Engagement fördern und das Ergebnis belohnen. Es sind aber keine Leistungsanreize. Wird eine Gewinnstufe erreicht, bekommt das Team den Gewinn – läuft alles wie geplant, gibt es drei Gewinne für die Mitspieler.

Beispiel „Bedarfsgruppeninterviews organisieren": „Zuhören für die Goldmedaille" wird noch relativ am Anfang des Strategieprozesses gespielt. Es ist also sinnvoll, einen Preis auszuloben, bei dem das Strategieteam weiter zusammenwächst – und auch Sie sind Teil des Teams! Tolle Erfahrungen wurden bei Preisen in der höchsten Gewinnstufe gemacht, bei denen der Chef selbst für seine Kollegen kocht oder grillt – das kommt super an und schafft ein gutes Zusammengehörigkeitsgefühl für die weitere Strategiearbeit.

6. Die Anzeigetafel
Auf der Anzeigetafel muss der Zwischenstand einfach ablesbar sein. Und sie muss auch für Außenstehende leicht verständlich sein. Die Anzeigetafel hängt am besten an einem Platz, an dem sie von vielen gesehen wird. Die Ergebnisse werden in den Teambesprechungen dort eingetragen.

Beispiel „Bedarfsgruppeninterviews organisieren": Auch hier sind der Fantasie keine Grenzen gesetzt. Es geht um Termine, also bietet sich eine übergroße Kalenderseite auf einem Flipchart an. Jeder vereinbarte Termin dauert eine Stunde und füllt den Tag für die „Kunden" und „Nicht-Kunden" nach und nach. Beginnt der Tag um 8 Uhr, ist mittags die erste, am Nachmittag die zweite und am Abend die höchste Gewinnstufe erreicht (siehe Anzeigetafel)!

7. Der Spielverlauf
Ist das MiniSpiel einmal aufgesetzt, wird es gespielt und die Punkte werden gezählt. Es wird sich entwickeln. Läuft es nicht so wie geplant, wird auf keinen Fall nachgebessert. Das ist wichtig, damit später MiniSpiele oder vergleichbare Spiele nicht einfach eingestellt oder gar Ziele angepasst werden, falls es mal nicht so gut läuft.

Beispiel „Bedarfsgruppeninterviews organisieren": „Zuhören für die Goldmedaille" ist ein einfaches und vielfach erprobtes Spiel. Eigentlich kann dabei nichts schiefgehen. Wichtig sind die Teambesprechungen. Ist die Spieldauer beim MiniSpiel „Zuhören für die Goldmedaille" zwei Wochen, finden die Teambesprechungen nach dem Start am 2.,

Aufgaben des Spielleiters

Welche Aufgaben hat der Spielleiter?

- Er leitet die Teambesprechungen.
- Er verteilt die Aufgaben, wie Anzeigetafel entwerfen, Anzeigetafel bauen, Preise organisieren etc.
- Er hält die Ergebnisse nach dem Spiel fest: Was hat das Spiel für den Teamgeist und die Motivation gebracht? Wie hat sich die Zusammenarbeit im Strategieteam entwickelt? Welche inhaltlichen Ergebnisse wurden erzielt?

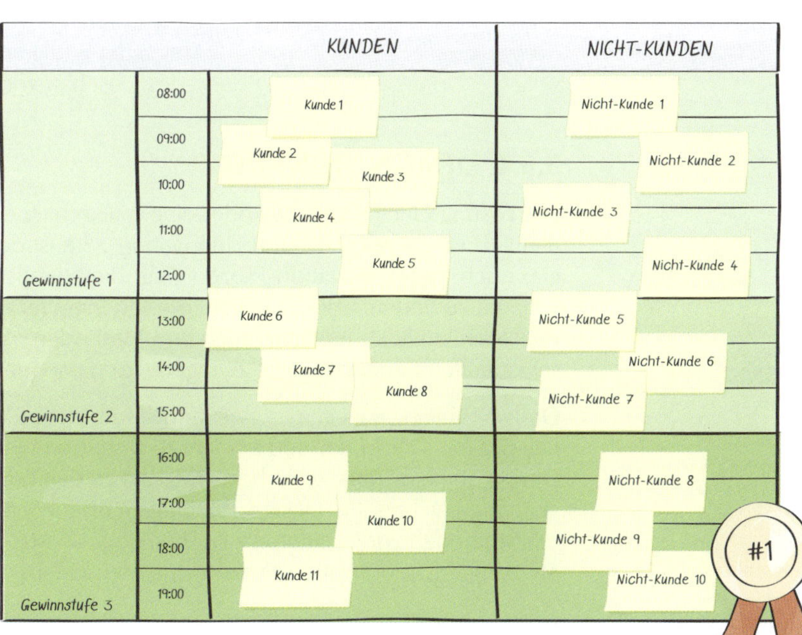

Abbildung 5: Anzeigetafel „Zuhören für die Goldmedaille"

3., 5., 6., 8. und 10. Arbeitstag statt. Man trifft sich im Team zu einer festen Uhrzeit, trägt gemeinsam die zwischenzeitlich neu vereinbarten Termine im Kalender ein, tauscht sich darüber aus, was gut und was weniger gut bei den Terminvereinbarungen ankommt, setzt sich ein gemeinsames Ziel bis zur nächsten Teambesprechung und motiviert und unterstützt sich gegenseitig.

8. Die Auswertungen

Ein MiniSpiel wird auf drei Ebenen ausgewertet: Was hat es für die Motivation und den Teamgeist getan? Welche Lerngewinne wurden erzielt und wie hat sich die Zusammenarbeit im Strategieteam entwickelt? Welche inhaltlichen Ergebnisse wurden erzielt?

Beispiel „Bedarfsgruppeninterviews organisieren": Nach der Spielzeit von „Zuhören für die Goldmedaille" werten wir zuerst aus, ob wir eine ausreichende Anzahl von Interviewterminen vereinbart haben. Falls ja, gut. Falls nein, gibt es eine Verlängerung. Ziel ist, die notwendige Anzahl der Gespräche zu führen. Wir stellen bei der Auswertung im Team auch die Fragen „Was hat das Spiel für die Motivation und den Teamgeist gebracht?" und „Was haben wir aus dem Spiel gelernt?".

MiniSpiele helfen uns in der Strategieentwicklung bei der Umsetzung von Maßnahmen, für die wir unsere Komfortzone verlassen müssen. Und sie helfen uns, das große AusrollSpiel[78] vorzubereiten und mit dem spielerischen Ansatz Erfahrungen zu sammeln. Das große AusrollSpiel nutzt die gleichen Mechanismen wie die MiniSpiele. Es verfolgt aber ein übergeordnetes Ziel, das neue Geschäftsmodell erfolgreich umzusetzen. Um das Spiel vorzubereiten, wird auf oberster Ebene eine Kennzahl festgelegt, die für den „Erfolg" des Geschäftsmodells steht. Dann werden auf der Ebene darunter Kennzahlen bestimmt, die auf die oberste Kennzahl wirken[79]. Die Kennzahlen der zweiten Ebene bricht man dann weiter herunter bis auf Kennzahlen, die von Abteilungen oder von Teams unmittelbar beeinflussbar sind. Auf dieser Ebene werden dann MiniSpiele aufgesetzt und die Teams spielen gegen die Kennzahl. Verlaufen diese MiniSpiele erfolgreich, kaskadiert sich der Erfolg hoch bis auf die oberste Kennzahl. Das Ausrollen des Geschäftsmodells wird zum Erfolg.

Wann kann ein MiniSpiel schiefgehen? Falls …

- die Ziele unrealistisch, unklar oder unerreichbar sind,
- unklar ist, wie das Spiel zu gewinnen ist,
- es zu komplizierte Regeln hat,
- die Ergebnisse nicht nachgehalten werden,
- die Zwischenstände nicht veröffentlicht werden,
- die Ergebnisse sich im Laufe des Spiels verschlechtern,
- die Spieler untereinander nicht ausreichend kommunizieren.

5.6.4 DESIGN THINKING

Die Lösung eines Engpasses oder eine maßgebliche Verbesserung im Engpass der Bedarfsgruppe nennen wir bei Spinnovation „Innovation". Sie ist der Grundpfeiler unserer Spezialisierungsstrategie. Auch im Spinnovation-Prozess liegt die Herausforderung darin, die passende Lösung für den Engpass zu finden, also zu innovieren. Zu innovieren sollte eigentlich einfach sein, dazu gibt es ja jede Menge Literatur, Werkzeuge und Methoden. Aber leider führen viele von diesen, aus unterschiedlichen Gründen, nicht zwingend zu passenden Innovationen.

Design Thinking dagegen ist eine Innovationsmethode, die schon viele Innovationen hervorgebracht hat. Sie hat sich in den letzten Jahren rasant entwickelt und findet aktuell große Resonanz. Und Design Thinking passt ganz hervorragend zu den Prinzipien von Spinnovation. Es ist nicht möglich, aber auch nicht nötig, Design Thinking an dieser Stelle komplett mit allen Aspekten und einsetzbaren Methoden vorzustellen. Wir gehen aber so weit ins Detail, dass wir relevante Teile von Design Thinking im Spinnovation-Prozess nutzen können.

---

78 Siehe ab S. 195.

79 „Wirken" heißt in diesem Zusammenhang nicht, dass sich die obere Kennzahl rechnerisch aus den unteren ergibt. Sondern nur, dass sie einen erkennbaren Einfluss hat.

Design Thinking ist das Finden einer Problemlösung, in dessen Zentrum der Nutzer steht. Auch bei der Lösungsfindung selbst stellt Design Thinking den Menschen als Teil eines kreativen, möglichst interdisziplinären Teams in den Mittelpunkt. Häufig wird Design Thinking aber dafür kritisiert, dass zwar tolle Produkte oder Services entwickelt werden, diese aber nicht immer ein wirtschaftliches oder strategisches Problem des Unternehmens lösen. Darüber müssen wir uns hier keine Gedanken machen. Spinnovation stellt von vornherein sicher, dass wir uns nur auf zu lösende Engpässe spezialisieren, was automatisch zu starken Wettbewerbsvorteilen und hoher Nachfrage führt. Und die Folge und das Ergebnis dieser konsequenten Spezialisierung und vielfältigen Wettbewerbsvorteile ist unternehmerischer wirtschaftlicher Erfolg.

Dabei nutzt Design Thinking bestmöglich die im Unternehmen bzw. in den Mitarbeitern immer vorhandene große Innovationskraft. Das wird durch die Geisteshaltung „extrem ergebnisorientiert bei gleichzeitiger voller Ergebnisoffenheit" erreicht. Und durch die Auswahl der Mitarbeiter, das richtige Zusammenstellen der Teams, klare Regeln, eine spezifische Prozessmoderation und die eingesetzten Methoden. Auf dieser Basis können herausragende Ergebnisse erzielt werden, selbst wenn man nur altbekannte Kreativtechniken nutzt. Und durch das Nutzen von Visualisierungstechniken und die völlige Ergebnisoffenheit sogar disruptive[80].

DESIGN-THINKING-PROZESS

Ein komplettes Design-Thinking-Projekt oder ein vollständiger Design-Thinking-Workshop durchläuft sechs Phasen[82]. „Verstehen", „Beobachten", „Standpunkt", „Ideen", „Prototyp" und „Test".

Verstehen: Am Anfang geht es darum, das Problem mit seinen wesentlichen Elementen zu verstehen.

Beobachten: Durch Beobachten, Befragen und Interagieren werden vorurteilsfrei die Bedürfnisse der Bedarfsgruppe aufgenommen und ein tief gehendes Verständnis der Bedarfsgruppe erreicht.

Standpunkt: Die bis dahin gewonnenen Einsichten werden zu einem gemeinsamen Standpunkt zusammengeführt und das zu lösende Problem in einer geeigneten Fragestellung, der Design Challenge, beschrieben.

Ideen: Mit geeigneten Kreativitätstechniken werden möglichst viele Ideen generiert, strukturiert, geeignet zusammengefasst und zu Lösungsansätzen verdichtet. Am Ende werden die Vielversprechendsten ausgewählt.

Prototyp: Mit konzeptionellen und erlebbaren Prototypen werden die ausgewählten Ideen schnell begreif- und kommunizierbar gemacht.

Test: Mit den Prototypen wird umgehend überprüft, ob die Ideen bei der Bedarfsgruppe wirklich zünden. Aus dem Feedback der Bedarfsgruppe werden Ansatzpunkte für Verbesserungen und Alternativen abgeleitet und das Konzept bis zur bestmöglichen Lösung entwickelt.

„Design Thinking auf einer Postkarte erklärt, ist erfinderisches Denken mit radikaler Kunden- beziehungsweise Nutzerorientierung. Es basiert auf dem Prinzip der Interdisziplinarität und verbindet in einem strukturierten, moderierten Iterationsprozess die Haltung der Ergebnisoffenheit mit der Notwendigkeit der Ergebnisorientierung."[81]

Jürgen Erbeldinger und Thomas Ramge

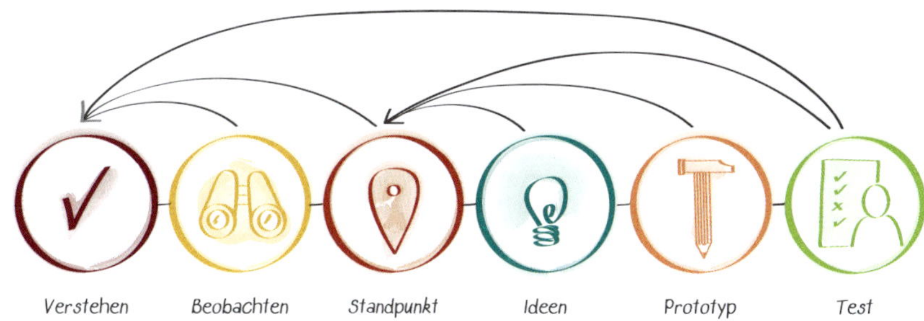

Abbildung 6: Design-Thinking-Prozess[83]

---

80 Eine disruptive Idee hat das Potenzial, ein bestehendes Produkt oder eine bestehende Dienstleistung vollständig zu verdrängen.

81 Jürgen Erbeldinger, Thomas Ramge: Durch die Decke denken: Design Thinking in der Praxis, 3. Auflage München 2015, S. 13.

82 In unterschiedlichen Design Thinking Modellen bzw. Schulen wird der Prozess unterschiedlich unterteilt. Es gibt beispielsweise auch Vorgehensweisen mit nur vier Phasen. Der hier vorgestellte Prozess mit den sechs Phasen passt am besten zu Spinnovation.

83 Michael Lewrick, Patrick Link, Larry Leifer: Das Design Thinking Playbook. München 2017.

TEAM

Wie überall erarbeitet auch im Design-Thinking-Prozess nur das richtige Team passende Lösungen. Die interdisziplinäre Zusammensetzung des Teams sorgt dafür, dass das zu lösende Problem aus unterschiedlichen Perspektiven betrachtet und innovativ gelöst wird. Optimal ist ein möglichst heterogenes Team mit Vielfalt in Ausbildung, Funktion, Alter, Herkunft und Geschlecht. Idealerweise ergänzen sich Teammitglieder in ihrem Wissen, ihren Kompetenzen, Expertisen und Erfahrungen und kommen aus verschiedenen Fach- oder Wissenschaftsdisziplinen und unterschiedlichen Abteilungen. Falls möglich, auch aus verschiedenen Standorten. Ein weiterer Schlüssel für den Erfolg ist die Zusammenarbeit auf Augenhöhe, jenseits der Hierarchie.

Idealerweise sind Teammitglieder[84]

- **experimentierfreudig** – experimentierfreudige Menschen „spielen" gerne mit ungewöhnlichen Methoden.
- **optimistisch** – optimistische Personen bringen mutige Ideen ein und gehen konstruktiv mit den Ideen anderer um.
- **kommunikativ** – um die komplexen Sachverhalte in Worten oder durch Bilder auszudrücken.
- **empathisch** – um ganz bewusst die Perspektive der Bedarfsgruppe einzunehmen.
- **intuitiv** – um ohne konkrete Informationen oder ausreichendes Wissen Zusammenhänge zu erahnen und richtige Entscheidungen zu treffen.
- **integrativ denkend** – um aus ganz verschiedenen Ideen einen neuen Lösungsvorschlag zu „bauen".
- **neugierig und lernfähig** – um Neues zu erforschen oder um neue Ideen zu entwickeln.
- **teamfähig** – die Aufgabe ist komplex und das Problem vertrackt?! Eine Lösung gelingt immer nur im Team.

Ein effektives Design-Thinking-Workshop-Team hat fünf bis sieben Mitglieder. Auf keinen Fall mehr als neun. Sollen mehr als neun Personen an einem Workshop teilnehmen, teilt man sie in zwei Teams. Das hat Vorteile. Die unterschiedlichen Lösungsvorschläge der beiden Teams und der Austausch darüber bringt das Gesamtergebnis fast immer nach vorne.

COACH

Eine herausragende und sehr wichtige Rolle in einem Design-Thinking-Prozess oder -Workshop hat der „Coach". Seine übergeordnete Aufgabe ist, das Team so zu steuern, dass es im vorgegebenen Zeitrahmen ein bestimmtes Ergebnis erarbeitet. Hierzu nutzt er ein breites Repertoire an Methoden. Je nach Aufgabe, Teamsituation und Prozessfortschritt wählt er die passende Methode und erklärt dem Team, wie sie funktioniert. Für jede einzelne Aufgabe gibt er Bearbeitungszeiten vor und achtet strikt auf deren Einhaltung. Je nach Fortschritt und Flow muss der Coach aber auch inhaltlich eingreifen. Oder sich ganz im Hintergrund halten und das Team „in Ruhe" arbeiten lassen. Er muss erkennen, wer den Prozess voranbringt und wer nicht. Beispielsweise ermutigt er introvertierte Teammitglieder, sich stärker einzubringen. Dominanten muss er gegebenenfalls klarmachen, dass nur sie selbst ihre Ideen großartig finden, das Team aber überzeugt ist, dass sie nicht „fliegen". Er achtet in jeder Phase darauf, dass sich das Team bewusst macht, ob es notwendig ist, eine Stufe oder Phase vor- oder zurückzuspringen.[85]

84 Wie stellt man ein kreatives Design-Thinking-Team zusammen? URL: http://www.diegluehbirne.de/ein-design-thinking-team-zusammenstellen/. Stand: 14.03.2017.
85 Pauline Tonhauser: Design Thinking Coach: Berufsprofil und Kernfähigkeiten, 2014. URL: http://entwickler.de/online/webmagazin/design-thinking-coach-berufsprofil-und-kernfahigkeiten-72.html. Stand 14.03.2017.

TIMEBOXING

Design Thinking lebt auch vom Setzen enger Bearbeitungszeiten bzw. Zeitlimits. Bleibt keine Zeit zum Denken, entstehen aus kreativen und emotionalen Impulsen schnell und spontan viele Ergebnisse. Dazu werden Arbeitsschritte in gefühlt zu kurze "Timeboxen" gepackt. Die Timeboxen werden mit einem speziellen Timer, quasi einer übergroßen Eieruhr[86], für alle Teilnehmer gut sichtbar gemacht. Der Coach kündigt bei den einzelnen Aufgaben an, wie viel Zeit zur Verfügung steht. Und, sehr wichtig, er achtet konsequent auf die Einhaltung und bricht die Arbeit am Ende der vorgegebenen Zeit ab. Falls es vorkommt, dass deutlich mehr Zeit als die vorgegebene benötigt wird und die erwarteten Ergebnisse es rechtfertigen, bestimmt der Coach einen neuen Zeitrahmen.

DESIGN CHALLENGE

Die "Design Challenge" ist das in einem Design-Thinking-Projekt oder -Workshop zu lösende Problem. Damit sie im Workshop bearbeitet werden kann und die Teilnehmer weder überfordert noch zu sehr eingeschränkt sind, muss sie drei Kriterien erfüllen. Die Design Challenge muss lösungsoffen und nutzerzentriert formuliert sein und sich auf eine spezifische Nutzergruppe beziehen.[87]

SPIELREGELN

Damit Design Thinking funktionieren kann, ist es absolut notwendig, die 12 Design-Thinking-Spielregeln[88] zu kennen und einzuhalten. Werden sie nicht eingehalten, kann man sich den ganzen Aufwand sparen – man findet mit Sicherheit keine erfolgversprechenden innovativen Lösungen. Noch ein Hinweis: Das Einhalten der Spielregeln ist wie im Sport nur Voraussetzung dafür, dass man mitspielen darf. Die Einhaltung der Regeln reicht aber leider nicht aus, um das Spiel auch zu gewinnen.

- **Hierarchie, Titel und das "Sie" bleiben draußen!** – Das fördert Vertrauen auf Augenhöhe.
- **Denke nutzerzentriert!** – Versetze dich in die Perspektive des Nutzers, für den die Lösung gesucht wird.
- **Keine Wertung und Kritik!** – Und lass vor allem "aber", "allerdings" und "das hat noch nie funktioniert" weg. Ersetze "aber" einfach durch ein "und".
- **Nur einer spricht!** – Nichts geht unter oder verloren. Alle bleiben als Team auf dem gleichen Stand.
- **Bleibe beim Thema!** – Diskussionen am Thema vorbei kosten unnötig Zeit. Nebensächliche Details lenken nur vom zu lösenden Problem ab.
- **Nimm den Spaß ernst!** – Und sprenge spielerisch Grenzen.
- **Die Menge macht's!** – Je mehr Ideen, desto besser. Und aus der Menge der Ideen kann man immer wieder neu kombinieren.
- **Baue auf den Ideen der anderen auf!** – Die ungewöhnlichsten Ideen sind Kombinationen aus unterschiedlichen Ideenbruchstücken.
- **Bestärke wilde Ideen!** – Wilde und ausgefallene Ideen bringen neue Gedanken und ungewöhnliche Kombinationen.
- **Visualisiere!** – Nutze die Kraft von Bildern, um Denkstrukturen zu durchbrechen. Nehmt die Stifte und zeichnet eure Ideen.
- **Scheitere früh und häufig!** – Probiere eine Idee direkt aus und teste sie gegen die Annahmen oder externe Referenzen. Hole schnell Feedback ein, um den Ansatz weiterzuentwickeln oder zu verwerfen. Auch wer scheitert, lernt.
- **Machen, nicht reden!** – "Einfach mal machen" und beobachten, was passiert, eröffnet häufig neue Perspektiven.

---

86 Es gibt auch spezielle Timeboxing-Programme für Rechner und Tablets.
87 Pauline Tonhauser: Design Thinking Workshop (eBook), Berlin 2015.
88 Pauline Tonhauser: Design Thinking Workshop (eBook), Berlin 2015 und Jürgen Erbeldinger, Thomas Ramge: Durch die Decke denken: Design Thinking in der Praxis, 3. Auflage München 2015.

DIE PERSONA – DER IDEALTYPISCHE NUTZER

In einem Design-Thinking-Prozess ist es sehr hilfreich, den Nutzer, für den das Problem zu lösen ist, in einer passenden Art zu beschreiben. Das verbessert vor allem das Verständnis der nutzerorientierten Problemstellung. Hierzu wird sehr häufig die „Persona" eingesetzt. Das ist die Beschreibung oder visuelle Darstellung eines fiktiven idealtypischen Nutzers. Auf jeden Fall repräsentiert eine Persona möglichst authentisch das Verhalten und die Emotionen von Kunden und erleichtert das notwendige Hineinversetzen in den Kunden. Zur Beschreibung der „Persona" werden beispielsweise

- soziale, demografische und Persönlichkeitsmerkmale,
- ein Foto,
- Bedürfnisse, Wünsche, Gewohnheiten, Ziele und Motivation,
- berufliche Aspekte, wie Funktion, Verantwortlichkeit und Aufgaben,
- Medien- und Kanalpräferenzen und
- manchmal auch eine Kurz-Biografie

genutzt.

INFRASTRUKTUR

Design Thinking als Methode braucht zur Unterstützung des Prozesses, der Kreativität, der Offenheit und Kommunikation in der Gruppe eine spezielle räumliche Umgebung. Je nach Prozessphase ändern sich der Arbeitsmodus und damit die räumlichen Bedürfnisse eines Teams. Der Raum sollte möglichst flexibel und wandelbar sein. Dafür gibt es sogar spezielle Design-Thinking-Möbel, wie Tische, Stehtische und Wände, alles beschreibbar und auf Rollen zum schnellen Verschieben.[89]

ITERATION

Ganz wesentlich für einen Design-Thinking-Prozess ist sein iterativer Ansatz, genau wie beim Spinnovation-Strategieprozess. Jederzeit ist das Zurückspringen in schon abgearbeitete Phasen oder Arbeitsschritte erlaubt. Das Team entscheidet, ob ein Zurückspringen wegen neu gewonnener Erkenntnisse notwendig ist. Diese Iterationen werden aber nicht als Rückschritt betrachtet, sondern sind Ausdruck eines besseren Verständnisses des Problems oder des Nutzers.

Design Thinking ist zwar keine Geheimwissenschaft, Erfahrung mit der Methode ist aber sicher hilfreich, wenn man Design-Thinking-Elemente im Rahmen von Spinnovation nutzt. Falls Sie das im Rahmen Ihres Strategieprozesses machen wollen, raten wir Ihnen, ein, besser zwei Ihrer Mitarbeiter zu Design-Thinking-Coaches auszubilden. Dann sind Sie unabhängiger von externer Unterstützung und lohnen wird es sich auf jeden Fall. Die Suche nach immer weiteren Problemlösungen in der Tiefe Ihrer Spezialisierung wird nie aufhören – und Design Thinking kann dabei sehr hilfreich sein.

5.6.5 DAS SPINNOVATION-GESCHÄFTSMODELL

An verschiedenen Stellen unserer Strategieentwicklung brauchen wir ein Modell zum Beschreiben unserer „neuen", mit Spinnovation entwickelten Geschäfte. Dazu haben wir das „Spinnovation-Geschäftsmodell"[90] entwickelt. Es lehnt sich an das „Business Model Canvas"[91] an, erfüllt aber passgenau die Anforderungen des Spinnovation-Strategieprozesses. Damit beschreiben wir in einer kompakten und übersichtlichen Form, welchen Nutzen ein Unternehmen seinen Kunden bietet, wie und mit welchen Ressourcen es diesen Nutzen schafft und wie das Unternehmen am Ende damit Geld verdient.

---

89 Liste, was an Grundausstattung und Material für Design-Thinking-Workshops gebraucht wird, siehe Anhang, ab S. 238.
90 Das Geschäftsmodelltableau mit den Kernfragen, siehe Anhang, S. 219.
91 Alexander Osterwalder, Yves Pigneur: Business Model Generation. Ein Handbuch für Visionäre, Spielveränderer und Herausforderer. Frankfurt am Main, 2011.

Visualisiert wird das „Spinnovation-Geschäftsmodell" mit dem rechts dargestellten Tableau. Drucken wir das Tableau großformatig oder übertragen wir es vorab auf eine Metaplanwand, lässt sich mit Post-its ein bestehendes Geschäftsmodell interaktiv beschreiben oder ein neues detaillieren.

Das Modell umfasst fünf Module mit je zwei oder drei Elementen. Das „Fundament" des Geschäftsmodells ist selbstverständlich unten und besteht aus den Elementen „Stärken & Kernkompetenzen" und „Werte & Motivation". Darauf baut das im wahrsten Sinne des Wortes zentrale Modul von Spinnovation auf, der Nutzen. „Nutzen" heißt für uns, ein Problem der Bedarfsgruppe zu lösen, das deren Entwicklung oder Wohlergehen maßgeblich behindert. Seinen Kunden zu nutzen ist, wie wir bereits wissen, die einzige Daseinsberechtigung eines Unternehmens, sein Unternehmenszweck. Auf den Punkt gebracht: Ohne Nutzen kein nachhaltiges Geschäft. Auf dem „Nutzen" baut das Modul „Endnutzermarkt" auf. Auf der linken Seite werden die Ressourcen dargestellt, die unternehmensinternen und die

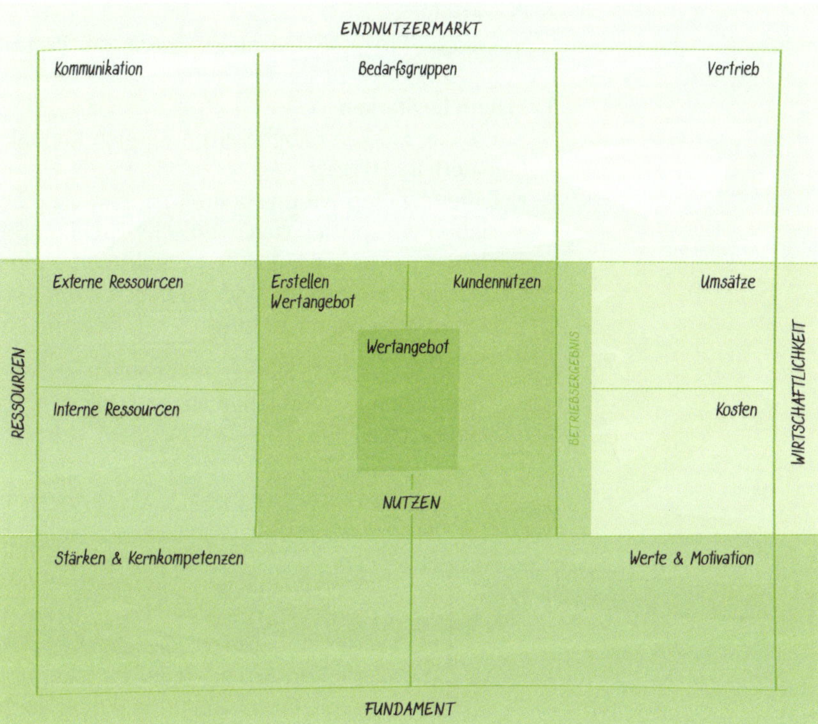

Abbildung 7: Spinnovation-Geschäftsmodelltableau

der Partner. Rechts bilden wir die Wirtschaftlichkeit ab, das Ergebnis aus Umsätzen und Kosten.

In Phase I „Startpunkt & Aufbruch" nutzen wir das Spinnovation-Geschäftsmodell, um das vorhandene „Geschäft" transparent darzustellen. In Phase IV „Geschäftsmodell & Vision" bauen wir oder besser gesagt vervollständigen wir das dahin bereits implizit entwickelte neue Geschäftsmodell. Je nachdem, ob wir das bestehende oder das neue Geschäftsmodell beschreiben, ändern sich die jeweiligen Fragestellungen in den einzelnen Modulen und Elementen leicht.

5.6.5.1 FUNDAMENT

„Stärken & Kernkompetenzen" und „Werte & Motivation" sind der individuelle Kern eines Unternehmens und das Fundament unseres Geschäftsmodells. Ohne seinen Kern zu kennen und damit im Einklang zu sein, sind kaum tragfähige und dauerhaft erfolgreiche Geschäfte möglich.

5.6.5.1.1 FUNDAMENT/STÄRKEN & KERNKOMPETENZEN

Die Stärken eines Unternehmens, also das, was wir sehr gut oder besser können als andere, unterteilen wir in die folgenden Bereiche.

1. **Produkt- und Dienstleistungsebene**
   - Welche positiven Eigenschaften und Stärken haben unsere Produkte bzw. Leistungen?
   - Bei welchen Anforderungen kommen sie am besten zur Geltung?
   Falls sinnvoll, machen wir das getrennt für einzelne Produktgruppen.

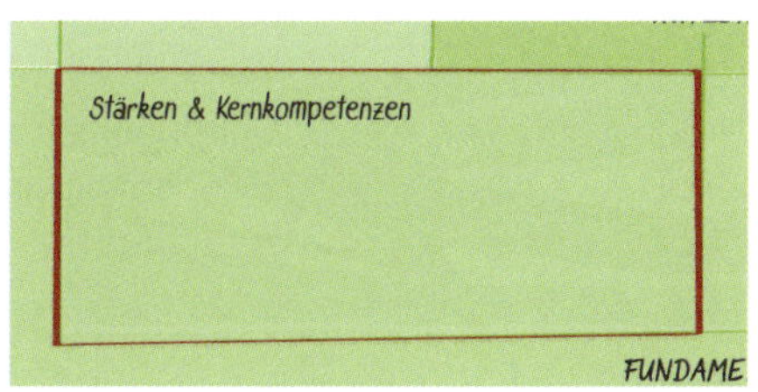

2. Prozessebene
- Welche Prozesse, beispielsweise in der Produktion, Entwicklung, Logistik, Vertrieb etc., beherrschen wir besonders gut?

3. Materielle Stärken
- Welche Stärken haben wir im Bereich Kapital, Produktionsmittel, Immobilien, Standort etc.?

4. Immaterielle Stärken
- Differenzieren wir uns beim Image?
- Haben wir spezielles Wissen oder Fachkompetenzen?
- Haben wir besonders gute Kontakte oder ein belastbares Netzwerk, ein partnerschaftliches Verhältnis zu Kunden oder zu Lieferanten?
- Haben wir Zugang zu besonderen Ressourcen?

Unterscheiden uns diese Stärken maßgeblich von anderen? Verschaffen sie uns einen Wettbewerbsvorteil und tragen sie zum langfristigen Erfolg bei? Falls ja, sind es nicht nur Stärken, sondern echte Kernkompetenzen.[92]

5.6.5.1.2 FUNDAMENT/WERTE & MOTIVATION

Werte sind ein schwammiges Thema. Aber keine Angst, wir werden jetzt nicht ins Abstrakte abgleiten. Neben der abstrakten Begrifflichkeit an sich gibt es auch unterschiedliche „Werte". Einerseits nennen wir sie die „kommunizierten oder gewünschten Werte", andererseits die „gelebten Werte". Typischerweise werden die gewünschten Werte von Arbeits- oder Projektgruppen definiert. Dabei wirken die Personalabteilung, die Geschäftsführung oder auch externe Berater mit. Das Ergebnis sind Werte, die erstrebenswert sind, aber nicht unbedingt etwas mit der Unternehmensrealität zu tun haben. Diese Werte findet man zusammengefasst in Unternehmensleitbildern, auf Webseiten und in Imagebroschüren. Nach der Erarbeitung der Werte kann man sie auch intern kommunizieren und „etablieren". Falls es gut läuft, werden diese kommunizierten Werte dann zu „gelebten Werten". Entscheidend für ein erfolgreiches Geschäftsmodell sind diese „gelebten Werte". Sie sind Realität und können, falls sie zur neuen Unternehmensstrategie „passen", deren Umsetzung in hohem Maße unterstützen. Falls nicht, können sie die Strategie scheitern lassen. Allerdings ist es im Rahmen eines Spinnovation-Strategieprozesses, der, das sei schon mal vorweggenommen, nie endet, möglich, neue Werte im Unternehmen zu etablieren. Ob aber die gelebten Werte tragfähig genug für die neue Strategie sind, überprüfen wir im Verlauf des Strategieprozesses.

Was aber genau sind nun Werte? Werte sind Eigenschaften, Qualitäten, Bedürfnisse oder Überzeugungen, die als erstrebenswert, bereichernd, fördernd, nützlich und gut angesehen werden. Dem Zusammenspiel von vielen Werten, einem Wertesystem, können sich Individuen, Gruppen von Personen oder auch ein Unternehmen verpflichtet fühlen. Ist man sich der eigenen Unternehmenswerte bewusst, ist das sehr hilfreich beim Finden neuer Mitarbeiter oder geeigneter Kooperationspartner. Decken sich Wertvorstellungen, hat man eine belastbare Basis für eine erfolgreiche Zusammenarbeit.

Unternehmenswerte geben Orientierung im unternehmerischen und persönlichen Verhalten und bei Entscheidungen. Sie vermitteln Sinn und fördern Vertrauen und Motivation. Auch in der Außenwirkung können sie die Reputation und Glaubwürdigkeit des Unternehmens fördern.

Unternehmenswerte können beispielsweise Nachhaltigkeit, Innovation, Bescheidenheit, Willensstärke, Schnelligkeit, Mut zum Anderssein, Zusammengehörigkeit, Enthusiasmus, Integrität, Wertschätzung, Verlässlichkeit, Leidenschaft, Leistung, Anerkennung, Respekt oder auch Transparenz sein.

Ins Element „Werte" schreiben wir die gelebten Werte, in der Regel zwischen vier und sieben.

---

92 Gary Hamel, C. K. Prahalad: Wettlauf um die Zukunft. Wie Sie mit bahnbrechenden Strategien die Kontrolle über Ihre Branche gewinnen und die Märkte von morgen schaffen, Wien 1995.

Die Stärken und Kernkompetenzen legen die inhaltliche Richtung fest, in der sich ein Unternehmen sinnvollerweise weiterentwickeln kann und soll. Die Unternehmenswerte sind die Leitplanken, welche die Entwicklungsrichtung nach außen begrenzen. Sie geben uns beim Handeln und Entscheiden den Rahmen vor. Und die Motivation ist das, was uns in der Entwicklungsrichtung und im Rahmen der gesetzten Leitplanken nach vorne treibt. Beispielsweise kann ein Unternehmen aus dem Bereich der erneuerbaren Energien davon beseelt sein, Heizen durch Sonnenenergie marktfähig zu machen und einen wahrnehmbaren Beitrag zum Klimaschutz zu leisten.

Im Element „Motivation" wird aufgenommen, was das Unternehmen nach vorne treibt. Also von welchen Aufgaben, Konstellationen oder Herausforderungen die größte Motivation ausgeht.

5.6.5.2 NUTZEN

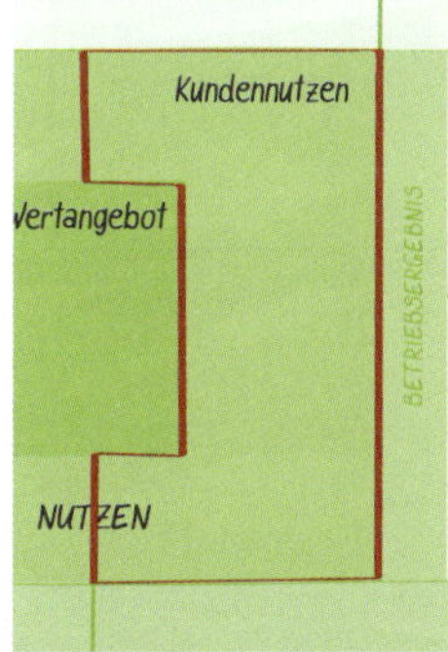

Dieses Modul umfasst unsere Wertangebote, was sie bewirken und wie wir sie „erstellen".

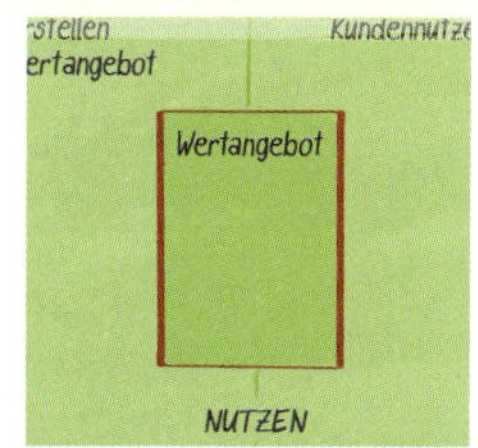

5.6.5.2.1 NUTZEN/WERTANGEBOT

In diesem Element beschreiben wir ganz kurz und kompakt unser Wertangebot. Also welche Produkte, Dienstleistungen oder Kombinationen aus beiden wir unserer Bedarfsgruppe anbieten.

5.6.5.2.2 NUTZEN/ KUNDENNUTZEN

Beim „Kundennutzen" geht es nicht darum, was wir können. Es geht ausschließlich um den spezifischen Nutzen, also um das, was wir mit unserem Wertangebot für unsere Kunden **bewirken**. Beispielsweise das Lösen eines konkreten Problems oder das Erfüllen eines oder mehrerer Bedürfnisse. Das Problem oder das Bedürfnis des Kunden kann in verschiedenen Bereichen liegen. Die nebenstehende Matrix[93] verdeutlicht, wo wir Nutzen stiften können.

Der Wert für Kunden kann beispielsweise in der Arbeitserleichterung bzw. Produktivitätssteigerung, in einer Kostenreduzierung oder einer höheren Anwenderfreund-

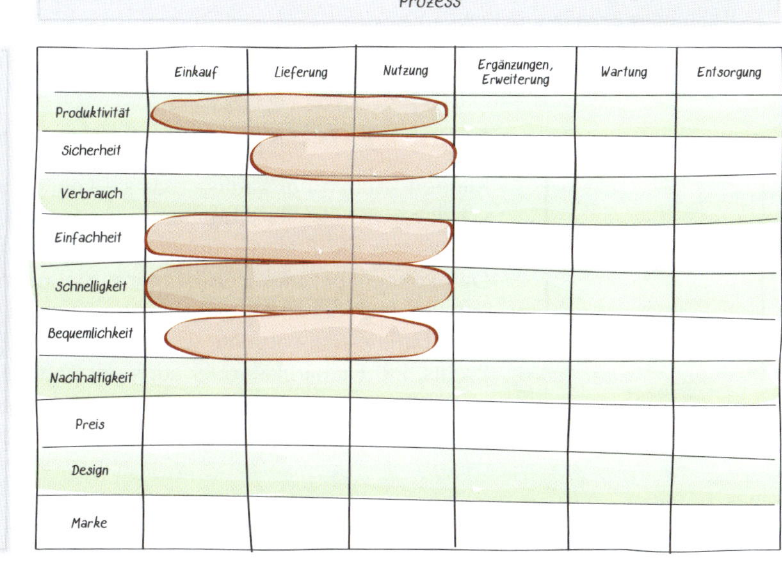

Abbildung 8: Matrix „Kundennutzen"[94]

---

93 Zur Verdeutlichung sind die „Nutzenbereiche" der Adolf Würth GmbH aus Kapitel 3.1.4 „Ganzheitliche Spezialisierung" ab S. 34 abgebildet.

94 Angelehnt an W. Chan Kim, Renée Mauborgne: Der Blaue Ozean als Strategie. Wie man neue Märkte schafft, wo es keine Konkurrenz gibt. 2. erweiterte und aktualisierte Auflage München 2016.

lichkeit liegen. Ein besonders günstiger Preis stellt in preissensiblen Märkten einen hohen Nutzen dar. Weitere Werte können für Kunden auch im Design oder in der Marke liegen.

Konkret nehmen wir hier auf, für welche Kundengruppen unser Wertangebot was leistet.

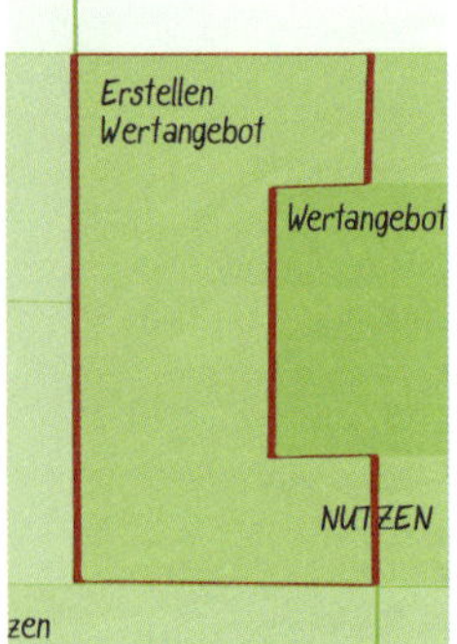

5.6.5.2.3 NUTZEN/ERSTELLEN WERTANGEBOT

In diesem Element beschreiben wir, welche wesentlichen Aktivitäten zum Herstellen und zur Bereitstellung unseres Wertangebotes notwendig sind. Das können ganz unterschiedliche sein. Beispielsweise die eigentliche Produktion, der Einkauf, die Qualitätssicherung, der Datenaustausch über IT-Schnittstellen, eine permanente Erreichbarkeit, schnelle Reaktionszeiten, die Schulung und Unterstützung von Servicemitarbeitern etc.

5.6.5.3 ENDNUTZERMARKT

Kern dieses Moduls sind die Fragen: Welche Bedarfsgruppen werden bedient, wie kommunizieren wir mit ihnen und auf welchen Wegen verkaufen wir unsere Wertangebote an die Bedarfsgruppen?

Bedarfsgruppe und Kunden

Wir wissen, eine Bedarfsgruppe sind alle Menschen mit gleichen Problemen, Bedürfnissen und Wünschen. Diese Menschen haben daher einen Bedarf an unseren Leistungen.

Kunden sind Teil der Bedarfsgruppe und gehören zu unserem aktiven Kundenstamm. Sie kaufen regelmäßig bei uns.

5.6.5.3.1 ENDNUTZERMARKT/BEDARFSGRUPPEN

Hier nehmen wir auf, welche Bedarfsgruppen wir mit unserem Wertangebot ansprechen.

5.6.5.3.2 ENDNUTZERMARKT/KOMMUNIKATION

Kunden können nur kaufen, was sie kennen und was für sie erreichbar und verfügbar ist. Hier beschreiben wir, wie und über welche Kommunikationskanäle die Bedarfsgruppen von unserem Wertangebot erfahren. Das können beispielsweise Online-Maßnahmen, wie Suchmaschinenwerbung, Social Media, Online-PR[95] oder E-Mail-Marketing, und auch Offline-Maßnahmen, wie Printanzeigen, Sponsoring, Messen & Events, PR, Fachartikel, oder auch der persönliche Verkauf sein. Den persönlichen Verkauf betrachten wir allerdings als Teil des Vertriebs im nächsten Abschnitt.

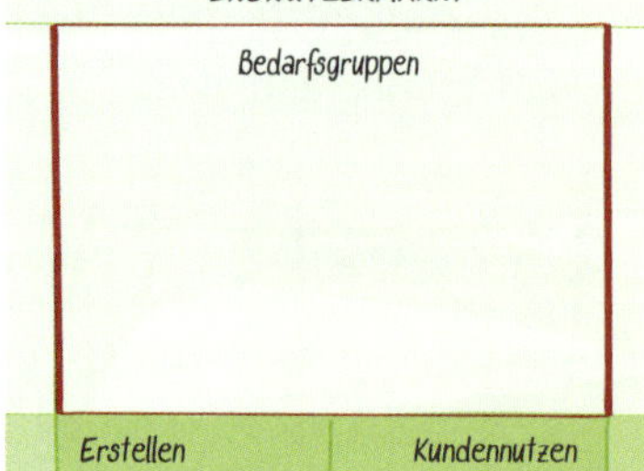

5.6.5.3.3 ENDNUTZERMARKT/VERTRIEB

In diesem Element beschreiben wir, wie wir unsere Produkte und Services vertreiben. Dazu betrachten wir erst einmal die unterschiedlichen Vertriebsformen wie den Direktvertrieb und den indirekten Vertrieb.[96]

---

95 Public Relations bzw. Öffentlichkeitsarbeit.

96 Christian Herlan: Direkter oder indirekter Vertrieb: Welcher Vertriebsweg ist der beste für Sie?. 2012, URL: http://www.unternehmer.de/marketing-vertrieb/140562-direkter-indirekter-vertrieb. Stand: 15.03.2017.

Beim direkten Vertrieb wechselt die Leistung nach der Herstellung einmal den Besitzer. Der Hersteller verkauft sein Produkt unmittelbar an die Endkunden – egal ob Unternehmen oder Privatpersonen. Dazu wird eigenes Vertriebs- oder Verkaufspersonal eingesetzt, entweder Außendienstmitarbeiter oder in Verkaufsstellen. Typischerweise werden Projektgeschäfte, erklärungsbedürftige Produkte und auch Dienstleistungen direkt vertrieben. Aber auch Konsumgüter können über eigene Online-Shops direkt vom Hersteller an Endkunden verkauft werden. Die Vorteile des Direktvertriebs sind die Kontrolle der Preise, der direkte Kundenkontakt und höhere Gewinnspannen. Es fallen keine Mittlerprovisionen an. Nachteilig sind insbesondere für kleinere Unternehmen eine geringe Flächendeckung, hohe Vertriebskosten und ein hoher administrativer und logistischer Aufwand.

Beim indirekten Vertrieb wird über unabhängige Absatzmittler wie beispielsweise Groß- und Einzelhändler oder über Verarbeiter, beispielsweise Handwerker, an Endverbraucher verkauft.

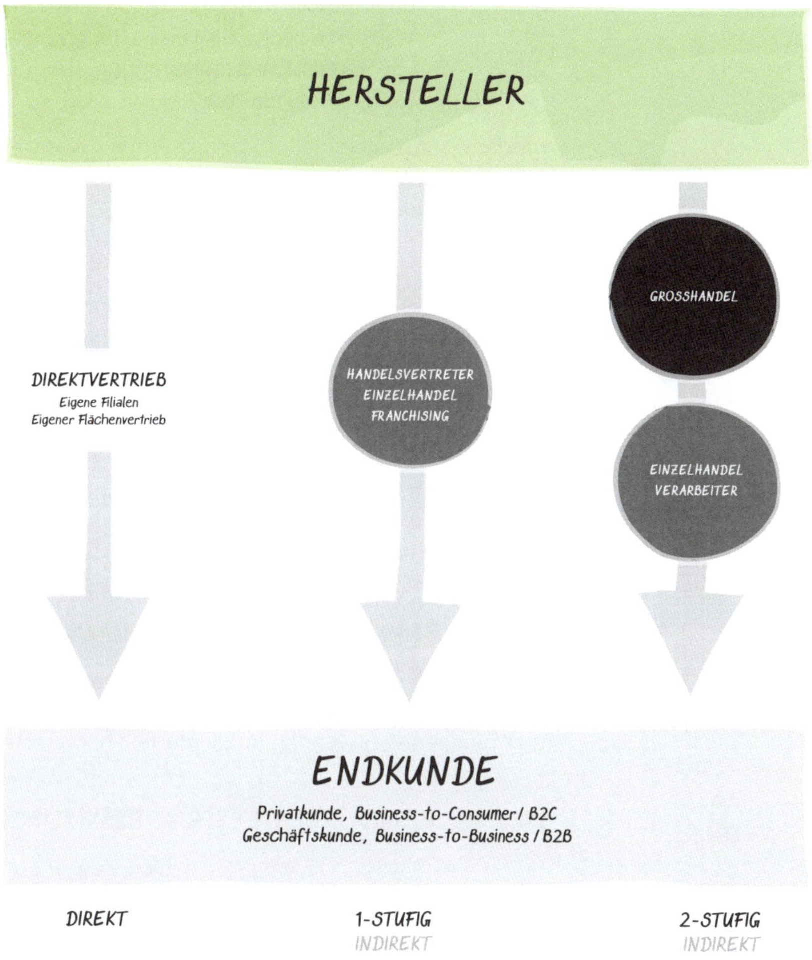

Beim mehrstufigen indirekten Vertrieb wird die Leistung über Handels- bzw. Vertriebsketten verkauft. Beispielsweise dreistufig, vom Hersteller über Großhändler zum Einzelhändler hin zum Endverbraucher. Dieser Vertriebsweg bietet sich für Massenmärkte an. Vorteilhaft sind die große Flächendeckung und die geringen eigenen Vertriebskosten. Auch die Sortimentseffekte sind positiv. Der Kunde braucht nicht nur wegen der Produkte eines Unternehmens zu kommen. Nachteilig sind die Händlerrabatte, der Wettbewerb mit anderen Produkten des Händlers und dass man keine direkten Kundenkontakte und keine unmittelbaren Kundeninformationen hat.

Abbildung 9: Absatz- und Vertriebswege[99]

Der indirekte Vertrieb kann auch einstufig erfolgen, beispielsweise über Handelsvertreter, die in der Regel gleichzeitig auch für andere Unternehmungen vertrieblich tätig sind. Auch Franchisesysteme sind eine Form des indirekten einstufigen Vertriebs.

Zusammengefasst: Beim indirekten Vertrieb ist das Unternehmen stark von Absatzmittlern abhängig. Die Absatzmittler haben den persönlichen Kontakt zum Kunden. Es sind seine Kunden. Der Erfolg des Herstellers hängt davon ab, wie aktiv der Mittler seine Produkte verkauft.

97 Karlheinz Pflug: Absatzwege, Vertriebswege, Vertriebsformen, Absatzmittler, einstufiger, zweistufiger, dreistufiger, mehrstufiger Vertrieb.URL: http://www.vertriebslexikon.de/Absatzwege.html. Stand 15.03.2017.

Man kann seine Produkte auch gleichzeitig direkt und indirekt, differenziert nach Produkt- und Kundengruppen, verkaufen. Beispielsweise können private Endkunden mit ihren kleinen und in Relation sehr zeit- und personalintensiven Aufträgen über den Einzelhandel bedient werden. Firmenkunden mit großen Aufträgen dagegen direkt mit eigenen Vertriebsmitarbeitern.

Mit der oben abgebildeten Vorlage zu den Absatz- und Vertriebswegen beschreiben wir unseren Vertrieb. Nutzen wir unterschiedliche Vertriebsformen, weisen wir die jeweiligen Anteile und ggf. auch die unterschiedlichen Margen aus.

5.6.5.4 RESSOURCEN

In diesem Modul geht es um die Ressourcen, die wir für die Produktion oder für die Erbringung der Dienstleistung und für die Marktbearbeitung nutzen. Zum einen die unternehmensinternen, zum anderen die, zu denen wir über Partner oder Kooperationen Zugang haben. Zuerst aber kurz: Was genau sind Ressourcen? Ressourcen können materiell oder immateriell sein. Materielle sind Betriebsmittel, Geldmittel, Boden, Rohstoffe, Energie, Immobilien, Personen etc. Immaterielle sind u. a. Marke, Image, Patente, Know-how, spezielles Wissen und spezielle Fachkompetenzen, Kundenstammdaten, Kontakte, Netzwerke, belastbare Kundenbeziehungen oder Zugang zu besonderen Ressourcen.

5.6.5.4.1 RESSOURCEN/UNTERNEHMENSRESSOURCEN

Hier nehmen wir auf, welche unternehmensinternen Ressourcen für die Produktion oder für die Erbringung der Dienstleistung und für die Marktbearbeitung zwingend notwendig sind. Unterteilt nach materiellen und immateriellen.

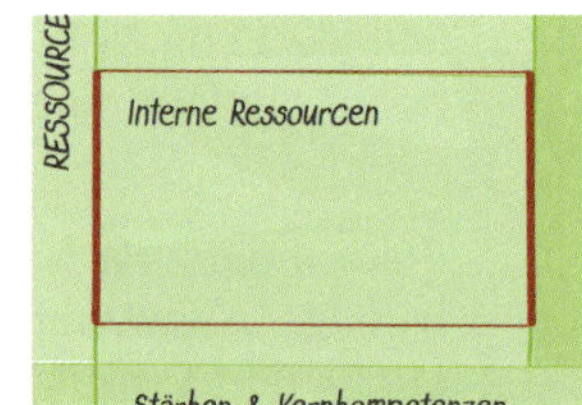

5.6.5.4.2 RESSOURCEN/EXTERNE RESSOURCEN

Den Zugriff auf externe Ressourcen nennen wir Partnerschaften und unterteilen sie in die Bereiche Zulieferer, Dienstleister und Kooperationspartner der Marktbearbeitung. Auch Einkaufsgenossenschaften oder Ähnliches zählen wir zu den Partnerschaften. Grundsätzlich bauen wir Partnerschaften nur engpassorientiert auf. Wir lösen durch die Kooperation einen tatsächlichen Engpass im eigenen Unternehmen, der die Entfaltung oder Entwicklung des Unternehmens oder die Erbringung des Nutzens für die Bedarfsgruppe behindert.

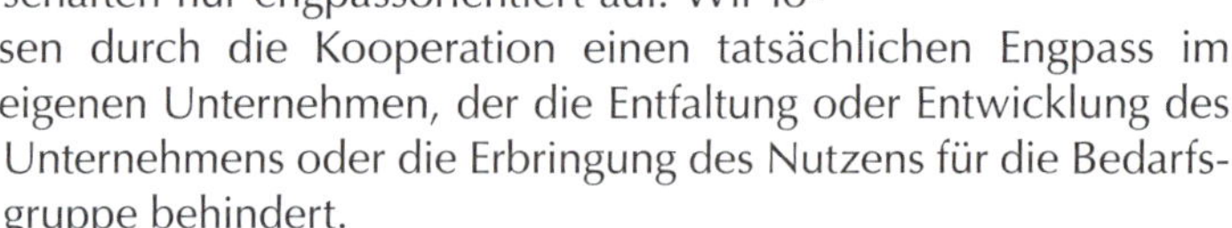

Auch Partner leisten wesentliche Beiträge in einem erfolgreichen Geschäftsmodell. Die Lieferantenseite ist klar. Das sind Partner, die uns mit wichtigen Produktionsmitteln, Rohstoffen oder auch Komponenten oder fertigen Produkten beliefern. Die Dienstleistungsseite kann von Logistik über IT bis hin zu anderen Sparten reichen, in denen wir relevante Aktivitäten an Partner ausgelagert haben.

> ### Aktivitäten sinnvoll auslagern
>
> „Strategisch empfehlenswert ist die Auslagerung von Wertschöpfungsaktivitäten, deren relative Kompetenz und strategische Bedeutung niedrig sind. Die Vorteile eines erfolgreichen Outsourcings liegen auf der Hand: Sie können sich auf Ihre Kernkompetenzen konzentrieren und vergeuden keine Energie mehr mit Leistungen, die nicht wertschöpfend wirken. Aufgrund der meist begrenzten finanziellen Ressourcen gewinnt Outsourcing damit besonders für kleine und mittelständische Unternehmen immer mehr an Bedeutung."[100]

---

98 Arnold Weissman: Die großen Strategien für den Mittelstand: Die erfolgreichsten Unternehmer verraten ihre Rezepte. 2. Auflage Frankfurt am Main 2011, S. 140.

Beim Vertrieb und im Marketing können Kooperationen sehr sinnvoll sein. Vor allem wenn die Partner einen guten und direkten Zugang zur Bedarfsgruppe haben und sich die Wertangebote komplementär ergänzen. Kein direkter Wettbewerb ist ein wesentliches Kriterium für eine Kooperation in der Marktbearbeitung. Eine weitere sehr wichtige Voraussetzung ist das gemeinsame Ziel der Kooperation. Im Sinne von Spinnovation können Kooperationen in der Marktbearbeitung nur folgende Ziele haben: gemeinsam Nutzen für die Bedarfsgruppe zu schaffen oder zu steigern, eine Innovation in deren größten Engpass zu entwickeln oder erfolgreich zu machen.

Wir nehmen also im Feld „Externe Ressourcen" alle wesentlichen Partnerschaften auf, unterteilt in die drei oben beschriebenen Bereiche.

5.6.5.5 WIRTSCHAFTLICHKEIT

Im Modul „Wirtschaftlichkeit" zeigen wir, wie das Unternehmen konkret Geld verdient. Dazu betrachten wir die Einnahmenseite und als Gegenpart die anfallenden Kosten, um die Wertangebote zu schaffen, den Markt und die Kunden zu bedienen.

5.6.5.5.1 WIRTSCHAFTLICHKEIT/UMSATZ

Wie generiert das Unternehmen Einnahmen, bei welchen Bedarfsgruppen und zu welchen Preisen?

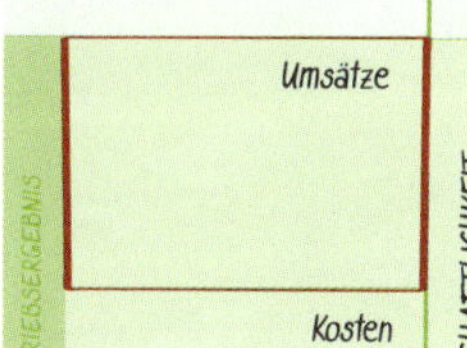

Grundsätzlich können Einnahmen durch folgende Arten erzielt werden:

- Verkauf von Produkten und Dienstleistungen
- Nutzungsgebühren
- Mitgliedsbeiträge
- Abonnements
- Vermietung oder Leasing
- Lizenzgebühren
- Vermittlungsprovisionen
- aus Werbung

Beim Preis spielt natürlich das Preismodell eine Rolle. Ist es statisch, wird der Preis einseitig vom Verkäufer festgelegt. Bei interaktiven Preismodellen kommt der Preis durch Interaktion zwischen Verkäufer und Käufer zustande, beispielsweise über Online-Auktionen. Bei den statischen Preismodellen ist die relative Höhe des Preises für unser Wertangebot relevant. Ist der Preis, den wir verlangen (können), im Hoch- oder im Niedrigpreissegment oder ist er marktdurchschnittlich? Grundsätzlich gilt: Je höher der Preis, desto höher der Nutzen, und je niedriger der Preis, desto vergleichbarer sind unsere Leistungen.

Sind im Geschäftsmodell Bonuszahlungen oder Rückvergütungen oder sonstige Erlösschmälerungen notwendig, nehmen wir diese auch auf.

In diesem Element beantworten wir die Fragen:

- Wofür zahlt der Kunde?
- Haben wir ein statisches oder ein interaktives Preismodell?
- Welchen relativen Preis erzielen wir für unsere Leistungen?

5.6.5.5.2 WIRTSCHAFTLICHKEIT/KOSTEN

Kosten haben selbstverständlich entscheidenden Einfluss auf den Gewinn. Hier nehmen wir also auf, welcher Kostenaufwand den Erlösen gegenübersteht, getrennt nach Herstell-, Vertriebs- und Verwaltungskosten. Und wir unterscheiden dabei auch nach Fixkosten und variablen Kosten.[99]

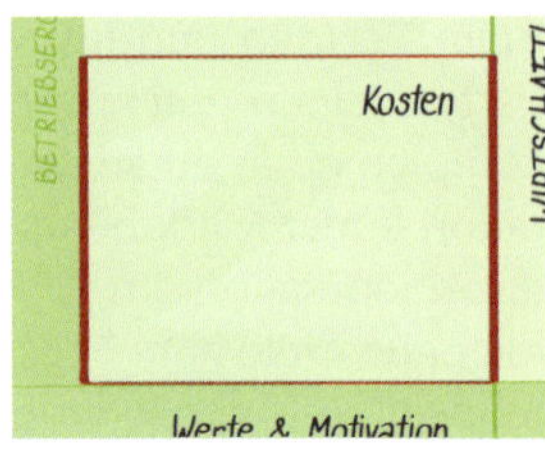

5.6.5.5.3 WIRTSCHAFTLICHKEIT/BETRIEBSERGEBNIS

Hier stellen wir das Betriebsergebnis[100] des Geschäftsmodells, schematisch, aber dennoch belastbar, dar. Grundsätzlich kann man hier auf zwei Verfahren der Gewinn-und-Verlust-Rechnung aufsetzen. Das Umsatzkosten- und das Gesamtkostenverfahren. Beide Verfahren weisen vor dem Gewinn oder dem Verlust das Betriebsergebnis als Zwischenergebnis aus. Wir nutzen im Spinnovation-Geschäftsmodell das absatzorientierte Umsatzkostenverfahren. Es passt deutlich besser zur Aufgabenstellung. Hier werden den Umsatzerlösen die dafür angefallenen Kosten gegenübergestellt. Die Kosten werden dabei nach den Funktionsbereichen Produktion, Vertrieb und Verwaltung aufgeschlüsselt. So lässt sich das Betriebsergebnis für einzelne Produkte oder Produktgruppen einfacher ermitteln.

Wir wenden folgendes Schema an:

Umsatzerlöse
Bruttoerlös = verkaufte Menge × Verkaufspreis
./. Erlösschmälerungen: Gutschriften, Skonti, Rabatte etc.

= Nettoerlöse
./. fixe Herstellkosten, anteilig für die abgesetzten Mengeneinheiten
./. variable Herstellkosten der abgesetzten Mengeneinheiten

= Bruttoergebnis vom Umsatz
./. fixe Vertriebskosten, anteilig für die abgesetzten Mengeneinheiten
./. variable Vertriebskosten der abgesetzten Mengeneinheiten[101]
./. fixe Verwaltungskosten, anteilig für die abgesetzten Mengeneinheiten
./. variable Verwaltungskosten der abgesetzten Mengeneinheiten

= Betriebsergebnis[102]

5.6.6 ARBEITSSITZUNGEN

Im Spinnovation-Strategieprozess gibt es unterschiedliche Arbeits- und Workshop-Formate, u. a. Spinnsessions, MiniSpiele, Interviews etc. Zusätzlich gibt es moderierte Arbeitssitzungen, in denen wir bestimmte Fragestellungen bearbeiten, Entscheidungen vorbereiten oder auch Entscheidungen treffen. Dort, wo es hilfreich ist, haben wir die Informationen, die zur Vorbereitung und Durchführung einer Arbeitssitzung wichtig sind, im Anhang zusammengefasst.

---

99 Fixkosten sind unabhängig von der Menge der produzierten Waren oder Dienstleistungen. Dagegen verändern sich variable Kosten proportional zur Menge der produzierten Waren oder Dienstleistungen.

100 Die folgenden Zwischenergebnisse in der GuV (Finanzergebnis, Ergebnis nach Steuern) und der Jahresüberschuss/Jahresfehlbetrag sind hier nicht relevant.

101 Beispielsweise Vertriebsprovisionen.

102 Sonstige betriebliche Erträge und sonstige betriebliche Aufwendungen wie beispielsweise Gewinne oder Verluste aus der Veräußerung von Maschinen des Anlagevermögens, Kursgewinne oder -verluste aus der Fremdwährungsumrechnung sowie Erträge oder Verluste aus Wertberichtigungen werden allesamt nicht berücksichtigt.

5.6.7 POST-ITS

Post-its, die kleinen oder auch großen bunten Haftzettel, sind ein tolles Werkzeug. Mit ihnen kann man ganz hervorragend Informationen für alle gut sichtbar machen. Und noch vieles mehr. Über das passende Anordnen der Klebezettel werden Strukturen und Zusammenhänge erkennbar. Passt die Gruppierung oder Anordnung nicht mehr, sind die Zettel sehr flexibel. Sie sind einfach umzusortieren und mit anderen Informationen zu verknüpften. Oder, falls es gar nicht passt, sind sie schnell auch wieder ganz weg. Die Information steht aber nicht nur auf dem Zettel. Mit den unterschiedlichen Farben können Daten gekennzeichnet und Gruppen zugeordnet werden. Beispielsweise kommen Chancen auf grüne Post-its und Risiken auf rote. Auf den Post-its dürfen aber keine Romane stehen. Mit maximal fünf Wörtern müssen wir die Informationen auf den Punkt bringen.[103, 104]

Wir nutzen Post-its im ganzen Spinnovation-Strategieprozess. Beim interaktiven Befüllen des Spinnovation-Geschäftsmodells, beim Sammeln und Strukturieren von Informationen im Rahmen von Brainstormings oder beim Bewerten von Ideen mithilfe der verschiedenen Portfolios.

5.6.8 BRAINSTORMING

Brainstorming kommt im Spinnovation-Strategieprozess in vielen Arbeitssitzungen zum Einsatz. Damit sammeln und strukturieren wir Ideen. Wichtigstes Hilfemittel dabei sind Post-its. Der Moderator der Arbeitssitzung leitet auch das Brainstorming. Die spezifische Brainstormingmethode, die wir dabei ausschließlich nutzen, funktioniert folgendermaßen:

1. **Konkrete Fragestellung**
   Am besten schreibt der Moderator die konkrete Frage für alle deutlich lesbar auf ein Flipchart oder eine Metaplanwand.
2. **Ausreichend Post-its**
   Der Moderator sorgt dafür, dass genügend halbfeine Filzstifte und für jeden Teilnehmer ausreichend viele Post-its zur Verfügung stehen.
3. **Jeder schreibt für sich Ideen auf**
   Im vorgegebenen Zeitfenster – die werden immer so gewählt, dass kein zeitlicher Druck aufkommt – schreibt jeder Teilnehmer so viele Ideen wie möglich zur Fragestellung auf. Eine Idee kommt auf ein Post-it. Jede Idee wird notiert, egal ob sie „sinnvoll", inhaltlich und zeitlich umsetzbar ist oder nicht. Auf diese Art bringt jeder der Teilnehmer seine Ideen ein.
4. **Gemeinsames Sortieren und Strukturieren der Ideen**
   Auch hier gilt: keine Bewertung und keine Beurteilung der Ideen.
   Nach der vorgegebenen Zeit wird das Sammeln beendet. Einer fängt an und liest sein erstes Post-it vor. Der Moderator klebt den Zettel auf ein Flipchart oder eine Metaplanwand. Dann wird das nächste vorgelesen und angeklebt. Passen Post-its „zusammen", werden sie beim Ankleben gruppiert. Fallen den Teilnehmern beim Ankleben der Ideen neue ein, werden sie auch auf Post-its geschrieben und später dazu geklebt.

Nach dem Brainstorming werden die so gefundenen Ideen weiter in der Arbeitssitzung bearbeitet.

---

103 Dark Horse Innovation: Digital Innovation Playbook. Das unverzichtbare Arbeitsbuch für Gründer, Macher und Manager. 2. Auflage Hamburg 2016.
104 Pauline Tonhauser: Design Thinking Workshop (eBook), Berlin 2015.

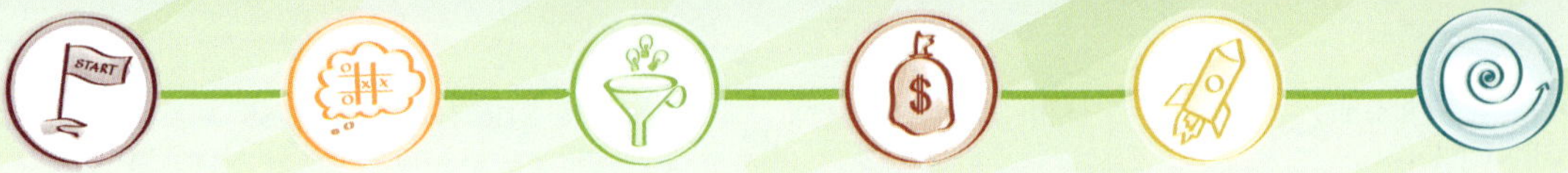

6 DER SPINNOVATION-STRATEGIEPROZESS

Flipchart, Metaplanwände und Fotodokumentation

Wir werden die Ergebnisse der unterschiedlichen Arbeitsformate auf vielen Flipchartblättern oder auf Metaplanwänden bzw. Moderationspapier dokumentieren. Heben Sie diese auf jeden Fall auf. Es kommt immer mal wieder vor, dass wir auf Ergebnisse vorangegangener Prozess- und Arbeitsschritte zurückgreifen. Machen Sie zusätzlich nach jedem Arbeitsformat Fotos der Flipcharts und Metaplanwände. Das ist Aufgabe des jeweiligen Moderators.

Wie navigiert man durch den Prozess?

An jedem Prozess- und Arbeitsschritt gibt es ein kleines Navigationssymbol. Daran erkennt man, für welche der strategischen Fragestellungen der Schritt zu bearbeiten ist. Ist das entsprechende Feld der Matrix grün, ist der Schritt verpflichtend, ist es dunkelgrau, ist er optional, ist es hellgrau, wird der Schritt nicht bearbeitet.

Optional bedeutet, dass man entscheiden kann, ob der Schritt bearbeitet wird oder nicht. Es kann auch sein, dass vorher schon Ergebnisse erzielt wurden, durch die der Prozess- oder Arbeitsschritt nicht mehr notwendig ist.

Beispiele:

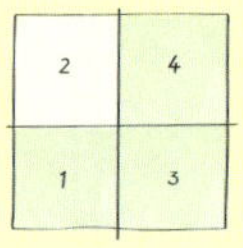

2	4
1	3

Der Prozess- oder Arbeitsschritt ist für die Fragestellungen 1, 3 und 4 durchzuführen.

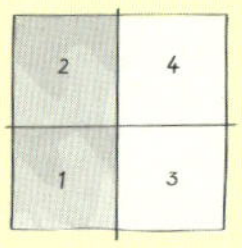

2	4
1	3

Der Prozess- oder Arbeitsschritt ist für die Fragestellungen 1 und 2 optional.

Wie in Kapitel 5.5 „Das Spinnovation-Phasenmodell" kurz beschrieben, durchläuft der Strategieprozess nacheinander sechs Phasen. In den einzelnen Phasen gibt es wiederum Prozess- und Arbeitsschritte. Während des kompletten Prozesses gilt: Entstehen spontan Ideen oder Lösungsansätze für nachfolgende Prozess- oder Arbeitsschritte, werden diese kurz beschrieben, in den Ideenspeicher[105] aufgenommen und später bearbeitet. Unabhängig davon gilt auch generell das Arbeitsprinzip: Sammle in der gesamten Tiefe und Breite möglichst viele Ideen und Ansätze, erst mal unabhängig von der Verwertbarkeit – oder wie es eine unserer Design-Thinking-Regeln ausdrückt: „Die Menge macht's!" Erst danach wird geprüft, strukturiert, bewertet und entschieden.

Bevor es mit der inhaltlichen Arbeit losgeht, bestimmen wir im „Arbeitsschritt I.1b: Aufgabenstellung und Zielsetzung festlegen", welche der vier strategischen Herausforderungen wir zu lösen haben. Der Strategieprozess ist zwar für die vier strategischen Fragestellungen grundsätzlich gleich, aber in den ersten Phasen gibt es doch Unterschiede. Zu Beginn der einzelnen Phasen gehen wir auf die vier strategischen Fragestellungen ein und erläutern kurz deren spezifische Bearbeitung. Grundsätzlich gilt: Wir bearbeiten immer nur eine konkrete Fragestellung – niemals mehrere gleichzeitig. Und das nicht nur wegen der anfänglichen Unterschiede im Prozess, sondern weil die parallele Bearbeitung mehrerer Fragen erfahrungsgemäß immer an zu knappen Ressourcen scheitert.

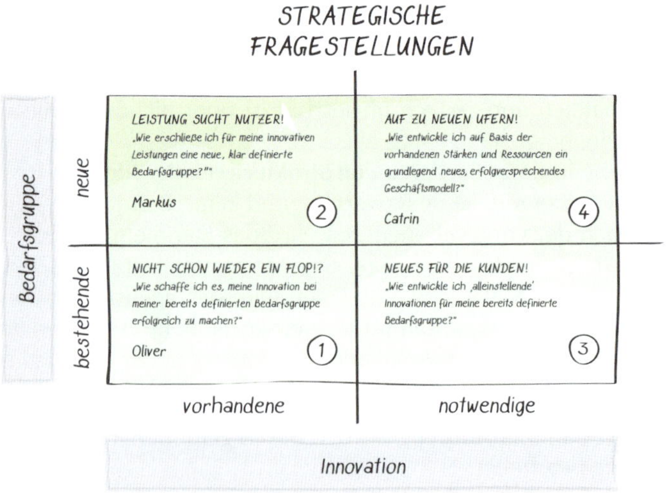

[105] Siehe S. 100.

6.1 PHASE I „STARTPUNKT & AUFBRUCH"

WAS ERARBEITEN WIR IN DIESER PHASE UND WARUM?

In dieser Phase bestimmen wir den Ausgangspunkt der Strategieentwicklung und erzeugen eine positive Aufbruchstimmung im Team und im Unternehmen. Warum ist es wichtig, den Startpunkt zu kennen? Mit Spinnovation erarbeiten wir u. a. eine Spezialisierung, ein Geschäftsmodell und eine Vision. Die Vision zeigt uns, vereinfacht ausgedrückt, wo wir hinwollen. Kennen wir das Ziel, ist es auch wichtig zu wissen, von wo aus wir starten. Die Ausgangssituation hat großen Einfluss darauf, wie wir zum Ziel kommen. Und er bestimmt auch die Zeit mit, die wir bis zum Ziel brauchen.

Zum Verorten des Startpunktes analysieren wir das Unternehmen und die externen Marktkräfte. Das sind die einzigen Aktivitäten im Spinnovation-Strategieprozess, die große Ähnlichkeit mit „klassischer" Strategieentwicklung haben. Aber keine Angst, wir schaffen keine Zahlenfriedhöfe. Wir steigen nur so tief ein wie nötig.

Schon in dieser Phase wird implizit und explizit das Spielfeld begrenzt und die vom Wettbewerber besetzten Spezialisierungsrichtungen werden identifiziert. Wir bekommen Klarheit, warum wir eine neue Unternehmensstrategie brauchen.

Und neben der rein sachlichen und fachlichen Analyse bringen wir alle, die an der Strategieentwicklung mitarbeiten, auf den gleichen Stand und legen eine gemeinsame Basis für die weitere Zusammenarbeit.

Wir erreichen aber noch mehr. Wir lernen in dieser Phase einige der wesentlichen Methoden und Modelle von Spinnovation kennen, ohne dabei inhaltliches Neuland betreten zu müssen. Die erarbeiteten Ergebnisse sind zwar für die neue Strategie wichtig, aber nicht spielentscheidend – wir laufen uns also erst einmal ordentlich „warm".

Wie lange dauert ein Spinnovation-Strategieprozess?

Das hängt von vielen Faktoren ab. Von der Ausgangssituation, von der Fragestellung, vom neuen Geschäftsmodell, von den zur Verfügung stehenden Ressourcen etc. Manchmal braucht man für die Phasen I bis V nicht länger als sechs Monate. Das Durcharbeiten der Phasen I bis IV sollte aber längstens neun Monaten dauern.

Du?!

So, jetzt kennen Sie die Strategiemethode Spinnovation, ihre Grundlagen, ihre Prinzipien, ihr Phasenmodell und die eingesetzten Modelle, Methoden und Werkzeuge.

Auf dem Weg hierher haben Sie uns auch sehr gut kennengelernt. Sie wissen, wie wir denken, welche Werte wir verfolgen und was uns wichtig ist – und wenn Sie bis zu diesem Punkt gekommen sind, sind wir uns sicher, dass Sie das meiste von dem, was uns wichtig ist, auch gut finden. Jetzt liegt „nur" noch das Durcharbeiten des Strategieprozesses vor uns – und das ist Zusammenarbeit auf Augenhöhe … Deswegen gehen wir jetzt zum „Du" über und „rocken" die neue Strategie!

6.1.1 DIE VIER STRATEGISCHEN FRAGESTELLUNGEN IN PHASE I

Der Startpunkt wird für die vier strategischen Aufgabenstellungen[106] unterschiedlich detailliert beschrieben. Das zeigt folgende Tabelle:

106 Siehe S. 67.

	Feld 1	Feld 2	Feld 3	Feld 4
	Die Startpunktbestimmung bezieht sich nur auf die Innovation und die vorhandene Bedarfsgruppe.	Die Startpunktbestimmung bezieht sich auf die Innovation und neue potenzielle Bedarfsgruppen.	Vollständig	Der Schwerpunkt liegt auf den Stärken & Kernkompetenzen, Werten & Motivation und den Ressourcen.
Unternehmensanalyse				
Zahlen, Daten, Fakten (Unternehmen)	Zahlen, Daten Fakten für die Innovation: Wann eingeführt, Absatzmengen, Wirtschaftlichkeit etc.	Zahlen, Daten Fakten für das „Geschäft" mit der bisherigen Bedarfsgruppe.	Vollständig	Vollständig, zur Verdeutlichung, dass ein neues Geschäftsmodell notwendig ist.
Kundenanalyse	Informationen über die Kunden, die mit der Innovation angesprochen werden. Gibt es Kundengruppen, bei denen die Innovation besser angenommen wurde?	Gibt es „am Rande" der Kundengruppen potenzielle Nutzer unserer Innovation, die wir bisher noch nicht darauf angesprochen haben?	Vollständig	-
Stärken & Kernkompetenzen, Werte & Motivation	Vollständig, zusätzlich: „Hat das Unternehmen mit der Innovation seine Stärken bzw. wahrgenommen Stärken ‚verlassen'"?	Vollständig, zusätzlich: „Sind wir bereit, für (eine) andere Bedarfsgruppe unsere Leistungen zu erbringen?"	Vollständig	Vollständig
Unternehmenskultur	Vollständig, zusätzlich: „Steht die Innovation im Widerspruch zu unserer Unternehmenskultur?"	Vollständig	Vollständig	Vollständig
Interne Hindernisse	Gibt es interne Hindernisse, die den Erfolg der Innovation verhindern?	Gibt es interne Hindernisse, die verhindern, eine neue Bedarfsgruppe anzugehen?	Vollständig	Vollständig
Geschäftsmodell	Vollständig	Fundament, Nutzen, Ressourcen, Wirtschaftlichkeit (bestehende Bedarfsgruppe)	Vollständig	Fundament, Ressourcen, Wirtschaftlichkeit (aktuelles Geschäftsmodell)
Analyse externe Marktkräfte				
Zahlen, Daten, Fakten (Markt)	Vollständig	-	Vollständig	-
Wettbewerbs- und Konkurrenzanalyse	Ist die Innovation keine echte Innovation? Gibt es Wettbewerbsprodukte oder „Substitute", die den Bedarf besser bedienen?	Wird das Problem, das wir mit unserer Innovation lösen, in anderen Branchen bereits auf eine andere Art gelöst?	Vollständig	-
Geschäftsmodelle der Branche	Vollständig	-	Vollständig	-
Bedarfsgruppenanalyse	Welcher Bedarf sollte mit der Innovation befriedigt werden?	-	Vollständig	-
Umweltanalyse	Gibt es Veränderungen in der Umwelt, die den Bedarf an unserer Innovation bei unserer Bedarfsgruppe beeinflussen?	Gibt es Veränderungen in der Umwelt, die den Bedarf für unsere Innovation bei einer neuen Bedarfsgruppe begünstigen?	Vollständig	Gibt es Veränderungen in der Umwelt, die Probleme erzeugen, die wir mit unseren Stärken lösen können?

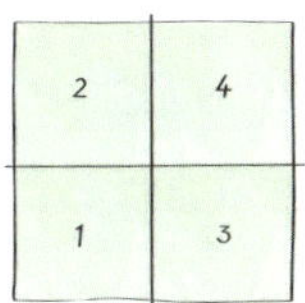

6.1.2 PROZESSSCHRITT I.1:
STRATEGIEENTWICKLUNG VORBEREITEN

Bevor du mit dem Strategieprozess anfangen kannst, stellst du dir ein geeignetes Strategieteam zusammen und erklärst die Aufgabenstellung und Zielsetzung deines Strategieprojektes.

6.1.2.1 ARBEITSSCHRITT I.1A:
STRATEGIETEAM

Im Spinnovation-Strategieprozess gibt es einiges zu tun. Du brauchst also Kollegen, die intensiv mit dir zusammenarbeiten. Wichtig ist, dass die Kollegen dazu eine hohe Eigenmotivation haben. Das Kernteam sollte mit dir aus mindestens sechs, höchstens acht Mitgliedern bestehen. Nur dann ist eine effektive Zusammenarbeit möglich. Das Team muss auch passend zusammengestellt sein. Es ist nicht sinnvoll, nur Führungskräfte und Mitglieder aus der Geschäftsleitung zu rekrutieren. Neben der interdisziplinären Zusammensetzung ist es besser, wie schon im Kapitel „Design Thinking"[107] ausgeführt, wenn das Team möglichst heterogen ist. Heterogen bezüglich Ausbildung, Funktion, Hierarchie, Alter, Herkunft und Geschlecht. Stelle dir im ersten Schritt ein Wunschteam zusammen, das die o.g. Anforderungen erfüllt und von denen du glaubst, dass die Kollegen motiviert sind, „Strategie zu machen". Auf die Kollegen und auf dich kommt natürlich Mehrarbeit zu, das sollte auch allen klar sein. Sprich zuerst mit den Kollegen aus der Geschäftsleitung bzw. mit den Führungskräften, die nicht mit im Team sein werden. Erkläre ihnen, warum du dich so entschieden hast, und versichere ihnen, dass sie selbstverständlich zu entsprechenden Aufgabenstellungen, Workshops oder bei Spinnsessions dabei sind. Natürlich ist es nicht einfach, diese Gespräche zu führen. Falls ihr aber schon häufiger auf Geschäftsleitungsebene über Strategie diskutiert habt, ohne zu erfolgversprechenden Ansätzen zu kommen, braucht es anderen Input und neue Perspektiven. Und davon gibt es mehr als genug außerhalb des Führungskreises und der Geschäftsleitung.

Danach kannst du mit den potenziellen Teammitgliedern einzeln sprechen. Erläutere ihnen, was du vorhast, und erkläre ihnen, dass du ihre Hilfe, Expertise und Mitarbeit brauchst. Führe die Gespräche aber so, dass die Mehrbelastung klar wird und dass die Kollegen auch die Chance haben, Nein zu sagen. Falls jemand nicht kann oder will, aber trotzdem Ja sagt, kann das die spätere Zusammenarbeit im Strategieteam negativ beeinflussen.

Achte darauf, dass zumindest einer deines Strategieteams die Fähigkeit hat, Sitzungen zu moderieren. Besser sind aber zwei. Gibt es niemanden im Team, der das kann, frage, wer Lust dazu hat. Schicke den- oder diejenigen so schnell wie möglich auf eine Moderationsschulung.

Hast du dein Team zusammengestellt, führe eine konstituierende Sitzung[108] durch und erkläre deinem Team deine Beweggründe, eine neue, ganzheitliche Spezialisierungsstrategie zu erarbeiten.

Nomenklatur der „Schritte"

Jeder Prozess- bzw. Arbeitsschritt ist folgendermaßen nummeriert:

Prozessschritt X.N, Arbeitsschritt X.N.x

„X" = Römische Nummer der Phase

„N" = Fortlaufende arabische Nummer des Prozessschritts

„x" = Fortlaufende alphabetische Nummmerierung des Arbeitsschritts unter dem Prozessschritt

---

Das Kernteam und "Ergänzungsspieler"

Im Weiteren sprechen wir im Zusammenhang von Arbeitssitzungen etc. „nur" vom Strategieteam. Das Strategieteam ist auch der Kern deiner Mannschaft. Du kannst es aber jederzeit – und manchmal ist es sogar absolut notwendig – um Spezialisten und Führungskräfte aus deinem Unternehmen ergänzen.

---

107 Siehe S. 80.
108 Vorlage Arbeitssitzung „Konstituierende Sitzung des Strategieteams", siehe Anhang S. 220.

„Wege" durch die Matrix der „Vier Strategischen Fragestellungen"

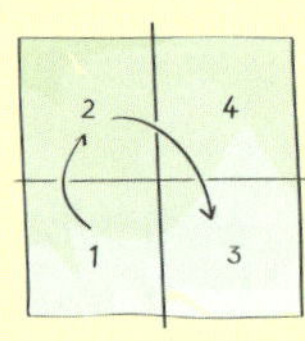

Ihr habt vor Kurzem eine Innovation auf den Markt gebracht, die noch nicht richtig zündet? Falls ja, geht es in Feld 1 los. Kommt man im Strategieprozess zum Ergebnis, dass die Innovation der vorhandenen Bedarfsgruppe keinen echten Nutzen bietet, kann es so weiter gehen: Hat die Innovation grundsätzlich das Potenzial, einer anderen Bedarfsgruppe einen Engpass zu lösen, und will man sich damit eine neue Spezialisierung aufbauen, startet man einen neuen Strategieprozess mit Fragestellung 2. Man bewegt sich von Feld 1 nach Feld 2. Stellt sich heraus, dass der Ansatz auch nicht funktioniert, muss man einen neuen Strategieprozess mit Fragestellung 3 starten. Man geht von Feld 2 nach Feld 3.

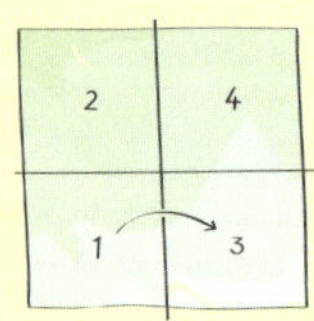

Ist aber klar, dass man sich keine Spezialisierung mit einer neuen Bedarfsgruppe aufbauen will oder die Innovation keiner anderen Bedarfsgruppe einen Engpass löst, startet man mit Fragestellung 3 neu durch. Es geht von Feld 1 nach Feld 3.

Die Innovation hat bei der bestehenden Bedarfsgruppe nicht gezündet und es ist sicher, dass sie nicht zünden wird. Sie hat aber vermutlich das Potenzial, den Engpass einer anderen Bedarfsgruppe zu lösen. Und darauf wollen wir uns spezialisieren. Dann geht es von Anfang an mit Fragestellung 2 los. Von dort aus kann es, wie wir wissen, dann nach Feld 3 gehen.

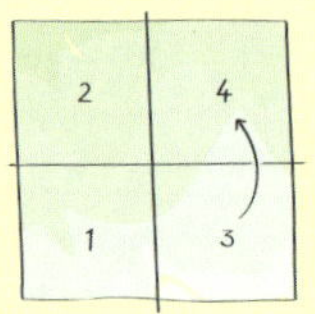

Es gibt keine Innovation und wir brauchen für die bestehende Bedarfsgruppe auf jeden Fall eine, dann geht es mit Fragestellung 3 los. Stellt sich dabei heraus, dass keine Innovationen möglich sind, bleibt als letzter Ausweg nur, sich zu neuen Ufern aufzumachen. Dann müssen wir versuchen, auf Basis unserer Stärken ein grundlegend neues Geschäftsmodell aufzubauen. Wir bewegen uns von Feld 3 nach Feld 4.

Auch hier gilt: Ist es von vornherein ausgeschlossen, für die bestehende Bedarfsgruppe Innovationen zu entwickeln, dann starten wir direkt mit der strategischen Fragestellung aus Feld 4.

6.1.2.2 ARBEITSSCHRITT I.1B: AUFGABENSTELLUNG UND ZIELSETZUNG FESTLEGEN

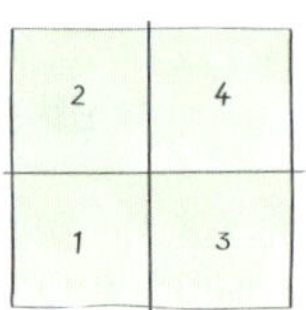

Ist klar, für welchen Geschäftsbereich oder für welche Produktgruppe der Spinnovation-Strategieprozess aufgesetzt werden soll?

Dann muss nur noch eure Aufgabe einer der vier strategischen Fragestellungen zugeordnet werden, bevor es dann direkt zu 6.1.2.3 „Arbeitsschritt I.1c: Net Promotor Score®"[109] geht.

Die vier strategischen Fragestellungen:

- Feld 1: „Wie schaffe ich es, meine Innovation bei meiner bereits definierten Bedarfsgruppe erfolgreich zu machen?"
- Feld 2: „Wie erschließe ich für meine Innovation eine neue, klar definierte Bedarfsgruppe?"
- Feld 3: „Wie entwickle ich ‚alleinstellende' Innovationen für meine bereits definierte Bedarfsgruppe?"
- Feld 4: „Wie entwickle ich auf Basis der vorhandenen Stärken und Ressourcen ein grundlegend neues, erfolgversprechendes Geschäftsmodell?"

Habt ihr eine Innovation, d. h. ein neues Produkt bzw. eine neue Dienstleistung, die bei der vorhandenen Zielgruppe – sehr wahrscheinlich hattet ihr keine echte Bedarfsgruppe damit adressiert – nicht „zündet", dann ordnet euch in Feld 1 ein.

Habt Ihr eine Innovation, d. h. ein neues Produkt bzw. eine neue Dienstleistung, die bei der vorhandenen Zielgruppe nicht „gezündet" hat und nicht zünden wird, ihr aber Potenzial bei anderen Bedarfsgruppen sieht, dann ordnet euch in Feld 2 ein.

Es gibt keine Innovation und ihr braucht dringend etwas „Neues" für die bestehende Ziel- bzw. Bedarfsgruppe, dann ordnet euch in Feld 3 ein.

Es gibt keine Innovation und es ist ausgeschlossen, für die bestehende Zielgruppe bzw. Bedarfsgruppe eine entwickeln zu können, dann ordnet euch in Feld 4 ein.

Ist dagegen eine Strategieüberprüfung oder eine Fokussierung wegen zu starker Diversifikation notwendig, kann häufig erst nach Phase I entschieden werden, welcher Geschäfts- und Produktbereich konkret zu bearbeiten ist.

---

[109] Siehe S. 99.

6.1.2.2.1 STRATEGIEÜBERPRÜFUNG

Dein Unternehmen war eigentlich spezialisiert. Aber aktuell sind die Ergebniszahlen rückläufig. Dafür kann es unterschiedliche Gründe geben. Vielleicht ist generell die Nachfrage nach euren Produkten zurückgegangen oder die Kosten sind stark gestiegen oder die Preisverhandlungen sind härter geworden und die Preise sinken – oder alles zusammen. Möglicherweise habt ihr schon den einen oder anderen Kunden verloren. Du merkst, es stimmt nicht mehr alles. Dein Unternehmen befindet sich zwar noch nicht in einer Krise, aber die Entwicklung zeigt in diese Richtung. Spätestens jetzt ist es an der Zeit, deine Strategie zu überprüfen. Führe für die relevanten Geschäftsbereiche und Produktgruppen[110] die Analysen aus dieser Phase durch. Dabei wird die Situation deines Unternehmens sehr transparent und folgende Fragen werden geklärt:

- Wo bieten wir unseren Kunden noch einen einzigartigen Nutzen?
- Wo haben wir noch Alleinstellungsmerkmale?
- Wo sind wir austauschbar?
- Sind unsere Stärken noch echte Wettbewerbsvorteile?

Je nachdem, wie die Antworten ausfallen, wird die Notwendigkeit klar, die Spezialisierung deines Unternehmens deutlich zu schärfen oder neu aufzubauen. In der Regel gibt es nach dieser Phase auch schon erste Ideen zur Weiterentwicklung der Spezialisierung, beispielsweise aus den Veränderungen der Umweltbedingungen. Erfahrungsgemäß wird nach dem Durcharbeiten von Phase I der Strategieprozess fast immer mit der strategischen Fragestellung: „Wie entwickle ich ‚alleinstellende‘ Innovationen für meine Bedarfsgruppe?" weitergeführt.

Ist von Anfang an klar, für welchen Geschäftsbereich oder für welche Produktgruppe du die Strategie überprüfen willst? Vielleicht gibt es in deinem Unternehmen nur einen entsprechenden Bereich oder es liegt einfach auf der Hand, worum du dich kümmern musst. Sehr gut. Ist der Untersuchungsbereich nicht eindeutig, dann verfahre, wie im nächsten Kapitel beschrieben.

6.1.2.2.2 FOKUSSIERUNG BEI STARKER DIVERSIFIKATION

Für viele Unternehmen ist folgende Ausgangslage typisch: Das Unternehmen hat sich über viele Jahre zunehmend diversifiziert und in die Breite entwickelt. Dafür gibt es typischerweise drei Gründe.

1. Eine zu starke Kundenorientierung

In der Vergangenheit wurden für Kundenwünsche immer neue Lösungen entwickelt. Daraus sind ein zu breites Sortiment und zu viele Geschäftsbereiche entstanden. Die Produktgruppen oder Geschäftsbereiche konkurrieren um knappe Ressourcen, beispielsweise in der Entwicklung, im Marketing oder bei Investitionen. Das ganze Unternehmen ist in der Mittelmäßigkeit angekommen. Es ist überall ein bisschen gut, aber nirgendwo herausragend.

2. Zu viel des Gleichen

Aus Mangel an echten Innovationen wurden bestehende Produkte immer weiter ausdifferenziert, neue Farben, neue Formen, neue Größen etc. Am Ende hat das dieselben Konsequenzen wie eine zu starke Kundenorientierung.

3. Mangelnde Ausrichtung nach Akquisitionen

Das Unternehmen hat, vielleicht aus Mangel an organischem Wachstum, andere Unternehmen zugekauft. Es wurde aber versäumt, diese strategisch so zu führen, dass sie eigenständig er-

> „Konzentration ist der Schlüssel zu wirtschaftlichen Resultaten. Gegen kein anderes Prinzip der Effektivität wird so regelmäßig verstoßen als gegen das Grundprinzip der Konzentration. Unser Motto scheint zu sein: Lasst uns von allem ein bisschen tun!"
>
> Peter F. Drucker

---

110 Wir verwenden im Weitern die Begriffe Produktgruppe und Produktbereich synonym.

folgreich im Markt bestehen konnten. Oder die Unternehmen wurden nicht ausreichend integriert. Auch hier ist im besten Fall Mittelmäßigkeit die Konsequenz.

Das Unternehmen hat also schlimmstenfalls in keinem seiner Geschäftsbereiche oder mit keiner seiner Produktgruppen eine führende Position. Es sind einfach zu breite Produktsortimente oder zu viele Geschäftsbereiche.

In diesen Fällen musst du, um aus einer Diversifikation eine Spezialisierung zu entwickeln, zuerst bestimmen, welcher Bereich das erfolgversprechendste Spezialisierungspotenzial hat. In diesem erfolgversprechendsten Bereich entwickelt ihr dann für die bestehende Bedarfsgruppe eine neue, alleinstellende Innovation – alle anderen strategischen Fragestellungen sind, aus einer zu starken Diversifikation kommend, nicht sinnvoll. Ist für den ausgewählten Bereich der komplette Spinnovation-Strategieprozess durchgearbeitet, könnt ihr euch danach um die anderen Bereiche kümmern.

Der Bereich mit dem höchsten Spezialisierungspotenzial kann der sein, in dem ihr schon am meisten „spezialisiert" seid. Dreht man die Logik „Spezialisierung führt zu Wettbewerbsvorteilen und Alleinstellung" um, sucht man mit der Unternehmensanalyse und der Analyse der externen Marktkräfte den Bereich mit den größten Wettbewerbsvorteilen bzw. der größten Alleinstellung. Diese Analysen sind aber relativ aufwendig. Führt ihr sie für unterschiedliche Produkt- und Geschäftsbereiche durch, braucht ihr Zeit und Ressourcen. Manchmal liegt es aber auch einfach auf der Hand oder du und dein Team habt eine Intuition, welcher der Bereiche der erfolgversprechendste ist. Diese Einschätzung beruht zwar auch auf Annahmen, aber keine Angst, die werdet ihr im weiteren Strategieprozess immer wieder überprüfen.

Ist dir von vornherein klar, für welchen Produktbereich du das Strategieprojekt aufsetzt[111], egal ob es in deinem Unternehmen mehrere Geschäftsbereiche mit jeweils mehreren Produktgruppen gibt oder nicht? Falls ja, geht es auch hier direkt mit „Arbeitsschritt I.1c: Net Promotor Score®"[112] weiter.

Steht für dich der zu untersuchende Geschäftsbereich fest, egal ob es mehrere gibt oder nicht? Dann müsst ihr gegebenenfalls als Nächstes bestimmen, welche Produktgruppe innerhalb des Geschäftsbereiches das größte Potenzial für eine erfolgversprechende Spezialisierung hat. Dazu müsst ihr Phase I für die einzelnen Produktgruppen durcharbeiten. Führt für die Produktgruppen die Schritte aber nur dort getrennt voneinander durch, wo es Unterschiede gibt. Beispielsweise falls es unterschiedliche Bedarfsgruppen, Vertriebsformen oder Wettbewerber gibt. Erfahrungsgemäß werden auf Basis dieser Analyseergebnisse Entscheidungen sehr viel einfacher und fundierter getroffen.

Hast du keine Präferenz für einen Geschäfts- bzw. Unternehmensbereich[113]? Dann müsst ihr Phase I für alle relevanten Geschäftsbereiche durcharbeiten und am Ende denjenigen mit dem größten Spezialisierungspotenzial identifizieren. Auch hier gilt: Führt für die Geschäftsbereiche die Schritte nur dort getrennt durch, wo es Unterschiede gibt. Das können beispielsweise unterschiedliche Stärken und Kernkompetenzen oder auch Einflüsse der Umweltfaktoren sein. Steht nach der Bewertung der Analyseergebnisse der erfolgversprechendste Geschäftsbereich fest, ist gegebenenfalls noch die Frage nach

---

111 Dafür kann es verschiedene Gründe geben: Alle anderen Produktbereiche werden mittelfristig verschwinden, es ist dein Lieblingsproduktbereich, deine Mitarbeiter brennen dafür, der Produktbereich hat zwar Potenzial, ist aber in die roten Zahlen gerutscht etc.

112 Siehe S. 99.

113 Wir verwenden die Begriffe Unternehmensbereich und Geschäftsbereich synonym.

der Produktgruppe zu klären. Gibt es mehrere und keine eindeutige Präferenz? Dann verfahrt so wie oben beschrieben, um die erfolgversprechendste Produktgruppe zu bestimmen.

Falls sich im weiteren Strategieprozess herausstellt, dass im ausgewählten Geschäfts- oder Produktbereich keine erfolgversprechende Spezialisierung möglich ist, müsst ihr wieder zurück in diese Phase. Das liegt in der Natur der Sache und kann immer passieren, egal wie die Entscheidung für den Produkt- oder Geschäftsbereich getroffen wurde. Überprüft die Arbeitsergebnisse des ersten Durchlaufs, aktualisiert sie gegebenenfalls und trefft eine neue Auswahl.

Sind die Analyseschritte für die unterschiedlichen Bereiche durchgearbeitet, müsst ihr euch später im „Prozessschritt I.4: Erfolgversprechendste Fokussierung bei Diversifikation"[114] entscheiden, auf welchen Bereich ihr euch konzentriert.

6.1.2.3 ARBEITSSCHRITT I.1C: NET PROMOTOR SCORE®

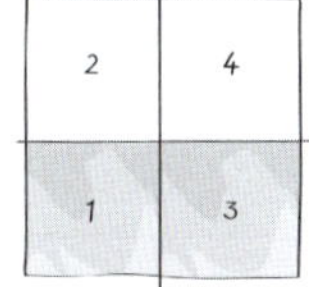

Dieser Arbeitsschritt hat zwei Besonderheiten. Erstens ist er optional, d.h., er ist an dieser Stelle nicht zwingend für einen erfolgreichen Spinnovation-Strategieprozess notwendig. Zweitens gehört er inhaltlich zum „Arbeitsschritt I.2b: Kundenanalyse". Mit dem Net Promoter Score (NPS®)[115, 116] messen wir die Kundenzufriedenheit auf eine sehr einfache, aber erkenntnisreiche Art. Das Aufsetzen, Durchführen und Auswerten eines Net Promoter Score dauert ein paar Tage. Willst du die Erkenntnisse aus dem NPS schon in der Kundenanalyse verarbeiten, führe den NPS direkt am Anfang des Strategieprojektes durch.

Einen NPS durchzuführen ist jetzt nur sinnvoll, wenn es schon Kunden im relevanten Produktbereich gibt – also für die strategischen Fragestellungen aus Feld 1 und Feld 3. Hier kann er uns Erkenntnisse liefern, warum die bisherige Strategie nicht zum gewünschten Erfolg geführt hat.

WIE SETZT MAN DEN NET PROMOTER SCORE AUF UND WIE FUNKTIONIERT ER?

Der NPS beseht nur aus zwei Fragen:

- „Wie wahrscheinlich ist es auf einer Skala von 0 („mit Sicherheit nicht") bis 10 („ganz sicher"), dass Sie unser Produkt[117] einem Freund oder Kollegen weiterempfehlen?"
- „Darf ich fragen, was wir tun müssten, um eine 10 zu bekommen?"

Mit der zweiten Frage kann der Befragte frei und ungestützt äußern, was die stärksten negativen Emotionen bei ihm ausgelöst hat. Die Antworten zeigen uns genau, an welchen Stellen wir Verbesserungs- und Entwicklungspotenzial haben. Häufig gibt es auch Hinweise auf Probleme, Bedürfnisse oder Wünsche der Kunden, die wir mit unseren Leistungen nicht oder nicht vollständig bedienen. Das sind dann wichtige Ideen und Ansätze, denen wir später in Phase II „Ideen & Chancen" weiter auf den Grund gehen.

Die beiden Fragen kann man entweder in einem persönlichen Gespräch oder per Telefon, per Fragebogen, der per Post verschickt wird, oder online – Link auf eine entsprechende Webseite verschickt man per E-Mail – stellen.

---

114 Siehe S. 124.
115 Fred Reichheld: The Ultimate Question: Driving Good Profits and True Growth. Boston 2006.
116 Net Promoter, Net Promoter System, Net Promoter Score, NPS sind registrierte Marken von Bain & Company, Inc., Fred Reichenfeld and Satmetrix Systems, Inc.
117 Bzw. Service oder Wertangebot.

WIE WERTET MAN DEN NPS AUS?

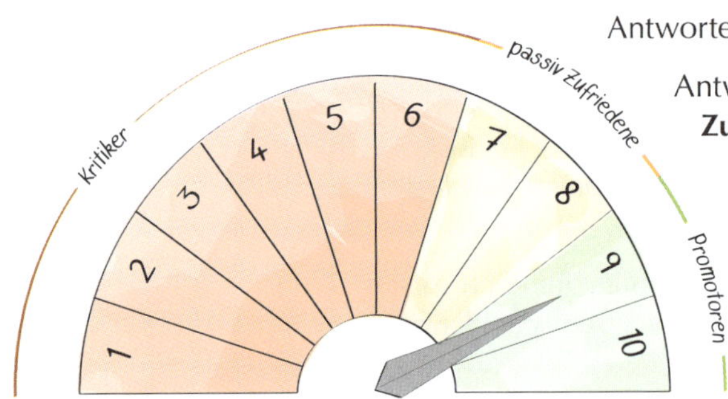

Antworten die Befragten auf die erste Frage „9" oder „10", sind sie **Promotoren**.

Antworten die Befragten auf die erste Frage „7" oder „8" , sind sie **passiv Zufriedene**.

Antworten die Befragten auf die erste Frage mit einem Wert zwischen „0" und „6", sind sie **Kritiker**.

Der Score bzw. der Wert berechnet sich dann so: Man zieht vom Prozentwert der Promotoren den Prozentwert der Kritiker ab. Die passiv Zufriedenen gehen nicht in die Rechnung ein. Der Wert kann also zwischen +100 und –100 liegen.

Beispiel: 60 % Promotoren, 30 % passiv Zufriedene, 10 % Kritiker NPS = 60 minus 10 = 50

Die Frage nach der Empfehlungsbereitschaft ist der effektivste Maßstab für die Qualität der Kundenbeziehung. Sie berücksichtigt sowohl die emotionalen als auch die rationalen Einflussfaktoren. Wenn der Kunde eine 10 gibt, glaubt er, dass sein Freund eine einwandfreie Leistung bekommt und dass er gut behandelt wird.

Die Promotoren haben die mit Abstand höchsten Folgekaufraten. 80 Prozent der Weiterempfehlungen stammen aus dieser Gruppe. Die passiv Zufriedenen bleiben eher aus Trägheit als aus Überzeugung Kunde. Die Kritiker sind für über 80 Prozent der negativen Mundpropaganda verantwortlich. Sie schädigen den Ruf des Unternehmens, schrecken neue Kunden ab und demotivieren die Mitarbeiter.

Wie schon gesagt, der NPS ist eine einfache und erkenntnisreiche Methode, Kundenzufriedenheit zu messen. Wir empfehlen dir, den NPS jetzt schon durchzuführen, dann hast du einen Referenzwert zum Start des Strategieprojektes. In Phase VI „Entwickeln & vorangehen" führen wir den NPS dauerhaft ein. An seiner Entwicklung kannst du sehen, wie sich dein Unternehmen aus Sicht der Kunden vom Start weg mit Spinnovation entwickelt.

Normalerweise wird empfohlen, nach der Durchführung eines NPS die Antworten auf die „Was müssten wir tun, um eine 10 zu bekommen"-Frage zu analysieren. Beispielsweise im Rahmen von Fokusgruppen[118], um herauszufinden, wo die tatsächlichen Ursachen für die geringe Weiterempfehlung liegen und wie die Empfehlungsrate gesteigert werden kann. Das müssen wir im Spinnovation-Prozess nicht zusätzlich machen. Die Antworten auf die „Was müssten wir tun, um eine 10 zu bekommen"-Frage verarbeiten wir in Phase II „Ideen & Chancen", um sie dann in Phase III „Spezialisierung & Innovation" im Dialog mit der Bedarfsgruppe und mit Kunden zu hinterfragen.

Ideenspeicher

Bevor wir mit der Strategiearbeit starten, legen wir als Erstes einen Ideenspeicher an. Entstehen in den Prozess- und Arbeitsschritten Ideen für Bedürfnisse und Wünsche der Bedarfsgruppe, Ideen für neue Bedarfsgruppen, Ideen für Lösungsansätze etc., die uns vielleicht im späteren Strategieprozess vielleicht helfen können, kommen sie auf Post-its in den zentralen Ideenspeicher. Das kann jeder aus dem Strategieteam einfach machen. Wichtig ist nur, dass der Ideenspeicher immer in den Arbeitssitzungen dabei ist. Also am besten eine Metaplanwand oder ein Flipchart(-papier) für den Ideenspeicher verwenden. Und einer aus dem Team sollte sich um den Ideenspeicher kümmern und dafür sorgen, dass er in den Arbeitssitzungen und den sonstigen Arbeitsformaten mit vor Ort ist.

6.1.3 PROZESSSCHRITT I.2: UNTERNEHMENSANALYSE

Die Ausgangssituation deines Unternehmens oder des relevanten Geschäftsbereichs analysiert ihr in mehreren Arbeitsschritten. Meistens werden dabei schon

---

[118] Fokusgruppen sind moderierte Gruppendiskussionen, um beispielsweise in der Marktforschung Prototypen von neuen Produkten zu testen.

Hinweise gefunden und Ideen generiert, die in den Ideenspeicher kommen und die euch später im weiteren Verlauf des Spinnovation-Strategieprozesses weiterhelfen.

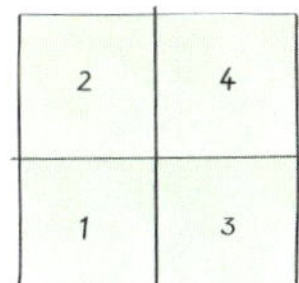

6.1.3.1 ARBEITSSCHRITT I.2A:
ZAHLEN, DATEN, FAKTEN – UNTER-NEHMEN

Zuerst schauen wir uns die Zahlen, Daten und Fakten zur Ist-Situation deines Unternehmens an. Aus diesen Daten leiten wir selbstverständlich keine neue Strategie ab. Doch die Zahlen helfen uns, die Situation zu beschreiben und uns vor falschen Annahmen zur Ist-Situation zu schützen. Wichtig sind vor allem die prozentualen Veränderungen der Kennzahlen zwischen den Jahren. Häufig lassen diese Daten schon eine klare Tendenz erkennen.

Es ist nicht sinnvoll, die genaue Form der Datenerhebung vorzuschlagen. Hier hat jedes Unternehmen seine eigenen Berichte und Auswertungen. Am besten nutzt ihr das, was ihr sowieso regelmäßig erstellt. Dann braucht ihr die Zahlen nur zu verdichten.

Folgende absolute Zahlen und prozentuale Veränderungen zwischen den Jahren sind für die letzten fünf Jahre[119] sinnvoll:

- Umsatz gesamt und nach einzelnen Geschäftsbereichen und Produktgruppen[120]
- Ergebnis[121] gesamt und nach einzelnen Geschäftsbereichen und Produktgruppen
- Anzahl Mitarbeiter gesamt und in den einzelnen Geschäftsbereichen
- Umsatz nach Kundengruppen[122] gesamt und nach einzelnen Geschäftsbereichen und Produktgruppen
- Ergebnis und Deckungsbeitrag nach Kundengruppen gesamt und nach einzelnen Geschäftsbereichen und Produktgruppen
- Marktanteil und (geschätzte) Marktposition[123] in den einzelnen Geschäftsbereichen und Produktgruppen
- Netto-Preisentwicklung für die „Standardprodukte"[124] in den Produktgruppen
- Herstellkosten für die „Standardprodukte" in den Produktgruppen
- Verwaltungskosten gesamt[125]
- Marketing- und Vertriebsaufwand gesamt und je Geschäftsbereich und je Produktgruppe
- Kundenstruktur mit ABC-Analyse gesamt und je Geschäftsbereich und Produktgruppe
- Anzahl Neu-Kunden und Anzahl verlorener Kunden je Geschäftsbereich und Produktgruppe

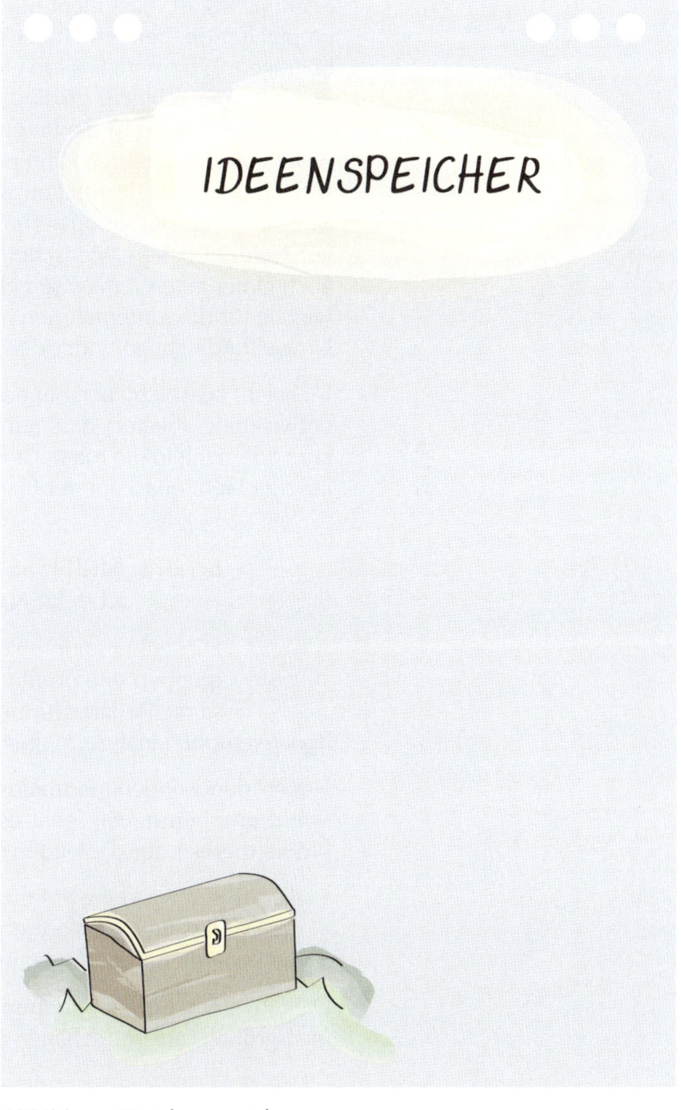

Abbildung 10: Ideenspeicher

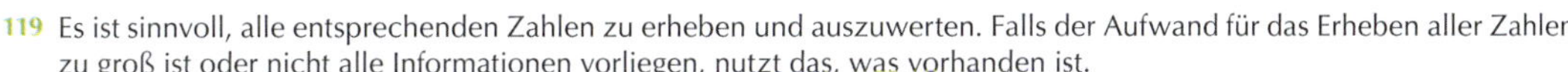

---

119 Es ist sinnvoll, alle entsprechenden Zahlen zu erheben und auszuwerten. Falls der Aufwand für das Erheben aller Zahlen zu groß ist oder nicht alle Informationen vorliegen, nutzt das, was vorhanden ist.

120 Immer nur in der Detaillierung, die für den Strategieprozess notwendig ist.

121 Die Kennzahl, die im Unternehmen angewendet wird: Ergebnis der gewöhnlichen Geschäftstätigkeit, EBIT, EBITDA etc.

122 Nach den Kundengruppen, wie sie zum Zeitpunkt der Analyse im Unternehmen definiert sind.

123 Hier reicht auch jeweils eine grobe Einschätzung.

124 Das kann beispielsweise das Hauptprodukt der Produktgruppe sein.

125 Darunter fallen u. a. Kosten für Verwaltungspersonal, das Verwaltungsgebäude, die Büroeinrichtung und den Bürobedarf sowie Verbandsbeiträge oder Postgebühren.

Sehr wichtig ist, dass nicht nur du, sondern alle aus dem Strategieteam die Zahlen verstehen. Wir empfehlen dir, deinem Strategieteam die Zahlen erklären zu lassen. Nicht alle sind in Deckungsbeiträgen, Fixkosten, Erlösen etc. zu Hause. Die Zahlen offenzulegen, egal wie betriebswirtschaftlich gut oder schlecht sie sind, ist ein wesentlicher Schritt in eine neue Unternehmenskultur. Bei schlechten Zahlen ist die Befürchtung unbegründet, dass Mitarbeiter das Unternehmen verlassen, weil sie Angst um ihren Arbeitsplatz haben. Auf jeden Fall wird auch ihnen die Dringlichkeit deutlich, an der Strategie arbeiten zu müssen. Erfahrungsgemäß entwickeln Mitarbeiter eine sehr große Motivation, an der Verbesserung mitzuwirken. Du brauchst auch bei sehr guten Zahlen keine Angst vor Neid zu haben. Menschen haben ein feines Gespür dafür, welches unternehmerische Risiko auch hinter guten Zahlen steckt. Hier solltest du noch mal erklären, warum der Strategieprozess so wichtig für das Unternehmen ist. Beispielsweise wegen der sehr dynamischen Veränderungen der Umweltbedingungen oder der ständigen Zunahme der Wettbewerbsintensität.

Vielleicht lässt sich auch bei noch „guten Zahlen" schon aus dem Trend der Preis- und der Kostenentwicklung ableiten, dass auf Sichtweite das Ergebnis weiter sinken und das Unternehmen über kurz oder lang in die roten Zahlen rutschen wird. Dann liegt die Dringlichkeit, sich strategisch neu auszurichten, quasi auf der Hand.

6.1.3.2 ARBEITSSCHRITT I.2B: KUNDENANALYSE

Hier geht es nur um eure Kunden und um die Frage, welche Kundengruppen wie profitabel sind. Alle potenziellen Käufer, also die gesamte Bedarfsgruppe, schauen wir uns erst im „Arbeitsschritt I.3d: Bedarfsgruppenanalyse"[126] genauer an.

Neben den Kundeninformationen, die wir im vorangegangenen Arbeitsschritt erhoben haben, geht es hier für den relevanten Geschäfts- oder Produktbereich für die letzten fünf Jahre um

- die Preisentwicklung je Kundengruppe,
- den Marketing- und Vertriebsaufwand je Kundengruppe,
- die konkreten Bedürfnisse in den einzelnen Gruppen.

Die einzelnen Kundengruppen fächern wir weiter nach Branchenzugehörigkeit[127] und Unternehmensgröße[128] auf und schauen uns die jeweilige absolute und prozentuale Verteilung an. Wichtig ist, ob es bei der Rendite Unterschiede zwischen den Branchen und den Größenklassen gibt.

Gibt es Kundengruppen oder darunter weitere Gruppierungen, bei denen besonders große Renditen erzielt werden? Falls ja, ist das ein Indiz dafür, dass wir für diese Kundengruppe einen hohen Nutzen schaffen. Das könnte dann eine Stoßrichtung für eine tiefergehende Analyse sein und wird im Ideenspeicher festgehalten.

Falls ihr den NPS, wie in Kapitel 6.1.2.3 „Arbeitsschritt I.1c: Net Promotor Score®" empfohlen, durchgeführt habt, fasst den Score bzw. den Wert und die Erkenntnisse aus der 2. Frage zusammen. Gibt es in deinem Unternehmen eine andere Form der

---

126 Siehe S. 119.
127 Gibt es keine unterschiedlichen Branchenzugehörigkeiten, müsst ihr prüfen, ob es andere relevante Gruppierungsmöglichkeiten gibt.
128 Hier müsst ihr sinnvolle Größenklassen bilden.

Kundenzufriedenheitsanalyse? Falls ja, analysiert die Ergebnisse nach den Fragen: „Welche Kundengruppen haben die höchste Zufriedenheit?" und „Gibt es eine Korrelation bei den Kundengruppen zwischen Zufriedenheit und Rendite?".

6.1.3.3 ARBEITSSCHRITT I.2C: STÄRKEN & KERNKOMPETENZEN, WERTE & MOTIVATION

6.1.3.3.1 STÄRKEN & KERNKOMPETENZEN

In diesem Arbeitsschritt erarbeiten wir das Eigenbild unserer Unternehmensstärken. Warum ist das so wichtig? Am einfachsten ist es natürlich, eine Spezialisierung und ein erfolgreiches Geschäftsmodell auf Basis vorhandener Stärken aufzubauen. Wer auf seine Stärken fokussiert und diese weiterentwickelt, schafft Spitzenleistungen. Wer dagegen an seinen Schwächen arbeitet und versucht, besser zu werden, schafft maximal Mittelmaß.

Haben wir unsere Stärken aufgenommen, prüfen wir noch, welche der Stärken Kernkompetenzen sind. Das ist dann der Fall, wenn eine Stärke uns von anderen unterscheidet, uns einen Wettbewerbsvorteil verschafft und zu unserem langfristigen Erfolg beiträgt.[129]

Die Stärken eines Unternehmens, also das, was es sehr gut oder besser kann als andere, unterteilen wir in die folgenden Bereiche:

- **Produkt- und Dienstleistungsebene**[130]
  Welche positiven Eigenschaften und Stärken haben unsere Produkte bzw. Leistungen?
  Bei welchen Anforderungen kommen sie am besten zur Geltung?
  Gab es von uns maßgebliche Innovationen in den vergangenen Jahren?
  Wie sind diese zustande gekommen?
  Haben wir einmalige oder selten genutzte Problemlösefähigkeiten?
  Gab es besondere Projekte und komplexe Aufgaben, die wir bewältigt oder gelöst haben?
- **Prozessebene**
  Welche Prozesse, beispielsweise in Produktion, Entwicklung, Logistik, Vertrieb etc., beherrschen wir besonders gut?
- **Materielle Stärken**
  Welche Stärken haben wir im Bereich Kapital, Produktionsmittel, Immobilien, Standort etc.?
- **Immaterielle Stärken**
  Differenzieren wir uns beim Image?
  Haben wir spezielles Wissen oder Fachkompetenzen?
  Haben wir besonders gute Kontakte oder ein belastbares Netzwerk?
  Haben wir ein partnerschaftliches Verhältnis zu Kunden oder zu Lieferanten?
  Haben wir Zugang zu besonderen Ressourcen?

WIE NEHMEN WIR DIE STÄRKEN AUF?

Am besten geht das in einer moderierten Arbeitssitzung[131]. In einem 10-minütigen Brainstorming[132] notiert jeder Teilnehmer für sich die Stärken des Unternehmens auf Post-its. Danach werden die Post-its ins folgende Stärkentableau geklebt. Fallen den Teilnehmern beim Ankleben der Post-its weitere Stärken ein, werden diese auf Post-its geschrieben und später dazu geklebt. Schaut euch vor

---

129 Gary Hamel, C. K. Prahalad: Wettlauf um die Zukunft. Wie Sie mit bahnbrechenden Strategien die Kontrolle über Ihre Branche gewinnen und die Märkte von morgen schaffen, Wien 1995.
130 Falls sinnvoll, machen wir das getrennt für einzelne Produktgruppen.
131 Vorlage Arbeitssitzung „Stärken & Kernkompetenzen", siehe Anhang S. 220.
132 Zur eingesetzten Brainstormingmethode siehe S. 91.

allem auch Stärkenkombinationen an. Eine oder mehrere möglicherweise unbedeutende Stärken können in Kombination ein vielversprechendes Potenzial bieten.

Bevor die Stärken ins Bewertungschart „Welche Stärken sind Kernkompetenzen?" übertragen werden, soll der Moderator das Stärkentableau abfotografieren. Dann bewertet ihr gemeinsam die Stärken auf einer Skala von 1 („gar nicht") bis 10 („vollständig") bezüglich der Fragen:

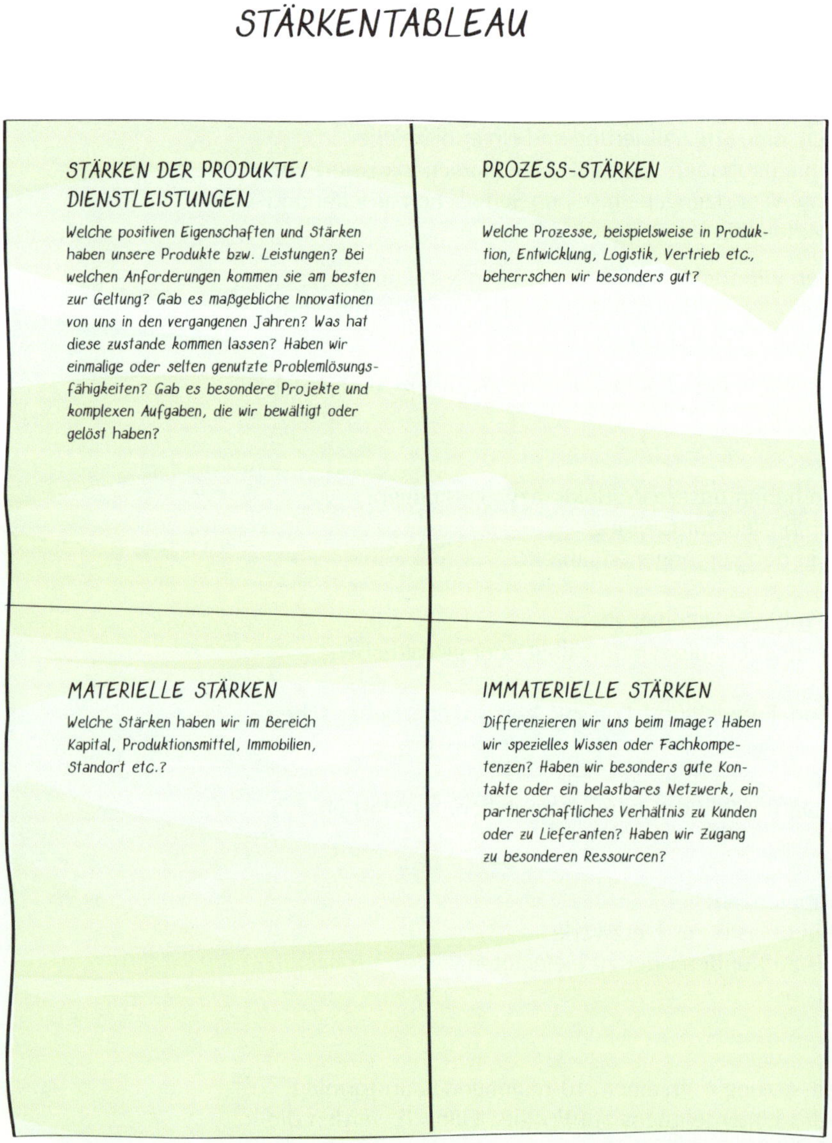

- Unterscheidet uns die Stärke maßgeblich von anderen?
- Verschafft uns die Stärke einen echten Wettbewerbsvorteil?
- Trägt die Stärke zum langfristigen Erfolg bei?
- Sind wir motiviert, diese Stärke zur echten Kernkompetenz auszubauen?

Eine Stärke ist eine Kernkompetenz, wenn die drei ersten Fragen alle mindestens eine „7" bekommen. Haben wir keine Kernkompetenzen gefunden, ist das zwar ernüchternd, aber kein Problem. Im weiteren Verlauf des Spinnovation-Strategieprozesses entwickeln wir unsere Stärken zu echten Kernkompetenzen. Und für welche Stärken unsere Motivation dazu am höchsten ist, wissen wir ja wegen der letzten Frage.

STÄRKENTABLEAU

STÄRKEN DER PRODUKTE / DIENSTLEISTUNGEN

Welche positiven Eigenschaften und Stärken haben unsere Produkte bzw. Leistungen? Bei welchen Anforderungen kommen sie am besten zur Geltung? Gab es maßgebliche Innovationen von uns in den vergangenen Jahren? Was hat diese zustande kommen lassen? Haben wir einmalige oder selten genutzte Problemlösungsfähigkeiten? Gab es besondere Projekte und komplexen Aufgaben, die wir bewältigt oder gelöst haben?

PROZESS-STÄRKEN

Welche Prozesse, beispielsweise in Produktion, Entwicklung, Logistik, Vertrieb etc., beherrschen wir besonders gut?

MATERIELLE STÄRKEN

Welche Stärken haben wir im Bereich Kapital, Produktionsmittel, Immobilien, Standort etc.?

IMMATERIELLE STÄRKEN

Differenzieren wir uns beim Image? Haben wir spezielles Wissen oder Fachkompetenzen? Haben wir besonders gute Kontakte oder ein belastbares Netzwerk, ein partnerschaftliches Verhältnis zu Kunden oder zu Lieferanten? Haben wir Zugang zu besonderen Ressourcen?

Abbildung 11: Stärkentableau[133]

133 Druckvorlage auf www.spinnovation-strategie.de

Welche unserer Stärken sind Kernkompetenzen?

Stärken	Unterscheidet uns die Stärke maßgeblich von anderen?	Verschafft uns die Stärke einen echten Wettbewerbsvorteil?	Trägt die Stärke zum langfristigen Erfolg bei?	Sind wir motiviert, diese Stärke zur echten Kernkompetenz auszubauen?
Stärken der Produkte/ Dienstleistungen				
Prozess-Stärken				
Materielle Stärken				
Immaterielle Stärken				

1 („gar nicht") bis 10 („vollständig")

Abbildung 12: Bewertungschart „Welche Stärken sind Kernkompetenzen?"[134]

134 Druckvorlage auf www.spinnovation-strategie.de.

6.1.3.3.2 WERTE & MOTIVATION

WERTE

Gibt es ein Unternehmensleitbild, das die Unternehmenswerte beschreibt? Gut, dann musst du nur herausfinden, ob und wie diese Werte gelebt werden. Gibt es in deinem Unternehmen noch keine kommunizierten Werte, dann habt ihr zwei Möglichkeiten. Entweder du selbst definierst die Werte, die für dich in deinem Unternehmen erstrebenswert sind. Oder du erarbeitest diese Werte mit deinem Strategieteam. Dazu kannst du auch noch weitere Mitarbeiter einladen. Um die Unternehmensgemeinschaft zu stärken, empfehlen wir dir, es gemeinsam mit den Kollegen zu machen. Eine Leitfrage, an der ihr euch bei der Definition der Werte orientieren könnt, lautet: Welche Veränderungen würden wir gern in der Welt sehen und welche Werte können wir für uns daraus ableiten? Definiert die Werte danach und konkretisiert sie an Beispielen[135].

Wichtig ist es, zumindest indikativ zu wissen, wie stark die Werte gelebt werden. Egal ob sie schon lange kommuniziert sind oder eben erst definiert wurden. Dazu führst du am einfachsten eine anonyme Umfrage[136] durch. Übertrage die Unternehmenswerte in einer geeigneten Form[137] auf ein Formular. Die Umfrage geht an alle Mitarbeiter, welche die Werte auf einer Skala von 1 („wird gar nicht gelebt") bis 10 („wird vollständig gelebt und ist Säule unserer Unternehmenskultur") beurteilen. Zur Auswertung werden für die einzelnen Unternehmenswerte Durchschnitte berechnet und das Ergebnis wird als Profilkurve dargestellt.

MOTIVATION

Um herauszufinden, was dein Unternehmen nach vorne treibt, formulierst entweder du deine eigene unternehmerische Motivation oder ihr findet gemeinsam im Strategieteam heraus, was das Unternehmen antreibt und für welche herausragenden Leistungen es im besten Fall stehen sollte. Danach überprüft ihr, wie stark diese Motive auch tatsächlich in deinem Unternehmen wirken.

Formulierst du deine eigene unternehmerische Motivation, schreibe eine komplette Liste dessen, was dir wichtig ist, was dich antreibt und was du in deinem Unternehmerleben erreichen willst. Es ist wichtig, dass du darüber Klarheit hast. Wenn das Schiff den Kurs ändern soll, muss der Kapitän sagen, wohin er will. Orientiere dich dabei an den beiden Leitfragen: Welche Veränderungen möchte ich in der Welt sehen und welchen Beitrag soll mein Unternehmen dazu leisten? Was motiviert mich am meisten, welche Aufgaben, Konstellationen oder Herausforderungen?

Die gleichen Fragen kannst du auch ins Zentrum der Diskussion mit deinem Strategieteam stellen.

In beiden Fällen sollten drei bis fünf Motivationsmotive das Ergebnis sein. Auch hier ist die Rückmeldung aus der Organisation wichtig. Lass in einer anonymen Umfrage[136] die kurz beschriebenen Motive von allen Mitarbeitern auf einer Skala von 1 („demotiviert mich") bis 10 („dafür brenne ich") bewerten. Ausgewertet wird genauso wie bei den Unternehmenswerten.

---

135 Beispiele, wie man Werte konkret formulieren kann, siehe Anhang S. 221.

136 Es gibt drei Themenblöcke für eine anonyme Befragung deiner Mitarbeiter. Fasst sie am besten in einer Umfrage zusammen. Siehe S. 108.

137 Falls notwendig und damit alle Mitarbeiter das Gleiche unter einem bestimmten Unternehmenswert verstehen, erkläre ihn mit einem kurzen Beispiel.

6.1.3.4 ARBEITSSCHRITT I.2D:
UNTERNEHMENSKULTUR

Mit Spinnovation wird nicht nur eine Strategie entwickelt und direkt umsetzt, es wird auch ein kultureller Wandel angeschoben. Am Ende soll die neue Unternehmenskultur die Strategie dauerhaft vorantreiben. Je weiter wir aber heute von Veränderungsbereitschaft, echter Kundennähe, einer Fehlerkultur oder Zusammenarbeit und Einbindung auf Augenhöhe entfernt sind, umso größer ist die Veränderung und umso länger wird der Prozess dauern. Um dafür ein Gefühl zu entwickeln, brauchst du ein indikatives, aber verlässliches Bild eurer Unternehmenskultur.

Am einfachsten und schnellsten geht auch das über eine anonyme Befragung aller Mitarbeiter. Die unten jeweils unter a), b) und c) aufgelisteten Fragen sind auf einer Skala von 1 bis 10 zu bewertet. „1" bedeutet „nicht vorhanden/trifft nicht zu" und „10" bedeutet „ist vollständig vorhanden/trifft voll und ganz zu".

FRAGEN ZUR UNTERNEHMENSKULTUR[138, 139]

I) Anpassungsvermögen

1. Veränderungsbereitschaft
   a) Sind Prozesse flexibel und leicht zu verändern?
   b) Werden Verbesserungen kontinuierlich und schnell übernommen?
   c) Gibt es keine Widerstände bei Veränderungen?

2. Markt- und Kundenfokus
   a) Wird der Input von Kunden bei unseren Entscheidungen berücksichtigt?
   b) Haben alle ein tiefes Verständnis für die Probleme, Bedürfnisse und Wünsche der Kunden?
   c) Reagieren wir schnell auf Veränderungen im Markt?

3. Organisationales Lernen
   a) Verstehen wir Fehler als Chance, zu lernen und uns zu verbessern?
   b) Werden Innovationen gefördert und belohnt?
   c) Verstehen wir Lernen als wichtigen Teil unserer täglichen Arbeit?

II) Langfristige Ausrichtung

4. Vision
   a) Stehen alle Mitarbeiter und Führungskräfte hinter der Vision?
   b) Ist die Vision attraktiv für alle und motiviert sie uns?
   c) Gibt die Vision unserem Handeln Sinn und zeigt sie den Nutzen unseres Handelns?

5. Strategie
   a) Gibt es eine Strategie, die für alle erkennbar verfolgt wird?
   b) Ist die Strategie allen bekannt?
   c) Ist die Strategie bestimmend für unsere Handlungen?

6. Ziele
   a) Gibt es festgelegte, für alle verständliche und gemeinschaftliche Ziele?
   b) Gibt es einen kontinuierlichen Prozess, die Ziele zu überprüfen?
   c) Ist allen Mitarbeiter ihr Beitrag zu den gesetzten Zielen klar?

III) Konsistenz

7. Werte
   a) Gibt es klare und konsistente Werte?

---

138 Angelehnt an Klaus Kerth, Heiko Asum: Die besten Strategietools in der Praxis. Welche Werkzeuge brauche ich wann? Wie wende ich sie an? Wo liegen die Grenzen? 3. Auflage, München 2008.
139 Fragebogen, siehe Anhang S. 226.

b) Leiten uns die Werte in unserem Handeln und Entscheiden?

c) Unterstützen unsere Werte unsere langfristigen Ziele?

8. Kongruenz

a) Gibt es eine „starke", gemeinsame Kultur?

b) Ist es auch bei schwierigen Themen einfach, Konsens zu erzielen?

c) Gibt es bei wichtigen Themen immer grundlegende Einigkeit?

9. Verzahnung

a) Ist es einfach, Projekte unternehmensweit zu koordinieren?

b) Sind Ziele über Ebenen und Bereiche hinweg aufeinander abgestimmt?

c) Haben alle Mitarbeiter eine ähnliche oder dieselbe Sichtweise?

IV) Beteiligung

10. Einbindung

a) Werden Entscheidungen dort getroffen, wo die besten Informationen zur Verfügung stehen?

b) Sind Informationen für jeden, der sie braucht, verfügbar?

c) Ist jeder zu einem gewissen Maße an der Weiterentwicklung des Geschäftsmodells beteiligt?

11. Zusammenarbeit

a) Ist eine enge, zielgerichtete, bereichsübergreifende Zusammenarbeit Teil der Unternehmenskultur?

b) Werden Projekte im Team, jenseits der klassischen Hierarchie bearbeitet?

c) Leistet jeder einen wertvollen Beitrag zum Unternehmenserfolg und wird jeder gemäß seinen Fähigkeiten eingesetzt?

12. Entwicklung

a) Basieren unsere Wettbewerbsvorteile auf dem Wissen, den Erfahrungen und den Fähigkeiten aller Mitarbeiter?

b) Haben alle die Chance, ihre Fähigkeiten weiterzuentwickeln?

c) Werden alle Mitarbeiter gefordert und gefördert?

DURCHFÜHRUNG DER UMFRAGEN

Führe diese Umfrage zusammen mit den beiden aus „Arbeitsschritt I.2c: Stärken & Kernkompetenzen, Werte & Motivation" durch. Kombiniere die Umfragen mit einem kleinen „Spiel". Liegt die Rücklaufquote zwischen 50 und 66 Prozent, gibt es für alle ein Eis. Liegt sie zwischen 67 und 80 %, gibt es für alle eine Baseballmütze mit Firmenlogo. Liegt sie über 80 Prozent, bekommen alle ein Polohemd mit Firmenlogo. Das sind nur Vorschläge, die du entsprechend anpassen kannst.

AUSWERTUNG DER UMFRAGE ZUR UNTERNEHMENSKULTUR[140]

Aus den Rückläufern wird für jede Frage ein Durchschnittswert berechnet. Aus diesen Werten wird wiederum der Durchschnitt für den jeweils übergeordneten Punkt – beispielsweise „1. Veränderungsbereitschaft" oder „5. Strategie" – gebildet. Diese Durchschnittswerte werden dann für alle 12 übergeordneten Punkte in die u. a. Grafik eingetragen und die Punkte am Ende zu einer Spinnengrafik verbunden.

---

[140] Tabelle zur Auswertung auf www.spinnovation-strategie.de

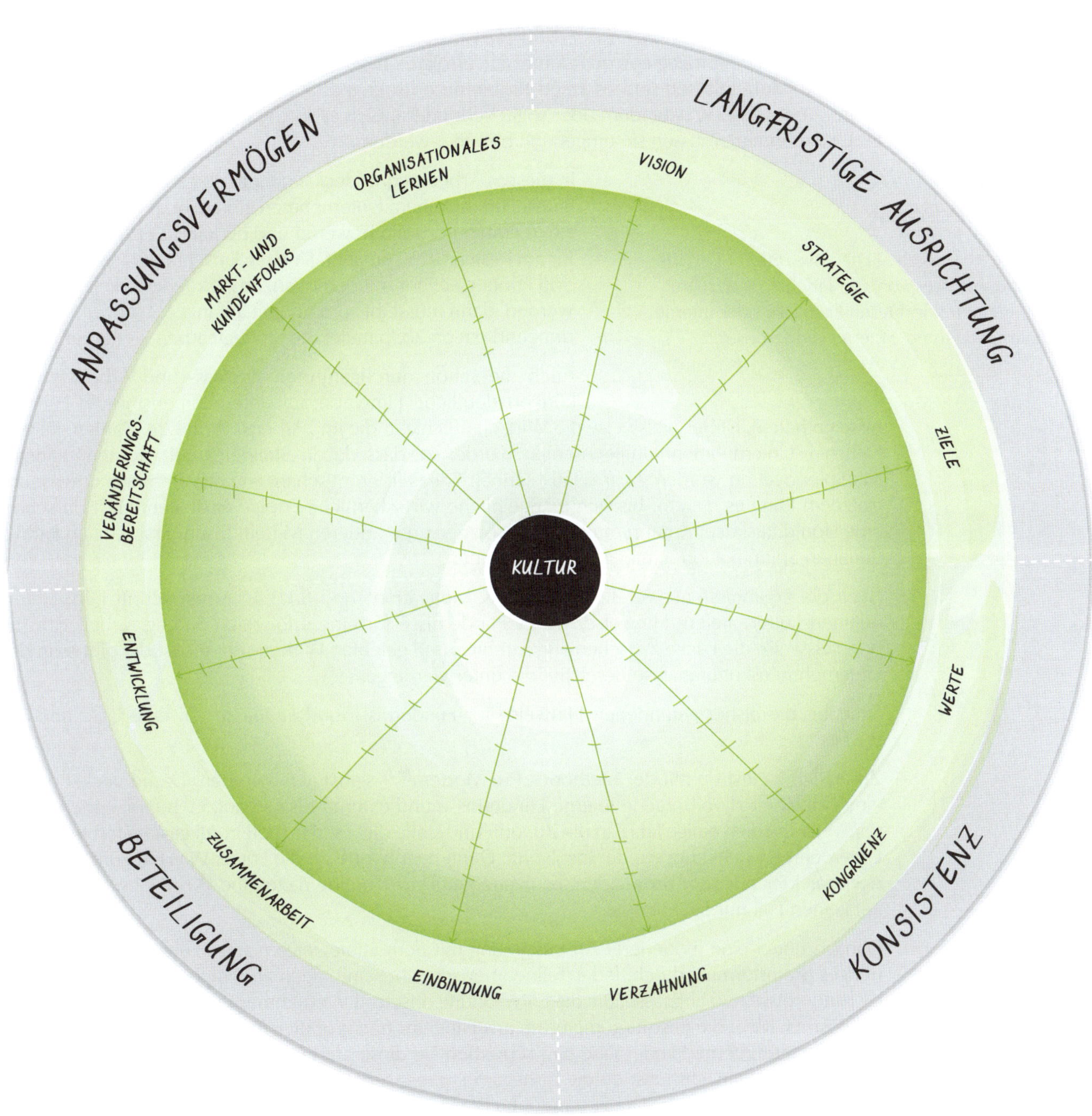

Abbildung 13: Unternehmenskultur[141]

141 Druckvorlage auf www.spinnovation-strategie.de

6.1.3.5 ARBEITSSCHRITT I.2E: INTERNE HINDERNISSE

Der Spinnovation-Strategieprozess kann nur erfolgreich sein, wenn wir uns vollständig darauf einlassen und es keine Probleme oder Engpässe gibt, welche die Strategieentwicklung behindern oder sogar verhindern. Gibt es solche Hindernisse im Unternehmen, müssen sie umgehend beseitigt werden.

Interne Hindernisse

Um die Außensicht – Engpässe unserer Bedarfsgruppe – besser von der Innensicht abzugrenzen, nennen wir interne Engpässe oder interne Minimumfaktoren „interne Hindernisse".

In diesem Arbeitsschritt deckst du auf, ob es solche verdrängten Baustellen in deinem Unternehmen gibt. Gibt es welche, werden sie in einem Portfolio bewertet und du kannst entscheiden, wie ihr am besten damit umgeht. Sind die Einschränkungen sehr groß und können sie nur mit eurer ganzen Aufmerksamkeit behoben werden, dann müsst ihr sofort damit anfangen. Und wir raten dir dringend davon ab, parallel die Strategiearbeit weiterzuführen.

Auch die schon durchgeführten Prozess- und Arbeitsschritte können deutliche Hinweise auf unternehmensinterne Hindernisse enthalten. Ist beispielsweise die Wirtschaftlichkeit, die im „Arbeitsschritt I.2a: Zahlen, Daten, Fakten – Unternehmen" aufgenommen wurde, so, dass du dir Strategiearbeit „leisten" kannst? Mit Spinnovation werden zwar relativ schnell Spezialisierungschancen gefunden und umgesetzt, trotzdem kann es dauern, bis sich maßgelbliche wirtschaftliche Erfolge einstellen. Hast du schon eine Liquiditätskrise[142], dann musst du diese zuerst mit anderen Mitteln lösen. Erst danach kannst du einen Spinnovation-Strategieprozess angehen.

Auch die Ergebnisse aus 6.1.3.3.2 „Werte & Motivation" und 6.1.3.4 „Arbeitsschritt I.2d: Unternehmenskultur" liefern Hinweise, wo es Hindernisse für eine erfolgreich Strategiearbeit gibt. Ist beispielsweise die Lücke zwischen angestrebten und gelebten Werten sehr groß oder gibt es in der Unternehmenskulturanalyse Bereiche, die unter vier liegen?

Schreibe die bisher gefundenen Hinweise für Hindernisse und Engpässe auf eine Liste und auf Post-its.

Zusätzlich kannst du mit der Methode „Pre Mortem"[143] selbst aktiv werden. Damit deckst du auf eine einfache Art verborgene interne Hindernisse und externe Risiken auf. Gehe folgendermaßen vor: Versetze dich einige Jahre in die Zukunft und stelle dir vor, das Projekt sei gescheitert oder dein Unternehmen steht kurz vor der Insolvenz. Dann beantworte dir die Frage: Was hat zum Scheitern des Projektes oder zur drohenden Insolvenz geführt? Schreibe dazu eine kurze Geschichte, aber auf keinen Fall nur Stichpunkte.

Danach findet eine moderierte Arbeitssitzung mit dem Strategieteam statt. Führt zuerst ein 5-minütiges Brainstorming durch. Jeder Teilnehmer schreibt seine Ideen zur Frage „Welches sind interne Hindernisse und Engpässe, die die Entwicklung unseres Unternehmens maßgeblich behindern?" auf Post-its. Klebt die Post-its gemeinsam ans Flipchart und gruppiert sie dabei. Fallen den Teilnehmern weitere interne Hindernisse ein, schreiben sie diese auf Post-its. Später werden diese dann dazu geklebt. Danach stellst du die bisher im Prozess schon gefundenen Hindernisse anhand der vorbereiteten Post-its vor. Die kommen auch ans Flipchart. Dann liest du deine Pre-Mortem-Geschichte vor. Das Team soll zuhören und in der Geschichte implizit und explizit enthaltene Engpässe und Hindernisse aufnehmen. Die werden auch – jeder aus dem Team für sich – auf Post-its notiert und kommen am Ende aufs Flipchart. Fasst die gefunden Hindernisse sinnvoll auf neuen

---

[142] Kennzeichen einer Liquiditätskrise nach IDW Standard „Anforderungen an die Erstellung von Sanierungskonzepten (IDWS6)": „Mit Eintritt der Liquiditätskrise ist das Unternehmen in seiner Existenz erhöht gefährdet. Eingetretene Liquiditätsschwierigkeiten indizieren ein Insolvenzrisiko, falls keine oder unzureichende Maßnahmen ergriffen werden."
[143] Lat.: vor dem Tod.

Post-its zusammen. Als Letztes diskutiert ihr für jedes Hindernis die Frage: Warum haben wir dieses Hindernis? Die Antworten kommen auch auf Post-its und werden hinter die Hindernisse geklebt.

Die Ergebnisse eurer Arbeitssitzung sind der Input für eine optionale, aber trotzdem empfehlenswerte Spinnsession[144]. Sie sichert die Ergebnisse breiter ab und bringt gegebenenfalls weitere Hindernisse zum Vorschein. Zusätzlich entstehen auch Ideen, wie die Hindernisse beseitigen werden können.

Thema der Spinnsession:	*„Welche internen Engpässe und Hindernisse behindern die Entwicklung unseres Unternehmens maßgeblich?"*
Inhaltlicher Input für die Spinnsession:	*Bisher identifizierte Hindernisse und deren Ursachen*
Dauer der Präsentation des Inputs:	*20 min*
Anfangsthese 1:	*„Wir haben keine Engpässe und Hindernisse im Unternehmen. Das wird doch nur vorgeschoben, damit sich nichts ändern muss!"*
Anfangsthese 2:	*„Uns behindert so viel, dass wir kaum noch dazu kommen, unser Tagesgeschäft richtig zu erledigen!"*
Fragestellungen Perspektive 1:	*Welche internen Hindernisse haben wir und wo behindern sie die Entwicklung unseres Unternehmens?*
Spalten Dokumentationsformular Perspektive 1:	*„Internes Hindernis", „Wo behindert uns das Hindernis?", „Welche Ursachen hat das Hindernis?"*
Fragestellungen Perspektive 2:	*Mit welchen Maßnahmen können wir das Hindernis beseitigen?*
Spalten Dokumentationsformular Perspektive 2:	*„Internes Hindernis", „Was kann konkret getan werden, um das Hindernis zu beseitigen?"*

Wertet die Spinnsession gemeinsam im Strategieteam aus, ergänzt die vorher schon gefundenen Hindernisse mit denen aus der Spinnsession und ordnet den Hindernissen die gefunden Maßnahmen zu.

Zum Abschluss des Arbeitsschritts bewertet ihr gemeinsam die Hindernisse nach den Kriterien

- relative Höhe der Einschränkung für unsere weitere Entwicklung[145],
- relativer Aufwand, das Hindernisse zu überwinden,

und ordnet sie ins nebenstehende Portfolio ein.

Abbildung 14: Portfolio „Interne Hindernisse"[146]

144 Siehe S. 73–75.
145 Hier müssen wir selbstverständlich auch das kybernetisch wirkungsvollste – hier im „negativen Sinne" – Hindernis entsprechend bewerten. Siehe S. 55.
146 Druckvorlage auf www.spinnovation-strategie.de

Alarmstufe Rot

Gibt es Hindernisse im Feld „Alarmstufe Rot", dann musst du das Strategieprojekt an dieser Stelle stoppen. Höchste Priorität hat das Beseitigen der Hindernisse. Nutze dein Strategieteam, um weitere geeignete Maßnahmen zu finden und umzusetzen.

Die Hindernisse im Feld „Direkt auflösen und weiter geht's" geht ihr direkt an. Stimmt euch im Strategieteam über die Maßnahmen ab und setzt sie so schnell wie möglich um. Das sollte bis zum Abschluss der Phase „Startpunkt & Aufbruch" erledigt sein. Hindernisse, die euch wenig behindern und nur mit einem hohen Aufwand zu beseitigen sind, sind vielleicht ärgerlich, lohnen aber den Aufwand nicht. Steckt besser die Energie in den Strategieprozess. Um mit den MiniSpielen vertrauter zu werden und Erfahrungen zu sammeln, könnt ihr die Hindernisse im Feld „Schnell mal wegspielen" mit MiniSpielen angehen.

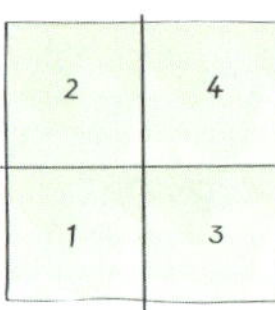

6.1.3.6 ARBEITSSCHRITT I.2F: AKTUELLES GESCHÄFTSMODELL

Mit dem in Kapitel 5.6.5[147] vorgestellten Spinnovation-Geschäftsmodell beschreiben wir, wie wir unser heutiges Geschäft betreiben. Mit dem ausgefüllten Geschäftsmodelltableau können wir erkennen, wie gut das aktuelle Geschäftsmodell funktioniert und wo seine Schwierigkeiten und Herausforderungen liegen.

Beauftrage jemanden aus dem Strategieteam, die relevanten Ergebnisse der vorangegangenen Arbeitsschritte vorab in ein vorbereitetes Geschäftsmodelltableau[148] zu übertragen. Den „Rest" bearbeitet das Strategieteam in einer gemeinsamen Arbeitssitzung.[149]

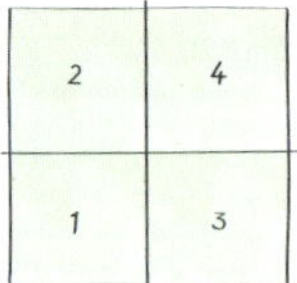

6.1.3.6.1 FUNDAMENT

Für das Fundament unseres Geschäftsmodells übernehmen wir die Arbeitsergebnisse aus 6.1.3.3 „Arbeitsschritt I.2c: Stärken & Kernkompetenzen, Werte & Motivation" und übertragen sie in die entsprechenden Elemente.

6.1.3.6.2 NUTZEN

6.1.3.6.2.1 NUTZEN/WERTANGEBOT

Hier beschreiben wir kurz und knapp unser Wertangebot. Also das, was wir derzeit unserer Bedarfsgruppe anbieten.

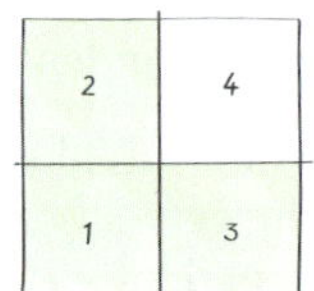

6.1.3.6.2.2 NUTZEN/KUNDENNUTZEN

Hier lassen wir „Nutzen", wie er bei Spinnovation definiert ist, erst mal außen vor. Nehmt als Kundennutzen einfach das, was ihr denkt, was eure Kunden von eurem Wertangebot haben. Das reicht, um das aktuelle Geschäftsmodell zu beschreiben. Notiert die relevanten Kundengruppen aus 6.1.3.2 „Arbeitsschritt I.2b: Kundenanalyse" zweimal auf Post-its. Klebt je ein Post-it ins Element „Kundennutzen" und eins ins Element „Zielgruppen"[150] (Modul „Endnutzermarkt"). Dann bearbeiten wir den nächsten Schritt nacheinander für alle Kundengruppen.

---

[147] Siehe S. 82–91.

[148] Entweder kann das Geschäftsmodelltableau in einer geeigneten Größe ausgedruckt werden. Die Druckvorlage findest du auf www.spinnovation-strategie.de. Oder übertrage bzw. zeichne das Tableau auf eine mit Moderationspapier bezogene Metaplanwand.

[149] Vorlage zur Planung und Durchführung der Sitzung, siehe Anhang S. 222.

[150] In der Vorlage für das Geschäftsmodelltableau heißt das Element „Bedarfsgruppen". Also so, wie wir es später im Prozess nennen werden.

Der Moderator erläutert kurz die in entsprechender Größe ausgedruckte Matrix „Kundennutzen"[151]. Jeder Teilnehmer schreibt auf Post-its, welcher Kundennutzen aus seiner Sicht durch euer Wertangebot entsteht. Hierzu haben alle 10 Minuten Zeit. Danach werden die Post-its ins entsprechende Feld des Geschäftsmodelltableaus geklebt. Ergeben sich dabei weitere Nutzenaspekte, werden diese ebenfalls auf Post-its notiert und am Ende ins Tableau übertragen.

Betrachtet ihr an dieser Stelle mehrere Produktgruppen, muss der Schritt auch für alle Produktgruppen durchgeführt werden. Einigt euch vorher, welche Produktgruppe auf welche Post-it-Farbe kommt.

6.1.3.6.2.3 NUTZEN/ERSTELLEN WERTANGEBOT

Ins Element „Erstellen Wertangebot" schreiben wir die Hauptaktivitäten, die zum Herstellen des Wertangebotes notwendig sind. Das können ganz unterschiedliche sein. Beispielsweise die eigentliche Produktion, der Einkauf, die Qualitätssicherung, der Datenaustausch über IT-Schnittstellen, die Organisation einer permanenten Erreichbarkeit mit schnellen Reaktionszeiten, die Schulung und Unterstützung von Servicemitarbeitern etc.

Hier haben alle Teilnehmer pro Produktgruppe 5 Minuten Zeit, um die Hauptaktivitäten auf Post-its zu schreiben. Wie gehabt: Falls beim Ankleben der Post-its ins vorgesehene Feld weitere Hauptaktivitäten erkannt werden, kommen diese auch auf Post-its werden und am Ende dazu geklebt.

6.1.3.6.3 ENDNUTZERMARKT

In diesem Modul wird beschrieben, welche Kundengruppen[152] bedient werden und wie konkret die Marktbearbeitung aussieht.

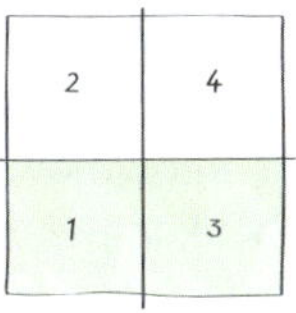

6.1.3.6.3.1 ENDNUTZERMARKT/ZIELGRUPPEN

Das Feld nennen wir hier noch Zielgruppen, später im Spinnovation-Prozess sprechen wir dann nur noch von Bedarfsgruppen. Das sind, wie wir wissen, Menschen mit den gleichen Problemen, Bedürfnissen und Wünschen. Das Element Zielgruppen haben wir schon im „Arbeitsschritt 6.1.3.6.2.2" mit Post-its befüllt.

6.1.3.6.3.2 ENDNUTZERMARKT/KOMMUNIKATION

Wie und über welche Kommunikationskanäle erfahren die Kundengruppen von unserem Wertangebot? Den aktiven Vertrieb, der auch ein Kommunikationskanal ist, beschreiben wir erst im nächsten Schritt detaillierter.

Auch hier hat jeder Teilnehmer 5 Minuten pro Kundengruppe Zeit, die Kommunikationskanäle auf Post-its zu schreiben. Wie immer: Fallen den Teilnehmern beim Ankleben der Post-its ins Tableau weitere Kommunikationskanäle ein, werden sie einfach aufgeschrieben und am Ende dazu geklebt.

---

151 Druckvorlage auf www.spinnovation-strategie.de.

152 Im indirekten Vertrieb ist es sehr relevant, welchen Nutzen die Endverbraucher von euren Produkten haben. Am Ende muss dort ein entsprechender Engpass gelöst oder ein Bedürfnis befriedigt werden. Aber auch eure direkten Kunden, die Absatzmittler, dürft ihr nicht außer Betracht lassen. Auch für diese muss der Verkauf eurer Produkte einen Nutzen bringen.

6.1.3.6.3.3 ENDNUTZERMARKT/VERTRIEB

Ist euer Vertrieb für verschiedene Kombinationen von Kunden und Produkten unterschiedlich organisiert? Dann führt diesen Arbeitsschritt für alle relevanten Kombinationen nacheinander durch. Dazu erläutert der Moderator am Anfang kurz das Modell der Absatz- und Vertriebswege[153].

Danach beschreibt ihr gemeinsam die Vertriebswege in einer moderierten Diskussion. Der Moderator notiert die einzelnen Akteure der Vertriebsstufen auf Post-its und klebt sie in Anlehnung an das Modell ins Feld „Endnutzermarkt/Vertrieb".

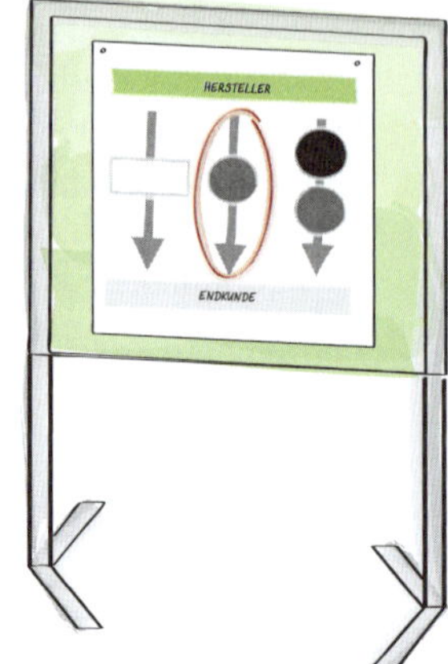

6.1.3.6.4 RESSOURCEN

Jetzt nehmen wir die Ressourcen auf, die wir im Geschäftsmodell nutzen. Wir unterscheiden dabei unternehmensinterne und solche, auf die wir über Partner oder Kooperationen Zugang haben. Wir erinnern uns, eine Ressource kann ein materielles Gut oder etwas Immaterielles sein.

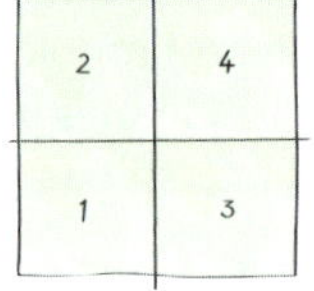

> **Ressourcen**
>
> **Materielle Ressourcen:** Betriebsmittel, Geldmittel, Boden, Rohstoffe, Energie, Immobilien, Personen etc.
>
> **Immaterielle Ressourcen:** Marke, Image, Patente, Know-how, spezielles Wissen und spezielle Fachkompetenzen, Kundenstammdaten, Kontakte, Netzwerke, belastbare Kundenbeziehungen, Zugang zu besonderen Ressourcen etc.

6.1.3.6.4.1 RESSOURCEN/UNTERNEHMENSRESSOURCEN

Welche Ressourcen sind für die Produktion oder für die Erbringung unserer Dienstleistung und für die Marktbearbeitung unabdingbar und stehen dem Unternehmen unmittelbar zur Verfügung?

Auch hier gehen wir wie bei den anderen Elementen vor. Zehn Minuten lang werden von jedem Einzelnen die relevanten Ressourcen notiert, danach ins Element geklebt und gegebenenfalls noch weitere ergänzt.

6.1.3.6.4.2 RESSOURCEN/EXTERNE RESSOURCEN

Den Zugriff auf externe Ressourcen über Partner unterteilen wir in die Gruppen Zulieferer, Dienstleister und Kooperationspartner der Marktbearbeitung. Seid ihr Mitglied in Einkaufsgenossenschaften oder Ähnlichem, gehört das ebenfalls in das Element.

Beziehen wir wichtige Produktionsmittel, Rohstoffe, Komponenten oder fertige Produkte von Lieferanten? Nutzen wir Dienstleister beispielsweise in der Logistik, in der IT oder in anderen Bereichen, in denen wir relevante Aktivitäten ausgelagert haben? Arbeiten wir im Vertrieb oder im Marketing mit Partnern zusammen, die beispielsweise einen direkten Zugang zur Kundengruppe haben und deren Wertangebote komplementär zu unserem sind?

Wir nehmen also im Feld „Externe Ressourcen" alle wesentlichen Partnerschaften auf. Jeder im Meeting hat pro Bereich 5 Minuten Zeit, um die Partner mit ihren Leistungen bzw. Ressourcen aufzunehmen – pro Bereich eine Post-it-Farbe. Die Bereiche werden nacheinander angeklebt und wie immer gegebenenfalls ergänzt.

---

153 Siehe S. 87.

6.1.3.6.5 WIRTSCHAFTLICHKEIT

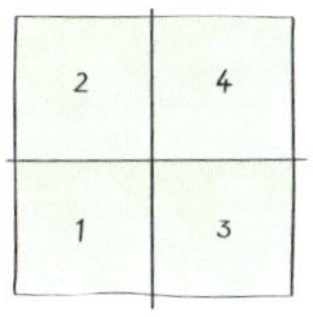

Wie genau verdient dein Unternehmen in diesem Geschäftsmodell Geld und was bleibt unterm Strich übrig?

6.1.3.6.5.1 WIRTSCHAFTLICHKEIT/UMSATZ

Pro Kundengruppe beantworten wir zuerst die Fragen: Wie erzielen wir unsere Einnahmen, mit welchem Preismodell und zu welchen relativen Preisen?[154] Das machen wir in einer moderierten Diskussion.

Zusätzlich gehört ins Element die Preisentwicklung der letzten Jahre aus 6.1.3.1 „Arbeitsschritt I.2a: Zahlen, Daten, Fakten – Unternehmen" – das hat der Kollege, der die Sitzung vorbereitet, schon übertragen.

6.1.3.6.5.2 WIRTSCHAFTLICHKEIT/KOSTEN

Im 6.1.3.1 „Arbeitsschritt I.2a: Zahlen, Daten, Fakten – Unternehmen" haben wir bereits alle Informationen für die Felder „Kosten" und „Betriebsergebnis" erhoben. Die sollten schon ins Tableau übertragen sein.

Habt ihr Partner in den Bereichen Dienstleistung oder Marktbearbeitung? Dann ist es sinnvoll, die dafür anfallenden Kosten separat aufzunehmen. Am besten sollte das ein Kollege aus dem Strategieteam vorbereitet haben. Die Informationen kommen ins Feld „Kosten".

6.1.3.6.5.3 WIRTSCHAFTLICHKEIT/- BETRIEBSERGEBNIS

Hier waren nur die Ergebnisberichte aus 6.1.3.1 „Arbeitsschritt I.2a: Zahlen, Daten, Fakten – Unternehmen" zu übernehmen.

6.1.4 PROZESSSCHRITT I.3: EXTERNE MARKTKRÄFTE ANALYSIEREN

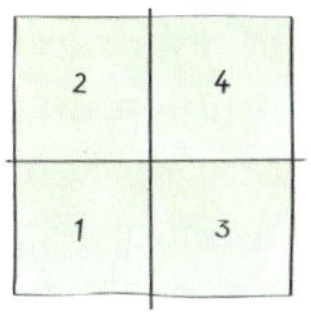

Dein Unternehmen agiert natürlich nicht für sich selbst, sondern in einem Marktumfeld. Und dieser Markt wird von unterschiedlichen Trends und von unterschiedlichen Akteuren beeinflusst. Neben den Bedarfsgruppen sind das die direkten Wettbewerber. Oder auch indirekte, die möglicherweise eure Produkte oder Services durch neuartige Wertangebote ersetzen. Das müssen wir uns genauer anschauen.

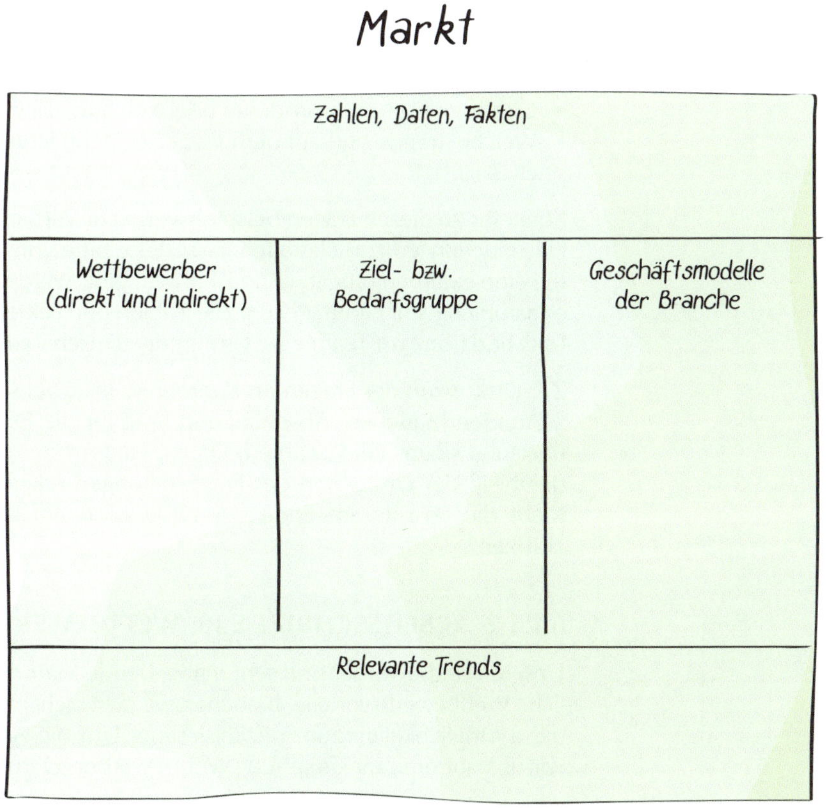

Abbildung 15: Markttableau[155]

154 Siehe S. 89.
155 Druckvorlage auf www.spinnovation-strategie.de.

In diesem Prozessschritt können schon erste Spezialisierungsideen entstehen, andere Spezialisierungsrichtungen dagegen ausgeschlossen werden. Beispielsweise weil sie schon von Wettbewerbern erfolgreich besetzt sind. Oder weil es absehbar ist, dass aufgrund von Trends bestimmte Bedürfnisse und Wünsche von Bedarfsgruppen vollständig verschwinden werden.

Die zwei Arbeitssitzungen dieses Prozessschritts sind so konzipiert, dass sie an zwei getrennten Tagen durchgeführt werden. Am zweiten Tag sind zwei Spinnsessions integriert.[156]

Die Ergebnisse dieses Prozessschritts dokumentieren wir im oben dargestellten Markttableau.

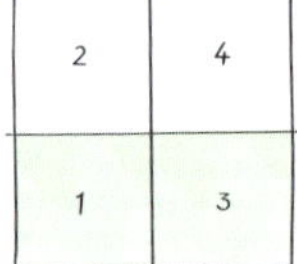

6.1.4.1 ARBEITSSCHRITT I.3A: ZAHLEN, DATEN, FAKTEN – MARKT

Zur Beschreibung und zur Einschätzung des Marktes orientieren wir uns an folgenden Fragen:

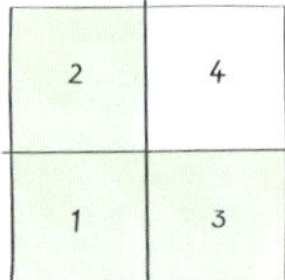

- Wie haben sich Marktgröße und Durchschnittspreise in den letzten 5 Jahren entwickelt?
- Wie wird die zukünftige Entwicklung der Marktgröße und der Durchschnittspreise eingeschätzt?
- Bestehen Über- oder Unterkapazitäten im Markt? Werden weitere Kapazitäten hinzukommen oder verschwinden?
- Welche technologischen Entwicklungen und welche Innovationen gab es in der jüngsten Vergangenheit? Sind technologische Trends oder Innovationen absehbar?
- Sind in den letzten Jahren neue, relevante Wettbewerber hinzugekommen? Sind relevante Wettbewerber nicht mehr im Markt aktiv und verschwunden?
- Gibt es Substitutionsprodukte oder zeichnen sich welche ab? Wie entwickeln sie sich diese?
- Welche Trends sind auf dem Markt zu beobachten hinsichtlich Konzentration, Vertriebswegen etc.?

Könnt ihr zu diesen Fragen beispielsweise auf Verbandszahlen oder sonstige externe Analysen und Untersuchungen zurückgreifen, lasst diese bitte von Kollegen des Strategieteams aufbereiten. Falls es keine externen Quellen und Analysen gibt, werden die Fragen im Team bearbeitet. Dabei kann es natürlich nicht darum gehen, alle Zahlen und Fakten genau zu bestimmen. Das funktioniert nicht. Es geht darum, im Team eine vernünftige Einschätzung des Marktes zu entwickeln.

Zur Diskussion der Fragen im Rahmen der „Arbeitssitzung externe Marktkräfte" werdet ihr rund 2 Stunden brauchen. Abschließend fasst ihr die Diskussionsergebnisse sinnvoll zusammen und übertragt sie ins Feld „Zahlen, Daten, Fakten" des Markttableaus. Zusätzlich notiert ihr Risiken, die ihr in der Diskussion der Fragestellungen erkennt, auf rote Post-its und Chancen auf grüne. Klebt die Post-its am Ende der Diskussion auf vorbereitete Flipchartblätter „Chancen" und „Risiken".

6.1.4.2 ARBEITSSCHRITT I.3B: WETTBEWERBS- UND KONKURRENZANALYSE

Unsere Wettbewerber sind sehr maßgebende Marktteilnehmer. Haben sie in Marktbereichen deutliche Wettbewerbsvorteile, brauchen wir dort nicht mehr hin. Gibt es aber noch Lücken, dann bieten diese Möglichkeiten zur Spezialisierung. Um die Analyse nicht ausufern zu lassen, beschränken wir uns auf drei, maximal fünf Wettbewerber. Darunter der Marktführer nach Umsatz, der Inno-

---

156 Vorlage zur Planung und Durchführung der Sitzungen, siehe Anhang ab S. 223.

vationsführer und ein Unternehmen, das von der Größe her mit deinem vergleichbar ist.[157] Gibt es ein Unternehmen, das sich sehr klar spezialisiert hat, dann sollten wir das ebenfalls detaillierter betrachten.

Lege mit deinem Strategieteam fest, welche Wettbewerber ihr betrachten wollt. Dann frage in die Runde, wer bereit ist, die Zahlen, Daten, Fakten zu den Mitbewerbern zu recherchieren. Folgende Informationen sollen, soweit möglich und verfügbar, gesammelt werden:

- Firma, Rechtsform, Hauptsitz
- Kerntätigkeit
- Umsatz Vorjahr(e)
- Renditen, falls zugänglich
- Anzahl Mitarbeiter
- Anzahl Niederlassungen
- (Geschätzte) Marktposition und Marktanteil in den einzelnen Produktbereichen
- Hauptkundengruppen
- Absatz- und Vertriebswege
- Genutzte Kommunikationskanäle
- Preismodell
- Relative Höhe des Preises
- Nutzen, d. h., welche Kundenprobleme werden ganz konkret gelöst
- Größter bzw. deutlichster Wettbewerbsvorteil
- Stärken der Wettbewerber (auch im Verhältnis zu euren Stärken)
- Spezialgebiet, falls vorhanden
- Welche Strategie verfolgt der Wettbewerb (Kostenführerschaft, Produktführerschaft und Kunden- partnerschaft, sonstige Differenzierungsstrategie, Nischenanbieter)?
- Welche Entwicklungen sind beim Wettbewerber zu beobachten?

Sind die zugänglichen Informationen gesammelt und aufbereitet, trifft sich dein Strategieteam zu einer moderierten Arbeitssitzung. Ihr prüft und hinterfragt die recherchierten Informationen und füllt, dort wo möglich, die vorhandenen Lücken. Vergleicht auch euer Unternehmen mit den Wettbewerbsvorteilen der anderen. Am besten in Form der Tabelle unten. In den Spaltenüberschriften stehen die Unternehmen, in den Zeilen deren Wettbewerbsvorteile. Dann bewertet ihr für jedes Unternehmen, auch für deins, alle Wettbewerbsvorteile auf einer Skala von „1" bis „10". „1" bedeutet „nicht vorhanden", „10" bedeutet „unangefochtener Marktführer".

Am Ende ist ersichtlich, was die Wettbewerber können, das ihr nicht könnt. Auch hier notiert ihr erkannte Risiken auf rote Post-its und Chancen auf grüne. Am Ende klebt ihr die Post-its auf die Flipchartblätter zu „Chancen" und „Risiken".

---

[157] Ist dein Unternehmen Marktführer, dann nimm einen mittelgroßen Wettbewerber. Als Innovationführer analysiert ihr das Unternehmen, das bei Innovationen die Nummer zwei ist.

Vergleich Wettbewerbsvorteile

Wettbewerbsvorteile	Wettbewerber 1	Wettbewerber 2	Wettbewerber 3	Wettbewerber 4	eigenes Unternehmen
Wettbewerbsvorteile Wettbewerber 1					
Wettbewerbsvorteile Wettbewerber 2					
Wettbewerbsvorteile Wettbewerber 3					
Wettbewerbsvorteile Wettbewerber 4					
eigenes Unternehmen					

„1" = „nicht vorhanden", „10" = „unangefochtener Marktführer"

Abbildung 16: Tabelle „Vergleich Wettbewerbsvorteile"

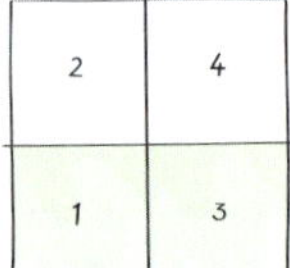

6.1.4.3 ARBEITSSCHRITT I.3C:
GESCHÄFTSMODELLE DER BRANCHE

Jetzt prüfen wir, ob es in eurer Branche Geschäftsmodelle gibt, die sich von eurem und dem eurer unmittelbaren Wettbewerber unterscheiden. Auch das kann Hinweise für mögliche Spezialisierungsrichtungen geben. Es kann auch sein, dass in eurer Branche in den letzten Jahren neue erfolgreiche oder erfolgversprechende Geschäftsmodelle[158] entstanden sind. Beschreibt in einer moderierten Arbeitssitzung die grundlegend anderen Geschäftsmodelle. Dazu könnt ihr das Geschäftsmodell-

---

[158] Was verstehen wir hier unter neuen „Geschäftsmodellen"? Beispielsweise haben Airbnb oder Uber neue Geschäftsmodelle entwickelt. Ohne eigene Zimmer oder Fahrzeuge werden Übernachtungen oder Fahrten vermittelt. Auch Crowdfunding-Plattformen betreiben ein neues Geschäftsmodell im Finanzbereich. Genauso wie FinTech-Unternehmen, die Kreditaufnahme von privat zu privat vermitteln.

tableau bzw. die relevanten Module und Elemente nutzen. Notiert auch in diesem Arbeitsschritt Risiken auf rote und Chancen auf grüne Post-its. Die kommen dann auf die entsprechenden Flipchartblätter.

Ist sicher, dass es keine abweichenden Geschäftsmodelle in der Branche gibt, überspringt diesen Arbeitsschritt.

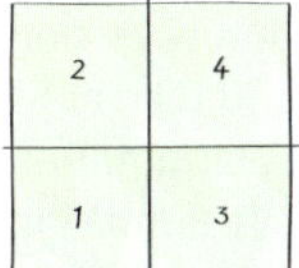

6.1.4.4 ARBEITSSCHRITT I.3D:
ZIELGRUPPENANALYSE

Eure Kunden und Kundengruppen habt ihr im Rahmen der Unternehmensanalyse schon detailliert betrachtet. Und auch der Nutzen, den ihr euren Kunden liefert, ist schon benannt. Jetzt schauen wir breiter auf die dahinterliegende Zielgruppen.

Nehmt die Kundengruppen aus 6.1.3.6.3.1 „Endnutzermarkt/Zielgruppen" und diskutiert in einer moderierten Arbeitssitzung für die jeweilige Zielgruppe folgende Fragen:

- Was wissen wir über die Zielgruppen, ihre Struktur (Anzahl, Größe)?
- Wie viele davon zählen bereits zu unseren Kunden?
- Über welche Kanäle werden sie angesprochen? Wie sind sie adressierbar?
- Welches sind die gemeinsamen Probleme, Bedürfnisse oder Wünsche der Zielgruppe?
- Welches sind die unterschiedlichen Probleme, Bedürfnisse oder Wünsche innerhalb der Zielgruppe?
- Verändern sich die Probleme, Bedürfnisse oder Wünsche der Zielgruppe?

Sind insbesondere aus der letzten Frage Chancen und Risiken zu erkennen? Dann kommen die entsprechenden grünen bzw. roten Post-its auf die Flipchartblätter.

Falls eure Kundengruppen keine einheitlichen „Probleme, Bedürfnisse und Wünsche" haben, kann das ein Hinweis sein, warum das aktuelle Geschäftsmodell nicht so erfolgreich ist.

6.1.4.5 ARBEITSSCHRITT I.3E:
UMWELTANALYSE

Nicht nur unser Wettbewerb hat großen Einfluss auf unser Geschäftsmodell, sondern auch Veränderungen im politischen, ökonomischen und sozial-kulturellen Umfeld. Das gilt ebenso für technologische und ökologische Entwicklungen oder für Veränderungen rechtlicher Aspekte. Unternehmen müssen sich erfolgreich ihren Umweltbedingungen anpassen, wenn sie sich dauerhaft gut entwickeln wollen. Das permanente und frühzeitige Erkennen dieser Veränderungen ist die Grundlage jeder langfristig erfolgreichen Strategie.[159]

Aus den Veränderungen der Umweltbedingungen können sich für dein Unternehmen Risiken ergeben, welche die Notwendigkeit einer neuen Strategie erhöhen. Aber es können sich auch Chancen für mögliche Spezialisierungen ergeben. Es geht jetzt darum, welche Trends bedrohlich und welche förderlich sind.

Zuerst identifiziert ihr im Strategieteam die Trends und Entwicklungen, die Einfluss auf dein Unternehmen und euren Markt haben. Danach erarbeitet ihr in einer Spinnsession, welche konkreten Risiken und vor allem Chancen sich daraus ergeben.

---

[159] Dieser Aspekt wird in Phase VI „Entwickeln & vorangehen" selbstverständlich berücksichtigt.

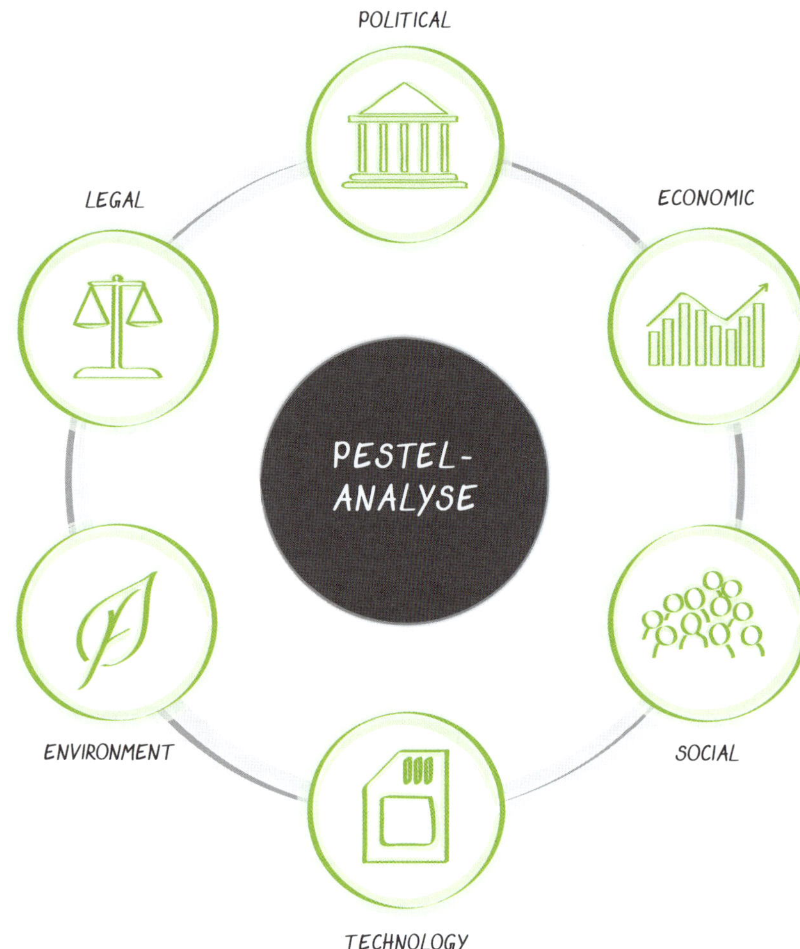

Abbildung 17: PESTEL-Analyse[162]

IDENTIFIKATION DER RELEVANTEN TRENDS UND ENTWICKLUNGEN

Zuerst schauen wir die Megatrends an, beispielsweise die Globalisierung, die Individualisierung, die Digitalisierung, die Urbanisierung oder „Neue Arbeit", um nur einige zu nennen. Detaillierte Informationen zu den Megatrends findet ihr im Internet[160]. Zusätzlich nutzen wir die PESTEL-Analyse[161], ein bewährtes Werkzeug zur Umweltanalyse im Rahmen von strategischen Entscheidungen.

Für die Arbeitssitzung, in der wir zuerst die für uns relevanten Trends und Entwicklungen identifizieren, ist einiges vorzubereiten. Frage in deinem Strategieteam, wer Lust auf die spannende Aufgabe hat. Derjenige sollte die Megatrends aufbereiten – auf Basis der Informationen auf den einschlägigen Webseiten[160]. Je ein Trend kommt auf eine DIN-A4-Seite[163] und alle Trends an eine Metaplanwand. Druckt die Darstellung der Umweltfaktoren des PESTEL-Modells[164] auf DIN A0 und hängt sie an eine Metaplanwand. Derjenige, der das Meeting vorbereitet, moderiert es auch. An den Metaplanwänden erläutert er den Teilnehmern die Megatrends und die sechs Bereiche der PESTEL-Analyse. Dann haben alle 10 Minuten Zeit, sich noch einmal in Ruhe die Informationen an den Metaplanwänden anzuschauen. Danach bekommt jeder Teilnehmer 20 rote und 20 grüne Klebepunkte. Die Veränderungen, die für euch hinderlich sind, bekommen rote, die für euch förderlichen grüne Klebepunkte. Jeder kann seine Punkte frei verteilen, also beispielsweise alle 20 grünen auf einen Megatrend. Bei der PESTEL-Analyse werden die Punkte nicht an die Überbegriffe geklebt, sondern an die darunterliegenden Details. Beispielsweise ist für einen Hersteller aus der Branche der erneuerbaren Energien natürlich die entsprechende Subventionspolitik (Unterpunkt von „Political – politisches Umfeld") eine entscheidende Einflussgröße.

---

160 Relevante Webseiten: www.zukunftsstark.org, www.zukunftsinstitut.de, www.z-punkt.de, www.trendone.com. Stand: 05.04.2017.
161 Nach Liam Fahey, V. K. Narayanan.
162 Eigene Darstellung.
163 Am besten mit einem Präsentationsprogramm.
164 Siehe nächste Seite.

Umweltfaktoren im PESTEL-Modell sind[165]

Political - politisches Umfeld
- Globale politische Entwicklungstendenzen: lokale oder internationale Konflikte
- Regierungsform in relevanten Ländern
- Politische Stabilität
- Entwicklungstendenzen in der Wirtschaftspolitik
- Änderungen in der Steuerpolitik
- Regulation/Deregulation
- Entwicklungen des internationalen Handels: Integration, Protektionismus
- Subventionspolitik für Technologien

Economic - ökonomisches Umfeld
- Gesamtleistung der Volkswirtschaft: Bruttosozialprodukt, verfügbare Einkommen
- Relatives Wachstum
- Wohlstands- und Einkommensverteilung
- Währungsstabilität
- Wechselkurse
- Geldwertentwicklung: Konsumentenpreise, Großhandelspreise, Rohstoff- und Erzeugerpreise
- Außenhandelsentwicklung
- Öffentliche Finanzen: Staatsquote, Verschuldung, Subventionen
- Investitionstätigkeit des privaten und des öffentlichen Sektors

Social-cultural - sozial-kulturelles Umfeld
- Veränderung der menschlichen Grundbedürfnisse: Nahrung, Kleidung, Lebensraum, Klima, Gesundheit, Umwelt
- Gesellschaftliche Werthaltungen
- Konsumgewohnheiten
- Einstellung zu Bildung und Forschung
- Einflüsse von Ethik und Religion
- Freizeitverhalten: Bedeutung von Unterhaltung, Sport und Erholung
- Arbeitsmentalität, Mobilität, Sparneigung, Einstellungen gegenüber der Wirtschaft
- Unternehmerische Grundhaltungen: Sicherheitsstreben, Risikoeinstellungen
- Stabilität des gesellschaftlichen Systems
- Generation Y[167]
- Digital Natives[168]
- Bevölkerungsentwicklung
- Bevölkerungsstruktur: Familiengründungen, Sterberate, Altersstruktur
- Anzahl und Größe der Haushalte
- Regionale Verteilung der Bevölkerung
- Einkommensverteilung

Technological - technologische Rahmenbedingungen
- Produktinnovationen
- Verfügbarkeit von ökologischen Ressourcen: Boden, Wasser, Luft, Licht
- Verfügbarkeit von Energie: Erdöl, Gas, Strom, Kohle, andere Energiequellen
- Staatliche und private Entwicklungsinvestitionen
- Produktionstechnologien: Automation, Verfahrenstechnologien
- Entwicklung von Schlüsseltechnologien
- Substitutionstechnologien
- Informations- und Kommunikationstechnologien
- Rationalisierungstechnologien
- Digitalisierung
- Internet of Things (IoT - Industrie 4.0)
- Telekommunikationssystem
- Kapazität und Stabilität der Energieversorgung
- Entwicklung der Energie- und Rohstofftechnologien
- Transportinfrastruktur
- Zuliefererstruktur

Environmental - Umwelt
- Natürliche Ressourcen
- Umweltqualität
- Mögliche langfristige Einflüsse des Klimawandels
- Preisentwicklung bei Energieträgern

Legal - Rechtliche Aspekte
- Rechtssicherheit
- Erkennbare Veränderungen nationaler und internationaler Rechtsnormen
- Wirtschaftsgesetzgebung (Patentrecht, Produzentenhaftung, Arbeitsrecht)
- Umweltgesetzgebung
- Steuergesetzgebung

Die jeweils fünf am höchsten bewerteten hinderlichen und förderlichen Trends bzw. Entwicklungen werden in den folgenden zwei Spinnsessions weiter bearbeitet.

---

[165] Druckvorlage auf www.spinnovation-strategie.de.
[166] „Generation Y" wird die Generation genannt, die im Zeitraum von 1980 bis 1999 geboren wurde.
[167] „Digital Natives" wird die Generation genannt, die in der digitalen Welt aufgewachsen ist.

Thema der Spinnsession:	„Welche Risiken ergeben sich aus den relevanten Trends und Entwicklungen für unser Unternehmen und was können wir dagegen tun?"
Inhaltlicher Input für die Spinnsession:	Vorstellung der fünf hinderlichen Trends und Entwicklungen
Dauer der Präsentation des Inputs:	20 min
Anfangsthese 1:	„Unsere Geschäfte sind sehr stabil, bisher haben wir alles überstanden. Auch diese Trends und Entwicklungen werden für uns keine Rolle spielen."
Anfangsthese 2:	„Von diesen Trends und Entwicklungen geht eine große Gefahr für uns aus. Falls wir nicht schnell reagieren und Maßnahmen ergreifen, schaden sie uns sehr!"
Fragestellungen Perspektive 1:	Welche Risiken ergeben sich aus den relevanten Trends und Entwicklungen für unser Unternehmen? Wie hoch ist das Risiko? Wie akut ist das Risiko?
Spalten Dokumentationsformular Perspektive 1:	„Risiko für uns", „Wie hoch ist das Risiko?", „Wie akut ist das Risiko?"
Fragestellungen Perspektive 2:	Mit welchen Maßnahmen können wir auf die Risiken reagieren? Wie aufwendig sind die Maßnahmen?
Spalten Dokumentationsformular Perspektive 2:	„Risiko für uns", „Maßnahme gegen das Risiko", „Aufwand für die Maßnahme?"

Thema der Spinnsession:	„Welche Chancen ergeben sich aus den relevanten Trends und Entwicklungen für unser Unternehmen und wie können wir sie nutzen?"
Inhaltlicher Input für die Spinnsession:	Vorstellung der fünf förderlichen Trends und Entwicklungen
Dauer der Präsentation des Inputs:	20 min
Anfangsthese 1:	„Die Trends und Entwicklungen haben keine Auswirkungen auf uns oder unsere Kunden. Chancen ergeben sich daraus nicht!"
Anfangsthese 2:	„Die Trends und Entwicklungen haben erhebliche Auswirkungen auf uns oder unsere Kunden! Wir müssen unsere Chancen identifizieren und nutzen, um unser Geschäft nach vorne zu bringen."
Fragestellungen Perspektive 1:	Welche Chancen ergeben sich aus den relevanten Trends und Entwicklungen für unser Unternehmen? Wie groß sind die Chancen? Wie akut sind die Chancen?
Spalten Dokumentationsformular Perspektive 1:	„Chance für uns", „Wie groß ist die Chance?", „Wie akut ist die Chance?"
Fragestellungen Perspektive 2:	Mit welchen Maßnahmen können wir die Chancen nutzen? Wie aufwendig sind die Maßnahmen?
Spalten Dokumentationsformular Perspektive 2:	„Chancen für uns", „Maßnahmen, um Chance zu nutzen", „Aufwand für die Maßnahmen?"

Die Ergebnisse der Spinnsessions, die der Moderator auf Flipcharts dokumentiert, wertet ihr gemeinsam im Strategieteam aus. Schreibt die Risiken auf rote Post-its und die Chancen auf grüne und klebt sie auf die Flipchartblätter „Chancen" und „Risiken". Vergesst nicht, auch die jeweiligen Maßnahmen dazu zu schreiben.

6.1.4.6 ARBEITSSCHRITT I.3F:
CHANCEN UND RISIKEN BEWERTEN

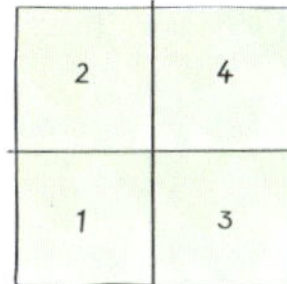

Jetzt bewerten wir die erarbeiteten Chancen und Risiken. Dazu werden alle Post-its mit den „Chancen" und „Risiken" von den Flipchartblättern in das „Risikoportfolio" und das „Chancenportfolio" eingeordnet.

Jetzt müsst ihr einschätzen und am Ende entscheiden, ob sich dein Unternehmen zuerst um die Risiken kümmern muss oder ob ihr ausreichend Zeit und Ressourcen habt, weiter an der Strategie zu arbeiten, die vielleicht sogar am Ende das Risiko komplett beseitigt.

Mit den „relativ" großen Chancen geht es unter anderem in der nächsten Phase weiter.

Gibt es Risiken in den oberen Feldern des Portfolios „Risiken" und habt ihr bisher noch keine Maßnahmen dagegen gefunden oder liegen sie nicht auf der Hand? Dann nutze die Erfahrungen und das Wissen weiterer Mitarbeiter aus deinem Unternehmen und bearbeitet das Thema mit der folgenden Spinnsession:

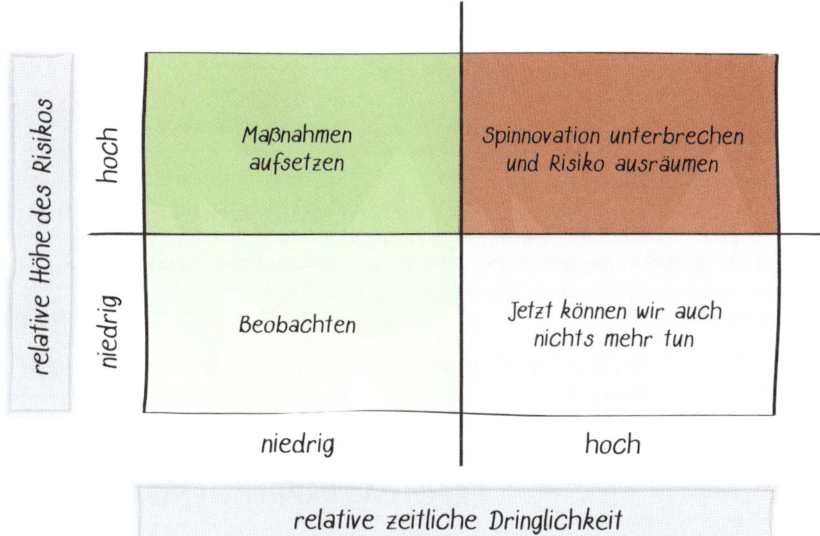

Abbildung 18: Bewertungsportfolio „Risiken"[168]

Abbildung 19: Bewertungsportfolio „Chancen"[168]

168 Druckvorlage auf www.spinnovation-strategie.de.

Thema der Spinnsession:	*„Welche Maßnahmen müssen wir ergreifen, um die bedrohlichen Risiken[169] abzuwenden?"*
Inhaltlicher Input für die Spinnsession:	*Risiken aus den beiden oberen Feldern*
Dauer der Präsentation des Inputs:	*20 min*
Anfangsthese 1:	*„Die Risiken werden deutlich überschätzt. Im Grunde haben sie kaum Auswirkungen auf uns und wir können uns weiter ums Tagesgeschäft kümmern."*
Anfangsthese 2:	*„Wenn wir nicht sofort anfangen, die richtigen Maßnahmen aufzusetzen, werden die Risiken schnell existenzbedrohend!"*
Fragestellungen Perspektive 1:	*Wie bedrohlich sind die Risiken? Welche Folgen können die Risiken für uns haben?*
Spalten Dokumentationsformular Perspektive 1:	*„Risiko", „Höhe des Risikos", „Folgen des Risikos"*
Fragestellung Perspektive 2:	*Welche Maßnahmen müssen wir ergreifen, um die Risiken abzuwenden?*
Spalten Dokumentationsformular Perspektive 2:	*„Risiko", „Zu ergreifende Maßnahmen"*

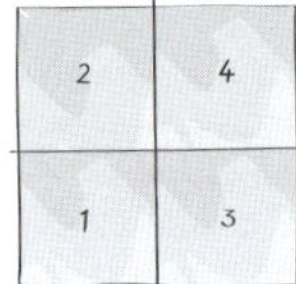

6.1.5 PROZESSSCHRITT I.4:
ERFOLGVERSPRECHENDSTE FOKUSSIERUNG BEI DIVERSIFIKATION

Dieser Prozessschritt ist nur für stark diversifizierte Unternehmen relevant, die erst nach der Startpunktbestimmung entscheiden können, welcher Geschäfts- oder Produktbereich das größte Spezialisierungspotenzial hat.

Ihr habt jetzt alle Prozessschritte für die relevanten Geschäfts- oder Produktbereiche durchgeführt. Hat sich in der Analysearbeit ein Favorit für eine erfolgversprechende Spezialisierung abgezeichnet? Dann diskutiere ihn abschließend mit deinem Strategieteam und entscheidet, ob ihr mit ihm in der nächsten Phase weitermacht.

Gibt es keinen eindeutigen Favoriten, müsst ihr euch für einen der alternativen Geschäfts- oder Produktbereiche entscheiden. Leider gibt es keine allgemeingültigen Entscheidungskriterien. Dafür sind die verschiedenen Ausgangssituationen in den Unternehmen und Märkten viel zu komplex. Als Faustregel und Indikator gilt: Je profitabler ein Bereich, desto höher der Kundennutzen. Je höher der Kundennutzen, desto besser die Basis für eine mögliche Spezialisierung. Ob allerdings für diesen Bereich die Nachhaltigkeit des Geschäftsmodells groß genug ist, müsst ihr aus den Analyseergebnissen ableiten. Kommen dagegen mangelnde Profitabilität, Wettbewerbsnachteile und negative Zukunftsaussichten zusammen, ist das ein deutliches Signal, sich vom betroffenen Geschäftsbereich oder den betroffenen Leistungen zu verabschieden. Gegebenenfalls aber erst, wenn sich der Bereich, für den ihr eure Spezialisierung entwickeln wollt, nach dem kompletten Spinnovation-Strategieprozess ausreichend positiv entwickelt.

Geht für die Entscheidung am besten wie folgt vor: Hängt alle Analyseergebnisse der untersuchten Geschäftsbereiche und Produktgruppen in einen Besprechungsraum. Diskutiert im Strategieteam vor allem die Unterschiede zwischen den Bereichen und setzt die Bereiche zueinander in Relation. Erfahrungsgemäß zeichnen sich dabei schnell diejenigen mit dem größten Spezialisierungspotenzial ab. Falls nicht, kommt eure Intuition mit ins Spiel. Jeder aus dem Strategieteam bekommt Klebepunkte, drei für jeden zur Auswahl stehenden Bereich. Dann verteilt ihr die Punkte auf die

---

169 Falls wir nur ein Risiko identifiziert haben, geht es in der Spinnsession nur um dieses eine Risiko.

Alternativen. Die Punkte können beliebig verteilt werden. Zu Schluss diskutiert ihr noch einmal über die beiden am besten bewerteten Alternativen. Am Ende liegt die Entscheidung bei dir, mit welchem Geschäftsbereich oder mit welcher Produktgruppe ihr weiter macht. Für den ausgewählten Bereich lautet in der Regel die strategische Fragestellung, mit der es in Phase II weitergeht: „Wie entwickeln wir ‚alleinstellende' Innovationen für unsere bestehende Bedarfsgruppe?"

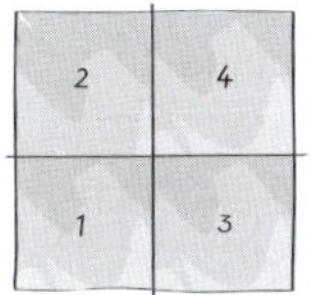

6.1.6 PROZESSSCHRITT I.5:
FREMDBILD ZUM STÄRKENPROFIL

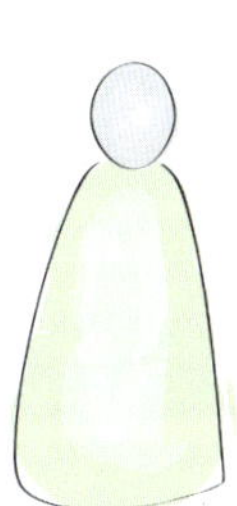

Dieser Prozessschritt ist sehr wichtig. Im Rahmen der Unternehmensanalyse habt ihr die Stärken deines Unternehmens und seine Kernkompetenzen erarbeitet. Das ist eure Sicht auf euch selbst. Dieses Eigenbild gilt es jetzt mit der Außensicht, dem Fremdbild, abzugleichen. Neben den Rückmeldungen, die ihr von relevanten Marktteilnehmern bekommt, ist der Prozessschritt deswegen so wichtig, weil er gleichzeitig eine Übung ist, um mit Kunden und Vertretern der Bedarfsgruppe ins Gespräch zu kommen. Spinnovation basiert ja in hohem Maße auf Dialog. Für die bestmögliche Anpassung an die Umweltbedingungen braucht es einen beiderseitigen Informationsaustausch. Dazu kommt, dass in Phase III die Qualität des Bedarfsgruppendialoges entscheidend für das Gelingen der Strategie ist. Darum solltet ihr den Dialog jetzt schon üben.

WEN BEFRAGT IHR?

Alle Menschen, welche die Leistungen deines Unternehmens kennen und aus eigener Erfahrung beurteilen können. Das sind aktuelle oder ehemalige Kunden oder auch ehemalige Mitarbeiter. Menschen, zu denen ihr eine enge Bindung habt oder zu denen ein Abhängigkeitsverhältnis besteht, sind nicht so geeignet. Sie werden wahrscheinlich nicht unbedingt die Wahrheit sagen. Sucht also Gesprächspartner aus, von denen eine ehrliche Rückmeldung zu erwarten ist. Befragt beispielsweise Kunden, die ihr verloren habt. Warum sind sie gegangen und was sie haben aber trotzdem als gut empfunden?

Falls ihr über Absatzmittler vertreibt, müsst ihr selbstverständlich auch Endnutzer eurer Produkte befragen, genau sowie Vertreter eurer Bedarfsgruppe, die keine Kunden von euch sind. Wichtig sind auch eure Partner. Egal ob Lieferanten, Dienstleister oder Partner in der Marktbearbeitung.

Setzt eine Arbeitssitzung auf und bestimmt die Gruppen, die ihr befragen wollt oder müsst. Legt die Anzahl der Gespräche je Gruppe fest, die ihr führen wollt.

WIE BEFRAGT IHR?

Führt die Gespräche immer persönlich. Auf keinen Fall irgendeinen Fragebogen verschicken! Fragebögen eignen sich nur als Stimmungsbarometer, aber nicht, um qualitativ ergiebige Informationen zu bekommen. Falls eure Kunden weit verteilt und nur mit unverhältnismäßig hohem Aufwand besucht werden können, ist beispielsweise eine Videokonferenz das Mittel der Wahl.

Das Gespräch könnt ihr beispielsweise so eröffnen: „Wir überprüfen gerade unsere Strategie. Im ersten Schritt wollen wir eine realistische Sicht auf unsere Stärken und auf unser Verbesserungspotenzial bekommen. Dazu brauchen wir für wenige Minuten Ihre Hilfe." Wenn der Gesprächspartner dazu bereit ist, bittet explizit um aufrichtige und ehrliche Rückmeldungen. Bittet darum, die Schwächen nicht zu beschönigen oder Stärken überzubewerten.

Stellt die erste Frage „ungestützt", also ohne Vorgabe. „Ganz spontan, welches sind Ihrer Meinung nach unsere größten Stärken?"[170]. Das gilt auch für die ungestützte Frage nach den Schwächen: „Wo liegt Ihrer Meinung nach das größte Verbesserungspotenzial?" Allgemeinplätze und Standardantworten sind immer zu hinterfragen: „Was genau meinen Sie mit …?"

Danach legt ihr dem Gesprächspartner die erarbeitete Liste eurer Stärken vor und bittet um eine entsprechende Bewertung. „Schauen Sie sich bitte die folgende Liste an – können Sie die einzelnen Eigenschaften auf einer Skala von 1 („nicht vorhanden") bis 10 („trifft vollständig zu") bewerten?". Dann fragt ihr: „Stehen dort Eigenschaften, die Ihrer Meinung nach nicht auf die Liste gehören? Fehlt etwas?" Wenn es nennenswerte Abweichungen gibt, klärt diese bitte direkt. „Nach unserer Einschätzung ist XY keine große Stärke – haben Sie eine Erklärung für die Abweichung?"

Am Ende des Gespräches bedankt ihr euch. Gehört der Interviewpartner zur Bedarfsgruppe und hat er das Gespräch erkennbar positiv empfunden, erkundigt euch, ob ihr später noch einmal wegen anderer Themen anfragen dürft. Insbesondere in Phase III brauchen wir wieder direkte Rückmeldungen unserer Bedarfsgruppe.

Verteilt innerhalb des Strategieteams die zu führenden Gespräche. Selbstverständlich könnt ihr euch bei der Kontaktaufnahme von Kollegen, beispielsweise aus dem Vertrieb, unterstützen lassen.

Falls ihr an dieser Stelle das Format MiniSpiele ausprobieren wollt, passt die Aufgabenstellung perfekt. Je früher ihr damit Erfahrungen sammelt, umso besser. Und du setzt damit ein sichtbares Zeichen, dass an einer neuen erfolgversprechenden Strategie gearbeitet wird und dass dabei die Mitarbeiter eingebunden werden. Denn Strategiearbeit ist Teamarbeit! Sie ist in der heutigen komplexen Welt keine Aufgabe mehr, die ein Einzelner sinnvoll bewältigen kann.

Wertet die Befragungen wie folgt aus: Fasst die ungestützten Nennungen, mit Anzahl der Nennungen, in einer Liste zusammen. Die durchschnittliche Einschätzung eurer vorbereiteten Stärken stellt ihr je befragte Gruppe als Profilkurve dar.

6.1.7 ERGEBNISSE DOKUMENTIEREN

Du stöhnst!? Ja, es stimmt. Es steckt ziemlich viel Aufwand in Phase I. Aber Aufwand, der sich lohnt. In dieser Phase habt ihr schon sehr intensiv mit den neuen Arbeitsformaten gearbeitet oder, anders ausgedrückt, trainiert. Mit den gemachten Erfahrungen wisst ihr jetzt, wie beispielsweise eine Spinnsession am besten durchgeführt wird. Das ist sehr wichtig, wenn es in den nächsten Phasen an die Kernpunkte der neuen spinnovativen Strategie geht. Erfahrungsgemäß gibt es nach Phase I auch schon eine ganze Reihe von Ideen, wo die Spezialisierung hingehen kann. Vor allem ist aber klar, dass es keine verdeckten Hindernisse für eine erfolgreiche Strategiearbeit gibt. Du, deine Mitarbeiter und dein Unternehmen, ihr seid strategiefähig. Jetzt braucht ihr nur noch die Arbeitsergebnisse zu dokumentieren und dann geht es mit der spannenden Phase II „Ideen & Chancen" weiter.

Wir empfehlen dir, am Ende jeder Spinnovation-Phase die erarbeiteten Ergebnisse zusammenzufassen und öffentlich zugänglich zu machen. Hänge die Ergebnisse einfach an einer für deine Mitarbeiter gut erreichbaren und

---

170 Diese Frage muss natürlich präzise zur Aufgabenstellung im Strategieprozess passen. Fragt also nach Stärken oder Eigenschaften des relevanten Produkts oder Geschäftsbereiches.

sichtbaren Stelle aus. Falls ihr keine ausreichend großen schwarzen Bretter oder Ähnliches habt, nutzt dafür Metaplanwände. Wir nennen den Bereich, in dem die Ergebnisse ausgehängt werden, im weiteren Prozess „Ergebnisbereich".

Aus Phase I „Startpunkt & Aufbruch" gehört Folgendes in den Ergebnisbereich:

- Das aktuelle Geschäftsmodell als befülltes Geschäftsmodelltableau
- Falls vorhanden, die von eurem Geschäftsmodell abweichenden Branchengeschäftsmodelle
- Das Stärkenprofil (Eigen- und Fremdsicht)
- Was können die Wettbewerber, das wir nicht können?
- Unsere Unternehmenskultur
- Unsere internen Hindernisse
- Das ausgefüllte Markttableau
- Die relevanten Chancen und Risiken aus den Trends und Entwicklungen der Umwelt

6.2 PHASE II „IDEEN & CHANCEN"

WAS ERARBEITEN WIR IN DIESER PHASE UND WARUM?

Jetzt geht es um Spezialisierungschancen. Das sind Spezialisierungsideen, welche die höchsten Erfolgsaussichten haben und die am besten zu unseren Fähigkeiten und zu unserer Motivation passen. Wie wir wissen, ist Spinnovation im Kern eine Spezialisierungsstrategie. Mit ihr finden wir unser erfolgversprechendes Spezialgebiet und erschließen uns alle Vorteile, die eine ganzheitliche Spezialisierung[171] mit sich bringt. Die gefundenen Spezialisierungschancen überprüfen wir dann in der nächsten Phase, „Spezialisierung & Innovation", und entwickeln Innovationen, die zu Alleinstellung führen – beides im engen Austausch mit unserer Bedarfsgruppe.

Zuerst sammeln wir möglichst viele Probleme, Bedürfnisse und Wünsche unserer Kunden und unserer Bedarfsgruppe. Zusätzlich fragen wir uns selbst, was wir für unsere Kunden noch leisten können und welche Probleme wir damit für sie lösen.

Eine Spezialisierungschance ist ein vermutetes maßgebliches Problem, ein Engpass einer spezifischen Bedarfsgruppe, das wir lösen wollen und potenziell lösen können. Spezialisierungschancen sind die Vorstufe der Spezialisierung. Dabei machen wir uns immer wieder bewusst, dass es nicht wichtig ist, was wir können, sondern nur das zählt, was wir bewirken. Oder konkret, welche Probleme wir für unsere Bedarfsgruppe lösen.

> *„Kein Kunde kauft jemals ein Erzeugnis. Er kauft immer das, was das Erzeugnis für ihn leistet."* Peter F. Drucker

Wichtig!

Wir sprechen im Weiteren hauptsächlich von „Problemen" der Bedarfsgruppe, meinen damit aber immer die besonders problematischen Spannungszustände, die sich in Problemen, Bedürfnissen, Wünschen, Sehnsüchten, Ängsten, Phobien, Abneigungen, Mangelempfinden etc. zeigen.

Nutzen oder: Was bewirken wir für andere?

In einem Strategieprojekt wird häufig der Fehler gemacht, nur zu schauen, was ein Unternehmen kann. Also welche Stärken und Kernkompetenzen es hat. Aus dieser egozentrierten Sicht, „Was können wir leisten und was können wir gut?", werden direkt Leistungen für den „Markt" definiert und Wertangebote geschnürt. Eine echte Reflexion, was wir für unsere Kunden mit unseren Leistungen bewirken oder bewirken können, findet meist gar nicht statt. Bei Spinnovation ist das anders. Die alterozentrierte Sicht, „Was haben andere von unseren Stärken?" und „Was können wir damit bewirken?", ist Teil der Methode. Zuerst suchen wir nach Problemen, Bedürfnissen und Wünschen unserer Bedarfsgruppe. Dann prüfen wir im Dialog mit der Bedarfsgruppe, welches davon echte Engpässe sind. Falls wir die vorhandenen Engpässe lösen können – und auch wollen –, ist unser Nutzen für andere klar bestimmt.

---

[171] Siehe 3.1.4 „Ganzheitliche Spezialisierung" ab S. 31.

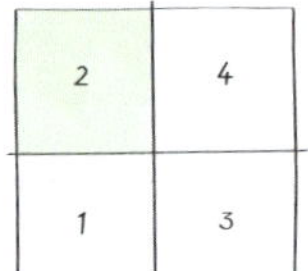

6.2.1 DIE VIER STRATEGISCHEN FRAGESTELLUNGEN IN PHASE II

Wie werden die vier unterschiedlichen strategischen Fragestellungen in dieser Phase bearbeitet?

FELD 1 „NICHT SCHON WIEDER EIN FLOP?!"

Für die dahinterliegende strategische Fragestellung muss überprüft werden, ob die vorhandene Innovation einen Engpass der bestehenden Bedarfsgruppe löst oder nicht. Dafür fragen wir uns im „Arbeitsschritt II.1a: Was nutzt unsere Innovation?". Finden wir keinen echten Nutzen, ist dieses Strategieprojekt hier zu Ende. Könnte die Innovation potenziell anderen Bedarfsgruppen Nutzen bieten, haben wir eine neue strategische Fragestellung aus Feld 2. Und es würde mit „Arbeitsschritt II.1d: Wer braucht unsere Lösungen?" weitergehen. Falls nein, war die Innovation umsonst und wir müssen eine neue Innovation mit echter Alleinstellung für die bestehende Bedarfsgruppe entwickeln. Die neue strategische Fragestellung ist aus Feld 3 und es geht wieder in Phase I los.

Seid ihr aber davon überzeugt, dass eure Innovation für eure Bedarfsgruppe einen echten Nutzen bietet, dann geht es nach „Arbeitsschritt II.1a: Was nutzt unsere Innovation?" direkt zu Phase III. Dort findet ihr im Bedarfsgruppendialog heraus, warum eure Innovation bisher nicht erfolgreich war.

FELD 2 „LEISTUNG SUCHT NUTZER"

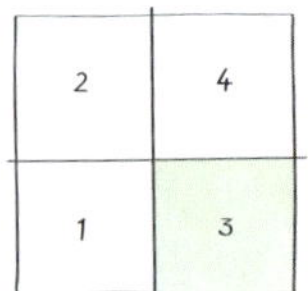

Für diese strategische Fragestellung bearbeiten wir nur „Arbeitsschritt II.1d: Wer braucht unsere Lösungen?". Finden wir mehrere Bedarfsgruppen, für die unsere Innovation potenziell einen Engpass löst, wählen wir am Ende des Arbeitsschritts die erfolgversprechendste mit den beiden Bewertungsportfolios „Motivation vs. Marktgröße" und „Zahlungsbereitschaft vs. Erreichbarkeit" aus. Mit der erfolgversprechendsten Bedarfsgruppe steigen wir dann in Phase III in den Bedarfsgruppendialog, ein.

FELD 3 „NEUES FÜR DIE KUNDEN"

Für die strategische Fragestellung aus Feld 3 arbeiten wir die folgenden Schritte durch:

- Arbeitsschritt II.1b: Was sagt unsere Bedarfsgruppe?
- Arbeitsschritt II.1c: Was können wir noch leisten?
- Arbeitsschritt II.1e: Informationen auswerten
- Arbeitsschritt II.1f: Kunden „beobachten"" (optional)
- Arbeitsschritt II.1g: Probleme strukturieren
- Prozessschritt II.2: Spezialisierungsideen
- Prozessschritt II.3: Spezialisierungschancen

Im letzten Prozessschritt identifizieren wir die erfolgversprechendste Spezialisierungschance, mit der es in Phase III mit dem Bedarfsgruppendialog weitergeht.

FELD 4 „AUF ZU NEUEN UFERN!"

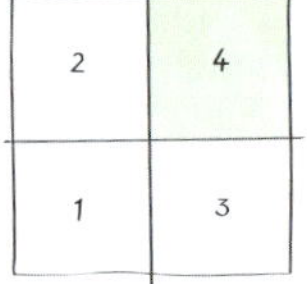

Hier gibt es grundsätzlich zwei Vorgehensweisen. Entweder wir leiten aus unseren Stärken neue Problemlösungen ab und suchen dann nach Bedarfsgruppen, die vermutlich ein „passendes" Problem haben – Alternative 1. Oder wir bestimmen zuerst eine Bedarfsgruppe, für die wir motiviert sind zu arbeiten, und fragen dann, was wir für diese Bedarfsgruppe mit unseren Stärken und Problemlösefähigkeiten leisten können – Alternative 2. Beides kann zum Ziel führen.

Wir empfehlen, zuerst auf euren Stärken aufzusetzen. Erst wenn das nicht zum Ziel führt, könnt ihr fragen, für wen ihr arbeiten wollt. Wir gehen im Detail auf Alternative 1 ein und skizzieren die zweite Alternative nur kurz. Bei Alternative 1 bestimmen wir zuerst unsere potenziellen Leistungen und suchen danach passende Bedarfsgruppen. Diese Bedarfsgruppen bewerten wir dann nach den Kriterien „Motivation vs. Marktgröße" und „Zahlungsbereitschaft vs. Erreichbarkeit"[172]. Mit dem erfolgversprechendsten Spezialgebiet, der Kombination aus potenzieller Problemlösung und erfolgversprechendster Bedarfsgruppe, geht's dann in Phase III weiter.

Welche Schritte werden für die strategische Fragestellung aus Feld 4 – Alternative 1[173] durchgeführt?

- „Arbeitsschritt II.1c: Was können wir noch leisten?" – Ohne konkreten Bezug zu einer Bedarfs- gruppe.
- „Arbeitsschritt II.1d: Wer braucht unsere Lösungen?"
- Optional: „Arbeitsschritt II.1f: Kunden „beobachten"

6.2.2 DIE SUCHE NACH EINER NEUEN BEDARFSGRUPPE

Bei den strategischen Fragestellungen aus Feld 2 und 4 müssen wir uns eine neue Bedarfsgruppe erschließen. Was genau macht noch einmal bei Spinnovation eine Bedarfsgruppe aus?

Eine Bedarfsgruppe mit folgenden Merkmalen ist ideal:

- Sie hat gleiche, möglichst homogene Probleme, Bedürfnisse und Wünsche. Dann können wir standardisierte Lösungen anbieten bzw. tiefes Wissen entwickeln.
- Sie benötigt dringend unsere Leistungen und Wertangebote. Sie hat eine entsprechende Zah- lungsbereitschaft und Nachfrage. Die Zahlungsbereitschaft ist ein Indikator, ob das Problem getroffen wurde und wie groß es ist.[174]
- Wir können Zugang zur (neuen) Bedarfsgruppe über andere Multiplikatoren, zu denen wir schon eine gute Beziehung haben, aufbauen.
- Sie ist kommunikativ gut erreichbar.
- Sie entspricht unseren Kapazitäten. Sie ist „nur so groß", dass wir mit den vor- handenen Ressourcen einen nennenswerten Marktanteil erreichen können.[175]

Nach welchen Kriterien lässt sich eine Bedarfsgruppe in einem zweiten Schritt gegebenenfalls weiter sinnvoll eingrenzen bzw. enger umreißen?

Das können beispielsweise folgende Kriterien sein:

- Gemeinsame Eigenschaften, wie gleiche Größe, gleiche Branche, nutzen die gleiche Technologie, haben selbst wiederum die gleiche Bedarfsgruppe etc.
- Gleiche Struktur, wie Rechtsform, Organisationsstruktur, Eigentümerverhältnisse etc., oder auch eine vergleichbare Unternehmenskultur etc.
- Sind in der gleichen existenziellen Phase, wie Gründung, starkes Wachstum, Konsolidierung, Fusion, drohende Insolvenz etc.

---

172 Bei Alternative 2 sind die Kriterien des zweiten Bewertungsportfolios „Zahlungsbereitschaft vs. Erreichbarkeit".
173 Alternative 2
- „Arbeitsschritt II.1d: Wer braucht unsere Lösungen?" – Mit der konkreten Fragestellung: „Für welche Bedarfsgruppen wollen wir arbeiten?".
- „Arbeitsschritt II.1c: Was können wir noch leisten?" – Mit der konkreten Fragestellung: „Was können wir für diese Bedarfsgruppe mit unseren Stärken und Problemlösefähigkeiten leisten?". – Die Details zur Durchführung der Spinn- session aus 6.2.3.3 „Arbeitsschritt II.1c: Was können wir noch leisten?" findet ihr im Anhang, S. 228.
- Optional: „Arbeitsschritt II.1f: Kunden beobachten"
174 Das greifen wir in Phase III im Rahmen des Bedarfsgruppendialogs noch mal auf.
175 Beispielsweise kann man über eine regionale Eingrenzung dieses Kriterium sehr gut erreichen.

- Haben den gleichen Leidensdruck, wie gesetzliche Beschränkungen, Liquiditätsmangel, Preiskampf, neue „bedrohliche" Technologien, neue Wettbewerber, Substitutionsprodukt etc.
- Haben gleiche Projekte, wie IT-Einführungen, Post Merger Integration, Wachstumsinitiativen etc.

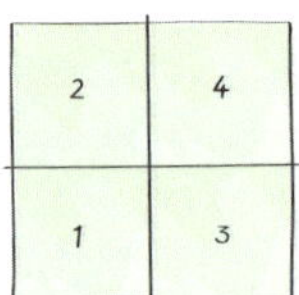

6.2.3 PROZESSSCHRITT II.1:
PROBLEME, BEDÜRFNISSE UND WÜNSCHE

Es gibt mehrere Möglichkeiten, Probleme, Bedürfnisse und Wünsche unserer vorhandenen Bedarfsgruppe zu finden. Zum einen die Hinweise, die wir unmittelbar von unseren Kunden bzw. von unserer Bedarfsgruppe bekommen. Erfahrungsgemäß gibt es aber auch viele Ideen im Unternehmen, was man für Kunden noch zusätzlich leisten kann. Genauso wie es intern Ideen gibt, für welche neuen Bedarfsgruppen die eigenen Wertangebote etwas leisten und bewirken können.

Problem, Bedürfnis, Wunsch oder Engpass?

Wann wissen wir, ob ein Problem, Wunsch oder Bedürfnis ein Engpass ist? Nach dem Bedarfsgruppeninterview. Erst dann wissen wir, wo die größten Spannungen sind und was tatsächlich die Entwicklung unserer Bedarfsgruppe maßgeblich negativ beeinflusst.

6.2.3.1 ARBEITSSCHRITT II.1A:
WAS NUTZT UNSERE INNOVATION?

Eure Innovation zündet nicht und droht zu floppen? Das kann unterschiedliche Gründe haben. Entweder braucht sie keiner, weil sie kein konkretes Problem löst und damit keinen wirklichen Nutzen bietet. Oder es liegt an den sogenannten Akzeptanzengpässen. Sind Nutzen oder Vorteile, welche die Innovation gegenüber den Lösungen der Mitbewerber hat, klar? Kennt die Bedarfsgruppe sie überhaupt? Kann man die „Wirksamkeit" des Wertangebotes glaubwürdig nachweisen? Stimmen Preis und das Angebotsformat bzw. die „Darreichungsform"[176]?

Akzeptanzengpässe

Akzeptanzgenpässe sind Gründe, warum die Bedarfsgruppe unsere Leistung nicht kauft. Das kann vor allem Folgendes sein:

- Unklarer Nutzen und keine wahrnehmbaren Vorteile gegenüber den Lösungen der Mitbewerber
- Unzureichende Bekanntheit und Verfügbarkeit des Wertangebotes
- Kein Vertrauen in die Wirksamkeit – keine Wirksamkeitsnachweise oder Referenzen
- Kein angemessener Preis oder angemessenes Angebotsformat bzw. die „Darreichungsform"

---

176 Die „Darreichungsform" kann ganz Unterschiedliches sein: Die Vergütungsart – wofür zahlt der Kunde, Vertragslaufzeiten, Servicelevels, Verpackungsgrößen, Haltbarkeit, Distributionsweg etc.

In diesem Arbeitsschritt geht es um die Frage, ob unsere Innovation der Bedarfsgruppe „nutzt". Wir beantworten sie in der folgenden Spinnsession.

Thema der Spinnsession:	„Welchen Nutzen bietet unsere Innovation?"
Inhaltlicher Input für die Spinnsession:	Vorstellung der Innovation mit der ursprünglichen Zielsetzung
Dauer der Präsentation des Inputs:	20 min
Anfangsthese 1:	„Unsere Innovation bietet keinen echten Nutzen. Sie ist nur „mehr vom Gleichen" und etwas, das alle bieten."
Anfangsthese 2:	„Unsere Innovation löst echte Probleme beim Kunden und wir verstehen nicht, warum sie nicht erfolgreich ist."
Fragestellungen Perspektive 1:	Welches Problem löst unsere Innovation? Wie „groß" ist das Problem des Kunden?
Spalten Dokumentationsformular Perspektive 1:	„Welches Problem löst die Innovation?", „Relative Größe des Problems?", „Gibt es bessere Problemlösungen?"
Fragestellungen Perspektive 2:	Was hält die Kunden davon ab, unsere Innovation zu kaufen?
Spalten Dokumentationsformular Perspektive 2:	„Warum wird die Innovation nicht angenommen?", „Was müssten wir für eine bessere Akzeptanz ändern?"

Wertet die Spinnsession gemeinsam im Strategieteam aus.

Zeigt die Spinnsession, dass eure Innovation keinen echten Nutzen liefert, ist dieses Strategieprojekt zu Ende. Kein Nutzen, kein Geschäftsmodell. Diskutiere aber mit deinem Strategieteam, ob es andere Bedarfsgruppen geben kann, für die die Innovation unter Umständen echten Nutzen bietet. Falls ja und ihr euch auf diese neue Bedarfsgruppe spezialisieren wollt, dann ist eure neue strategische Fragestellung eine aus Feld 2. Ihr könnt direkt mit dem neuen Strategieprozess beginnen. Falls nein, war die Innovation umsonst und ihr müsst eine neue Innovation mit echter Alleinstellung für eure Bedarfsgruppe entwickeln. Eure neue strategische Fragestellung ist aus Feld 3 und ihr müsst Phase I mit der neuen Aufgabenstellung durcharbeiten.

Bietet eurer Meinung nach eure Innovation aber einen echten Nutzen, dann dokumentiert ihn und schreibt die in der Spinnsession erarbeiteten Ergebnisse zur Frage „Was hält die Kunden davon ab, unsere Innovation zu kaufen?" in den Ideenspeicher. Dann geht's unmittelbar mit Phase III weiter.

6.2.3.2 ARBEITSSCHRITT II.1B:
WAS SAGT UNSERE BEDARFSGRUPPE?

Der direkte und persönliche Austausch mit unserer Bedarfsgruppe ist durch nichts zu ersetzen. Deswegen mobilisieren wir mit dem MiniSpiel „Genau hinhören" diejenigen aus deinem Unternehmen, die direkten Kunden-[177] und Bedarfsgruppenkontakt haben. Die Kollegen sollen mit dem Aspekt „Über welche Probleme, Bedürfnisse oder Wünsche spricht mein Gesprächspartner implizit oder explizit?" genau hinhören. Sehr gute Informationen bekommt ihr auch von inaktiven oder verlorenen Kunden.

---

[177] Wir erinnern uns: Unsere Kunden sind Teil der Bedarfsgruppe.

MINISPIEL „GENAU HINHÖREN"

Organisiert das MiniSpiel „Genau hinhören" gemäß der Spielanleitung[178]. Setzt euch hohe Ziele und sammelt möglichst viele Probleme, Bedürfnisse oder Wünsche. Jedes Problem ist ein kostbarer Rohstoff. Spielt zwei Wochen, maximal drei, und führt mindestens zweimal wöchentlich, besser täglich, Teambesprechungen durch. Legt vorher fest, in welcher Form und mit welchen Informationen die Probleme aufgenommen werden. Beispielsweise auf einem einfachen Formblatt mit den Informationen: „Unternehmen", „Gesprächspartner", „Kunde ja/nein", „Beschreibung des Problems, Bedürfnisses oder Wunsches", „Kennzeichen, ob Problem, Bedürfnis oder Wunsch" etc. Erstellt ein einfaches Formular und los geht's.

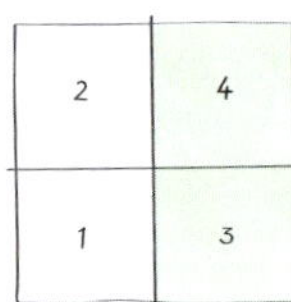

6.2.3.3 ARBEITSSCHRITT II.1C: WAS KÖNNEN WIR NOCH LEISTEN?

Die Frage „Was können wir leisten?" bearbeiten wir für die beiden strategischen Fragestellungen aus den Feldern 3 und 4.

Antworten darauf finden wir mit einem weiteren MiniSpiel und in einer Spinnsession.

MINISPIEL „WAS KÖNNEN WIR NOCH LEISTEN?"

Zuerst sammeln wir intern Ideen auf die Frage „Was können wir noch für unsere Kunden leisten und welche Probleme, Bedürfnisse oder Wünsche würden wir dabei lösen oder erfüllen?" (Feld 3) oder allgemein „Welche neuen Probleme können wir mit unseren Fähigkeiten lösen?" (Feld 4 – Alternative 1)[179]. Um zu vermeiden, dass etwas übersehen oder im Vorfeld als „spinnerte" Idee verworfen wird, spielt ihr auch hier auf „Menge". Die Mitspieler sollten sich gegenseitig motivieren, möglichst viel aufzunehmen und nicht schon veröffentlichte Punkte im Sinne von „so ein Quatsch" oder „das können wir doch nicht" oder „das braucht doch kein Mensch" bewerten.

Organisiert das MiniSpiel „Was können wir noch leisten?" auch nach der allgemeinen Spielanleitung. Setzt euch hohe, aber realistische Ziele. Spielt auch hier zwei Wochen, maximal drei, und führt die Teambesprechungen mindestens zweimal pro Woche durch – am besten auch wieder täglich. Legt fest, wie die Ideen zu „Was können wir noch leisten?" beschrieben werden. Beispielsweise mit einem einfachen Formblatt, u. a. mit den Feldern „Beschreibung der Leistung", „Welches Problem lösen wir damit?". Damit alle wissen, wo rund um eure Leistungen Probleme, Bedürfnisse oder Wünsche entstehen können, hängt neben die Anzeigetafel die Matrix „Kundennutzen"[180] und das ausgefüllte „Stärkentableau"[181].

Bearbeitet ihr Feld 3, spielt dieses MiniSpiel parallel zu „Genau hinhören". Dann kommt ihr im Prozess schneller voran. Achtet darauf, dass die Teambesprechungen nicht zeitgleich stattfinden. Es gibt bestimmt Kollegen, die in beiden Spielen dabei sind.

---

178 Siehe Anhang S. 218.
179 Gehen wir nach Alternative 2 vor, haben wir uns schon für eine neue Bedarfsgruppe entschieden. Dann lautet die Frage „Was können wir für diese Bedarfsgruppe mit unseren Stärken und Problemlösefähigkeiten leisten und welche Probleme, Bedürfnisse oder Wünsche lösen oder erfüllen wir dabei?".
180 Siehe S. 85.
181 Siehe S. 104.

SPINNSESSION „WAS KÖNNEN WIR NOCH LEISTEN?"

Zusätzlich führen wir die folgende Spinnsession durch:

	„Strategische Fragestellung" Feld 3	*„Strategische Fragestellung" Feld 4 – Alternative 1*[185]
Thema der Spinnsession:	*„Was können wir noch für unsere Kunden leisten und welche Probleme, Bedürfnisse oder Wünsche würden wir dabei lösen oder erfüllen?"*	*„Was können wir mit unseren Stärken und Problemlösefähigkeiten leisten und welche Probleme lösen wir dabei?"*
Inhaltlicher Input für die Spinnsession:	*Stärken & Kernkompetenzen aus Unternehmensanalyse Matrix „Kundennutzen"*	*Stärken & Kernkompetenzen aus Unternehmensanalyse Matrix „Kundennutzen"*
Dauer der Präsentation des Inputs:	*20 min*	*20 min*
Anfangsthese 1:	*„Wir können wirklich nicht mehr für unsere Kunden tun. Wir machen doch schon alles, um sie zufriedenzustellen!"*	*„Wir können noch nicht einmal für unsere aktuelle Bedarfsgruppe herausragenden Nutzen bieten. Was können wir da schon an „neuen" Problemen lösen?"*
Anfangsthese 2:	*„Falls wir nicht bald anfangen, echte Kundenprobleme zu lösen, werden wir durch einen Billigeren ersetzt und müssen bald zumachen."*	*„Mit unserer Expertise und unserem Know-how gibt es eine ganz Reihe von Problemen, die wir lösen können!"*
Fragestellungen Perspektive 1:	*Was können wir noch für unsere Kunden leisten? Was müssen wir dafür tun?*	*Wofür können wir unsere Stärken und Fähigkeiten noch einsetzen? Welche Probleme lösen wir damit?*
Spalten Dokumentationsformular Perspektive 1:	*„Zusätzliche Leistung", „Was müssen wir tun?"*	*„Was können wir leisten?", „Welche Probleme lösen wir?"*
Fragestellungen Perspektive 2:	*Welche Probleme können wir lösen? Wie groß ist das Problem?*	*Wer kann unsere Leistungen brauchen?*
Spalten Dokumentationsformular Perspektive 2:	*„Welche Probleme können wir lösen?", „Wie groß ist das Problem?"*	*„Was können wir leisten?", „Wer braucht diese Leistungen?"*

Wertet die Spinnsession gemeinsam im Strategieteam aus. Notiert auf Post-its, welche Probleme ihr lösen könnt, was ihr dafür tun müsst und was ihr dafür zusätzlich braucht (Feld 3). Beziehungsweise notiert, welche Probleme ihr lösen könnt und wer die Leistung braucht (Feld 4).[182]

Für die strategische Fragestellung aus Feld 3 geht's zum optionalen „Arbeitsschritt II.1f: Kunden ‚beobachten'" oder direkt zu „Arbeitsschritt II.1g: Probleme strukturieren"[183].

Die Probleme, die wir für die strategische Fragestellung aus Feld 4 aufgenommen haben, bearbeiten wir jetzt direkt weiter. Zuerst strukturieren wir die Probleme in einer moderierten Arbeitssitzung. Veranschlage für die gesamte Sitzung zwei bis drei Stunden. Jedes im MiniSpiel gefundene Problem wird auf ein Post-it geschrieben. Zusammen mit den Post-its der ausgewerteten Spinnsession klebt ihr diese nach und nach an eine Metaplanwand und bildet dabei sinnvolle Gruppen. Findet für jede Gruppe eine kurze, griffige Problembeschreibung und schreibt sie auf neue Post-its. Diese bewerten wir jetzt mit den folgenden Fragen[184]:

---

182 Spinnsession für strategische Fragestellung 4 – Alternative 2, siehe Anhang S. 228.
183 Siehe S. 137.
184 Für die strategische Fragestellung Feld 4 – Alternative 2 bewerten wir die Probleme mit dem Bewertungsportfolio „Motivation vs. Marktgröße" und dann mit dem Portfolio „Zahlungsbereitschaft vs. Problemlösefähigkeit". Mit den erfolgversprechendsten Problemen, unseren Spezialisierungschancen, geht es dann in Phase III weiter.

Arbeiten mit den Portfolios

Wir werden im Strategieprozess mit einigen Bewertungsportfolios arbeiten. Im Feld oben rechts sind immer die besten bzw. erfolgversprechendsten Alternativen. Gibt es zwangsläufig eine oder mehrere Alternativen im rechten oberen Quadranten? Nein, nicht immer. Da es um den relativen Vergleich von Alternativen geht, gibt es aber immer mindestens eine beste Alternative in der Horizontalen, im Feld unten rechts, und mindestens eine andere in der Vertikalen, im Feld oben links. Nur wenn beides bei einer der Alternativen zutrifft, wird sie ganz oben rechts einsortiert. Dann ist die Auswahl der besten Alternativen eindeutig. Ist das Feld oben rechts nicht belegt, müsst ihr die Alternativen unten rechts und oben links vergleichen und dann entscheiden, mit welcher ihr in den nächsten Bearbeitungsschritt geht.

- Wie hoch ist unsere Motivation, das Problem zu lösen?
- Wie einfach ist es für uns, das Problem mit unseren vorhandenen Stärken und Ressourcen zu lösen?

Eure Motivation und eure Werte stehen bei der Bewertung der Probleme ganz oben. Arbeitet ihr in den Problemlösungen wertekonform und mit hoher Motivation, gibt es einen hohen Energielevel für die Spezialisierung und auch für die damit einhergehenden Veränderungen in deinem Unternehmen. Auf der anderen Seite ist auch klar: Je einfacher ihr das Problem mit den vorhandenen Stärken und Ressourcen lösen könnt, umso weniger müsst ihr in die Problemlösung investieren und umso schneller wird voraussichtlich die Lösung zur Verfügung stehen.

Ordnet die Post-its mit den erarbeiteten Problemen in das vom Moderator der Arbeitssitzung vorbereitete Portfolio ein. Für die Probleme aus dem Quadranten „Das wollen und das können wir" machen wir mit dem nächsten Arbeitsschritt weiter.

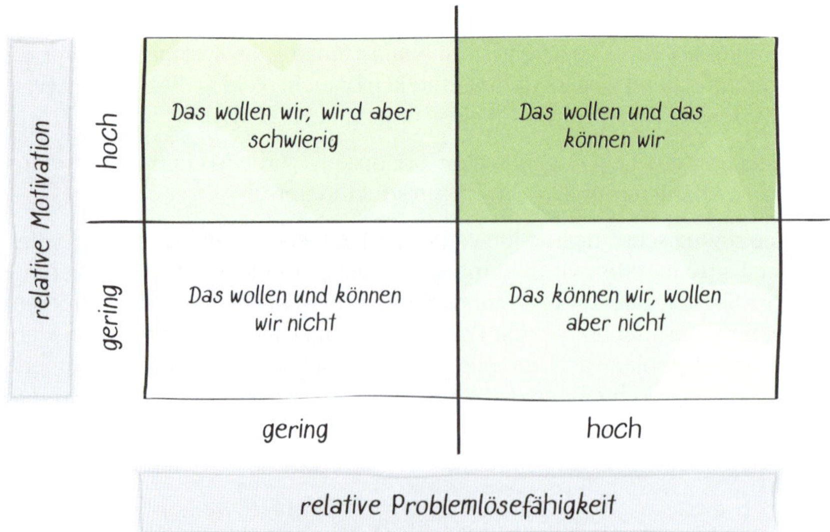

Abbildung 20: Bewertungsportfolio „Motivation vs. Problemlösefähigkeit"[185]

185 Druckvorlage auf www.spinnovation-strategie.de.

6.2.3.4 ARBEITSSCHRITT II.1D: WER BRAUCHT UNSERE LÖSUNGEN?

In diesem Arbeitsschritt entscheiden wir uns für die neue erfolgversprechendste Bedarfsgruppe, der unsere Lösung (Feld 2) bzw. unsere potenzielle Lösung (Feld 4) vermutlich Nutzen bietet.

Führt in einer Arbeitssitzung ein Brainstorming mit der Frage „Welche Bedarfsgruppe kann unsere Lösungen[186] nutzbringend einsetzen?" durch. Zuerst schreibt jeder Teilnehmer 10 Minuten lang potenzielle Bedarfsgruppen auf Post-its. Dann klebt ihr sie ans Flipchart. Entstehen dabei weitere Ideen, wem eure Leistung nutzen kann, kommen sie ebenfalls auf Post-its und später aufs Flipchart. Für Fall 4 ergänzt ihr dann die Bedarfsgruppen aus dem Brainstorming mit denen, die ihr in der Spinnsession des letzten Arbeitsschritts gefunden habt.

Sind darunter Bedarfsgruppen, für die ihr unter keinen Umständen arbeiten wollt, nimm die entsprechenden Post-its ab. Sind welche dabei, die von anderen Anbietern schon bestens bedient werden, kommen diese ebenfalls vom Flipchart runter. Die restlichen Bedarfsgruppen könnt ihr noch weiter nach den in 6.2.2 „Die Suche nach einer neuen Bedarfsgruppe" genannten Kriterien eingrenzen. Ziel ist, ein Segment zu finden, das den größten Nutzen aus eurer Innovation bzw. aus eurer potenziellen Lösung hat. Ihr könnt dazu auch die Methode „Morphologisches Tableau"[187] nutzen.

> **MiniSpiel „Leistung sucht Nutzer"**
>
> Habt ihr übers Brainstorming ausreichend viele Bedarfsgruppen gefunden? Sehr gut. Falls nicht, nutze die Mitarbeiter deines Unternehmens, um weitere potenzielle Bedarfsgruppen zu finden. Am besten mit einem MiniSpiel „Leistung sucht Nutzer". Auch hier gilt: Je mehr Ideen, umso besser.

Bevor ihr euch für die erfolgversprechendste Bedarfsgruppe entscheiden könnt, braucht ihr noch einige Informationen. Beauftrage jemanden aus dem Strategieteam, Folgendes zu den potenziellen Bedarfsgruppen zu recherchieren und geeignet darzustellen:

- Wie groß ist die Bedarfsgruppe, wie setzt sie sich zusammen? – Quantitative Beschreibung
- Gibt es Multiplikatoren und Bedarfsgruppenbesitzer[188]? Über wen kann ich die Bedarfsgruppe erreichen? Welchen Nutzen kann ich den Multiplikatoren bieten?
- In welchen virtuellen oder realen sozialen Netzwerken, Verbänden oder Vereinigungen ist die Bedarfsgruppe organisiert?
- Welche speziellen Medien oder Plattformen nutzt die Bedarfsgruppe, um sich zu informieren und auszutauschen?
- Wen kennen wir schon aus der Bedarfsgruppe und wen kann ich ansprechen?

Diese Informationen benötigt ihr u. a. für die Einschätzung der kommunikativen Erreichbarkeit der neuen Bedarfsgruppe und in der nächsten Phase für die Organisation der Bedarfsgruppeninterviews.

Organisiert eine moderierte Arbeitssitzung. Zuerst werden die gesammelten Informationen zu den Bedarfsgruppen vorgestellt. Ergänzt sie gegebenenfalls mit Wissen der Teilnehmer. Danach ordnet die Post-its mit den Bedarfsgruppen zuerst ins folgende Bewertungsportfolio ein.

Bewertungsportfolio „Motivation vs. Marktgröße"

- Wie hoch ist unsere relative Motivation, für die Bedarfsgruppe zu arbeiten?
- Wie schätzen wir die relative Marktgröße ein?

---

186 Für die strategische Fragestellung aus Feld 4 tun wir an der Stelle einfach so, als hätten wir die Lösung schon.
187 Siehe Anhang, S. 227.
188 Siehe „Bedarfsgruppenbesitz" ab S. 59.

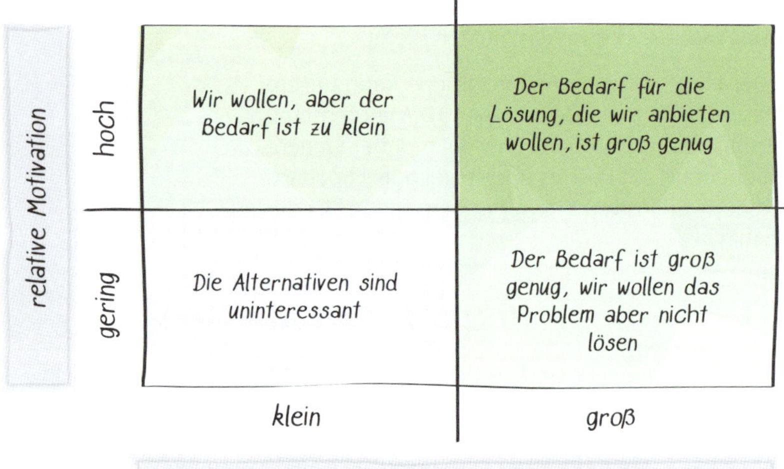

Abbildung 21: Bewertungsportfolio „Motivation vs. Marktgröße"[189]

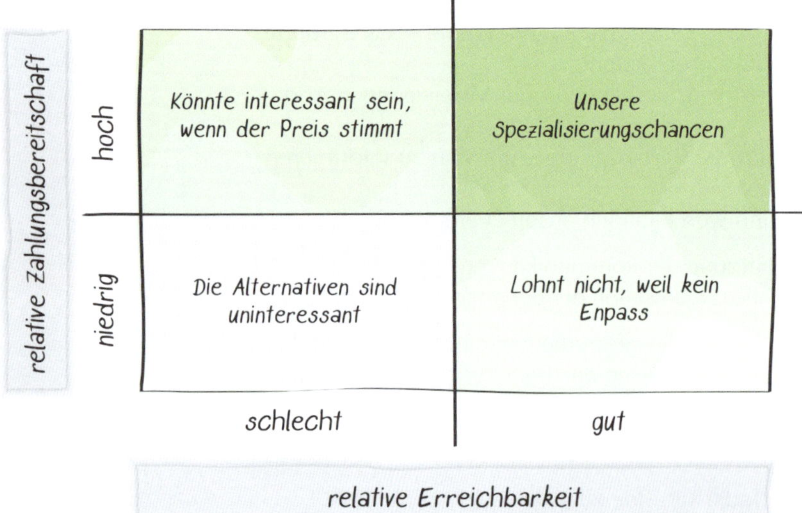

Abbildung 22: Bewertungsportfolio „Zahlungsbereitschaft vs. Erreichbarkeit"[189]

Wie ihr wisst, sind eure Motivation und eure Werte sehr wichtige Kriterien – wird wertekonform und mit hoher Motivation gearbeitet, gibt es einen hohen Energielevel für die Spezialisierung.

Mit den am besten bewerteten Bedarfsgruppen – rechtes oberes Feld – geht es mit den folgenden Fragen weiter:

- Wie hoch schätzen wir die vermutete relative Zahlungsbereitschaft ein?
- Wie gut ist die Bedarfsgruppe kommunikativ erreichbar?

Ein weiteres wichtiges Bewertungskriterium für Spezialisierungschancen ist die vermutete Zahlungsbereitschaft für die Problemlösung. Grundsätzlich gilt: Je höher die vermutete Zahlungsbereitschaft in eurer Bedarfsgruppe, desto größer das vermutete Problem. Und desto eher ist das Problem ein echter Engpass. Auf der anderen Seite ist auch klar: Je besser die Bedarfsgruppe erreichbar ist, desto einfacher und kostengünstiger wird die Markteinführung unseres Wertangebotes. Es nutzt ja nichts, wenn eine hohe Zahlungsbereitschaft bei der Bedarfsgruppe da ist, sie kommunikativ aber nicht zu erreichen ist und sie somit nichts von eurem Angebot erfährt.

Am Ende sind oben rechts im Bewertungsportfolio eure Spezialisierungschancen mit der größten Chance, d. h. mit der am besten bewerteten Bedarfsgruppe.

6.2.3.5 ARBEITSSCHRITT II.1E:
INFORMATIONEN AUSWERTEN

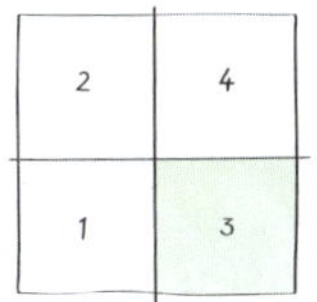

Grundsätzlich gibt es noch weitere Quellen für Hinweise auf „Probleme, Bedürfnisse und Wünsche" eurer Bedarfsgruppe. Habt ihr in der Vergangenheit Kundenzufriedenheitsanalysen durchgeführt? Oder auf eine andere Art Rückmeldungen von Kunden eingeholt? Gibt es Berichte der Außendienstmitarbeiter oder des Kundendienstes? Dokumentiert ihr beispielsweise, warum ihr Aufträge nicht bekommen oder Kunden verloren habt? Falls es in deinem Unternehmen entsprechende Informationen gibt, beauftrage Mitarbeiter aus dem Strategieteam, diese auszuwerten und daraus Probleme, Bedürfnisse und Wünsche eurer Bedarfsgruppe abzuleiten.

Diskutiert die gefundenen Probleme, Bedürfnisse und Wünsche eurer Bedarfsgruppe im Strategieteam und dokumentiert sie auf Post-its. Die Post-its werden in 6.2.3.7 „Arbeitsschritt II.1g: Probleme strukturieren" weiter bearbeitet.

6.2.3.6 ARBEITSSCHRITT II.1F:
KUNDEN „BEOBACHTEN"

Dieser Prozessschritt ist erst einmal optional. Habt ihr im Vorfeld ausreichend viele Ideen zu Problemen, Bedürfnissen und Wünschen gesammelt? Dann bearbeitet diese direkt im nächsten Arbeitsschritt weiter[190]. Falls nicht, müsst ihr zu euren Kunden und dort durch Beobachten herausfinden, welche Probleme und Bedürfnisse sie haben. Den Arbeitsschritt müsst ihr dann zwingend durchführen, wenn alle verfolgten Spezialisierungschancen in Phase III bei euren Kunden „durchgefallen" sind.

Beobachtungen bei Kunden sind natürlich aufwendig in der Organisation und in der Durchführung. Dein Strategieteam ist durch die bisherige Zusammenarbeit sicher immer mehr zu einer eingeschworenen Mannschaft geworden. Du kannst dich darauf verlassen, dass sie den Arbeitsschritt mit deiner Unterstützung erfolgreich schaffen wird.

Falls ihr bei den Kunden hospitiert habt, wertet die Beobachtungen gemeinsam im Strategieteam aus und leitet daraus Probleme, Bedürfnisse und Wünsche der Kunden oder ggf. auch der Bedarfsgruppe ab. Und vergesst nicht, alles gut zu dokumentieren.

6.2.3.7 ARBEITSSCHRITT II.1G:
PROBLEME STRUKTURIEREN

Bevor wir nun im nächsten Prozessschritt konkrete Spezialisierungsideen aus den vielen Informationen ableiten können, müssen wir diese erst einmal ordnen und in Problembereiche strukturieren.

Vorher ein kurzer Rückblick, im welchen Prozess- bzw. Arbeitsschritten wir Informationen zu Problemen, Bedürfnissen und Wünschen gesammelt haben:

- Arbeitsschritt I.3e: Umweltanalyse: Chancen[191]
- Arbeitsschritt II.1b: Was sagt unsere Bedarfsgruppe?
- Arbeitsschritt II.1c: Was können wir noch leisten?
- Arbeitsschritt II.1e: Informationen auswerten (falls vorhanden)
- Arbeitsschritt II.1f: Kunden „beobachten" (optional)

Und den Ideenspeicher nicht vergessen.

---

[190] Selbstverständlich könnt ihr auch beim Kunden hospitieren, obwohl ihr schon ausreichend viele Ideen gesammelt habt.
[191] Siehe S. 123.

Wir strukturieren die Informationen in einer moderierten Arbeitssitzung. Veranschlage dafür zwei bis drei Stunden. Alle Ergebnisse der oben aufgelisteten Arbeitsschritte sind ja dokumentiert. Bringt die Dokumentationen zusammen mit dem Ideenspeicher in den Besprechungsraum und arbeitet sie nacheinander ab. Jedes gefundene Problem wird auf ein Post-it geschrieben und an eine Metaplanwand geklebt. Direkt beim Ankleben bildet ihr sinnvolle Gruppen. Am Ende sollten das nicht mehr als drei sein. Findet für jede Gruppe eine griffige Überschrift, die das Problemfeld oder den Problembereich beschreibt.

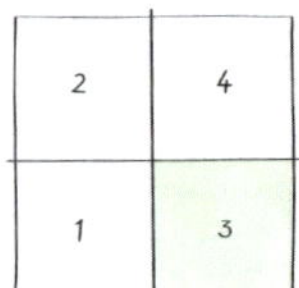

6.2.4 PROZESSSCHRITT II.2:
SPEZIALISIERUNGSIDEEN

Im vorangegangenen Arbeitsschritt habt ihr die gefundenen Probleme, Wünsche und Bedürfnisse auf Post-its geschrieben und nach maximal drei sinnvollen Problembereichen sortiert. Eigentlich brauchen wir doch nur zu schauen, welches dieser Probleme das größte Spezialisierungspotenzial für uns hat, und es dann in der nächsten Phase weiter bearbeiten. Leider ist ein Problem, das wir so aufgenommen haben, nicht immer ein ursächliches Problem. Häufig ist es nur ein Symptom, also die Folge eines anderen ursächlichen Problems. Wir müssen also zuerst herausfinden, ob die aufgenommenen Probleme nur Symptome oder ursächliche Probleme sind. Symptome sind keine gute Basis für eine erfolgversprechende Spezialisierung. Warum? Wird beim Kunden „zufällig" durch irgendwelche anderen Wertangebote oder sonstige Maßnahmen das ursächliche Problem gelöst, besteht unmittelbar kein Bedarf mehr an euren Leistungen. Findet ihr aber ursächliche Probleme, prüft ihr später in Phase III, ob diese auch Engpässe sind und die Weiterentwicklung oder das Wohlergehen eurer Bedarfsgruppe maßgeblich behindern.

Eine einfache Methode, um von Symptomen zu Ursachen zu kommen, ist die „5W"-Methode[192]. Sie kommt aus dem Qualitätsmanagement und geht auf den japanischen Toyota-Manager Taiichi Ohno zurück. Man hinterfragt ein Problem so lange mit „Warum ist es so?", bis man auf das ursächliche Problem gestoßen ist[193]. 5 im Sinne von „5-Mal" ist also nur symbolisch zu verstehen. Mit dieser Methode könnt ihr in einer moderierten Arbeitssitzung den Problemen bzw. Symptomen auf den Grund gehen. Wir empfehlen für das Hinterfragen der Probleme und das Ableiten von grundlegenden und behindernden Problemen eine Spinnsession pro gefundenen Problembereich.

Jedes grundlegende Problem, das ihr findet, ist ein potenzieller Spezialisierungsansatz für dein Unternehmen. Bei Spinnovation nennen wir sie „Spezialisierungsideen". Im nächsten Prozessschritt bestimmt ihr daraus die erfolgversprechendsten Möglichkeiten oder, wie wir sagen, eure „Spezialisierungschancen". Diese Spezialisierungschancen sind dann der Input für die zentrale Phase von Spinnovation, für Phase III „Spezialisierung & Innovation".

Das Thema eurer Spinnsession lautet konkret: „Welche Probleme behindern die Entwicklung unserer Bedarfsgruppe maßgeblich?" Am Ende der Spinnsession sind damit erfahrungsgemäß 5 bis 10 Probleme identifiziert, die eurer Meinung nach die Entwicklung eurer Bedarfsgruppe am stärksten behindern. Stellt die „5W"-Methode den Teilnehmern der Spinnsession vor, damit allen der Unterschied zwischen Symptom bzw. vordergründigem Problem und Ursache bzw. grundlegendem Problem klar ist.

Habt ihr im vorangegangenen Arbeitsschritt mehr als einen übergeordneten Problembereich gefunden, dann gibt es pro Problembereich eine eigene Spinnsession. Denkt daran, dass der inhaltliche Input der Spinnsessions immer für alle gut sichtbar auf Flipcharts oder Metaplanwänden zu sehen ist.

192 „5W" steht für „5-Mal-Warum".
193 Beispiel, siehe Anhang S. 228.

Thema der Spinnsession:	„Welche Probleme behindern die Entwicklung unserer Bedarfsgruppe maßgeblich und wie können wir zur Lösung beitragen?" Pro Problembereich je eine Spinnsession
Inhaltlicher Input für die Spinnsession:	Problembereiche und gefundene Probleme „5W?"-Methode anhand des Beispiels[196] Matrix „Kundennutzen"
Dauer der Präsentation des Inputs:	30 min
Anfangsthese 1:	„Unsere Kunden haben keine grundlegenden Probleme und schon gar keine, die wir lösen können. Außerdem machen wir schon mehr als genug für unsere Kunden!"
Anfangsthese 2:	„Wenn wir nicht bald anfangen, die echten Probleme unserer Kunden zu lösen, werden wir demnächst gegen einen billigeren Wettbewerber ausgetauscht und am Ende ganz vom Markt verschwinden!"
Fragestellungen Perspektive 1:	Welche Probleme behindern die Entwicklung unserer Bedarfsgruppe maßgeblich? Welche Ursache hat das angesprochene Problem?
Spalten Dokumentationsformular Perspektive 1:	„Maßgebliches Problem", „Mögliche Ursache des Problems"
Fragestellungen Perspektive 2:	Wie könnte eine Lösung des angesprochenen Problems aussehen? Was müssen wir dafür tun?
Spalten Dokumentationsformular Perspektive 2:	„Maßgebliches Problem", „Mögliche Lösung des Problems", „Was müssen wir dafür tun?"

Nach den Spinnsessions wertet ihr gemeinsam im Strategieteam die Ergebnisse aus und übertragt die gefundenen grundlegenden Probleme, eure Spezialisierungsideen, auf Post-its. Im nächsten Prozessschritt leitet ihr daraus eure Spezialisierungschancen ab. Erfahrungsgemäß solltest du dafür zwei Stunden vorsehen. Gab es nur eine oder zwei Spinnsessions, kann es direkt nach einer Pause weitergehen, bei drei Spinnsessions besser am nächsten Tag.

Wie immer gilt:

Nur die Diskutanten im inneren Stuhlkreis reden, alle anderen Teilnehmer sind ruhig und konzentrieren sich auf ihre jeweilige Aufgabe.

6.2.5 PROZESSSCHRITT II.3: SPEZIALISIERUNGSCHANCEN

Ihr habt bis hierher möglichst viele Spezialisierungsideen erarbeitet. Diese bewertet ihr jetzt mit zwei Portfolios und entscheidet danach, mit welcher es im nächsten Schritt in die Bedarfsgruppeninterviews geht.

Die wichtigsten Auswahlkriterien sind auch hier eure Motivation und eure Werte. Arbeitet ihr in den Problemlösungen wertekonform und mit hoher Motivation, gibt es einen hohen Energielevel für die Spezialisierung und für alles, was dazugehört. Die potenzielle Marktgröße ist auch sehr entscheidend. Je größer der Markt[195], umso attraktiver und umso eher rentiert es sich, auch in Maßnahmen zur Problemlösung zu investieren. Die relevanten Fragen sind:

- Wie hoch ist unsere relative Motivation, das vermutete Problem zu lösen?
- Wie schätzen wir die relative Marktgröße ein?

---

194 Beispiel, siehe Anhang S. 228.
195 Nicht aus den Augen verlieren: Der Markt sollte im ersten Schritt nur so groß sein oder so eingegrenzt werden können, dass wir mit unseren Möglichkeiten und Kapazitäten Marktführer werden können.

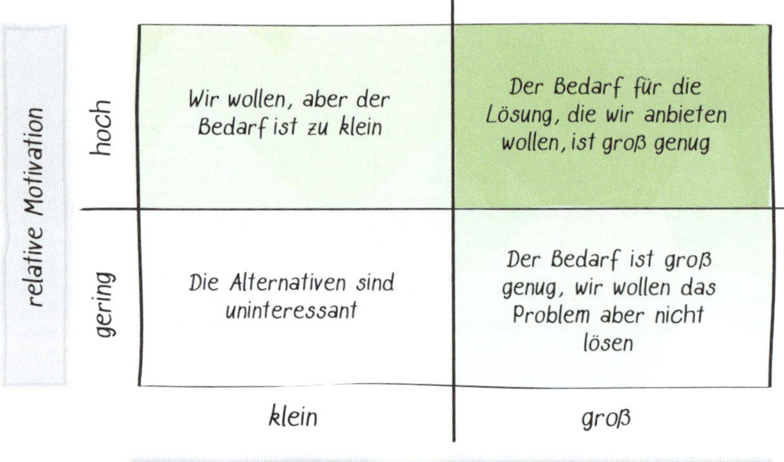

Abbildung 23: Bewertungsportfolio „Motivation vs. Marktgröße"[197]

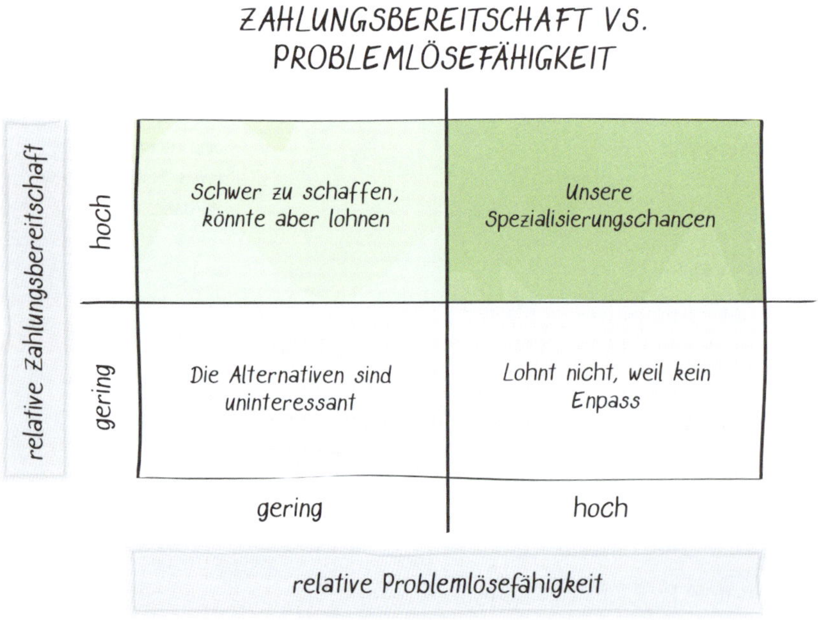

ZAHLUNGSBEREITSCHAFT VS. PROBLEMLÖSEFÄHIGKEIT

Abbildung 24: Bewertungsportfolio „Zahlungsbereitschaft vs. Problemlösefähigkeit"[197]

Ordnet die Spezialisierungsideen bzw. die Post-its in das vom Moderator der Arbeitssitzung vorbereitete Portfolio ein. Im nächsten Schritt geht es dann mit den Spezialisierungsideen aus dem rechten oberen Feld weiter.

Jetzt bewertet ihr die Spezialisierungsideen nach den Kriterien Zahlungsbereitschaft und Problemlösefähigkeit. Wie ihr wisst, ist die vermutete Zahlungsbereitschaft umso höher, je größer das vermutete Problem ist. Und umso eher ist das Problem auch ein echter Engpass. Ebenfalls wichtig sind eure schon vorhandenen Fähigkeiten, den Engpass bzw. das Problem zu lösen. Auch hier ist klar: Je besser das Problem heute schon gelöst werden kann, umso weniger muss investiert werden und desto schneller ist eine Lösung verfügbar. Es geht also um die Fragen:

- Wie hoch ist die vermutete relative Zahlungsbereitschaft für die Lösung des Problems?
- Wie gut können wir schon das Problem mit unseren vorhandenen Stärken und Ressourcen lösen?

Nehmt die Spezialisierungsideen aus dem rechten oberen Feld des Bewertungsportfolios „Motivation vs. Marktgröße" und ordnet sie in das vom Moderator ebenfalls vorbereitete Bewertungsportfolio „Zahlungsbereitschaft vs. Problemlösefähigkeit" ein. Die Spezialisierungsideen, die im oberen rechten Quadranten liegen, sind eure Chancen für eine erfolgreiche ganzheitliche Spezialisierung und wir nennen sie ab jetzt „Spezialisierungschancen". Sind das mehrere, sehr gut. Diskutiert im Strategieteam, ob es darunter einen eindeutigen Favoriten gibt. Falls ja, dann geht es mit diesem in Phase III weiter. Falls nein, könnt ihr auch mit mehr als einer, aber auf keinen Fall mit mehr als drei[196] Spezialisierungschancen in Phase III starten. Nach dem Prozessschritt „Bedarfsgruppeninterview" müsst ihr euch aber für eine Spezialisierungschance ent-

---

196 Sonst wird der Aufwand zu groß und ihr verzettelt euch.
197 Druckvorlagen auf www.spinnovation-strategie.de.

scheiden. In Phase III überprüft ihr zuerst im Dialog mit der Bedarfsgruppe, ob es das Problem hinter eurer Chance tatsächlich, wie ihr vermutet habt, gibt. Dabei bekommt ihr auch Rückmeldung zur Zahlungsbereitschaft und implizit zur Marktgröße. Nur falls sich das mit euren Vermutungen deckt, entwickelt ihr danach die Lösung des Problems, eure Innovation, mit der ihr Alleinstellung erreicht. Auch bei der Entwicklung der Innovation werdet ihr im engen Kontakt mit der Bedarfsgruppe bleiben.

6.2.6 ERGEBNISSE DOKUMENTIEREN

Die Dokumentation der Arbeitsergebnisse geht für diese Phase schnell. Hängt für die vier strategischen Fragestellungen jeweils Folgendes auf eine Metaplanwand im Ergebnisbereich:

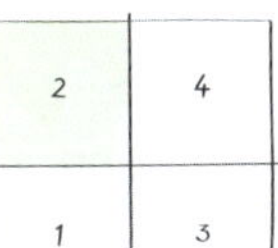

Ergebnisdokumentation der Spinnsession „Welchen Nutzen bietet unsere Innovation?"

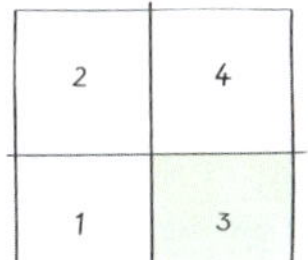

Die beiden befüllten Bewertungsportfolios aus „Arbeitsschritt II.1d: Wer braucht unsere Lösungen?"

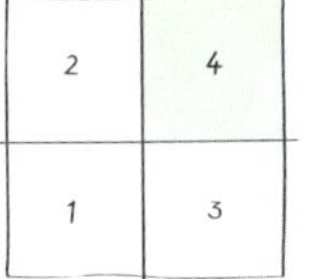

Die beiden befüllten Bewertungsportfolios aus „Prozessschritt II.3: Spezialisierungschancen."

Alternative 1: Das ausgefüllte Bewertungsportfolio „Motivation vs. Problemlösefähigkeit" aus Arbeitsschritt II.1c: „Was können wir noch leisten" und die beiden befüllten Bewertungsportfolios aus Arbeitsschritt II.1d: „Wer braucht unsere Lösungen?"

Alternative 2: Das ausgefüllte Bewertungsportfolio „Motivation vs. Marktgröße" aus Arbeitsschritt II.1d: „Wer braucht unsere Lösungen?" und die beiden befüllten Bewertungsportfolios aus Arbeitsschritt II.1c: „Was können wir noch leisten?"

6.2.7 WAS HABEN MARKUS, OLIVER UND CATRIN NACH PHASE II ERREICHT?

MARKUS

Insbesondere die Umfeldanalyse hat für die Beratung von Markus gezeigt, dass Globalisierung, Digitalisierung, Arbeit 4.0 und das Voranschreiten der Wissensgesellschaft förderliche Entwicklungen sind. Sie erhöhen eindeutig die Komplexität für Unternehmen.

Alle Mitarbeiter der Beratung sind hochgradig motiviert, Unternehmen zu befähigen, mit der gestiegenen Komplexität umzugehen und Arbeitsumfelder zu schaffen, in die sich alle Mitarbeiter voll

und ganz einbringen können. Die entwickelten Methoden und Systeme in Verbindung mit der Erfahrung und Expertise der Berater sind eindeutige Kernkompetenzen.

Markus und seinem Strategieteam ist es nicht gelungen, unmittelbar aus den Analyseergebnissen eine konkrete neue Bedarfsgruppe zu identifizieren.

In Phase II wurde im Arbeitsschritt „Wer braucht unsere Lösungen?" gezielt nach neuen Bedarfsgruppen gesucht – im Brainstorming und mit dem MiniSpiel. Die gefundenen Ideen und Alternativen wurden mit den entsprechenden Portfolios bewertet. Am Ende blieben zwei Bedarfsgruppen übrig: Unternehmen mit einer anstehenden Post Merger Integration[198] (PMI) – wir nennen sie „Akquirierer" – und Unternehmen, die komplexe Produktentwicklungen zu managen haben – wir nennen sie „Produktentwickler". Die vermutlich einfachere Erreichbarkeit der „Akquirierer", insbesondere über die M&A-Beratungen[199], gab den Ausschlag. Die „Akquirierer" wurden weiter differenziert. Am Ende wollte sich Markus auf Unternehmen spezialisieren, die kaum oder keine Erfahrungen in PMI-Projekten hatten – wir nennen sie im Weiteren „Wenig-Akquirierer". Mit dieser neuen Bedarfsgruppe, der Spezialisierungschance und einer sehr konkreten Vorstellung, wie man das Beratungs-Know-how in PMI-Projekten zielführend einsetzen kann, gingen Markus und sein Strategieteam in Phase III.

OLIVER

Auch für den „Hersteller" gibt es förderliche Trends. Das steigende Gesundheitsbewusstsein und die steigende Akzeptanz und Verbreitung von naturheilkundlichen Methoden. Entsprechend steigt in Deutschland auch die Zahl der Heilpraktiker. Die Zahl der niedergelassenen Ärzte ist dagegen rückläufig.

Die Wettbewerber von Olivers Unternehmen sind sehr stark, vor allem, weil sie schon viele Jahre im Markt aktiv sind und sehr engen Kontakt zu den Heilpraktikern haben. Zusätzlich stagniert die Zahl der insgesamt verkauften Geräte in Deutschland. Wegen ihrer sehr langen Lebensdauer gibt es quasi keine „Ersatzinvestitionen" und für neu gegründete Naturheilpraxen sind sie kaum finanzierbar. Alles in allem ein hart umkämpfter Markt.

Olivers Unternehmen verfügt über ausgezeichnetes technisches Know-how und ein breites Erfahrungswissen mit der entsprechenden Therapiemethode – nicht nur Stärken, sondern Kernkompetenzen. Oliver und seine Mitarbeiter sind von der Therapiemethode überzeugt und stolz auf ihre Geräte.

Oliver hatte mit seinem Strategieteam noch einmal herausgearbeitet, dass ihre Produkte tatsächlich flexibler und leistungsfähiger sind als die der Wettbewerber. Auch bietet man für mehr Krankheitsbilder vorkonfigurierte Therapieprogramme. Also echter Nutzen für den vermuteten Engpass der Heilpraktiker: mit einer Methode möglichst viele Krankheiten therapieren zu können. Dass sich die Geräte trotz des hohen Vertriebs- und Marketingaufwandes nicht gut verkauften, musste also andere Gründe haben. Diese Akzeptanzengpässe in den Bedarfsgruppeninterviews zu finden war Olivers Ziel für Phase III.

CATRIN

Auch die nochmaligen Analysen bestätigten Catrins Einschätzung: Die Situation bei den Werbedrucksachen ist einfach aussichtslos. Die Druckvolumen bleiben auf absehbare Zeit rückläufig. An der deutlichen Überkapazität im Markt wird sich mittel- oder sogar langfristig nichts ändern. Alle

---

[198] „Post Merger Integration" ist die Integration von mindestens zwei Unternehmen nach einer rechtlichen Zusammenlegung. Dabei werden u. a. Prozesse und Strukturen vereinheitlicht und Geschäftsbereiche organisatorisch zusammengelegt.

[199] Mergers and Acquisitions (M&A) steht für alle Vorgänge im Rahmen von Unternehmensfusionen und dem Kauf von Unternehmen bzw. Unternehmensanteilen. M&A-Beratungen unterstützen Unternehmen in M&A-Projekten insbesondere auf der Verkäuferseite oder auf der Käuferseite.

Wettbewerber bieten dasselbe, in derselben Qualität und mit demselben Service. Die erzielbaren Preise werden voraussichtlich weiter zurückgehen. Und es sind keine Ideen in Sicht, wie man sich vom Wettbewerb abheben kann.

Catrin ist als Unternehmerin der Tradition des Familienunternehmens verpflichtet. Ein Aufgeben kommt nicht infrage – noch nicht. Notwendige Maßnahmen zur Kostensenkung sind schon länger aufgesetzt und zeigen Wirkung. Auf der einen Seite hat sich die wirtschaftliche Situation gebessert. Mit der Familie als Gesellschafter im Hintergrund hat sie noch etwas Zeit, den Umschwung zu schaffen. Auf der anderen Seite belasten die notwendigen Entlassungen die Stimmung im Unternehmen.

Die Druckerei hat klare Stärken. Man beherrscht die eingesetzten Produktionstechniken und liefert über den gesamten Produktionsprozess, von der Druckvorstufe bis zum Finishing und der Veredelung, sehr gute Qualität. Auch die Logistik hat man im Griff. Das zeigt die überdurchschnittliche Liefertreue. Aber leider können das sehr viele im Markt auf gleichem Niveau. Nichts davon sind echte Kernkompetenzen.

Die Analyseergebnisse haben Catrin nochmals bestätigt. Die Druckerei braucht ein grundlegend neues Geschäftsmodell, am besten auf Basis der vorhandenen Stärken und Ressourcen.

Für ihre strategische Fragestellung aus Feld 4 haben Catrin und ihr Strategieteam in Phase II beide alternativen Vorgehensweisen für die Suche nach „Probleme, Bedürfnisse und Wünschen" gestartet. Weder die Brainstormings noch die Spinnsessions brachten für die Ausgangsfragen „Was können wir noch leisten?" und „Wer braucht unsere Lösungskompetenz?" Ideen, aus denen sich echte Spezialisierungschancen hätten ergeben können. Eigentlich hatte Catrin sich schon damit abgefunden, dass man wohl mit dem alten Geschäftsmodell so lange weitermachen müsse, bis entweder „ein Wunder geschieht" oder „die Lichter ausgehen". Aber das MiniSpiel „Was können wir noch leisten?" lief zum Glück noch.

Einer der Vertriebskollegen war mit dem Zug auf dem Weg zu einem wichtigen Termin bei einem Bestandskunden – deswegen Anzug, weißes Hemd und Krawatte. Auf dem Weg vom Bahnhof zum Taxistand wollte der Kollege noch schnell etwas essen. Es gab ein Panini auf die Hand – mit Serviette. Dann passierte es. Beim hektischen Essen im Gehen fielen unten aus dem Panini Tomaten mit Soße heraus. Hemd und Krawatte waren bekleckert, bis zum Termin ließ sich da nichts mehr machen … Der Termin verlief trotzdem gut, obwohl sich der Kollege mit dem bekleckerten Hemd – die Krawatte hatte er ausgezogen – richtig unwohl gefühlt hatte. Es war übrigens auch nicht das erste Mal, dass ihm das passiert war. Auf der entspannteren Rückfahrt kreisten seine Gedanken um die dämlichen Snacks, die man kaum unfallfrei essen konnte, um die Peinlichkeit seines bekleckerten Hemds und des trotzdem guten Termins, um das neue Strategieprojekt, das bisher auch nichts gebracht hat, um das MiniSpiel, mit dem man Ideen für neue Geschäftsmöglichkeiten suchte … Ohne wirklich zu überlegen, fragte er sich: „Warum gibt es eigentlich keine Verpackungen, mit denen man sich nicht so leicht bekleckert" … Verpackungen, Papier, bedruckt. Ja, das war eine Idee für „Was können wir noch leisten?". Er konnte sich auch daran erinnern, dass man vor ein paar Jahren anfangen wollte, Lebensmittelverpackungen zu produzieren. Die Maßnahmen für die Hygienestandards waren so gut wie umgesetzt, als die Geschäftsführung entschied, sich weiter auf die Werbedruckmittel zu konzentrieren – naja, die Gespräche mit den potenziellen Kunden verliefen am Ende doch nicht so gut. Am nächsten Tag in der Druckerei füllte er das Formblatt für seine Idee aus – eine Verpackung für Snacks aus Papier, mit der man sich nicht bekleckern kann – und hängte sie an die Anzeigetafel des MiniSpiels.

Nach dem Ende des MiniSpiels wurde ausgewertet und die Idee des Vertriebskollegen war die einzige, die es sich lohnte, weiterzuverfolgen. Der Markt erschien groß genug und das Problem, d. h. eine neue Verpackung zu kreieren und zu produzieren, erschien für die Druckerei lösbar. Dann ging es weiter mit der Frage „Wer braucht unsere Lösung?". Klar, alle, die schmackhafte Snacks aus der Hand essen wollen – schließlich will sich ja niemand freiwillig bekleckern. Für die „Esser" ein

Problem – aber sicher kein Engpass im engeren Sinn. Klar war aber auch, dass die „Esser" – die Endnutzer – sich die Snacks nicht selbst verpacken. Auf dem Weg in die Auslage der Verkaufsstände gibt es zumindest noch eine Bedarfsgruppe, die man berücksichtigen musste, die Produzenten der Snacks – wir nennen sie die „Snackproduzenten". Die Idee wurde weiter im Strategieteam bewertet – am Ende hatte man eine „Spezialisierungschance", wenn auch eine kleine. Die Motivation, solche Verpackungen zu produzieren, war da – zumindest sprach nichts dagegen –, ein Markt auch. Die „Snackproduzenten" waren der ersten Einschätzung nach gut erreichbar. Bei der Zahlungsbereitschaft war man sich nicht wirklich sicher. Der Nutzen für die „Snackproduzenten" lag nicht auf der Hand, für die „Esser" dagegen schon. Ob es auch einen Vorteil aufseiten der „Snackproduzenten" gab, war noch zu klären. Das war eine der Aufgabenstellungen für Phase III.

„ Das eigentliche Ziel des Marketings ist es, das Verkaufen überflüssig zu machen. Das Ziel des Marketings ist es, den Kunden und seine Bedürfnisse derart gut zu verstehen, dass das daraus entwickelte Produkt genau passt und sich von selbst verkauft."

Peter F. Drucker

6.3 PHASE III „SPEZIALISIERUNG & INNOVATION"

WAS ERARBEITEN WIR IN DIESER PHASE UND WARUM?

Phase III ist die zentrale Phase im Spinnovation-Strategieprozess. Zuerst überprüfen wir in den Bedarfsgruppeninterviews unsere erarbeiteten Spezialisierungschancen. Danach entwickeln wir mit dem Know-how und den Erfahrungen der Mitarbeiter und in enger Abstimmung mit der Bedarfsgruppe Innovationen, die in Alleinstellung münden.

BEDARFSGRUPPENDIALOG: BEDARFSGRUPPENINTERVIEW UND BEDARFSGRUPPENTEST

Den Austausch mit unserer Bedarfsgruppe nennen wir Bedarfsgruppendialog. Wir unterteilen ihn in das Bedarfsgruppeninterview und den Bedarfsgruppentest. Die Interviews dienen dazu, das Problem bzw. den Engpass der Bedarfsgruppe, den wir lösen wollen, richtig zu verstehen. Mit den Bedarfsgruppentests überprüfen wir unsere Lösungen anhand der entwickelten Prototypen.

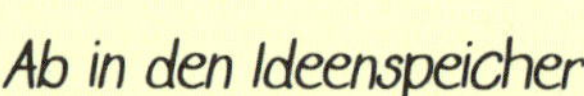

Ab in den Ideenspeicher

Wie immer gilt auch in dieser Phase: Entstehen beim Abarbeiten der Prozess- oder Arbeitsschritte Ideen, die wir erst später im Prozess brauchen können, dann kommen sie in den Ideenspeicher. Erfahrungsgemäß entstehen neben dem besseren Verständnis des Problems oder Engpasses bei den Bedarfsgruppeninterviews auch schon Ideen für deren Lösung. Geht es dann darum, konkrete Lösungen zu erarbeiten, sind die bereits vorhandenen Lösungsideen sehr wertvoll. Also ab mit ihnen in den Ideenspeicher.

Vorsicht Bedarfsgruppendialog

Die Bedarfsgruppeninterviews und -tests sind die wesentlichen und mitentscheidenden Aktivitäten im Spinnovation-Strategieprozess. Und sie sind ein wesentlicher Unterschied zur klassischen Strategieentwicklung. Aber Vorsicht: Sie sind auch gleichzeitig die größte Fehlerquelle. Haltet euch an die Empfehlungen, die wir euch in den folgenden Kapiteln geben. Dann vermeidet ihr mögliche Fehler.

Am Ende der Phase haben wir unser Spezialgebiet gefunden. Eine alleinstellende Kombination aus Nutzen und Bedarfsgruppe. Das dazugehörige neue Geschäftsmodell bauen wir dann in der nächsten Phase und entwickeln dazu eine für alle attraktive Vision.

Stellen wir aber im Bedarfsgruppeninterview fest, dass wir keinen Engpass der Bedarfsgruppen gefunden haben, müssen wir zurück und uns für eine andere Spezialisierungschance aus Phase II entscheiden.

6.3.1 DIE VIER STRATEGISCHEN FRAGESTELLUNGEN IN PHASE III

FELD 1 „NICHT SCHON WIEDER EIN FLOP!?"

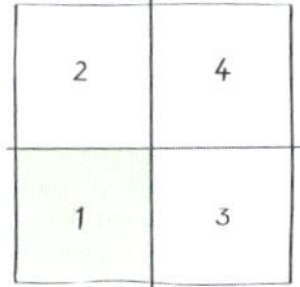

Mit einer strategischen Fragestellung vom Typ 1 kommen wir nur in diese Phase, wenn wir in Phase II davon überzeugt waren, dass unsere Innovation einen echten Nutzen bietet. Jetzt müssen wir zuerst einmal herausfinden, warum die Innovation nicht erfolgreich ist. Im Bedarfsgruppeninterview fragen wir aber auch hier erst einmal um das Problem, das unser Wertangebot lösen soll, herum. Stellt sich im Gespräch heraus, dass unsere Innovation das Problem löst oder lösen kann, klären wir, ob an der Innovation etwas zu verbessern ist. Ist etwas zu verbessern, geht es mit „Prozessschritt III.2: Innovation – ‚Nicht vertracktes' Problem" weiter. Zusätzlich müssen wir in den Interviews auch herausfinden, was die Bedarfsgruppe daran gehindert hat, unser Wertangebot anzunehmen. Welches sind die Gründe für die fehlende Akzeptanz? Ist es die Angebots- oder Darreichungsform oder der Preis? Ist der Nutzen nicht direkt erkennbar oder trifft die Nutzenargumentation nicht? Ist unser Angebot überhaupt der Bedarfsgruppe bekannt und ist man von seiner „Wirksamkeit" überzeugt? Die Antworten auf diese Fragen brauchen wir in der nächsten Phase, um das Geschäftsmodell für unsere Innovation erfolgreich auszubauen. Muss die Innovation aber nicht weiterentwickelt werden, geht es trotzdem mit den Bedarfsgruppentests weiter, um bei der Bedarfsgruppe beispielsweise ein anderes Preismodell, eine andere Nutzenargumentation oder einen neuen Wirksamkeitsnachweis zu überprüfen.

Stellt sich in den Interviews heraus, dass die Innovation kein Problem löst, was leider häufiger der Fall ist, ist dieser Strategieprozess zu Ende.

FELD 2 „LEISTUNG SUCHT NUTZER"

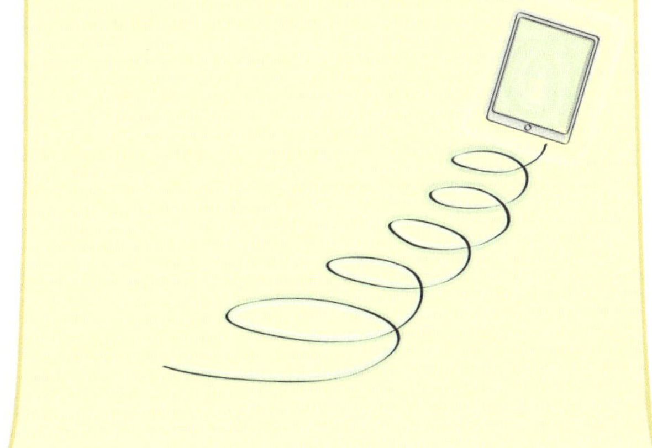

In Phase II haben wir unsere größte Spezialisierungschance identifiziert. Das war die im Bewertungsportfolio „Zahlungsbereitschaft vs. Erreichbarkeit" am besten bewertete Bedarfsgruppe. Als Erstes finden wir heraus, ob diese Bedarfsgruppe den vermuteten Engpass hat, den wir mit unserer Innovation lösen wollen. In den Bedarfsgruppeninterviews müssen wir aber sehr achtsam sein und nicht direkt unsere Innovation anbieten. Es gilt zuerst einmal herauszufinden, ob es das vermutete Problem überhaupt gibt. Gibt es das Problem weder bei dieser noch bei einer der anderen, als „Spezialisierungschancen" bewerteten Bedarfsgruppen, ist dieses Strategieprojekt hier zu Ende.

Keine alleinstellende Innovation ohne Iteration!

Gerade in dieser Phase gibt es „kleine" und gegebenenfalls auch große, phasenübergreifende Iterationsschleifen. Die kleinen sind das iterative Auswerten der geführten Bedarfsgruppeninterviews und Bedarfsgruppentests – wir prüfen, am besten nach jedem Gespräch, ob die Interviewfragen oder der Prototyp auf Basis der gewonnenen Erkenntnissen anzupassen sind.

Haben wir schon alle Spezialisierungschancen aus Phase II bearbeitet und keinen Engpass gefunden? Dann müssen wir weiter im Prozess zurück und uns neue Spezialisierungschancen erarbeiten.

Sind wir sicher, dass es das Problem aus Sicht des Gesprächspartners gibt, können wir später im Gespräch unsere Innovation als Lösung anbieten. Wird sie direkt vom Gegenüber angenommen, sehr gut. Ansonsten müssen wir auch hier herausfinden, was zu verbessern ist. Falls das keine Marginalien sind, gehen wir sie in „Prozessschritt III.2: Innovation – ‚Nicht vertracktes' Problem" an. Zusätzlich klären wir im Interview die Zahlungsbereitschaft, ob unsere Nutzenargumentation zieht und ob man von der Wirksamkeit überzeugt ist.

Muss die Innovation nicht weiterentwickelt werden, geht es mit den Bedarfsgruppentests weiter.

In den Bedarfsgruppentests holen wir uns Rückmeldungen zur weiterentwickelten Innovation (falls Weiterentwicklungen notwendig waren) und zu anderen Fragen ein: beispielsweise zur geplanten Preisgestaltung oder zur Art der Wirksamkeitsnachweise. Unabhängig davon bringt das Bedarfsgruppeninterview noch weitere Erkenntnisse. Wir lernen direkt, wie wir in Kontakt mit der neuen Bedarfsgruppe kommen, und wir erfahren, ob die Chemie stimmt.

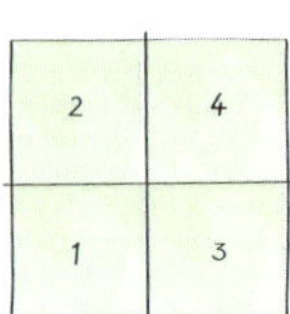

FELD 3 „NEUES FÜR DIE KUNDEN"

Hier starten wir mit den erfolgversprechendsten Spezialisierungschancen aus Phase II. Das sind maximal drei vermutete Engpässe unserer Bedarfsgruppe. Für eine Spezialisierungschance müssen wir uns aber nach den Bedarfsgruppeninterviews entscheiden – das können wir u. a. mit dem Bewertungsportfolio „Zahlungsbereitschaft vs. Problemlösefähigkeit" machen. Mit der ausgewählten Chance durchlaufen wir alle weiteren Prozess- und Arbeitsschritte dieser Phase bis gegebenenfalls auf „Prozessschritt III.3: Innovation – ‚Vertrackter' Engpass". Dieser wird nur bearbeitet, wenn die Lösung des Engpasses ein echt „vertracktes" Problem ist.

FELD 4 „AUF ZU NEUEN UFERN!"

Im Grunde haben wir hier dieselbe Aufgabe wie in Feld 3. Wir haben aus vielen Spezialisierungsideen die erfolgversprechendsten Chancen ausgewählt. Allerdings gibt es zwei Unterschiede zu Feld 3. Erstens hatten wir noch keinen Kontakt zur Bedarfsgruppe. Demnach ist der Grad der Unsicherheit, bezogen auf die vermuteten Engpässe, deutlich höher. Und wir betreten unter Umständen mit der Problemlösung Neuland. Es kann also gut sein, dass wir den Engpass gar nicht mit unseren Stärken und Ressourcen gelöst bekommen. Alles in allem ist das Risiko, dass die Spezialisierungschance zu keinem tragfähigen Spezialgebiet führt, deutlich höher als im Feld 3.

6.3.2 PROZESSSCHRITT III.1: BEDARFSGRUPPENINTERVIEWS

Bis jetzt vermuten wir nur Engpässe bei unserer Bedarfsgruppe, egal ob wir dafür schon eine Lösung bzw. Innovation haben (Feld 1 und 2) oder ob wir noch eine Innovation entwickeln müssen (Feld 3 und 4). Wir wissen es aber nicht. Genau an dieser Stelle unterscheidet sich Spinnovation wesentlich von den meisten anderen Strategiemethoden. Denn damit werden fast immer Strategien auf Vermutungen aufgebaut. Selbst die Ergebnisse eines mehrstufigen und gründlichen Analysierens von Zahlen über Marktgröße, Marktanteile, Nachfragepotenziale etc. sind nichts anderes als  durch die vordergründige Objektivität von Zahlen getarnte Vermutungen. Das soll jetzt aber nicht unser Thema sein. Vielmehr wollen, nein, wir müssen für eine erfolgversprechende Strategie aus diesen Vermutungen belastbare Erkenntnisse machen – und zwar durch direkte Rückmeldungen der Bedarfsgruppen. Und dazu, nichts anderes hilft, müssen du und dein Strategieteam raus aus eurem Unternehmen, „in den Markt", und mit Menschen aus eurer Bedarfsgruppe sprechen. Halt

– jetzt denkst du, das ist ja wohl klar. Ja, vordergründig ist das so. Aber die Erfahrung zeigt, dass kaum ein Unternehmen im Rahmen einer Strategieentwicklung eine ergebnisoffene Diskussion mit Kunden oder mit ihrer Bedarfsgruppe führt. Man muss dazu nämlich raus aus der Komfortzone des eigenen Büros. Und man läuft Gefahr, auf Ablehnung zu stoßen, Ablehnung des Gesprächswunsches, Ablehnung der eigenen Ideen oder Ähnliches. Falls die entwickelten Innovationen keinen echten Nutzen für die Kunden bringen, braucht und will sie keiner. Das Risiko, auf Ablehnung zu treffen, geht niemand gerne ein, da verlässt man sich doch lieber auf objektive Zahlen. Wenn dann die Innovation floppt, findet man schon andere, die dafür verantwortlich sind. Den Vertrieb, das Marketing, die Mitarbeiter, die Berater oder auch die Kunden, welche die Vorteile der Innovation partout nicht begreifen wollen, oder …

Damit uns das nicht passiert, führen wir Bedarfsgruppeninterviews, viele Bedarfsgruppeninterviews. Dabei finden wir heraus, ob unsere Innovation einen Nutzen bietet oder ob unserer Spezialisierungschance ein Engpass zugrunde liegt. Am Ende wissen wir also genau, dass wir das Problem der Bedarfsgruppe richtig verstanden haben, und wir wissen, dass das Problem auch ein Engpass ist. Falls nicht, müssen wir zurück und einen neuen vermuteten Engpass suchen! Falls wir aber einen Engpass gefunden haben, dann wird dieser im nächsten Schritt in eine passende Fragestellung gepackt und dazu herausragende Lösungsideen und konzeptionelle Prototypen entwickelt. Mit den erfolgversprechendsten Prototypen geht es dann so schnell wie möglich in die direkten Bedarfsgruppentests.

Wir haben schon konkrete Vorstellungen, was Engpässe unserer Bedarfsgruppe sein können. Aber das vergessen wir erst einmal. Warum? Gehen wir mit der Vorstellung in die Gespräche, die Engpässe und Probleme der Bedarfsgruppe genau zu kennen, sind wir nicht mehr offen und aufmerksam genug, genau zu zuhören. Das müssen wir aber, um im Interview die tatsächlich größten Probleme der Bedarfsgruppe herauszuhören und zu hinterfragen. Unsere selektive Wahrnehmung verführt nämlich dazu, nur das zu hören oder das Gehörte so zu interpretieren, dass unsere Vermutungen bestätigt werden.

Bedarfsgruppeninterviews und auch die später folgenden Tests sind eine tolle Kombination von Marktforschung und Vertrieb. Wir lernen viel über unsere Bedarfsgruppe und deren Probleme, Bedürfnisse und Wünsche. Und die Bedarfsgruppe lernt unsere große und ehrliche Bereitschaft kennen, ihre Probleme zu lösen. Klar ist, die Interviews finden nur persönlich statt und werden selbstverständlich dokumentiert.

> ### Direkt fragen, auch die Indirekten!
>
> Es ist klar oder absehbar, dass der indirekte Vertrieb eine Option im neuen Geschäftsmodell ist. Oder gibt es Absatzmittler zwischen Unternehmen und Endnutzern? Dann ist es notwendig, mit diesen in den Bedarfsgruppendialog einzusteigen. Denn wenn es uns gelingt, auch für diese indirekte Bedarfsgruppe einen Engpass oder zumindest ein Problem zu lösen, haben wir einen aktiven Verkäufer unserer Produkte an der Seite. Der Dialog mit den Absatzmittlern wird genauso aufgesetzt wie mit der eigentlichen Bedarfsgruppe.

6.3.2.1 ARBEITSSCHRITT III.1A:
INTERVIEWLEITFADEN ERSTELLEN[200]

Die Gespräche mit der Bedarfsgruppe führen wir als halb strukturiertes Interview. Dazu brauchen wir einen Interviewleitfaden. Vorab beantworten wir im Strategieteam im Rahmen einer moderierten Arbeitssitzung die folgenden Fragestellungen:

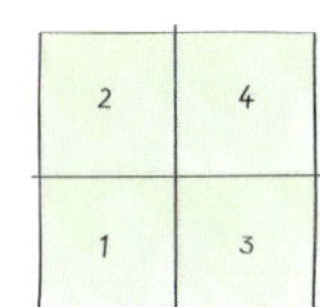

- Welches sind vor dem ersten Gespräch unsere Annahmen bezüglich der Engpässe, Bedürfnisse oder Wünsche unserer Bedarfsgruppe?
- Auf welche Fragen wollen wir konkrete Antworten haben?
- Wo können Widerstände liegen?

[200] Der Prozessschritt orientiert sich an den strategischen Fragestellungen aus Feld 3 und 4, ist aber einfach auf die Fragestellungen aus Feld 1 und 2 zu adaptieren.

- Welche vermuteten Engpässe wollen wir zum Ende des Gespräches zur Diskussion stellen, falls sie nicht von sich aus vom Gesprächspartner angesprochen wurden?

Mit den Arbeitsergebnissen können ein oder zwei Kollegen aus dem Team den Gesprächsleitfaden entwickeln. Beim Ausarbeiten des Leitfadens bitte darauf achten, dass Thesen konkret vorgegeben werden. Vollkommen offene Fragen überfordern die meisten Menschen. Wenn man eine konkrete Frage oder These vorgibt, wird beim anderen automatisch auch die Kritikerfunktion angeregt. „So nicht … stattdessen besser so …" Daraus ziehen wir wichtige Informationen und Erkenntnisse.

Wo möglich, werden die folgenden hilfreichen Fragen und Anmerkungen für die Interviewer eingebaut:

Richtig fragen!

Sicher kennst du das berühmte Zitat von Henry Ford: „Wenn ich die Menschen gefragt hätte, was sie wollen, hätten sie gesagt: Schnellere Pferde." Vor diesem Hintergrund stellst du dir die Frage: „Was kann mir meine Bedarfsgruppe schon Relevantes sagen?" Guter Punkt! Aber es kommt natürlich auch auf die Frage an sich an. Hätte Henry Ford die Menschen gefragt, ob sie schneller und bequemer von einem Ort zum anderen kommen wollen, wäre die Antwort anders ausgefallen Die Menschen hätten sicherlich mit „Ja" geantwortet.

- „Ich brauche Ihre Meinung/Ihre Unterstützung bei folgendem Thema: …"
  Je besser der Engpass schon getroffen ist, desto größer die Gesprächsbereitschaft.
- „Aus meiner Perspektive sind in Ihrer Branche folgende Themen besonders wichtig … liege ich da richtig? Was denken Sie?"
- „Wenn Sie andere Kollegen in Ihrer Branche betrachten, welche Probleme oder Bedürfnisse sehen Sie dort?"
  Die Antworten des Gesprächspartners sind häufig auch die eigenen Themen.
- „Was würden Sie sich an Veränderungen wünschen?"
- „Worüber ärgern Sie sich typischerweise?"
- „Welches Problem wünschen Sie sich?"
  Diese Frage wirkt auf den ersten Blick fehl am Platz, kann aber sehr schnell zum Ergebnis führen. Beispiel: „Ich wünsche mir, ich könnte mich vor Kunden nicht retten!" Dann wäre die nächste Frage „Was brauchen Sie, damit es so weit kommt?"
- „Ich stelle mir folgende Lösung vor … Was halten Sie davon?"
  Hier geht es um die Aktivierung des „Kritikers". Fragen im Anschluss daran sind: „Wie würde Ihre Lösung aussehen?" Oder: „Haben Sie konkrete Vorstellungen?"
  Da können erste Ideen kommen, wie die Lösung aus Sicht der Bedarfsgruppe aussehen kann.[201] Falls ein wichtiger Engpass getroffen wurde, sind erfahrungsgemäß die Vorstellungskraft und Kreativität des Befragten groß. Dann nach weiteren Details der Lösung fragen.
- „Wo würden Sie nach Lösungen für Ihr Problem suchen?"
  Diese Hinweise, die auch in den Ideenspeicher gehören, sind sehr wichtig für die Kommunikation der neuen Lösung.
- „Was wären Sie grob bereit, für eine solche Lösung zu zahlen?" Oder: „Was wäre Ihnen eine solche Lösung wert?"
  Die Antworten sind extrem wichtig. Je höher die Zahlungsbereitschaft, desto größer der Engpass. Insbesondere für die Bewertung von alternativen Engpässen und für das mögliche neue Geschäftsmodell.

Zum Ende des Gesprächs

- „Kennen Sie noch jemanden, beispielsweise aus Ihrem Bekanntenkreis, mit dem ich über das Thema sprechen kann?" Mithilfe dieser Frage kommen wir zu weiteren Gesprächsterminen und weiteren potenziellen Kunden. Allerdings nur, wenn die Person auch zur Bedarfsgruppe gehört.
- „Darf ich Sie noch einmal dazu befragen?" Das ist sehr wichtig für die Bedarfsgruppentests.

---

[201] Diese Ideen kommen beim Auswerten der Interviews direkt in den Ideenspeicher.

6.3.2.2 ARBEITSSCHRITT III.1B:
INTERVIEWS TRAINIEREN

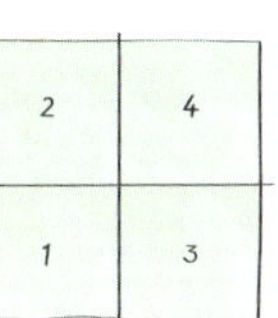

Bei den Bedarfsgruppeninterviews gibt es einige Stolpersteine und Hürden. Machen wir uns diese bewusst und üben im Vorfeld, steht erfolgreichen Gesprächen nichts mehr im Weg.

Welches sind typische Stolpersteine oder Hindernisse?

- Die eigene Unsicherheit über die Gesprächsführung.
- Wir alle haben Angst vor Zurückweisung und gehen dem möglichst aus dem Weg.
- Wir nehmen selektiv wahr.
- Der Interviewpartner ist nicht auskunftsbereit oder ist im Gespräch nicht aufrichtig.
- Es tauchen immer wieder die im Grunde bekannten Probleme auf und der Interviewpartner ist nicht genug an einer Lösung interessiert.

EIGENE UNSICHERHEIT

Das betrifft die große Mehrzahl von uns. Normalerweise sind wir auch auf Einbahnstraßenkommunikation konditioniert. Wie gehen wir damit um?

- Eine gute Planung und der ausgearbeitete Interviewleitfaden sind sehr hilfreich.
- Wir prüfen die eigene Haltung. Wollen wir konsequent anderen dienen und deren Nutzen mehren? Falls ja, sind die Schwellen automatisch niedriger. Anders als bei Kaltakquise und Zwangsbeglückung [202].
- Wir fragen aufrichtig um Hilfe oder Unterstützung.
- Und vor allem müssen wir eins machen: die Interviews trainieren.

EIGENE SELEKTIVE WAHRNEHMUNG

Häufig wollen wir nur darin bestätigt werden, dass wir recht mit unseren Vermutungen haben. Der Gesprächspartner stellt sich unterbewusst darauf ein und antwortet entsprechend. So erfahren wir nur das, was wir schon zu glauben wissen. Aber nichts wirklich Neues.

Wie können wir damit umgehen?

- Wir machen uns selbst das Phänomen bewusst und nehmen gedanklich eine andere Perspektive ein.
- Bei der Auswertung der Gespräche die gewonnen Erkenntnisse unter dem Gesichtspunkt „selektive Wahrnehmung" kritisch hinterfragen.
- Die Interviews werden von mehreren Zweierteams durchgeführt.
- In den Interviews paraphrasieren wir: „Habe ich richtig verstanden, dass …" Anschließend wiederholen wir, was wir glauben verstanden zu haben.

ÜBEN UND TRAINIEREN

1. Zuhören
Richtiges Zuhören ist einer der Schlüssel für erfolgreiche Bedarfsgruppeninterviews. Nutzt folgende Übung dazu:
Bildet Zweierpärchen. Am besten zwei Kollegen, die sich noch nicht so gut kennen. Jeder überlegt sich seine ungewöhnlichste Freizeitbeschäftigung. Dann interviewt ihr euch jeweils 12 Minuten zu eurer ungewöhnlichsten Freizeitbeschäftigung. Findet beispielsweise heraus, was den anderen daran so fasziniert. Beachtet dabei zwingend die Spielregeln:
- Der Fragesteller darf nur Fragen stellen.

---

202 Siehe S. 168.

- Er leistet unter gar keinen Umständen eigene Beiträge (wie zum Beispiel „Ah, interessant, das habe ich auch schon mal probiert.") oder Bewertungen, egal welcher Art.

Nach 12 Minuten wechseln die Rollen.

2. Rollenspiel

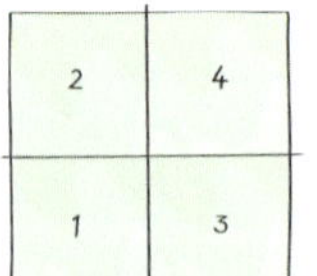

Wie ihr das konkret organisiert, hängt auch davon ab, wie viele Kollegen Interviews führen werden. Haltet möglichst die folgenden Vorgaben ein. Es interviewen immer zwei Kollegen einen anderen, der die Rolle des externen Gesprächspartners spielt. Einer der Interviewer stellt die Fragen aus dem echten Interviewleitfaden, der andere dokumentiert die Antworten. Das Interview dauert 20 Minuten. Danach wird für 10 Minuten über die Gesprächsart und den -verlauf reflektiert. Der Interviewte soll sich möglichst realistisch verhalten. Mal uninteressiert, mal bestätigend, mal kritisierend etc. Diejenigen, die bei den echten Interviews dabei sein werden, sollen zwei Probeinterviews führen.

Führt auch die ersten Interviews mit weniger wichtigen Gesprächspartnern. Die voraussichtlich wichtigsten und ergiebigsten Gesprächspartner sollten eher gegen Ende der Interviewrunde eingeplant werden. Dann habt ihr schon ausreichend Erfahrungen gesammelt.

6.3.2.3 ARBEITSSCHRITT III.1C:
INTERVIEWS ORGANISIEREN

Jetzt braucht ihr Termine für die Bedarfsgruppeninterviews. Bei Kunden oder, noch schlimmer, bei Nicht-Kunden anzurufen und nach einem Gesprächstermin zu fragen ist für viele schon eine echte Hürde. Diese Hürde nehmen wir spielerisch mit dem MiniSpiel „Zuhören für die Goldmedaille", das haben wir schon im Detail im Kapitel 5.6.3 „Spinnification – Teams spielend motivieren"[203] kennengelernt. Alle Informationen für den Spielplan findest du dort.

> *Nochmals in aller Klarheit!*
>
> Führt ihr nicht genug ergebnisoffene Bedarfsgruppengespräche, werdet ihr mit sehr großer Sicherheit keinen konkreten Engpass eurer Bedarfsgruppe treffen. Und eure Innovation wird ein Flop.

6.3.2.4 ARBEITSSCHRITT III.1D:
INTERVIEWS DURCHFÜHREN

> *Wer führt die Interviews?*
>
> Auf jeden Fall die Kollegen aus dem Strategieteam, die wollen. Erfahrungsgemäß sind das in der jetzigen Phase des Strategieprozesses alle. Denn jetzt wird es ja richtig spannend. Kollegen aus dem Vertrieb können auch gerne mit von der Partie sein. Dann bildet aber Pärchen aus Vertriebskollegen und Kollegen aus dem Strategieteam.

Klar ist, dass der vorbereitete Interviewleitfaden im Gespräch genutzt wird. Die Interviews sind auf jeden Fall zu zweit zu führen. Einer fragt, der andere hat die Beobachterrolle und dokumentiert. Er interveniert auch, falls notwendig. Extrem wichtig ist es, im Gespräch darauf zu achten, wo Spannungen und Emotionen bei den Gesprächspartnern liegen. Emotionen sind der Wegweiser zu Engpässen und Problemen. Spürt der Beobachter Spannungen, auf die der Interviewer nicht eingeht, muss er intervenieren. Beispielsweise mit der Frage: „Können wir auf den letzten Punkt noch einmal eingehen? Den habe ich nicht richtig verstanden." Der Interviewer muss nachhaken, falls branchenübliche Phänomene oder scheinbar Unabänderliches genannt wird. Viele Innovationen sind aus dem Wunsch entstanden, scheinbar Unabänderliches zu ändern.

---

[203] Siehe S. 75.

Falls ein wichtiger Engpass getroffen ist, muss der Interviewer die Vorstellungskraft und Kreativität des Befragten mit den Fragen „Wie genau muss die Lösung aussehen?" oder „Haben Sie konkrete Vorstellungen?" anregen.

Ist der Interviewpartner nicht auskunftsbereit oder aufrichtig, weil er beispielsweise vor sich selbst und vor anderen nicht zugeben will, ein für ihn selbst nicht lösbares Problem zu haben? Oder weil er ein bestimmtes Selbstbild aufrechterhalten will? Dann bittet ihn mit einer aufrichtigen Haltung um Hilfe. Zeigt souverän die eigene „Schwäche": „Helfen Sie mir bitte weiter, ich bekomme immer wieder die gleiche Antwort. Woran kann das liegen?".

Unmittelbar nach dem Interview sollen die beiden Kollegen ihre Eindrücke austauschen und das Gespräch reflektieren. Gab es über das Dokumentierte hinaus noch wichtige Erkenntnisse? Falls ja, sind die Aufzeichnungen direkt zu ergänzen.

> ### Führe selbst einige Interviews
>
> Ist es für dich nicht selbstverständlich, selbst Interviews zu führen oder zu begleiten? Wir empfehlen dir sehr, mit raus zur Bedarfsgruppe und zu den Kunden zu gehen. Verschaffe dir einen unmittelbaren Eindruck über deren Probleme und Engpässe.

DEN LEITFADEN UND DIE GESPRÄCHSFÜHRUNG ITERATIV WEITERENTWICKELN

Spinnovation lebt von seinem iterativen Ansatz, auch in diesem Prozessschritt. Je nachdem, wie viele Interviews ihr insgesamt führt und wie viele Interviewer unterwegs sind, müsst ihr die Zwischenauswertungen organisieren. Pragmatisch ist es, nach einem Drittel der Interviews auszuwerten und dann wieder nach dem zweiten Drittel.

Organisiert dafür eine moderierte Arbeitssitzung. Alle Kollegen aus dem Strategieteam und die, die „draußen" waren, nehmen teil. Alle Interviewer berichten von ihren Gesprächen anhand ihrer Notizen. Reflektiert gemeinsam die gemachten Erfahrungen. Was hat gut funktioniert? Welche Schwierigkeiten mussten wir überwinden? Worauf sind die Gesprächspartner angesprungen? Welche neuen Engpässe haben wir gefunden? Welche tieferen Problemebenen haben wir entdeckt? Wo müssen wir in den nächsten Interviews tiefer einsteigen? Haben sich unsere vermuteten Engpässe und Probleme bestätigt? Wie müssen wir den Interviewleitfaden anpassen?

Waren die Gespräche insgesamt unergiebig, kann das mehrere Gründe haben. Vielleicht waren es einfach die falschen Gesprächspartner. Führt die Interviews bis zum Ende durch. Hat sich nichts an der Qualität der Ergebnisse geändert, macht die Stichprobe größer. Bringt das nichts, passt vermutlich die Bedarfsgruppe oder das Problem nicht. Wertet das gemeinsam in einer Arbeitssitzung aus und prüft, ob es Hinweise auf andere, von euch bisher noch nicht gefundene Problembereiche gibt.

6.3.2.5 ARBEITSSCHRITT III.1E: „PROBLEM" BESCHREIBEN

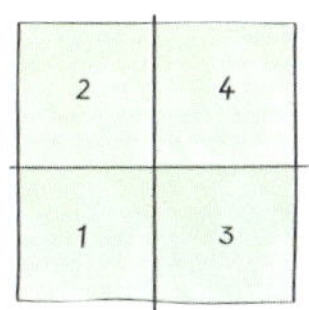

Mit jedem geführten Interview hat sich euer Problemverständnis verbessert und der Interviewleitfaden wurde präziser. Ihr habt viele Informationen und Erkenntnisse zu den vermuteten Problemen mitgebracht. Dann werten wir diese jetzt aus. Das Ganze in einer moderierten Arbeitssitzung, an der das Strategieteam und die sonstigen Interviewer teilnehmen. Nehmt euch ausreichend Zeit, um die folgenden Fragen zu beantworten:

- Haben sich die vermuteten Probleme, die Spezialisierungschancen, bestätigt?
- Was hat sich an den vermuteten Problemen nach den geführten Interviews geändert?
- Welche für uns neuen Probleme haben wir gefunden?

Schreibt am Ende der Diskussion alle gegebenenfalls überarbeiteten und neu gefundenen Probleme auf Post-its. Falls die Interviews auch mögliche Lösungsideen gebracht haben, kommen sie auf

Post-its in den Ideenspeicher. Die brauchen wir im nächsten Prozessschritt. Haben sich die Probleme grundlegend geändert oder sind neue dazugekommen, bewerten wir das Ganze noch einmal neu. Wie in „Prozessschritt II.3: Spezialisierungschancen"[204] mit den Bewertungsportfolios „Motivation vs. Marktgröße" und „Zahlungsbereitschaft vs. Problemlösefähigkeit". Ihr müsst aber davon überzeugt sein, das Problem eurer Bedarfsgruppe richtig verstanden zu haben. Und, sehr wichtig: Ihr müsst auch sicher sein, dass das Problem ein echter Engpass ist, der die Entwicklung eurer Bedarfsgruppe maßgeblich negativ beeinflusst. Falls das nicht der Fall ist, müsst ihr euch noch einmal auf die Suche nach einem echten Engpass machen.

Gibt es am Ende mehrere Engpässe im Feld „Spezialisierungschancen", müsst ihr euch entscheiden. Habt ihr einen klaren Favoriten, dann ist die Entscheidung gefallen. Andernfalls diskutiert ihr die Alternativen. Findet ihr keinen sinnvollen Konsens, bist du als Chef und Entscheider gefragt und wählst den Engpass aus, mit dem ihr weiter im Prozess arbeitet.

Zum Abschluss beschreibt ihr mit ein paar wenigen Worten oder Sätzen den ausgewählten Engpass und die dazugehörige Bedarfsgruppe. Zusätzlich fasst ihr beides in Form der folgenden Frage „Wie können wir, …, für die ‚Bedarfsgruppe' lösen?"[205] zusammen. Dokumentiert alles auf einem Flipchart.

> ## Was haben wir jetzt erreicht?
>
> Ihr habt den größten Engpass eurer Bedarfsgruppe gefunden. Zahlungsbereitschaft ist vorhanden. Ihr wollt das Problem lösen und ihr seid überzeugt, es lösen zu können. Gratulation! Der Grundstein für eure ganzheitliche Spezialisierung und ein erfolgreiches Geschäftsmodell ist gelegt.

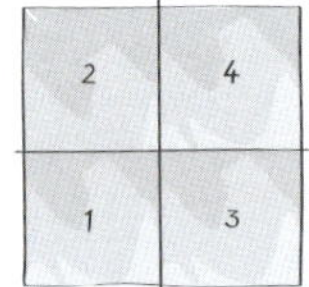

6.3.3 PROZESSSCHRITT III.2: INNOVATION – „NICHT VERTRACKTES" PROBLEM

Gibt es für den ausgewählten Engpass eurer definierten und eng umrissenen Bedarfsgruppe Lösungsideen im Ideenspeicher? Oder liegt die Lösung mehr oder weniger auf der Hand? Dann arbeitet diesen Prozessschritt durch. Gibt es keine Ideen oder scheint das Problem echt verzwickt zu sein, dann macht direkt mit „Prozessschritt III.3: Innovation – ‚Vertrackter' Engpass"[206] weiter. Liegt euer Fall irgendwo dazwischen, habt ihr die Wahl. Besprecht im Strategieteam, wie ihr konkret weitermacht.

Führt ihr diesen Prozessschritt durch, werden im ersten Arbeitsschritt Problemlösungen bzw. Innovationen entwickelt und daraus dann ein oder mehrere konzeptionelle[207] Prototypen gebaut. Mit denen geht es dann in den Bedarfsgruppentest.

---

204 Siehe S. 139.
205 Führt ihr den Spinnolution-Lösungsworkshop durch, ist diese Frage eure „Design Challenge".
206 Siehe S. 155.
207 Konzeptionelle Prototypen machen eine Idee „nur" verständlich, erlebbar oder begreifbar. Sie „funktionieren" aber nicht im Sinne ihres eigentlichen Einsatzzwecks.

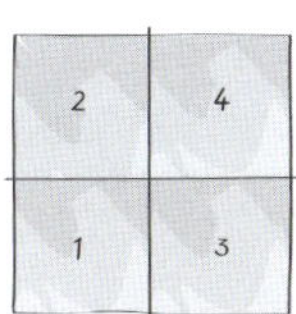

6.3.3.1 ARBEITSSCHRITT III.2A: PROBLEMLÖSUNG ENTWICKELN UND INNOVIEREN

Denkt immer daran, eine Innovation im Sinne von Spinnovation muss nichts Großes sein. Entscheidend ist nur, dass sie den Engpass der Bedarfsgruppe löst oder zumindest eine Verbesserung im Engpass bewirkt.

Wie geht ihr vor? Die Problemlösung entwickelt ihr in einer moderierten Arbeitssitzung. Hängt das Flipchart mit der Beschreibung des Problems und der Bedarfsgruppe aus dem letzten Arbeitsschritt gut sichtbar in den Besprechungsraum. Dann formuliert ihr die Aufgabenstellung fürs Brainstorming: „Wie können wir, …, für die Bedarfsgruppe lösen?"[208]. Jeder Teilnehmer schreibt 10 Minuten lang seine Ideen auf Post-its, wie das Problem gelöst werden kann. Danach klebt ihr sie ans Flipchart. Kombiniert sie gleich so, dass daraus Lösungen entstehen. Tauchen bei den Teilnehmern dabei weitere Ideen auf, schreiben sie diese ebenfalls auf Post-its. Die Post-its kommen dann später auch ans Flipchart. Seid ihr damit durch, dann nehmt den Ideenspeicher und geht die passenden Ideen durch. Sind dort neue Ideen enthalten oder entstehen spontan neue, ergänzt damit die schon vorhandenen Lösungsansätze auf dem Flipchart. Erfahrungsgemäß gibt es jetzt bis zu drei valide Lösungsansätze. Bewertet die verschiedenen Lösungsideen mit Klebepunkten. Jeder Teilnehmer bekommt fünf Klebepunkte, die er beliebig auf die Lösungsansätze verteilen kann. Vergesst nicht, alles auch per Foto zu dokumentieren. Es kann gut sein, dass wir auf die anderen Lösungsansätze zurückkommen müssen. Sind alle damit einverstanden, für den am besten bewerteten Lösungsansatz einen Prototyp zu bauen? Dann geht es mit „Arbeitsschritt III.2b: Prototyp erstellen" weiter. Besteht keine Einigkeit, entscheidest du.

Ihr seid von euren erarbeiteten Lösungsideen nicht überzeugt? Dann führt eine Spinnsession durch. Häufig reicht das schon aus.

Thema der Spinnsession:	*„Wie können wir das Problem - für die Bedarfsgruppe lösen?"*
Inhaltlicher Input für die Spinnsession:	*Problembeschreibung* *Beschreibung der Bedarfsgruppe*
Dauer der Präsentation des Inputs:	*15 min*
Anfangsthese 1:	*„Das Problem können wir doch gar nicht lösen!"*
Anfangsthese 2:	*„Eigentlich ist die Lösung des Problems doch ganz einfach. Sie liegt auf der Hand."*
Fragestellungen Perspektive 1:	*Welche Lösungsideen gibt es?* *Was müssen wir dafür leisten?*
Spalten Dokumentationsformular Perspektive 1:	*„Lösungsidee", „Was müssen wir dafür leisten?"*
Fragestellung Perspektive 2:	*Welche Fähigkeiten brauchen wir für die Lösung?*
Spalten Dokumentationsformular Perspektive 2:	*„Lösungsidee", „Was müssen wir dafür können?"*

Die Ergebnisse der Spinnsession wertet ihr im Strategieteam aus. Beschreibt die entstandenen Lösungsideen und bewertet sie wie vorne beschrieben. Mit dem Favoriten geht's dann im nächsten Arbeitsschritt weiter.

---

208 Ihr könnt dafür auch alternativ die Methode „Negatives Brainstorming" nutzen. Siehe Anhang S. 235.

Von den neuen Lösungsideen immer noch nicht überzeugt? Dann bearbeitet das zu lösende Problem mit dem „Spinnolution"-Workshop aus Kapitel 6.3.4[209].

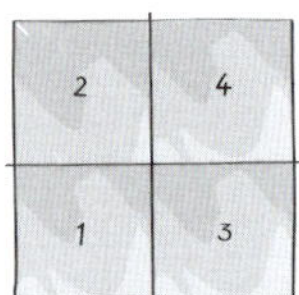

6.3.3.2 ARBEITSSCHRITT III.2B: PROTOTYP ERSTELLEN

Ihr habt euch für eine Lösungsidee entschieden, dann wird dafür jetzt ein konzeptioneller[210] Prototyp erstellt. Ist eure Problemlösung ein Produkt, eine Dienstleistung oder die Kombination aus beidem? Für ein physisches Produkt baut ihr den Prototyp aus Bastelmaterialien.[211] Ist es eine Dienstleistung, beschreibt ihr sie als Dienstleistungskonzept[212]. Ist es eine Kombination aus beiden, erstellt ihr beides.

Es gibt allerdings auch Dienstleistungen, die sich nicht sinnvoll als Service Blueprint darstellen lassen. Dazu gehören Beratungsleistungen, beispielsweise in der Organisations- und Personalentwicklung, der Technologieberatung oder im Bereich der Strategie. In diesen Fällen beschreibt eure Dienstleistung als „Angebot". Wichtig ist, dass der potenzielle Kunde gut erkennt, was ihr macht, wie ihr es macht und was es für ihn bewirkt. Untergliedert zum besseren Verständnis die Leistungen in einzelne Module. Packt das Ganze am Ende in eine Angebotspräsentation oder in eine Angebotsstruktur, die ihr so an Kunden geben würdet.

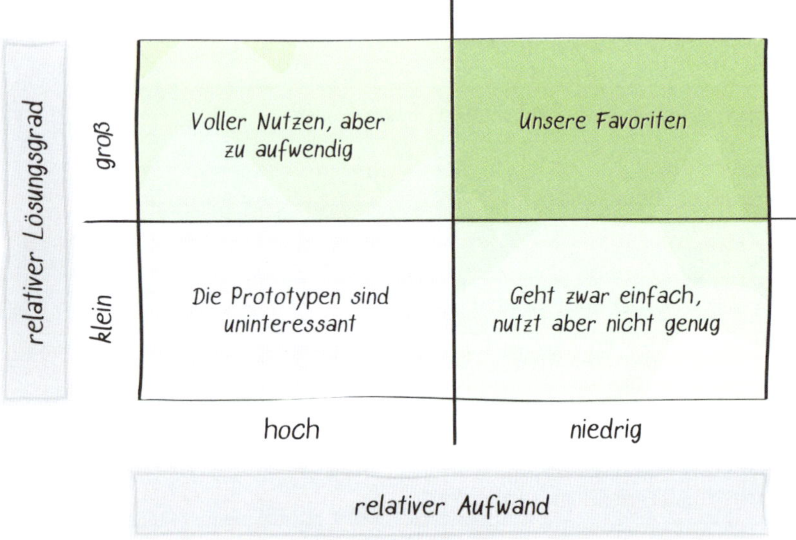

Abbildung 25: Entscheidungsportfolio „Prototyp"[214]

WIE GEHT IHR AM BESTEN VOR?

Organisiert zuerst das Material[213] zum Erstellen des Prototyps. Teilt das Strategieteam in drei Gruppen. Zuerst baut jede Gruppe für sich in 30 Minuten einen ersten Prototyp. Dann stellt jede Gruppe ihren Prototyp dem kompletten Team vor. Nach jeder Vorstellung gibt es eine Feedbackrunde. Jeder sollte zuerst sagen, was ihm an der Umsetzung gefällt, und dann Hinweise geben, was ergänzt oder verbessert werden kann. Haben alle Gruppen ihren Prototyp vorgestellt, gibt es wieder 30 Minuten Zeit, um ihn weiterzuentwickeln. Dann wird wieder vorgestellt und Feedback gegeben. Jetzt könnt ihr gemeinsam entscheiden, ob noch eine Weiterentwicklungsrunde notwendig ist. Sind die Prototypen entscheidungsreif, bekommt jeder aus dem Team sechs Klebepunkte, die er frei verteilen kann. Mit dem am besten bewerteten geht es in den Bedarfsgruppentest.

---

209 Siehe S. 155.

210 Konzeptionelle Prototypen machen eine Idee „nur" verständlich, erleb- oder begreifbar. Sie „funktionieren" aber nicht im Sinne ihres eigentlichen Einsatzzwecks.

211 Liste mit Bastelmaterial, siehe Anhang S. 238.

212 Was ein Dienstleistungskonzept ist, wie es funktioniert und wie man es zum Prototypbau einsetzt, ist ab S. 165 kurz beschrieben.

213 Entweder das Bastelmaterial, die Vorlage für den Service Blueprint (siehe Anhang S. 237) oder eure Angebotsvorlage.

214 Druckvorlage auf www.spinnovation-strategie.de

Alternativ könnt ihr auch das obige Entscheidungsportfolio einsetzen. Die beiden Dimensionen sind:

- Relativer Lösungsgrad des Problems (Kundennutzen)
- Relativer Aufwand für die Realisierung der Innovation

Gibt es rechts oben im Quadranten einen Favoriten, geht es mit dem weiter. Sind mehrere Prototypen rechts oben sehr eng zusammen, dann entscheidet mit der vorher beschriebenen Punktemethode.

6.3.4 PROZESSSCHRITT III.3:
INNOVATION – „VERTRACKTER" ENGPASS

Du arbeitest deinen Strategieprozess Schritt für Schritt anhand des Buches durch und warst schon mal an dieser Stelle? Kein Problem, dann weißt du bereits, wie du im Lösungsworkshop „Spinnolution" kreativ mit deinen Mitarbeitern zusammenspielst. Falls du das erste Mal den Prozessschritt durchläufst, dann freue dich darauf. Du wirst sehen, wie viel Spaß es macht, vertrackte Probleme mit deinem Team zu lösen und was für herausragende Ergebnisse du damit erzielen kannst.

Am Ende von 6.3.2.5 „Arbeitsschritt III.1f: ‚Problem' beschreiben" habt ihr den Engpass eurer Bedarfsgruppe in folgende Fragestellung gepackt: „Wie können wir, … , für die ‚Bedarfsgruppe' lösen?". Die Lösung des Engpasses liegt aber nicht auf der Hand. Im bisherigen Prozess sind auch keine Lösungsideen entstanden, auf denen ihr aufsetzen könnt. Oder es gab erfolgversprechende Prototypen, die aber beim Bedarfsgruppentest durchgefallen sind. Dann ist der „Spinnolution"-Lösungsworkshop genau der richtige Ansatz und die oben beschriebene Fragestellung wird zur „Design Challenge".

Du bist das erste Mal in deinem Strategieprozess hier, falls …

… bisher keine erfolgversprechenden Lösungsideen entstanden sind, die Lösung des Engpasses deiner Bedarfsgruppe also wirklich „vertrackt" ist, oder

… es in den vorangegangenen Schritten erfolgversprechende Lösungsideen gab, die aber beim Bedarfsgruppentest „durchgefallen" sind und du für die Lösung des Engpasses jetzt die geballte kreative Kraft deiner Organisation brauchst.

Du hast in deinem Strategieprozess schon einmal diesen Prozessschritt bearbeitet, falls …

… die Lösung für das „vertrackte" Problem, die du mit deinem Team im ersten Lösungsworkshop erarbeitet hast, bei der Bedarfsgruppe durchgefallen ist.

Wir erinnern uns: Ein vollständiger Design-Thinking-Workshop oder komplettes Design-Thinking-Projekt durchläuft die Phasen „Verstehen", „Beobachten", „Standpunkt", „Ideen", „Prototyp" und „Test".[215] Das Workshop-Format „Spinnolution" umfasst davon die Phasen „Standpunkt", „Ideen" und „Prototyp". Zusätzlich nutzen wir im Spinnolution-Lösungsworkshop weitere wesentliche Design-Thinking-Elemente, um in einer sehr kreativen Arbeitsatmosphäre bestmögliche Lösungen zu erarbeiten. Das, was in einem klassischen Design-Thinking-Prozess vorher in den Phasen „Verstehen" und „Beobachten" erarbeitet wird, haben wir schon im bisher durchgeführten Spinnovation-Strategieprozess geleistet.

Im Spinnolution-Lösungsworkshop findet ihr für eure Design Challenge erfolgversprechende Lösungsideen und baut konzeptionelle, erlebbare Prototypen. Mit diesen Prototypen führt ihr danach die Bedarfsgruppentests durch.

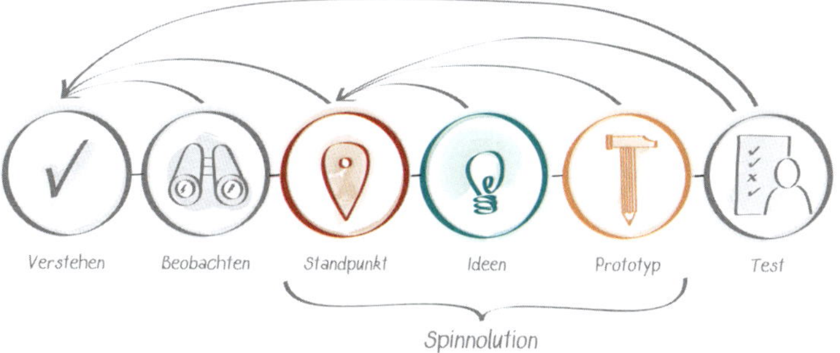

---

215 Siehe S. 79.

WIE GENAU FUNKTIONIERT DER LÖSUNGSWORKSHOP UND WIE SETZT DU IHN AUF?

Der Coach spielt, wie generell im Design Thinking, auch im Spinnolution-Lösungsworkshop eine sehr wichtige Rolle. Zur persönlichen Vorbereitung des Coaches gehört, dass er alle Informationen zu Design Thinking und zum Spinnolution-Lösungsworkshop in diesem Buch durcharbeitet und sich seiner Rolle im Workshop bewusst wird. Er bereitet den Workshop vor. Dazu gehört die Organisation der notwendigen Räume, der Ausstattung und des benötigten Materials[216], die Einladung der Teilnehmer – gemeinsam mit dir – und die Überprüfung und ggf. Anpassung der Agendavorlage[217] auf eure Design Challenge. Im Workshop selbst moderiert und steuert er den Prozess und das Team. Er stellt dem Team am Anfang des Workshops Design Thinking als Methode vor, erklärt das Timeboxing und erläutert die zum Einsatz kommenden Tools. Er sorgt auch dafür, dass die Zeitlimits eingehalten werden und dass die Zwischenergebnisse den Weg auf die Ergebnisboards finden. Am Ende des Workshops erstellt er die Foto-Dokumentation und verteilt sie anschließend.

Und das alles macht der Coach noch „nebenbei", er …

… unterbindet jegliche Kritik.

… lässt kein „aber" zu. „Aber" ist strikt durch ein „und" zu ersetzen.

… springt ein, falls das Team nicht die Clusterüberschriften auf die Metaplanwand oder ans Flipchart schreibt.

… achtet darauf, dass die Post-its mit maximal zwei Schlagwörtern deutlich und leserlich beschriftet werden.

… motiviert die Teilnehmer, ihre Ideen auf den Post-its auch mit einer Skizze zu visualisieren.

… stellt sicher, dass beim Brainstorming jedes Post-it den Weg auf die Metaplanwand oder ans Flipchart findet.

… macht es vor: Nach jeder Präsentation gibt es Szenenapplaus!

Deine Rolle im Lösungsworkshop

Jetzt zu deiner Rolle: Als Chef kannst du auf drei Arten am Lösungsworkshop teilnehmen. Du bist gar nicht dabei, weder als Coach noch als Teilnehmer. Du vertraust damit voll und ganz der kreativen Kraft deiner Mitarbeiter und der Methode. Dazu gehört viel Mut und Vertrauen. Vorteilhaft ist, dass du mit deinen Ideen und Beiträgen nicht den ganzen Workshop bewusst oder unbewusst beeinflusst und es deswegen keine „objektive" und multidisziplinäre Lösung gibt. Aber Vorsicht! Falls du mit den Lösungen, die erarbeitet werden, nicht einverstanden bist und diese im Nachgang nicht weiter verfolgst, dann war's das. Der Prozess der neuen,

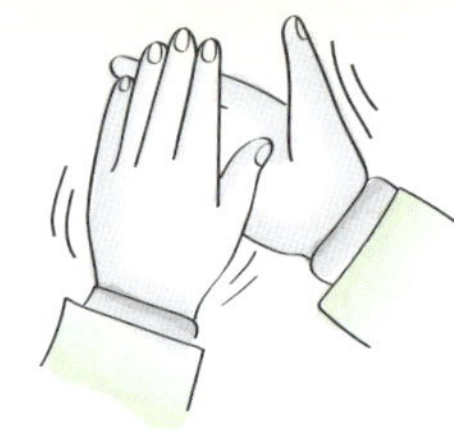

spielerischen Strategieentwicklung und des damit verbundenen kulturellen Wandels endet genau an dieser Stelle.

Du moderierst als Coach den Lösungsworkshop. Aber auch hier Vorsicht! Du darfst unter keinen Umständen inhaltlich Einfluss nehmen, sonst vergibst du alle Chancen auf wirklich neue und erfolgversprechende Lösungen. Hier brauchst du also auch Mut und Vertrauen. Von Vorteil ist, dass du das Team methodisch unterstützen und dabei helfen kannst, sauber durch den Prozess und zu herausragenden Lösungen zu kommen. Damit hast du einen sehr großen Einfluss auf die Qualität der Ergebnisse, nicht auf deren Inhalt.

Oder nimm einfach als Teilnehmer am Workshop teil. Hier kann es aber immer noch leicht passieren, dass du oder deine Mitarbeiter die Hierarchie nicht vor der Tür lassen und am Ende nur deine Ideen favorisiert und für gut befunden werden. Das musst du unter allen Umständen vermeiden, sonst nutzt du nicht die Kreativität deines multidisziplinären Teams. Stelle am Anfang klar, dass du im Workshop Teil des Teams und nicht der Chef bist. Wirf deine Ideen in den Ring, baue auf den Ideen der anderen auf und spiel einfach mit – nur so gewinnen am Ende alle. Und halte dich zwingend an die Workshopregeln – machst du das nicht, ist die notwendige kreative Atmosphäre dahin. Alle haben den Chef als Vorbild, ob du das willst oder nicht. Wenn du beispielsweise Kritik übst, dann legitimiert das alle anderen auch dazu.

---

216 Grundausstattung und Material für Plenarräume und je Teamraum, siehe Anhang S. 238.
217 Minutengenaue Agendavorlage, siehe Anhang S. 229.

Wir empfehlen dir, beim Workshop mit dabei zu sein. Aber nicht als Coach, bringe dich als normaler Teilnehmer mit deinem Wissen, deiner Erfahrung und deiner Kreativität ein. In diesem Fall brauchst du natürlich jemand anderen als Coach.

Dein Team

Wie viele Menschen können hier nun kreativ zusammen spielen? Ein effektives Design-Thinking-Team hat fünf bis sieben, aber auf keinen Fall mehr als neun Mitglieder. Hast du mehr als neun Mitarbeiter für den Workshop vorgesehen oder brauchst du mehr, um die notwendige Vielfalt zu erreichen, dann mache daraus zwei Workshop-Teams. Das bringt eine Menge Vorteile und zusätzlichen Spaß – die Unterschiedlichkeit der Lösungsvorschläge von zwei Teams bringt fast immer das Ergebnis nach vorne. Bei zwei Teams brauchst du dann noch einen zweiten Coach und ein oder zwei weitere Räume.

Wie sieht nun das Workshop-Team aus? Ist dein Strategieteam, der Kern des Workshop-Teams, schon ausreichend vielfältig zusammengesetzt und bringen die Mitglieder die entsprechenden Eigenschaften mit? Falls ja, sehr gut! Falls nicht, auch kein Problem. Dann ergänze das Workshop-Team gezielt mit Mitarbeitern, welche die Lücken füllen. Damit trägst du auch das Strategieprojekt und diese neue Methode noch weiter ins Unternehmen und es verstehen immer mehr die neue Art des Zusammenspielens und -arbeitens. Achte aber darauf, dass die zusätzlichen Mitarbeiter auch tatsächlich motiviert sind, die „Design Challenge" anzunehmen, sonst werden sie schnell zu Spielverderbern. Bei mehr als neun Workshopteilnehmern mache zwei Teams daraus.

Bei zwei Workshop-Teams sind drei Räume, zwei Teamräume und ein Plenumraum[218] mit entsprechender Grundausstattung und Material[219] ideal. Falls ihr einen Plenumraum einrichten könnt, beginnen und enden dort die Workshop-Tage mit allen Teilnehmern. Hier treffen sich die beiden Teams auch im Plenum gemäß Agenda, um neue Prozessschritte und Methoden kennenzulernen und um Zwischenstände aus der Teamarbeit mit den anderen zu teilen. Zur Ausstattung des Raumes gehören selbstverständlich Sitzgelegenheiten für alle Teilnehmer sowie ein Beamer und ein großer Timer. Gibt es bei euch keinen Raum, den ihr als Plenumraum nutzen könnt, dann nutzt den geeigneteren der beiden Teamräume dafür.

Erfahrungsgemäß funktioniert ein Lösungsworkshop mit 12 Teilnehmern, aufgeteilt in zwei Teams, am besten. Entsprechend haben wir das unten folgende Setup auf 12 Teilnehmer ausgelegt – es funktioniert auch mit bis zu 18 Teilnehmern, maximal neun je Team. Für die beiden Teams brauchst du je einen Coach. Und denke daran, dass bei 18 Teilnehmern die Coaches die Agendazeiten dort anpassen, wo sie teilnehmerbezogen sind – beispielsweise in der Vorstellungsrunde oder beim Feedback. Ansonsten teilen sich die 9er-Teams bei entsprechenden Aufgaben in je drei 3er-Gruppen.

Also, das Workshop-Team besteht mit dir aus 12 Mitgliedern, unterteilt in zwei Teams zu je sechs – achte dabei mit den Coaches darauf, dass beide Teams maximal heterogen und vielfältig sind. Beide Teams bearbeiten dieselbe Fragestellung, besser gesagt Design Challenge, zeitweise parallel, zeitweise zusammen. Für die Gruppenarbeit innerhalb der Teams gibt es entweder zwei 3er-Gruppen oder drei 2er-Gruppen. Wann wie genau aufzuteilen ist, wird bei den einzelnen Methoden beschrieben.

Timeboxing

Beschafft für das „Timeboxing" am besten spezielle Timer, übergroße Eieruhren. In der ausführlichen Workshop-Beschreibung sind alle Arbeitsschritte in Timeboxen eingeteilt.[220] Die Coaches erklären am Anfang im Plenum, was Timeboxing ist und wie der Timer dabei genutzt wird. Außerdem

---

218 Bei zwei Teams finden bestimmte Agendapunkte zusammen in Plenum statt.
219 Grundausstattung und Material für Plenumraum und je Teamraum, siehe Anhang S.238.
220 Lösungsworkshop „Spinnolution" – Ablauf, Zeitvorgaben und Timeboxen, Anhang ab S.231.

kündigen sie bei den einzelnen Aufgaben immer genau an, wie viel Zeit zur Verfügung steht. Und ganz wichtig, die Coaches müssen konsequent auf die Einhaltung der Zeitlimits achten und die Arbeit am Ende der vorgegebenen Zeit abbrechen. Falls es vorkommt, dass tatsächlich deutlich mehr Zeit benötigt wird als vorgesehen und die erwarteten Ergebnisse es rechtfertigen, dann bestimmen die Coaches einen neuen Zeitrahmen.

Design Challenge

Die Design Challenge, lösungsoffen und nutzerzentriert formuliert und mit Bezug auf eine spezifische Nutzergruppe[221], habt ihr schon in die Fragestellung „Wie können wir, …, für die ‚Bedarfsgruppe' lösen?" gepackt. Eine ganz wichtige Voraussetzung fürs Gelingen.

Design Thinking ist, wie Spinnovation auch, eine iterative Methode. Das Zurückspringen in schon abgearbeitete Phasen oder Arbeitsschritte ist jederzeit erlaubt. Das Team entscheidet, ob ein Zurückspringen beispielsweise wegen neu gewonnener Erkenntnisse notwendig ist.

DER ABLAUF DES SPINNOLUTION-LÖSUNGSWORKSHOPS IM DETAIL

Für den Lösungsworkshop haben wir aus der Vielzahl der im Design Thinking genutzten Methoden bewusst diejenigen ausgewählt, die es unabhängig von Design Thinking schon lange gibt, die leicht verständlich und vermittelbar sind und die auch Coaches moderieren können, die wenig oder keine Erfahrung mit Design Thinking haben.

Für einen Lösungsworkshop musst du in Summe mindestens 1,5 Tage vorsehen.

i) „Einführung und ‚Eisbrecher'"

i.1 Begrüßung

Die Coaches[222] begrüßen alle Workshop-Teilnehmer im Plenum, erklären kurz, wo ihr im Spinnovation-Strategieprozess steht und stellen die „Design Challenge" für den Workshop vor.

Gesamtzeit: 10 Minuten

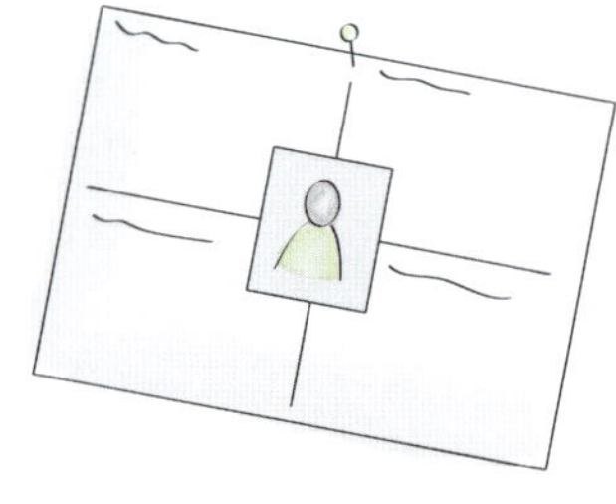

i.2 Vorstellungsrunde

Die Vorstellungsrunde im Plenum dient zum Kennlernen der Teilnehmer, auch falls „man sich schon lange kennt". Es hilft, sich aufeinander einzustimmen und mögliche Barrieren abzubauen. Die Coaches verteilen die Vorlage für die Vorstellungsrunde.[223] Jeder Teilnehmer trägt oben seinen Namen und seine Tätigkeit ein und füllt die vier Felder

- meine Ziele/Erwartungen,
- meine Erfahrungen mit Design Thinking oder Kreativtechniken,
- meine geheime Superpower,
- mein Kryptonit[224]

aus. Jeder stellt sich vor und hängt danach seine ausgefüllte Vorlage an das von den Coaches vorbereitete Teamboard. Dann schreibt er seinen Vornamen auf ein Stück Kreppband und klebt es sich gut sichtbar an die Brust.

Gesamtzeit: 17 Minuten

---

221 Pauline Tonhauser: Design Thinking Workshop (eBook), Berlin 2015.
222 Findet der entsprechende Agendapunkt im Plenum statt, sprechen wir von „den Coaches". Wird der Punkt parallel in den beiden Teams bearbeitet, sprechen wir vom „Coach".
223 Siehe Anhang S. 231.
224 Kryptonit ist in den Superman-Geschichten eine wesentliche Schwachstelle der Superhelden.

i.3 Eisbrecher „Menschliche Maschine"

Die Coaches teilen das Team mit der „1, 2, 3-Methode"[225] in vier Gruppen zu je drei Personen ein und verteilen an jede Gruppe einen vorbereiteten Zettel. Auf den Zetteln steht jeweils eine Maschine: „Kaffeemaschine", „Waschmaschine", „Küchenmaschine" und „Saftpresse" – gerne könnt ihr auch eigene Alternativen verwenden! Die Coaches nennen die Regeln für das Spiel: Die Maschine muss von allen Teammitgliedern gemeinsam dargestellt werden, sich bewegen und Geräusche machen. Innerhalb von drei Minuten legt jede Gruppe für sich fest, wie sie die Maschine darstellen will. Dann startet die Präsentationsrunde und die anderen erraten jeweils, welche Maschine präsentiert wird. Am Ende reflektiert ihr gemeinsam, was aus der Aktion gelernt wurde.

Gesamtzeit: 23 Minuten

i.4 Design Thinking – Einführung in die Methode

Die beiden Coaches geben eine kurze Einführung in Design Thinking. Hierzu erstellen sie am besten eine Präsentation mit den Informationen aus Kapitel 5.6.4 „Design Thinking", gerne auch erweitert um selbst recherchierte Punkte. Wichtig: Sie stellen auch die Design-Thinking- und Workshop-Regeln anhand eines vorbereiteten Flipcharts vor. Und sie weisen die Teilnehmer darauf hin, im weiteren Verlauf des Workshops immer alle Ergebnisse an die entsprechend markierten Ergebnisboards zu hängen.

Gesamtzeit: 25 Minuten

ii) Standpunkt

ii.1 Die Persona – der idealtypische Nutzer

Im bisherigen Strategieprozess haben sich die Mitglieder deines Strategieteams sehr ausführlich mit eurer Bedarfsgruppe beschäftigt und im Bedarfsgruppeninterview den zu lösenden Engpass im Detail herausgearbeitet. Jetzt werdet ihr zur Vorbereitung und Einstimmung auf mögliche Problemlösungen die bisherigen Erkenntnisse zu den Bedarfsgruppen in Form von Personas – eine je Bedarfsgruppe – verdichten, zusammenfassen und dokumentieren. Es geht also darum, die wichtigsten Erkenntnisse über die Bedarfsgruppe herauszufiltern, Muster zu erkennen und zu beschreiben. Automatisch wird dabei das Unwichtige aussortiert und übrig bleibt euer prototypischer Nutzer.

Wir beschreiben im Lösungsworkshop die „Persona" mit folgenden Kriterien[226]:

Demografie – Alter, Wohnort, Familienstand, Bildung etc.

Bild – Foto (aus dem Internet), das die Persona am besten abbildet

Persönlichkeit – introvertiert/extrovertiert, analytisch/kreativ, konservativ/liberal, passiv/aktiv

Ziele – Welche konkreten Ziele hat die Persona?

Berufliche Funktion und Verantwortlichkeit – berichtet an wen, ist wie lange in der Funktion etc.

Aufgaben – Welche beruflichen Aufgaben muss sie erfüllen?

Biografie – kurze Geschichte über das tägliche Leben

Motivation – Belohnung, Angst, Leistung, Wachstum, Macht, soziale Anerkennung (jeweils auf einer Skala 1 bis 10).

Medien- und Kanalpräferenzen – am häufigsten genutzte Informationsquellen und -geräte.

---

225 Der Coach zählt die Teilnehmer in einer Richtung mit 1, 2, 3 durch. Alle „1er" bilden eine Gruppe, genauso wie die „2er" und „3er".
226 Nach URL: http://xtensio.com/wp-content/uploads/2016/02/Xtensio_Tool_UserPersona2V2-min.png. Stand: 14.03.2017.

Probleme, Bedürfnisse, Wünsche – Frustrationen, Bedenken und Befürchtungen, Grenzen, Herausforderungen etc.

Vor dem Workshop bereiten die Coaches anhand der Vorlage[227] leere Persona-Plakate vor, mindestens in DIN A2. Beide Teams fangen an, mit kleinen Post-its das Plakat bzw. die Persona mit Leben zu füllen. Über mehrere Feedbackrunden, entweder im Team oder im Plenum, werden die Personas weiterentwickelt. Am Ende hat jedes deiner Teams seine eigene Team-Persona.

Gesamtzeit: 95 Minuten

ii.2 Überprüfung der zum Problem formulierten Fragestellung

Ihr prüft im Plenum, ob die nach den Bedarfsgruppeninterviews formulierte zentrale Fragestellung, d.h. eure Design Challenge, noch passt. Gegebenenfalls müsst ihr sie wegen der zwischenzeitlich gewonnenen Erkenntnisse aus der Entwicklung der Personas anpassen. Selbstverständlich gelten immer noch die gleichen Kriterien für die Design Challenge. Sie muss lösungsoffen formuliert und nutzerzentriert sein und sich auf eine spezifische Nutzergruppe beziehen.

Zeitbedarf: 15 Minuten

iii) Ideen

iii.1 Warmup Ideen I „Visualisierung"

Bisher habt ihr ausschließlich analytisch gearbeitet. Jetzt ist es an der Zeit, auch richtig kreativ zu werden. Die passende Warmup-Aufgabe lautet: „Visualisiert innerhalb von 15 Minuten die Workshop-Spielregeln auf großen Post-its. Nutzt dafür jeweils ein Logo, ein Label, ein Diagramm, ein Porträt, ein Piktogramm, ein Cartoon oder was auch immer passt." Es kommt hier nicht auf die zeichnerische, sondern auf die kreative Qualität an. Jeder Teilnehmer präsentiert seine Zeichnungen und klebt sie in der vorgegebenen Reihenfolge auf ein vom Coach vorbereitetes Arbeitsflipchart. Hängen alle, bestimmt ihr durch das Kleben von Punkten je Regel (immer ein Punkt pro Regel für jeden Teilnehmer), welches die jeweils beste, den Kern treffendste Visualisierung ist. Die beste Visualisierung wird dann zur passenden Design-Thinking- und Workshop-Spielregel an das Flipchart gehängt.

Gesamtzeit: 45 Minuten

iii.2 Brain Dump

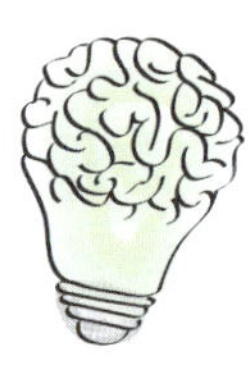

Mit dem Brain Dump steigen wir in die Phase „Ideen" ein. Der Brain Dump macht das Wissen, die Gedanken und die Ideen der Teammitglieder zum Arbeitsthema sichtbar und schafft einen gemeinsamen Ausgangspunkt für die Lösung der Design Challenge. Obwohl es noch nicht darum geht, Ideen für die Lösung der Design Challenge zu generieren, können hier trotzdem schon Lösungsideen entstehen. Diese werden kurz auf Post-its dokumentiert und später weiter bearbeitet. Am Ende dieses Schrittes habt ihr ein gemeinsames Bild und seid gedanklich voll im Thema angekommen. Das Thema des Brain Dump kann die Design Challenge oder ein Teil der Problemstellung sein. Das wird im Vorfeld von den Coaches festgelegt und das Arbeitsthema auf ein Arbeitsboard geschrieben. Auf Zeichen des Coaches fangen die Teammitglieder an, alle Begriffe, die ihnen zum Arbeitsthema einfallen, jeweils auf ein Post-it zu schreiben. Nach drei Minuten gibt der Coach ein Zeichen und alle beginnen, die Begriffe vorzulesen. Fallen den Teilnehmern dabei neue Begriffe ein, kommen diese auch auf Post-its. Nach insgesamt sechs Minuten beendet der Coach diese Phase. In dieser Phase dürft ihr unter keinen Umständen diskutieren! Dafür hat der Coach zu sorgen.

Klebt danach gemeinsam die Post-its an ein Arbeitsboard und sortiert dabei die Begriffe thematisch. Übergeordnete Themen können beispielsweise sein: Herausforderungen, Ressourcen, Voraus-

227 Siehe Anhang S. 236.

setzungen etc. Die werden aber nicht vorgegeben, sondern sind Teil des Arbeitsergebnisses des Teams. Falls schon Lösungsideen dabei sind, kommen diese in einen dafür vorgesehenen Bereich des Arbeitsboards, den Ideenspeicher.

Gesamtzeit: 20 Minuten

iii.3 Brainstorming & Stealing

Auch in Design-Thinking-Prozessen wird Brainstorming für das Generieren von Lösungsideen eingesetzt. Dabei gelten die gleichen Regeln wie beim klassischen Brainstorming. Das Team muss zunächst schnell möglichst viele Ideen aufschreiben oder besser aufmalen. Und wie bei jedem guten Brainstorming muss der Moderator das Bewerten von Ideen unterbinden. Das gilt insbesondere für die vermeintlichen Experten im Team. Erfahrungsgemäß tun sich die meisten Unternehmen mit disruptiven Ideen schwer, weil der Ideenfindungsprozess an Experten delegiert ist, die nicht mehr aus ihrer eingefahrenen Gedankenwelt und Expertensicht herauskommen. Entstehen trotzdem grundlegend neue Ideen, werden diese im Weiteren häufig durch die Unternehmenshierarchien blockiert. Ein Design-Thinking-Workshop ist immer eine große Chance, diese Blockaden bewusst zu durchbrechen. Gelingt es dem Coach aber nicht, bei der Ideengenerierung die volle Ergebnisoffenheit sicherzustellen, spart man sich am besten den ganzen Aufwand.

Wir nutzen in unserem Lösungsworkshop die Methode „Brainstorming & Stealing". Die Teilnehmer schreiben mit maximal zwei Schlagwörtern oder besser malen und skizzieren innerhalb von fünf Minuten fünf Ideen, welche die Design Challenge entweder vollständig oder teilweise lösen. Danach werden die Ideen am Arbeitsboard vom Ideengeber kurz vorgestellt und vom Team gruppiert. Die Kriterien dafür können ganz unterschiedlich sein, etwas vorzugeben macht keinen Sinn. Auch hier können sich du und deine Coaches sicher sein, dass die Teams immer etwas Passendes finden. Danach entwickelt jeder Teilnehmer seine Ideen weiter und nutzt bzw. „stiehlt" dafür die Ideen der anderen. Die weiterentwickelten Ideen werden wieder am Arbeitsboard vorgestellt und gruppiert. Dann kommt noch ein dritter und letzter Durchlauf.

Nach dieser letzten Runde entwickelt das Team gemeinsam aus den aufgehängten Ideen verschiedene Lösungen für die Design Challenge. Dokumentiert werden diese Lösungen durch das Zusammenhängen von Post-its – entweder von schon vorhandenen oder von weiterentwickelten. Ergänzend können auch neue Post-its erstellt werden. Das Ganze passiert auf einem eigenen Arbeitsboard. Am Ende habt ihr drei bis fünf Lösungen erarbeitet.

Die so entwickelten Lösungen werden im nächsten Schritt im Plenum vorgestellt und Feedback eingeholt. Zurück im Teamraum entwickeln die Teams ihre Lösungen aufbauend auf dem Feedback weiter. Zum Abschluss überträgt das Team seine verschiedenen Lösungen auf das Ergebnisboard.

Gesamtzeit: 135 Minuten

Alternativ kann hierzu auch das „Negative Brainstorming" eingesetzt werden.

Zusammen mit den Coaches kannst du im Vorfeld überlegen, welche Methode am besten zu eurer Fragestellung und zum Team passt. Negatives Brainstorming kann vor allem etwas bringen, wenn das Problem schon sehr oft außerhalb des Workshops ergebnislos diskutiert wurde. In der Moderation ist die Methode einfacher, weil es per se keine Kritik geben kann. Deutlich anspruchsvoller ist es dann, die negativen Ideen in Lösungen für die Design Challenge zu überführen.

Negatives Brainstorming

Beim negativen Brainstorming ist es erlaubt, richtig negativ zu sein. Im ersten Schritt werden Ideen gesammelt, die das zu lösende Problem verschlimmern und nicht lösen. Die kreativen Lösungsideen entstehen dann, wenn die negativen Ideen ins Positive umgedreht werden. Gerade die, die gerne kritisieren, begeistert diese Kreativtechnik. Je schlimmer und erbarmungsloser die Ideen werden, desto besser.[232]

---

228 Weitere Details zum negativen Brainstorming, siehe Anhang S. 235.

ABSCHLUSSRUNDE 1. TAG

Die Abschlussrunde findet im Plenum statt. Reflektiert in loser Runde gemeinsam das Erlebte, teilt positive Eindrücke und äußert offene Wünsche. Jeder Teilnehmer kommt an die Reihe und hat maximal eine Minute Zeit. Er beginnt einen Satz mit „Mir hat gefallen …" und einen zweiten mit „Ich wünsche mir …". Das Feedback wird getrennt nach „Mir hat gefallen …" und „Ich wünsche mir …" auf zwei Flipcharts notiert, ohne zu werten. Die Coaches erklären zuerst, wie die Abschlussrunde „funktioniert", und beginnen selbst mit ihrem Feedback.

Jetzt kommt noch eine Besonderheit von Design Thinking. Am Ende eines Workshops oder eines Workshop-Tages räumt ihr alle gemeinsam auf. Die Coaches sollten nicht vergessen, rechtzeitig darauf hinzuweisen.

BEGINN 2. TAG

Die Begrüßung findet im Plenum statt und startet mit einer kurzen Runde „Ich wünsche, dass …" und „Ich trage dazu bei …". Wie auch zum Abschluss des ersten Tages beginnen die Coaches. Jeder Teilnehmer kommt zu Wort und hat wieder maximal eine Minute Zeit.

Bevor es in die Teamräume geht, erläutern die Coaches kurz, warum es jetzt wie weitergeht. Mit der Methode „Brainstorming & Stealing" habt ihr zwar schon viele Lösungsideen erarbeitet, aber bei den Teilnehmern hat der Vortag mit seinen Übungen, Sichtweisen und Ideen unterbewusst nachgewirkt und weitergearbeitet. Jetzt geht es darum, dieses unbewusst neu Entstandene zum Vorschein zu bringen. Dazu wird, nach dem passenden Aufwärmtraining, eine assoziative Methode für die weitere Ideengenerierung eingesetzt.

Gesamtzeit: 20 Minuten

iii.4 Warmup Ideen II „Storytelling – Rundlaufgeschichte mit Begriffen"

Mit dieser Übung trainiert ihr, Geschichten zu erzählen, zu assoziieren und auf vorher Gesagtem aufzubauen.

Der Coach erklärt die Übung und verteilt die vorbereiteten Zettel mit folgenden Stichpunkten:

- Ein Geschenk für deine Mutter
- Dein Lieblingssportler
- Ein Verbrechen
- Eine Touristenattraktion
- Dein Lieblingsfach in der Schule
- Ein Tier

Als erstes notiert jeder Teilnehmer auf dem Zettel seine sechs Begriffe zu den vorgegeben Fragen. Dann beginnt der Coach die Geschichte mit: „Es war einmal vor langer, langer Zeit als ich ein höchst ungewöhnliches Ding fand …" Er übergibt an den Teilnehmer links neben ihm, der der Geschichte einen Satz hinzufügt und dabei einen Begriff von seinem Zettel benutzt. Dann geht es im Uhrzeigersinn weiter, bis alle Teilnehmer alle Begriffe von ihren Zetteln benutzt haben. Jeder Begriff eines Teilnehmers darf dabei nur einmal eingesetzt werden.

Gesamtzeit: 20 Minuten

iii.5 Storytelling – Erzähle eine Geschichte rund um die Lösung

Erfahrungsgemäß entstehen überraschend lösungsorientierte Geschichten, wenn die Aufgabe der Teilnehmer lautet: „Erzähle eine Geschichte, die etwas mit der Lösung zu tun hat und in der die Begriffe ‚B1', ‚B2', ‚B3' und ‚B4' vorkommen." Lassen die Teilnehmer ihren Gedanken, vor dem Hintergrund der bisher durchgearbeiteten Prozessstufen, freien Lauf, entstehen automatisch Assoziationen rund um die Lösung des Problems. In den Geschichten werden oft unbewusst Akteure geschaffen, die prototypisch für die Bedarfsgruppen sind und die uns zur Lösung des Problems führen.

Die Methode „Erzähle eine Geschichte" findet in den Teams statt. Der Coach teilt das Team mit der 1, 2-Methode in zwei 3er-Gruppen ein.

Gruppe 1 bekommt die Aufgabe: „Erzählt eine Geschichte, die etwas mit der Lösung zu tun hat und in der die Begriffe Urlaub, Essen, Lkw und Fußball vorkommen."

Gruppe 2 bekommt die Aufgabe: „Erzählt eine Geschichte, die etwas mit der Lösung zu tun hat und in der die Begriffe Bahn, Politik, Gefängnis und Tennis vorkommen."

Ihr könnt auch gerne im Vorfeld andere Begriffe festlegen. Beide Gruppen haben zehn Minuten Zeit, die Geschichte vorzubereiten. Danach wird die eigene Geschichte der jeweils anderen Gruppe erzählt. Achtet darauf, welche Lösungsideen darin vorkommen und welche Lösungsideen beim Zuhören entstehen. Die Lösungsideen werden auf Post-its notiert und skizziert. Sind die beiden Erzählrunden abgeschlossen, entwickelt das gesamte Team aus den Post-its mindestens drei Lösungen und hängt diese an das Ergebnisboard.

Gesamtzeit: 40 Minuten

iii.6 Auswahl prototypfähiger Lösungsideen (Ideenevaluation)

Um die Lösungsideen verständlich, erlebbar oder begreifbar zu machen, werden konzeptionelle[229] – keine funktionalen – Prototypen entwickelt. Diese unterstützen die Vorstellungskraft und dienen auch zum schnellen Testen der Idee im Team. Leider gibt es keine zuverlässige Methode, um zu bestimmen, für welche Idee sich ein Prototyp lohnt. Auch hier gelten „Trial and Error" und das Iterationsprinzip. Wir machen es uns an dieser Stelle aber erst einmal einfach. Jeder Teilnehmer erhält so viele Klebepunkte, wie es Lösungsideen auf dem Ergebnisboard gibt. Die Punkte kann er beliebig auf die Lösungsideen verteilen. Vorher verweist der Coach noch einmal auf die erarbeitete Persona. Für die müssen die Lösungsideen am Ende passen. Für die Idee mit den meisten Punkten (Idee Nr. 1) und für den Außenseiter, d. h. die Idee mit den wenigsten Punkten (Idee Nr. 3), werden Prototypen gebaut. Die zweit- und die drittbeste Idee werden zu „Idee Nr. 2" kombiniert und auch weiter bearbeitet. Das Team wird in drei 2er-Gruppen eingeteilt. Jede der Gruppen bekommt nun eine Idee zugelost per zusammengefalteten Zetteln, auf denen „1", „2" oder „3" steht.

Falls die so ausgewählten Ideen bzw. Prototypen im weiteren Prozess, beispielsweise beim Bedarfsgruppentest, „durchfallen", dann werden aus den im 1. Schritt nicht ausgewählten Ideen die nächsten bestimmt, ggf. weiterentwickelt und dafür dann wiederum Prototypen entwickelt. Also nicht vergessen, die Ideen zu dokumentieren – auch per Foto.

Gesamtzeit: 15 Minuten

iv) Prototyp

Je nachdem, ob es sich bei der Problemlösung um ein Produkt, eine Dienstleistung oder die Kombination aus beiden handelt, gibt es unterschiedliche Prototyping-Techniken. Die folgenden sind auch nur eine Auswahl, werden aber sehr häufig benutzt.

Modellbau – für physische Produkte werden Prototypen aus Bastelmaterialien erstellt.

Dienstleistungskonzept (Service Blueprint) – die Dienstleistung wird aus Sicht des Kunden und des Anbieters detailliert beschrieben.

229 Konzeptionelle Prototypen machen eine Idee „nur" verständlich, erleb- oder begreifbar. Sie „funktionieren" aber nicht im Sinne ihres eigentlichen Einsatzzweckes.

Rollenspiel – in einem Rollenspiel wird gezeigt, wie der Kunde das Produkt oder den Service nutzt.

Nachricht in der Zukunft – in Form eines abgedruckten Interviews mit einem Kunden wird beschrieben, wie das Produkt oder die Dienstleistung in der Zukunft funktioniert.

Visueller, später klickbarer Dummy – bei einer App bzw. einer Anwendung werden die verschiedenen Oberflächen des Programms mit buntem Papier visualisiert. Später wird daraus ein einfacher, klickbarer Dummy erstellt.

Es geht darum, die Idee verständlich, begreif- und erlebbar zu machen. Die Prototypen werden iterativ, aufbauend auf Feedback, weiterentwickelt.

Wir konzentrieren uns im Weiteren auf die beiden Methoden „Modellbau" und „Dienstleistungskonzept". Sind eure Problemlösungen physische Produkte, geht es mit „a) Produkt/Modellbau" weiter, sind es Dienstleistungen, macht mit „b) Dienstleistung/Service Blueprint" weiter. Der jeweilige Zeitbedarf ist derselbe, sodass keine Änderungen an der Agenda notwendig sind. Ist die Problemlösung eine Kombination aus Produkt und Service, erstellt man für beides Prototypen. Das Zusammenspiel von Produkt und Service macht man dann am besten in einem Rollenspiel deutlich und erlebbar.

a) Produkt/Modellbau

iv.1a) Warmup Prototyp „Bastele deinen Nachbarn"

Auch für den Modellbau machen wir uns richtig warm – die kindliche Bastelzeit liegt ja für die meisten Teilnehmer schon viele Jahre zurück. Die Aufgabe lautet: „Bastele mit dem Material für den Prototypenbau deinen rechten Nachbarn, sodass seine wahrgenommene Persönlichkeit herausgestellt wird." Die Ergebnisse werden, nach der kurzen Vorstellung im Team auf einem vorbereiteten Tisch neben die Pausengetränke gestellt.

Gesamtzeit: 25 Minuten

iv.2a) Prototypen

Die schon eingeteilten 2er-Gruppen bauen mit dem Prototypenmaterial die Prototypen für ihre zugeloste Idee. Danach werden die Prototypen im Plenum vorgestellt und jeweils Feedback gegeben. Auf Basis des Feedbacks werden dann die Prototypen noch einmal überarbeitet.

Gesamtzeit: 110 Minuten

iv.3a) Auswahl Prototypen für den Bedarfsgruppentest

Die überarbeiteten Prototypen werden noch einmal kurz im Plenum präsentiert. Der Hauptfokus liegt auf der Weiterentwicklung nach der letzten Feedbackrunde.

Zum Abschluss der inhaltlichen Arbeit des Lösungsworkshops werden aus den sechs erstellten Prototypen drei ausgewählt, mit denen der Bedarfsgruppentest gestartet wird. Diesmal erhält jeder Teilnehmer sechs Klebepunkte, die er beliebig auf die verschiedenen Prototypen verteilen kann.

Gesamtzeit: 20 Minuten

---

230 Siehe Anhang S. 238.

> ### Material zum Prototypenbau und Prototyping-Bereich
>
> Eine Liste mit Material für den Prototypenbau, findest du im Anhang[234]. Am besten richtet ihr einen Prototyping-Bereich ein, in dem die Teams Zugriff auf das gesamte Material haben. Dazu könnt ihr Regale oder beigestellte Tische nutzen. Falls ihr einen Plenumraum habt, dann ist dort dafür der richtige Platz. Falls nicht, müsst ihr euch eine andere Lösung überlegen, beispielsweise auf dem Flur vor den Teamräumen. Auf keinen Fall einen der Teamräume selbst nutzen, dort stört es nur. Je mehr unterschiedliche Materialien vorhanden sind, umso vielfältigere und passendere Prototypen könnt ihr bauen. Also spart nicht am Material, das zahlt sich am Ende nicht aus.

b) Dienstleistung/Service Blueprint

Der Dienstleistungsprototyp wird mit der Methode „Service Blueprinting" erstellt bzw. beschrieben. Sie ist eine schematische Darstellung einer Dienstleistung mit allen Details aus Sicht der Kunden und des Anbieters bzw. Dienstleisters. Der Service Blueprint zeigt dabei, wie die verschiedenen Komponenten eines Services ineinander verzahnt sind. Die Dienstleistung wird anhand folgender Kriterien dargestellt:

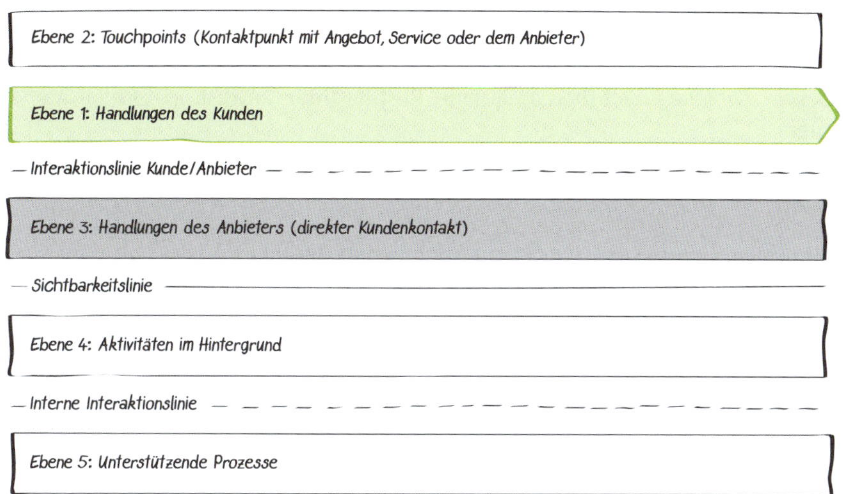

Abbildung 26: Service Blueprint – Prozessebenen[231]

Folgendes Beispiel zeigt, wie ein Dienstleistungsprototyp aussieht und wie die Darstellungsform „funktioniert".

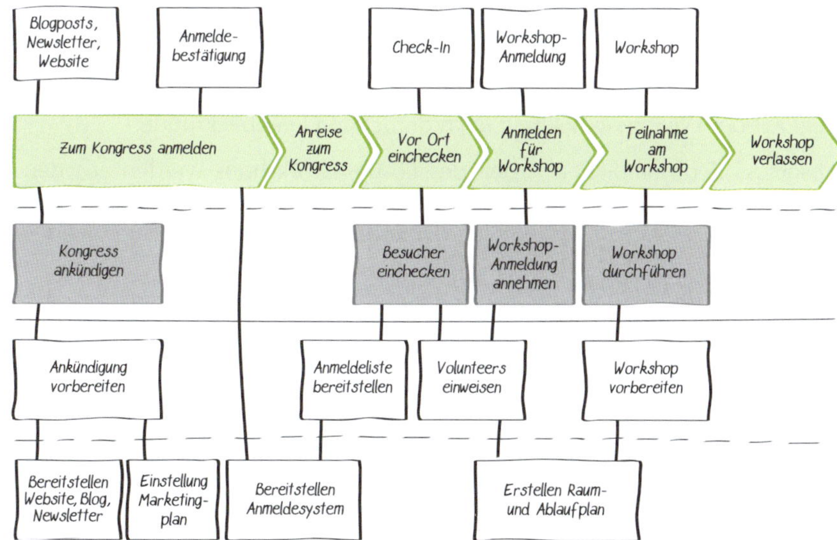

Abbildung 27: Beispiel Service Blueprint „Workshop-Teilnahme bei einem Kongress"[231]

231 André Lehmann, Scott Robinson: Service Blueprinting. Nachhaltige Services kollaborativ gestalten. 2012. URL: www.2012.wud-berlin.de/programm/slides/workshop-service-blueprinting.pdf. Stand: 14.03.2017.

iv.1b) Warmup Prototyp „Service Blueprint Lösungsworkshop"

Auch für den Service Blueprint müssen wir uns geeignet warm machen. Die Teilnehmer erhalten die Aufgabe, den „Lösungsworkshop" von „der Einladung bis zur Verabschiedung im Plenum" in der Form eines Service Blueprints darzustellen.

Touchpoints und Aktivitäten werden nach folgender Logik auf verschiedene Post-its geschrieben.

Touchpoints: orangefarbene Post-its

Kundenaktivitäten: grüne Post-its (hier: Workshop-Teilnehmer)

Aktivitäten des Anbieters, sichtbar: hellblaue Post-its (hier Workshop-Organisator bzw. Coach/ Unternehmen)

Aktivitäten des Anbieters, im Hintergrund: gelbe Post-its (hier Workshop-Organisator bzw. Coach/ Unternehmen)

Die Teilnehmer werden in drei 2er-Gruppen eingeteilt. Jede Gruppe erhält vom Coach eine vorbereitete DIN-A3-Vorlage „Service Blueprint"[232]. Die Gruppen schreiben die Aktivitäten auf die entsprechend farbigen Post-its und kleben sie in die passende Ebene der Vorlage. Danach werden die Blueprints präsentiert.

Gesamtzeit: 25 Minuten

iv.2b) Service Blueprints

Die drei 2er-Gruppen erstellen nun mit derselben Methodik den Blueprint für den jeweils zugeloste Idee. Dazu werden die von den Coaches vorbereiteten und verteilten DIN-A2-Vorlagen „Service Blueprint" und die Post-its in der gleichen Art genutzt wie beim Warmup. Zum Abschluss der ersten Runde werden die Blueprints im Plenum vorgestellt und jeweils Feedback gegeben. Auf Basis des Feedbacks werden dann die Blueprints noch einmal überarbeitet.

Gesamtzeit: 110 Minuten

iv.3b) Auswahl Service Blueprints für den Bedarfsgruppentest

Die überarbeiteten Service Blueprints werden noch einmal kurz im Plenum präsentiert. Der Hauptfokus liegt auf der Weiterentwicklung nach der letzten Feedbackrunde.

Zum Abschluss der inhaltlichen Arbeit des Lösungsworkshops werden aus den sechs erstellten Service Blueprints drei ausgewählt, mit denen der Bedarfsgruppentest gestartet wird. Diesmal erhält jeder Teilnehmer sechs Klebepunkte, die er beliebig auf die verschiedenen Service Blueprints verteilen kann.

Gesamtzeit: 20 Minuten

v) Verabschiedung

Die Abschlussrunde des Lösungsworkshops findet wieder in lockerer Runde im Plenum statt. Jeder Teilnehmer gibt Feedback zum Workshop in Form der Aussagen „Mir hat gefallen …" und „Ich wünsche mir …". Die Coaches fangen an.

Nach der Feedbackrunde kannst du aus der Rolle des Teilnehmers heraustreten und dich bei deinen Mitarbeitern für die tolle Arbeit, das große Engagement und die großartigen Ideen bedanken – aber nur, wenn du es tatsächlich so empfindest. Ansonsten lass es bitte. Aber du solltest auf jeden Fall ankündigen, dass das Strategieteam jetzt mit den drei ausgewählten Prototypen in die Bedarfsgrup-

---

[232] Vorlage „Service Blueprint", siehe Anhang S. 237.

pentests geht. Bitte weise darauf hin, dass die Ergebnisse und Erkenntnisse aus den Bedarfsgruppentests selbstverständlich auch in den Ergebnisbereich kommen.

Gesamtzeit: 15 Minuten

Und ganz zum Schluss räumt ihr wieder zusammen auf.

AGENDAÜBERSICHT FÜR DEN LÖSUNGSWORKSHOP „SPINNOLUTION"[233]

Phase	Agendapunkt	Inhalt	Beginn
1. Tag			10:00
Einführung	Begrüßung durch Coaches	Stand Strategieprozess Vorstellung der Design Challenge	10:00
	Vorstellungsrunde	Jeder stellt sich anhand der Vorlage vor	10:10
	„Eisbrecher"	Menschliche Maschine	10:27
	Design Thinking	Einführung in Methode und Regeln	10:50
Standpunkt	Einleitung Persona	Erklärung Persona, Einteilung Gruppen	11:15
		Pause ohne Handys	11:25
	Persona	Erstellen Persona über mehrere Runden	11:40
	Überprüfung Design Challenge	Passt Problem und Fragestellung noch?	12:55
	Mittagspause	Salat, Obst ... im Plenumraum	13:10
	Abschluss Persona	Anpassen Persona, Übertrag Ergebnisboard	14:00
Ideen	Warmup Ideen I	Visualisieren der Design-Thinking-Regeln	14:10
	Brain Dump	Wissen, Gedanken, Ideen des Teams zum Arbeitsthema	14:55
		Pause ohne Handys	15:15
	Entwicklung Lösungsideen	„Brainstorming & Stealing" über mehrere Runden	15:30
Abschluss 1. Tag	Abschlussrunde und Aufräumen	„Mir hat gefallen ..." und „ich wünsche mir ...". Alle räumen zusammen auf!	17:45
Ende 1. Tag			18:10

[233] Minutengenaue Details mit Timeboxen, siehe Anhang ab S. 231.

Phase	Agendapunkt	Inhalt	Beginn
2. Tag			08:30
Start	Begrüßung	Erwartungen an den Tag „Ich wünsche, dass ..." und „... dazu trage ich bei ..."	08:30
Ideen	Warmup Ideen II	Storytelling - Rundlaufgeschichte mit Begriffen	08:50
	Entwicklung Lösungsideen	Ideengenerierung mit Storytelling - „Erzähle eine Geschichte rund um die Lösung"	09:10
	Auswahl Lösungsideen	Auswahl der prototypfähigen Ideen	09:50
		Pause ohne Handy	10:05
Prototyp	Warmup Prototyp	„Bastele deinen Nachbarn" oder „Service Blueprint Lösungsworkshop"	10:20
	Erstellen und Weiterentwickeln Prototyp	Bau Prototypen	10:45
	Auswahl Prototypen	Auswahl Prototypen für den Bedarfsgruppentest	12:35
Abschluss 2. Tag	Verabschiedung und Aufräumen	Feedback und „Wie geht's weiter?!" Alle räumen zusammen auf!	12:55
Ende 2. Tag			13:20

6.3.5 PROZESSSCHRITT III.4: BEDARFSGRUPPENTEST

Zwangsbeglückung oder Glück ohne Zwang?

Die größte Gefahr bei neuen Produkten oder Lösungen liegt in der so genannten Zwangsbeglückung. Klassischerweise wird eine Lösung konzipiert, die aus den Vorstellungen des handelnden „Strategen" heraus optimal ist, nicht aber aus Sicht der Bedarfsgruppe. Und dann wird mit allen Mitteln versucht, der Bedarfsgruppe und den Kunden die eigene Lösung zu verkaufen. Zwangsbeglückung eben. Mit den Bedarfsgruppentests schließen wir aber genau das aus.

Im Bedarfsgruppentest[234] prüft ihr jetzt, ob euer Prototyp aus Sicht der Bedarfsgruppe das Problem löst und damit größte Chancen hat, angenommen zu werden. Parallel müsst ihr auch herausfinden, ob es sonstige Gründe geben kann, dass eure Innovation nicht von der Bedarfsgruppe akzeptiert wird. Selbst wenn sie den Engpass der Bedarfsgruppe löst.

Mit den Bedarfsgruppeninterviews habt ihr schon relevante Erfahrungen für die Bedarfsgruppentests gemacht, insbesondere im direkten Dialog mit der Bedarfsgruppe. Das alles hilft uns bei den nächsten Arbeitsschritten.

---

234 Eine neuere, aber sehr passende Form des Bedarfsgruppentests ist Crowdfunding. Dabei wird über eine Online-Plattform Geld gesammelt, um eine Lösungsidee umsetzen zu können. Bekommt man das notwendige Geld, d.h. ist die Crowdfunding-Kampagne erfolgreich, kann man sicher sein, einen Bedarf getroffen zu haben.

6.3.5.1 ARBEITSSCHRITT III.4A:
GESPRÄCHSLEITFADEN ERSTELLEN

Eine von zwei Zutaten für erfolgreiche Bedarfsgruppentests haltet ihr schon in den Händen – euren Prototyp[235]. Werdet ihr mit mehreren Interviewgruppen parallel unterwegs sein, braucht ihr entsprechend viele Prototypen. „Kopiert" den ausgewählten Prototyp im Vorfeld oft genug. Jetzt braucht ihr nur noch den Gesprächsleitfaden. Der wird im Strategieteam vorbereitet. Diskutiert dazu in einer Arbeitssitzung, wie ihr die folgenden Fragestellungen im Gesprächsleitfaden am besten verarbeitet:

- Löst der Prototyp den Engpass der Bedarfsgruppe? Wie wird der zentrale Nutzen der Lösung eingeschätzt?
- Ist der Nutzen klar und unmittelbar verständlich? Welche Vorteile hat die Lösung gegenüber den Lösungen der Mitbewerber und eventuell vorhandener Substitute?
- Ist die Lösung glaubwürdig? Welche Art der Wirksamkeitsnachweise würde man erwarten? Referenzen, Testate, Gutachten oder welche andere Art von Erfolgsnachweisen?
- Wie müsste die „Darreichungsform" sein? Beispielsweise Angebotsform, Vertriebs- und Distributionswege, Servicezeiten, Vertragslaufzeiten etc.
- Wo und wie würde man nach einer solchen Lösung oder einem solchen Produkt suchen? Das ist insbesondere dann sehr wichtig, falls man eine neue Bedarfsgruppe bearbeitet.
- Was wäre man bereit, für das Produkt oder den Service zu zahlen? Und wofür würde man zahlen: Kauf, Miete, Leasing, Nutzungsgebühren, Mitgliedsbeiträge etc.

Mit den Ergebnissen können dann wieder ein oder zwei Kollegen aus dem Team den Fragebogen ausarbeiten. Folgende Punkte bitte nicht vergessen:

- Einstieg ins Gespräch
  Dem Gesprächspartner kurz darlegen, wie ihr das Problem der Bedarfsgruppe verstanden hattet. Das soll von den Kollegen, die den Fragebogen ausarbeiten, kurz skizziert werden. Dann die konkrete Lösung des Problems anhand des konzeptionellen Prototyps erläutern.

  - „Was halten Sie von unserer Lösung und dem konzeptionellen Prototyp?"
    Hier geht es wieder um die Aktivierung des konstruktiven „Kritikers". Im besten Fall antwortet der Kunde „So nicht, sondern so …". Oder stellt aktiv die Frage: „Was würden Sie daran anders machen?"
    Mit den Hinweisen können wir den Prototyp weiterentwickeln.
  - „Wo würden Sie nach unserer Lösung suchen?"
  - „Was wären Sie bereit, für das Produkt oder den Service zu zahlen?"
    Die Antworten sind extrem wichtig. Sie konkretisieren die Zahlungsbereitschaft und sind wichtige Eingangsgrößen für die Wirtschaftlichkeit des neuen Geschäftsmodells.
  - „Würden Sie als Pilotkunde zur Verfügung stehen?"
    Falls ja, wären das gegebenenfalls notwendige Referenzen.
  - „Wären Sie bereit, unsere finale Lösung gemeinsamen mit anderen Kunden von uns in einer Form der Gruppendiskussion zu bewerten?"
    Im „Arbeitsschritt III.5b: Finales Feedback der Bedarfsgruppe einholen"[236] planen wir eine Spinnsession mit Kunden. Aus dieser Runde lassen sich dann auch Teilnehmer für den permanenten Kundendialog, den wir in Phase VI aufbauen, gewinnen.

Diskutiert am Ende den Fragebogen noch einmal mit dem Team, das die Bedarfsgruppentests durchführen wird, und passt ihn gegebenenfalls an.

---

[235] Gegebenenfalls steigt ihr auch mit mehreren Prototypen, die ihr im Spinnolution-Lösungsworkshop entwickelt habt, in den Bedarfsgruppentest ein. Klar ist, im Laufe des Bedarfsgruppentests müsst ihr euch für einen entscheiden. Mit dem wird dann in der nächsten Phase das Geschäftsmodell entwickelt.

[236] Siehe S. 171.

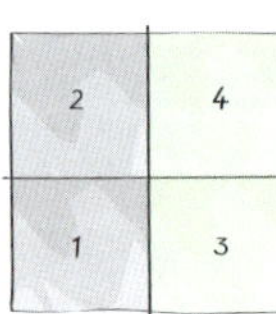

6.3.5.2 ARBEITSSCHRITT III.4B:
BEDARFSGRUPPENTEST ORGANISIEREN

Erfahrungsgemäß sind fast alle Gesprächspartner aus dem Bedarfsgruppeninterview damit einverstanden, dass man sie im weiteren Strategieprozess noch mal anspricht. Es sollte also kein Problem sein, schnell die Gespräche für den Bedarfsgruppentest zu organisieren. Das machen am besten die Kollegen selbst, die auch die jeweiligen Interviews geführt hatten. Ergänzt den Bedarfsgruppentest um ein paar neue Gesprächspartner – je zwei neue Kunden und zwei neue aus der Bedarfsgruppe. Dann bekommt ihr zusätzlich völlig „unbelastete" Rückmeldungen. Die Kollegen, die am meisten Spaß und Erfolg beim Organisieren der Bedarfsgruppeninterviews hatten, übernehmen die „Neuen" bestimmt gerne.

Solltet ihr wider Erwarten nicht die gleiche Anzahl an Gesprächen, in der gleichen Verteilung zwischen Kunden und Bedarfsgruppe wie beim Bedarfsgruppeninterview, vereinbaren können, setzt ein MiniSpiel auf. Ihr wisst ja aus „Arbeitsschritt III.1c: Interviews organisieren", wie das geht.

6.3.5.3 ARBEITSSCHRITT III.4C:
BEDARFSGRUPPENTEST DURCHFÜHREN

Selbstverständlich werden auch die Bedarfsgruppentests zu zweit durchgeführt. Einer fragt, der andere beobachtet und dokumentiert. Auch hier gilt: Unmittelbar nach dem Gespräch über die Eindrücke austauschen. Wichtiges und Neues kommt direkt zu den Gesprächsnotizen.

Auch die Bedarfsgruppeninterviews solltest du dir nicht entgehen lassen. Hol dir einen direkten Eindruck, wie eure Lösung beim Kunden ankommt.

Der Dialog mit der Bedarfsgruppe ist mit den geführten Bedarfsgruppeninterviews ausreichend „trainiert". Also los geht's.

TESTS ITERATIV AUSWERTEN UND PROTOTYP WEITERENTWICKELN

Die Rückmeldungen aus den Gesprächen sind immer entscheidende Impulse zur Perfektionierung der Leistung. Im Idealfall gewinnt ihr sogar aus den Bedarfsgruppentests die ersten Aufträge.

Wie schon bei den Bedarfsgruppeninterviews solltet ihr die Rückmeldungen nach einem Drittel der Gespräche auswerten. Und dann wieder nach dem zweiten Drittel.

Organisiert eine dazu moderierte Arbeitssitzung. Alle Kollegen aus dem Strategieteam und die, die zusätzlich „draußen" waren, nehmen teil und berichten von den Eindrücken und Erkenntnissen. Im ersten Schritt werden folgende Fragen beantwortet:

- Bekommen wir unsere Lösung und den Prototyp gut verständlich „transportiert"?
- Wie ist unsere Lösung grundsätzlich angekommen?
- Müssen wir etwas an der Darstellung der Lösung und des Prototyps ändern?
- Mussten wir sonstige Schwierigkeiten überwinden? Wo müssen wir den Gesprächsleitfaden anpassen?

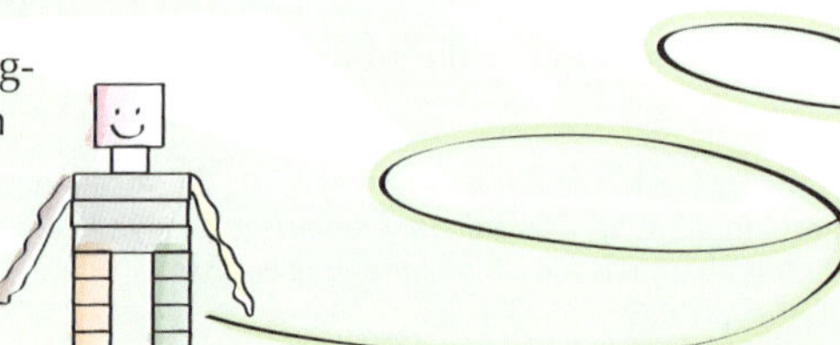

Ist der Leitfaden anzupassen, übernehmen das die Kollegen, die ihn erstellt haben.

Im zweiten Schritt geht es um die Verbesserung der Leistung und des Prototyps. Schreibt alle Hinweise der Gesprächspartner auf Post-its und hängt sie, nach sinnvollen Überbegriffen sortiert, an ein Flipchart. Entscheidet gemeinsam, ob und wie der Prototyp weiterzuentwickeln ist. Sind es nur Kleinigkeiten, legt fest, was wie zu ändern ist. Danach passt jeder Interviewer seine Kopie des Prototyps an.

Sind grundlegende Anpassungen notwendig, geht ihr wie beim Erstellen der ersten Version vor.[237] Bildet Zweierteams. Baut die neuen Versionen, führt Feedbackrunden durch und wählt am Ende die Variante für die nächste Runde der Bedarfsgruppentests aus.

6.3.6 PROZESSSCHRITT III.5:
SPEZIALISIERUNG

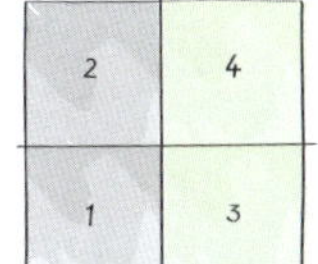

Am Ende dieses Prozessschritts wird entschieden, ob die Innovation bzw. die Lösung und das neue Spezialgebiet die Qualität hat, um daraus in der nächsten Spinnovation-Phase das neue Geschäftsmodell zu entwickeln.

6.3.6.1 ARBEITSSCHRITT III.5A:
PROTOTYP FINALISIEREN

Sind alle Bedarfsgruppentests durchgeführt, wertet ihr die Rückmeldungen des letzten Drittels der Gespräche wieder aus und klärt die Frage, ob es notwendig ist, den Prototyp weiterzuentwickeln. Falls ja, geht wie oben beschrieben vor.

6.3.6.2 ARBEITSSCHRITT III.5B:
FINALES FEEDBACK DER BEDARFSGRUPPE EINHOLEN

Der finale Prototyp kann sich deutlich von dem unterscheiden, mit dem ihr in die Bedarfsgruppentests gestartet seid. Wir holen uns also eine abschließende Rückmeldung der Bedarfsgruppe ein. Die Gesprächspartner wurden ja gefragt, ob sie bereit wären, die finale Lösung gemeinsam mit anderen Kunden in einer Form der Gruppendiskussion zu bewerten. Erfahrungsgemäß gibt es einige, die dem zugestimmt haben. Das Format der Gruppendiskussion ist selbstverständlich eine Spinnsession. Ein oder zwei Kollegen aus dem Strategieteam sollen sich daranmachen, die Gesprächspartner zu kontaktieren und einen Termin zu finden. Diejenigen Gesprächspartner[238], die zu der Spinnsession kommen, sollen jeweils noch ein oder zwei Kollegen mitbringen. Aus deinem Unternehmen nehmen an der voll besetzten Spinnsession[239] neun Mitarbeiter teil – selbstverständlich alle aus dem Strategieteam. Um auf die neun internen Teilnehmer zu kommen, ladet Kollegen ein, die beim Bedarfsgruppendialog mit „draußen" waren. Entsprechend braucht ihr 12 externe Teilnehmer.

---

237 Arbeitsschritt III.2b: Prototyp erstellen, siehe S. 154.
238 Wir nennen die externen Teilnehmer an der Spinnsession ab jetzt nur noch „Kunden".
239 Insgesamt 21 Teilnehmer.

Führt die Veranstaltung nach der folgenden Agenda durch:

Agendapunkt	Inhalt	Wer?	Beginn	Zeitbedarf in hh:mm
Problemlösung und Prototyp			09:00	
Begrüßung	Begrüßung der Teilnehmer	Du	09:00	00:05
Vorstellungsrunde	Alle Teilnehmer stellen sich vor	Alle	09:05	00:30
Vorgehensweise	Vorstellung der Agenda, Einführung in Methode, Vorgehensweise und Thema der Spinnsession, Verteilen der Fahrpläne und der Dokumentationsformulare	Moderator	09:35	00:25
Lösung und Prototyp	Präsentation der Lösung und des finalen Prototyps	Moderator	10:00	00:25
Pause			10:25	00:15
Spinnsession	Durchführung Spinnsession (3 Runden)	Alle	10:40	01:35
Pause - gemeinsames Mittagessen			12:15	01:00
Ergebnisse	Zusammenfassung der Ergebnisse der Spinnsession	Moderator	13:15	00:15
Feedback	Feedback der Kunden zu den vorgestellten Ergebnissen	Kunden	13:30	01:00
Verabschiedung	Dank, kurzer Ausblick, wie es mit dem Ergebnissen weitergeht, Verabschiedung	Du	14:30	00:15

Thema der Spinnsession:	„Löst die Innovation/der Prototyp das Kundenproblem und welcher Nutzen entsteht?"[240]
Inhaltlicher Input für die Spinnsession:	siehe Agenda oben
Dauer der Präsentation des Inputs:	siehe Agenda oben
Anfangsthese 1:	„Da wurde ich als Kunde aber völlig missverstanden. Die Innovation ist ‚nett', löst aber mein Problem nicht."
Anfangsthese 2:	„Die Innovation ist schon ganz nah an einer praktischen Lösung meines Problems."
Fragestellungen Perspektive 1:	Was ist gut an der Innovation? Was kann oder muss noch verbessert werden?
Spalten Dokumentationsformular Perspektive 1:	„Was ist gut an der Innovation", „Warum?", „Was kann noch verbessert werden?"
Fragestellungen Perspektive 2:	Warum löst die Innovation mein Problem nicht? Warum wird die Innovation nicht funktionieren?
Spalten Dokumentationsformular Perspektive 2:	„Die Innovation löst mein Problem nicht, weil ...", „Die Innovation an sich funktioniert nicht, weil ..."

In der Mittagspause wertet der Moderator zusammen mit zwei Kollegen aus dem Strategieteam die Ergebnisse aus und stellt sie nach der Mittagspause den Teilnehmern vor.

240 Das Thema, die Anfangsthesen, die Fragestellungen und die Dokumentationsformulare auf die konkrete „Lösung" anpassen.

Am Ende der Veranstaltung, wenn du dich bei den Kunden für deren Teilnahme und die wertvollen Rückmeldungen bedankst, kannst du auch den geplanten Kundenbeirat[241] ankündigen. Und dass du gerne auf die Teilnehmer zukommen willst, wenn es zeitlich so weit ist. Erfahrungsgemäß stehen alle externen Teilnehmer für den Kundenbeirat zur Verfügung.

Falls der Prototyp nach dem finalen Austausch mit den Kunden noch einmal angepasst werden muss, wisst ihr ja schon, wie es geht.

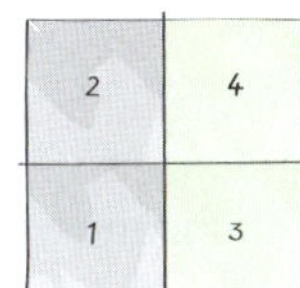

6.3.6.3 ARBEITSSCHRITT III.5C: SPEZIALISIERUNG ENTSCHEIDEN

Jetzt wertet Ihr noch alle Informationen aus dem Bedarfsgruppentest aus, die nicht unmittelbar die Lösung bzw. den Prototyp betreffen. Das Ganze in einer moderierten Arbeitssitzung. Jeder Interviewer führt durch die Dokumentationen seiner geführten Gespräche. Zusätzlich geht ihr durch die Ergebnisse der Spinnsession, die ihr mit euren Kunden durchgeführt habt. Gemeinsam ordnet ihr die Informationen den relevanten Fragestellungen zu:

- Nutzenargumentation: Ist der Nutzen klar und unmittelbar verständlich?
- Glaubwürdigkeit: Welche Art der Wirksamkeits- oder Erfolgsnachweise erwartet man?
- Kontaktpunkte: Wo und wie würde man nach einer solchen Lösung oder einem solchen Produkt suchen?
- „Darreichung und Darreichungsform": Durch wen soll die Lösung angeboten werden, wie soll sie „verpackt" sein?
- Preis: Was ist man bereit, für die Lösung zu zahlen? Und wofür würde man zahlen?

Am besten hängt ihr pro Fragestellung bzw. -komplex ein Flipchartpapier auf. Die relevanten Informationen aus den Gesprächen kommen jeweils auf ein Post-it und dann zur Fragestellung.

So, jetzt habt ihr alles zusammen für die abschließende Frage: **„Kann die entwickelte Spezialisierung, d.h. die ausgewählte Bedarfsgruppe mit ihrem Engpass und unsere Lösung, eine solide Basis für eine neue strategische Ausrichtung und für ein neues Geschäftsmodell sein?"**

Falls ja, entwickelt ihr in der nächsten Phase euer neues Geschäftsmodell und überprüft dabei jede Annahme, die es noch enthält.

Falls nein, identifiziert, wo ihr noch unsicher seid, und klärt, warum das so ist. Dann müsst ihr gegebenenfalls noch mal ran und die Lösung weiterentwickeln und erneut in den Dialog mit der Bedarfsgruppe einsteigen. Wie das genau geht, wisst ihr ja. Das müsst ihr so lange machen, bis ihr die oben gestellte Frage eindeutig mit „Ja" beantworten könnt. Dann könnt ihr mit Phase IV weitermachen. Falls es aber bei einem finalen „Nein" bleibt, dann ist die entwickelte Spezialisierung einfach nicht tragfähig und ihr müsst weiter vorne im Strategieprozess neu aufsetzen. In diesem Fall diskutiere mit deinem Strategieteam, wie weit ihr im Prozess zurück müsst.

6.3.7 ERGEBNISSE DOKUMENTIEREN

Was gehört aus dieser Phase in den Ergebnisbereich?

- Eine Liste der Gesprächspartner „Bedarfsgruppeninterview"
- Eine Liste der Gesprächspartner „Bedarfsgruppentest"
- Der finale Prototyp, die Beschreibung der Lösung und des Kundennutzens

241 Siehe S. 204.

- Die abschließende Auswertung des Bedarfsgruppendialogs mit den Ergebnissen zu: Nutzenargumentation, Glaubwürdigkeitsnachweisen, Kontaktpunkten und Preis.

6.3.8 WAS HABEN MARKUS, OLIVER UND CATRIN NACH PHASE III ERREICHT?

MARKUS

Markus' Beratung hatte für zwei Bedarfsgruppen Interviews zu führen. Für die „Wenig-Akquirierer" und für die M&A-Beratungen. Beide Bedarfsgruppeninterviews wurden mit dem MiniSpiel „Zuhören für die Goldmedaille" organisiert. Die notwendige Anzahl von Gesprächen mit den M&A-Beratungen war schnell vereinbart – M&A-Beratungen sind einfach zu finden. Bei den „Wenig-Akquirierern" war das deutlich schwieriger. Am Ende hat es das Team aber dann doch über die jeweiligen persönlichen Netzwerke geschafft. Voller Optimismus ging es in die Interviews. Um es gleich vorwegzunehmen, schon bei den ersten Interviews deutete es sich an und nach der Hälfte der Gespräche war klar: Den Engpass, den man mit der Beratungsleistung lösen wollte, haben weder die Unternehmen noch die M&A-Beratungen gesehen. Natürlich könnten die Beratungsleistungen helfen, die Post-Merger-Integration besser umzusetzen. Aber bei allen Unternehmen war die Zahlungsbereitschaft null. Warum? Ein Post Merger sei ein Projekt und Projektmanagement wird vermeintlich in den meisten Unternehmen beherrscht. Die M&A-Beratungen hatten auch kein richtiges Interesse daran, eine solche Leistung zu vermitteln oder mit anzubieten. Warum? Nach dem Deal, also nach dem Abschluss des Kaufes, sind die Beratungen raus und wollen auch raus sein. Ob die Integration des gekauften Unternehmens dann funktioniert oder nicht, sei schließlich in der alleinigen Verantwortung des Käufers.

Zum Glück hatte Markus den Strategieprozess mit Spinnovation aufgesetzt. Die Idee, PMI-Projekte zu unterstützen, schien richtig gut und der Bedarf groß zu sein. Man hätte – mal wieder – einiges an Geld und vor allem viel Zeit in die Kommunikation und den Vertrieb investiert, um dann festzustellen, dass zwar ein Bedarf gesehen wird, aber keine Zahlungsbereitschaft bei den potenziellen Kunden vorhanden ist. Das hätte an den potenziellen Kunden gelegen, die den Nutzen und den Wert des Angebotes nicht verstehen. Also hätte man ihnen deutlicher erklären müssen, was man alles leisten kann und warum man das braucht. Aber das kennen wir ja – das ist die klassische Zwangsbeglückung, die noch nie zum Ziel geführt hat.

Mit einem lachenden und einem weinenden Auge ging Markus zurück in Phase II. Man nahm die ehemals zweitbeste „Spezialisierungschance", die „Produktentwickler", differenzierte sie weiter aus und konzentrierte sich auf Unternehmen aus der Automobilbranche. Dort sind Produktentwicklungen wirklich komplex. In der Regel arbeiten sehr viele Mitarbeiter, teilweise auch standort- und sogar unternehmensübergreifend, zusammen. Und die Entwicklungen sind häufig eine Kombination von Hard- und Softwareentwicklung, die schon gar nicht mehr mit klassischem und oft auch nicht mehr nur mit agilen Methoden zu managen sind. Die Bedarfsgruppeninterviews wurden wieder über ein MiniSpiel organisiert. Mit folgendem ehrlich gemeinten Ansatz ging man auf die potenziellen Gesprächspartner zu: „Im Rahmen eines Strategieprojektes wollen wir uns neu positionieren und suchen erfahrene Topmanager und Experten aus dem Entwicklungsbereich, mit denen wir uns zu Projektmanagementmethoden und -werkzeugen in der Produktentwicklung austauschen können. Wir wollen nichts verkaufen, sondern nur erfahren, welche Lösungen für bestimmte Projektsituationen ausgewählt und eingesetzt werden." Die Gespräche liefen allesamt gut und Markus und seine Kollegen verstanden schnell, wo es typischerweise Probleme in der Produktentwicklung gibt und wie man damit umgeht. Die Gespräche kamen dann zwangsläufig auf die Erfahrungen und potenziellen Leistungen der Beratung. Grundsätzlich fanden fast alle Gesprächspartner die Beratungsleistungen sehr interessant und die meisten konnten sich vorstellen, entsprechende Unterstützung zu nutzen. Bei zwei Gesprächen gab es sogar konkrete Bedarfe und man vereinbarte kurzfristige Termine. Daraus wurde sehr schnell ein interessanter Auftrag, auch weil die „Beratung" ein ähnliches Projekt in der Automobilbranche schon erfolgreich bearbeitet hatte. Wird der Engpass beim Gesprächspartner getroffen, kommt es öfters vor, dass man ohne zu verkaufen einen Auftrag gewinnt.

Mit den Ergebnissen der Bedarfsgruppeninterviews wurden das Problemverständnis geschärft und die vorhandenen Leistungspakte auf die spezifische Problemstellung angepasst. Mehr musste nicht weiterentwickelt werden. Danach baute Markus mit seinem Team einen Prototyp. Sie übernahmen die angepassten Leistungspakete in die Standardangebotsvorlage, ergänzten Aufwandszahlen und, sehr wichtig, das geschärfte Nutzenversprechen. Der folgende Bedarfsgruppentest zeigte es: bis auf Nuancen hatte Markus mit seinem Team ins Schwarze getroffen. Markus und das Strategieteam beantworteten die Frage: „Kann unsere Beratungsleistung für komplexe Produktentwicklungen in der Automobilbranche eine solide Basis für ein neues Geschäftsmodell und für unsere ganzheitliche Spezialisierung sein?" eindeutig mit „Ja".

OLIVER

Das gesamte Unternehmen ist immer noch sehr stolz auf das Produktprogramm und die Leistungsfähigkeit der Geräte. Man ist vor den Bedarfsgruppeninterviews davon überzeugt, dass ein echter Nutzen für Heilpraktiker darin liegt, mit den Geräten möglichst viele Krankheiten therapieren zu können. Zwanzig Bedarfsgruppeninterviews zu organisieren war für Olivers Team auch kein Problem. Heilpraktiker sind selbstverständlich gut erreichbar – www.gelbeseiten.de, mehr braucht man nicht. Und die Botschaft an die Heilpraktiker war ähnlich wie die von Markus: „Wir wollen uns strategisch neu positionieren und brauchen die Unterstützung von erfahrenen Heilpraktikern. Wir wollen nichts verkaufen, sondern nur verstehen, wann warum welche Therapiemethoden angeboten werden." Über Fragen wie „Wie ist gut ausgelastet ist ihre Praxis", „Auf welchen Wegen bekommen Sie neue Patienten?", „Welche Therapiemethoden setzen Sie ein?", „Wann würden Sie ein neues Therapiegerät kaufen und was darf so ein Gerät kosten?" und „Was sind die Anforderungen an ein Therapiegerät?" kam man schnell zum Kern des Problems. Viele der Gesprächspartner haben nicht genug Patienten – es sei denn, es sind schon lange praktizierende Heilpraktiker mit bestem Ruf. Die Gründe waren auch schnell gefunden: Es gibt auf der einen Seite immer mehr Heilpraktiker und auf der anderen Seite übernehmen die gesetzlichen Krankenkassen nicht die Heilpraktikerkosten. Ein neues naturheilkundliches Verfahren, für das man auch noch ein Gerät braucht, würde man nur anbieten, wenn das direkt neue Patienten brächte. Homöopathie oder Akupunktur seien auch deswegen so weit verbreitet, weil der Heilpraktiker dafür nicht in Geräte investieren müsse. Vorkonfigurierte Therapieprogramme für mehr Krankheitsbilder oder zusätzliche Parameter für individuelle Therapien fand man ganz „nett". Dafür sei das Gerät aber auch teurer. Und man war sich nicht wirklich sicher, ob man die ganze Leistungsfähigkeit überhaupt nutzen würde. Ganz klar war, dass die meisten sich das Gerät auch nicht leisten konnten. Bei der Zwischenauswertung der Interviews hatte ein Kollege aus dem Strategieteam angeregt, zu fragen, ob das Mieten der Geräte eine Alternative zum Kaufen sei. Kein Heilpraktiker sprang darauf an.

Das war alles sehr enttäuschend für Oliver. Kein Nutzen, kein Geschäftsmodell. Das Strategieprojekt mit der Fragestellung aus Feld 1 war zu Ende und ging nahtlos in ein neues mit der Fragestellung aus Feld 3 „Wie entwickele ich ‚alleinstellende' Innovationen für die Bedarfsgruppe Heilpraktiker?" über. Die Ergebnisse aus Phase I konnten 1:1 übernommen werden. Mit den schon geführten Bedarfsgruppeninterviews hatte man Phase II auch für die neue Fragestellung bereits erledigt. Oliver und sein Team hatten schon ihre neue Spezialisierungschance. Warum? Sie kannten die entschei-

dende Voraussetzung für eine erfolgreiche Spezialisierung: Der größte Engpass ihrer Bedarfsgruppe waren – neue Patienten[242]! Und eins war auch klar: Den Engpass konnte man nicht mit besseren technischen Eigenschaften der Geräte lösen. Die Geräte abzuspecken und billiger zu machen würde auch keine neuen Patienten bringen. Die Lösung des Engpasses liegt also nicht im Gerät. Das war eine bittere Erkenntnis für Oliver und seine Mitarbeiter.

Mit folgender Frage ging es unmittelbar weiter: „Wie können wir den Heilpraktikern helfen, neue Patienten zu gewinnen?" Die erste Diskussion der neuen Fragestellung brachte zwei wesentliche Ergebnisse. Erstens: Man darf nicht vom Gerät her denken, sondern von den Krankheitsbildern der Patienten. Patienten haben Beschwerden und suchen nach Linderung und Heilung. Das zweite Ergebnis war, dass Heilpraktiker kein Gerät, sondern ein funktionierendes Geschäftsmodell für das Gerät brauchen.[243] Gemeinsam strukturierte und bewertete man die Krankheitsbilder, die man mit den Geräten therapieren kann, nach verschiedenen Kriterien. Am Ende waren „Lebensmittelunverträglichkeiten" der Bereich, auf den man sich konzentrieren wollte, denn hier gab es die besten Heilungschancen. Gegenüber anderen Therapien war das Gerät bei diesem Krankheitsbild weit überlegen. Anders ausgedrückt: Die Heilung von Lebensmittelunverträglichkeiten war die spezielle Stärke des Gerätes. Dann entwickelte das Team die Lösung: ein Geschäftsmodell für das Krankheitsbild „Lebensmittelunverträglichkeiten" mit dem Gerät als Ressource. Im Wesentlichen ging es bei diesem Geschäftsmodell um die Bereiche Bedarfsgruppe (hier: Patienten), Kommunikation, Glaubwürdigkeit, Ressourcen (hier Gerät, Ausbildung am Gerät und Finanzierung des Gerätes) und um die Wirtschaftlichkeit. Nachdem Oliver und seinem Team das so weit ausgearbeitet hatten, ging man wieder in den Dialog mit den Heilpraktikern, um die Idee zu testen. Die Rückmeldung der meisten Gesprächspartner war: „Ja, das können wir uns gut vorstellen. Da vermuten wir auch einen großen Bedarf." Erst mal sehr gut. Aber da war es wieder, das böse Wort „vermuten". Klar müssen die Endnutzer auch gefragt werden, um aus den Vermutungen Erkenntnisse zu machen. Also auch hier: Bedarfsgruppeninterviews mit Patienten. Man bekam aus diesen Gesprächen alle Informationen, die Oliver und sein Team auch für den weiteren Prozess brauchten. Für die meisten Gesprächspartner galt: Ja, es gibt echte Probleme und Einschränkungen wegen der Lebensmittelunverträglichkeiten. Ja, man wäre bereit, eine neue Therapiemethode zu versuchen – schulmedizinisch hatte man in der Regel schon alles durch. Und ja, man ist auch bereit, bis zu einem bestimmten Betrag für die Therapie selbst zu zahlen. Dafür wollte man aber auch quasi die Sicherheit, dass die Therapie funktioniert. Auch hier ging es wieder um den wichtigsten Akzeptanzengpass: die Glaubwürdigkeit und entsprechende Referenzen. Selbstverständlich fragte man im Interview auch, welche Kommunikationskanäle die Gesprächspartner nutzen, wo sie nach neuen Heilungsmöglichkeiten suchen würden und in welchem Kommunikationsumfeld entsprechende Botschaften besonders glaubwürdig sind. Mit den Informationen baute man, angelehnt das Spinnovation Geschäftsmodell, den Prototyp bzw. das Geschäftsmodell für die Heilpraktiker. Damit ging es in den Bedarfsgruppentest. Die Rückmeldungen waren sehr positiv. Deutlich mehr als die Hälfte der Gesprächspartner war stark bis sehr stark an dem „Gerät, das seine Vermarktung gleich mitliefert", interessiert. Aber man würde auch unbedingt sehen wollen, dass es tatsächlich funktioniert.

Zum Abschluss von Phase III waren Oliver und sein Team davon überzeugt, dass das „Gerät mit Geschäftsmodell" eine solide Basis für die strategische Ausrichtung ist.

CATRIN

Auch in Catrins Fall ging es um zwei Bedarfsgruppen. Die „Esser" und die Snackproduzenten. Auf die Esser gehen wir nur kurz ein. Selbstverständlich will man sich nicht bekleckern und würde lieber einen Snack mit einer unfallfreien Verpackung kaufen als ohne. Man wäre sogar bereit, ein

---

242 Nur am Rande: Neue Kunden sind fast immer ein Engpass, es sei denn … Naja, du weißt schon, wenn man als ganzheitlicher Spezialist einen zwingenden Nutzen bietet …
243 Vergleiche auch das Beispiel HIT-Aktivstall in Kapitel 3.1.4 „Ganzheitliche Spezialisierung" ab S. 35.

paar Cent mehr dafür zu zahlen. Bei den Snackproduzenten – weiter differenziert: die täglich, zentral oder dezentral, frisch von Hand produzieren – steigen wir tiefer ein. Ausreichend viele Interviews waren auch hier relativ schnell vereinbart. Im Grunde war die Botschaft die gleiche wie bei Markus und Oliver: „Wir wollen uns strategisch neu positionieren und brauchen Ihre Hilfe als Experte … Wir wollen nichts verkaufen, wir wollen nur wissen, wie …" Nach der ersten Interviewrunde war klar: Für die Snackproduzenten war es kein Engpass, dass sich Esser bekleckern – die könnten schließlich auch besser aufzupassen. Beim Einkauf der Verpackungen für die Snacks gab es nur ein Kriterium, den Preis. Für eine unfallfreie Verpackung mehr zu bezahlen war im Grunde nicht vorstellbar. Entsprechend war bei der Zwischenauswertung der Interviews die Stimmung schlecht. Der eine braucht es, aber der andere will nichts dafür bezahlen. Mittlerweile war man es in Catrins Team schon gewohnt, in „Engpässen der Bedarfsgruppe" zu denken, und man fragte sich, ob der Produzent nicht andere Probleme rund um das Verpacken der Snacks hat, die man mit einer Verpackung auch lösen oder teilweise löse könne. Keiner aus dem Kreis hatte aber Ahnung vom Verpacken von Snacks. Also fragte man in der nächsten Interviewrunde, ob man den manuellen Produktionsprozess und vor allem den Verpackungsprozess beobachten dürfe. Immerhin drei der Gesprächspartner fanden den Vorschlag super – es gab jemand, der sich echt um meine Belange kümmern und nach Verbesserungspotenzial suchen will!? … Je zwei Kollegen hospitierten einen Tag lang bei den Snackproduzenten und schauten sich die Produktion und den Verpackungsprozess an.

Mit diesem Input und der Frage „Wie können wir Snacks verpacken, dass sich Menschen, die im Gehen essen, nicht bekleckern?" ging es in den Innovationsprozess. Zuerst wurden im Brainstorming Ideen gesammelt und danach weiterentwickelt und verdichtet. Dann wurden Prototypen für die unfallfreie Verpackung entwickelt. Das Material dafür war schnell zusammen: Papier, Karton, Pappe, buntes Tonpapier, Klebebänder und Klebestifte. Dann wurde gebastelt, präsentiert und weiterentwickelt. Mit allen drei gebastelten Prototypen ging man den nächsten Schritt. Man musste herausfinden, mit welchem Prototyp es sich am besten verpacken und mit welchem es sich besser essen ließ. Der eine Teil vom Strategieteam baute die Prototypen in ausreichender Anzahl nach. Die anderen besorgten die Zutaten für die Snacks. Dann wurden die Snacks zubereitet und in die Prototypen verpackt. Da fiel direkt einer der drei durch. Er war deutlich schlechter beladbar als die beiden anderen. Dann aß man auf dem Firmenparkplatz im Gehen die Snacks. Es gab keine Unfälle, die beiden Prototypen waren deutlich besser als Papiertüten und Servietten. Mit beiden Prototypen ging es in den Bedarfsgruppentest mit den Snackherstellern. Es gab bei den Herstellern schnell einen Favoriten, für den man ein paar kaum erwähnenswerte Anregungen hatte. Man sah auch die Vorteile beim Verpacken der Snacks und wäre sogar bereit, etwas mehr zu zahlen.

Catrin war sehr erleichtert. Endlich eine Chance, bei der einiges stimmte: Die Motivation, die Marktgröße, die Stärken, der Nutzen, der Preis – na gut, beim Preis könnte es besser aussehen. Und man konnte die vorhandenen Produktionsressourcen nutzen und hätte kaum Investitionen. Mit wenig Aufwand ließ sich bestimmt der Hygienestandard wiederherstellen.

Zum Abschluss von Phase III war das komplette Team davon überzeugt, dass derartige Verpackungen eine gute Basis für die ganzheitliche Spezialisierung und das neue Geschäftsmodell sind.

6.4 PHASE IV „GESCHÄFTSMODELL & VISION"

WAS ERARBEITEN WIR IN DIESER PHASE UND WARUM?

Die Pflicht habt ihr in den vorangegangenen Phasen erledigt: Ihr habt eure ganzheitliche Spezialisierung, die alleinstellende Kombination aus Nutzen und Bedarfsgruppe, erarbeitet. Sie ist eine solide Basis für eure neue strategische Ausrichtung und das neue Geschäftsmodell. Durch den Bedarfsgruppendialog ist sichergestellt, dass die Bedarfsgruppe mit größter Wahrscheinlichkeit das neue Wertangebot sehr gut annehmen wird. Es löst einen echten Engpass, entsprechend herrscht Zahlungsbereitschaft. Das Marktpotenzial scheint groß genug und ihr wollt und könnt die Innovation umsetzen.

Jetzt zur Kür, zum neuen Geschäftsmodell. Zuerst entwickelt ihr alle Details des Geschäftsmodells und findet heraus, mit welchen Wertschöpfungsprozessen, Kooperationsmodellen und konkreten Angeboten dein Unternehmen Gewinn erwirtschaften wird. Zum Abschluss formuliert ihr die neue Vision deines Unternehmens, das attraktive und anzustrebende Zukunftsbild für Mitarbeiter, Partner und Kunden.

In der nächsten Phase, in Phase V, rollen wir dann das neue Geschäftsmodell aus und starten durch – mit Unterstützung der gesamten Organisation.

6.4.1 DIE VIER STRATEGISCHEN FRAGESTELLUNGEN IN PHASE IV

Im Grunde wird für alle vier strategischen Fragestellungen die komplette Phase durchgearbeitet. Es kann lediglich sein, dass der „Arbeitsschritt IV.1b: Offene Elemente erarbeiten" nicht für die strategischen Fragestellungen 1 und 2 bearbeitet wird. Der Schritt ist nicht notwendig, wenn ihr die vorhandene Innovation nicht weiterentwickeln musstet. Entweder weil bei Fragestellung 1 der mangelnde Erfolg der Innovation ausschließlich Akzeptanzengpässen bei der bestehenden Bedarfsgruppe geschuldet war. Oder weil bei Fragestellung 2 eure ursprüngliche Innovation weitestgehend die Akzeptanz der neuen Bedarfsgruppe gefunden hat.

6.4.2 PROZESSSCHRITT IV.1:
SPINNOVATIVES GESCHÄFTSMODELL ENTWICKELN

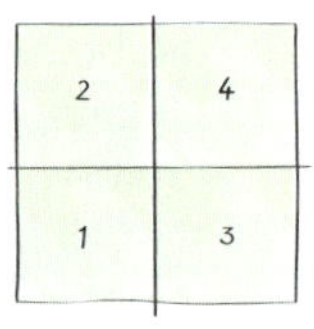

Und die Kür fängt auch gleich gut an: Ihr braucht das Geschäftsmodell gar nicht komplett neu aufzubauen, sondern nur zu vervollständigen. Ihr habt schon, ohne euch dessen vielleicht bewusst zu sein, eine ganze Reihe von Elementen aus dem Geschäftsmodell bearbeitet. Die entsprechenden Arbeitsergebnisse übertragen wir zuerst ins Geschäftsmodelltableau. Einige Elemente des Geschäftsmodells sind aber noch offen, die bearbeitet ihr danach. Anschließend überprüft ihr noch die dabei getroffenen Annahmen. Am Ende habt ihr eine vollständige Beschreibung eures neuen „Geschäftes" und wisst, was beim Ausrollen umzusetzen und zu beachten ist.

> ### Mehr als nur eine "schöne" Idee?!
>
> Wir erinnern uns: Spinnovation basiert nicht auf Annahmen, sondern auf Erkenntnissen. Haben wir die Annahmen nicht überprüft, bleibt unser Geschäftsmodell nicht mehr als eine "schöne" Idee.

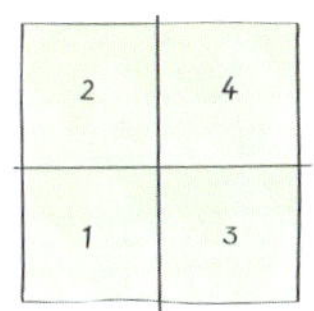

6.4.2.1 ARBEITSSCHRITT IV.1A:
ARBEITSERGEBNISSE ÜBERTRAGEN

Die nebenstehende Abbildung zeigt grün eingefärbt die Module und Elemente, die wir im bisherigen Strategieprozess schon implizit bearbeitet haben.

Organisiert eine moderierte drei- bis vierstündige Arbeitssitzung. Der Moderator der Sitzung trägt mit Unterstützung weiterer Kollegen aus dem Strategieteam alle Informationen und Ergebnisse der schon implizit bearbeiteten Modulen/Feldern zusammen:

- Fundament/Stärken & Kernkompetenzen und Werte & Motivation, aus Phase I
- Nutzen/Kundennutzen, aus Bedarfsgruppendialog
- Nutzen/Wertangebot: Prototyp, Darreichungsform etc., aus Bedarfsgruppendialog
- Endnutzermarkt/Kommunikation: Kontaktpunkte (Kommunikation), aus Bedarfsgruppendialog
- Endnutzermarkt/Vertrieb, aus Bedarfsgruppendialog
- Endnutzermarkt/Bedarfsgruppe: Beschreibung der Bedarfsgruppe aus Phase I (Feld 1und 3) oder Phase II (Feld 2 und 4)
- Wirtschaftlichkeit/Umsätze: Zahlungsbereitschaft und Einnahmearten, aus Bedarfsgruppendialog

Er bereitet sie, falls notwendig, auf und hängt sie in den Besprechungsraum. Zur gemeinsamen Bearbeitung bereitet er zusätzlich ein leeres, ausreichend großes Spinnovation-Geschäftsmodelltableau vor.

In der Sitzung geht ihr alle vorbereiten Arbeitsergebnisse durch, prüft, ob sie umfassend genug sind, und übertragt sie ins Modell. Erfahrungsgemäß sind die Informationen ausreichend detailliert. Sollte das nicht der Fall sein, müsst ihr nacharbeiten. Teilt die entsprechenden Aufgaben untereinander auf und legt los. Auf jeden Fall habt ihr am Ende der Sitzung bzw. des Arbeitsschritts ein teilweise befülltes Geschäftsmodell.

In der Sitzung geht ihr zuerst jeden der oben genannten Punkte im Detail durch und prüft, ob die Informationen noch passen oder ob ihr sie wegen neuerer Informationen oder Erkenntnisse aktualisieren müsst. Bearbeitet ihr die Bedarfsgruppe, schätzt aus den vorliegenden Informationen Folgendes ab:

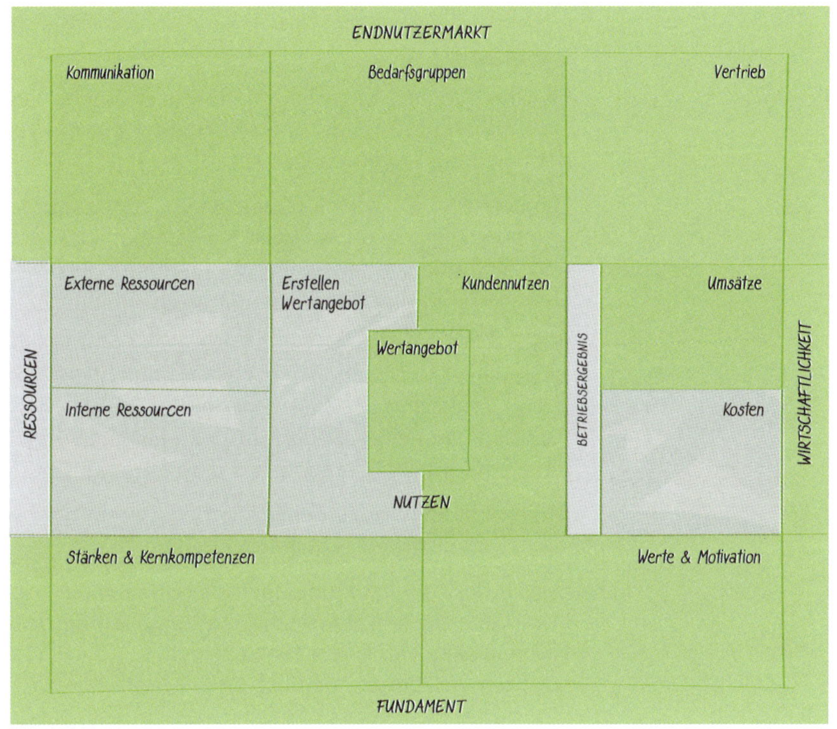

Abbildung 28: In Phase I bis IV bearbeitete Module/Elemente des Geschäftsmodells

Können und Wollen

Habt ihr das Gefühl, euch zu weit vom Fundament eures ursprünglichen Geschäftsmodells entfernt zu haben? Dann setzt eine Spinnsession zum Thema: „Welche ‚Stärken & Kernkompetenzen' und Werte brauchen wir, um das neue Geschäftsmodell erfolgreich realisieren zu können?" an. Mittlerweile habt ihr so viel Erfahrung mit dem Format gesammelt, dass ihr die Details zur Durchführung der Spinnsession selbst formulieren könnt. Dir fällt auf, dass „Motivation" fehlt? Bei der Auswahl der Spezialisierungschancen war „Motivation" eins der wichtigen Entscheidungskriterien. Und an eurer grundlegenden Motivation sollte sich nichts in Phase III geändert haben. Falls doch, müsst ihr euch eine neue ganzheitliche Spezialisierung erarbeiten.

- Das gesamte Marktpotenzial
- Die Größe der Bedarfsgruppe[244]
- Euer Marktanteil in der Bedarfsgruppe[245]
- Wie und zu welchen Kosten kann die Bedarfsgruppe über die genannten Kontaktpunkte erreicht werden?

Es kann gut sein, dass sich das in Phase II grob geschätzte Marktpotenzial beim Präzisieren der Spezialisierung verändert hat. Bearbeitet ihr im Wesentlichen die vorhandene Bedarfsgruppe, ist der Punkt auch schon abgehakt.

Handelt es sich um eine neue Bedarfsgruppe und geht ihr mit den Erfahrungen aus dem Bedarfsgruppendialog davon aus, dass sie kommunikativ gut erreichbar ist? Dann schätzt grob die zukünftigen Kommunikationskosten ab. Die brauchen wir später. Ist die Bedarfsgruppe aber schwer zu erreichen und sind die Kosten dafür unverhältnismäßig hoch, nehmt den Punkt unter „Partner der Marktbearbeitung" weiter unten wieder auf.

Ist an dieser Stelle schon klar, dass ihr an eurem Vertriebssystem nichts ändert? Und bleiben beim indirekten Vertrieb[246] die Absatzmittler die gleichen? Und habt ihr, wie empfohlen, auch mit den Absatzmittlern einen Bedarfsgruppendialog geführt?[247] Dann ist erfahrungsgemäß alles vorhanden, um die relevanten Elemente aus dem Geschäftsmodell zu befüllen.

Ändert ihr euer vorhandenes Vertriebssystem oder werdet ihr über neue Absatzmittler verkaufen, geht es im nächsten Arbeitsschritt in die Details.

Legt in der Arbeitssitzung auch die Einnahmeart, das Preismodell und den relativen Preis[248] fest. Das sollte mit den Informationen zur Zahlungsbereitschaft aus dem Bedarfsgruppendialog kein Problem sein. Um später die Sensitivität[249] eures Geschäftsmodells auf Absatzschwankungen einschätzen zu können, definiert drei Absatzszenarien. Ein optimistisches, ein realistisches und ein pessimistisches. Aber bitte kein Wunschdenken, sondern valide Erwartungen auf Basis der Erfahrungen aus dem Bedarfsgruppendialog. Das realistische Absatzszenario wird noch weiter detailliert. Trotz des herausragenden Nutzens, den eure Innovation eurer Bedarfsgruppe bietet, kann die Nachfrage auch vom Preis abhängen.[250] Schätzt also zusätzlich im realistischen Absatzszenario ab, wie sich die Absatzmenge bei unterschiedlichen Preisen – nehmt dafür drei Preise – ändern kann.

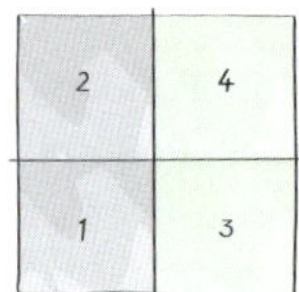

6.4.2.2 ARBEITSSCHRITT IV.1B: OFFENE ELEMENTE ERARBEITEN

Jetzt müssen die noch offenen Lücken gefüllt und die unbestätigten Annahmen überprüft werden.

6.4.2.2.1 NUTZEN/WERTANGEBOT ERSTELLEN

Es kann gut sein, dass zum Erstellen des neuen Wertangebotes auch neue Aktivitäten notwendig sind. Falls nicht, braucht ihr nur die bisherigen Hauptaktivitäten aus Phase I ins Geschäftsmodell zu übernehmen.

Falls ihr aber neue Hauptaktivitäten braucht, erarbeitet ihr diese in einer moderierten Arbeitssitzung. Diese neuen Aktivitäten zu etablieren ist nicht nur beim Ausrollen des Geschäftsmodells

---

[244] Auch wenn ihr die strategische Fragestellung 1 oder 3, d.h. eine bestehende Bedarfsgruppe bearbeitet, kann sich die „neue Bedarfsgruppe" von der ursprünglichen unterscheiden. Beispielsweise, weil sie enger umrissen ist.
[245] Falls die strategische Fragestellung 1 oder 3 bearbeitet wird.
[246] Egal ob ein- oder mehrstufig.
[247] Siehe S. 147.
[248] Hochpreis- oder Niedrigpreissegment oder dazwischen.
[249] Empfindlichkeit.
[250] „Preiselastizität" der Nachfrage.

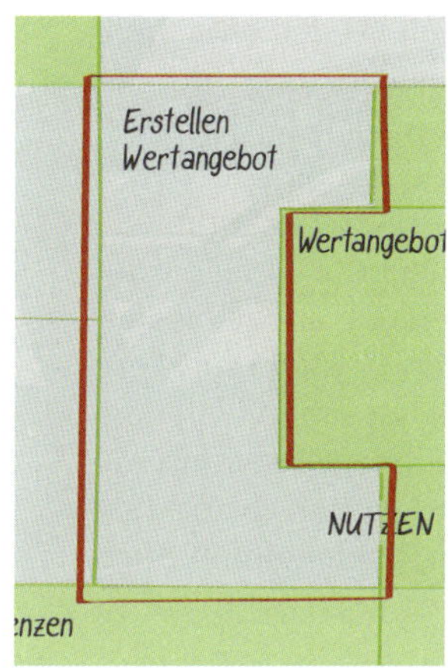

wichtig, sie spielen auch bei der Betrachtung der Wirtschaftlichkeit eine Rolle, vielleicht sogar eine große.

Liegen die neuen Aktivitäten auf der Hand, kommen sie direkt ins Geschäftsmodell. Falls ihr unsicher seid, führt zuerst ein Brainstorming durch. Wie gehabt: Alle Teilnehmer haben zehn Minuten Zeit, die neuen Aktivitäten zum Herstellen des Wertangebotes auf Post-its zu schreiben. Beim Ankleben der Post-its ans Flipchart oder an die Metaplanwand ordnen wir sie gleich in passende Gruppen. Wie immer: Falls beim Ankleben der Post-its weitere Aktivitäten erkannt werden, werden diese von den Teilnehmern auf Post-its notiert und später dazu geklebt. Schreibt zum Schluss noch passende Überschriften über die Gruppen. Das sind die neuen Aktivitäten.

Später im Modul Ressourcen wird geprüft, welche Ressourcen ihr für die neuen Aktivitäten braucht, und es wird festgelegt, wie ihr sie euch beschafft.

6.4.2.2.2 ENDNUTZERMARKT/VERTRIEB

Die Ergebnisse des Bedarfsgruppendialogs sind eindeutig. Im neuen Geschäftsmodell sind Veränderungen am oder im Vertriebssystem notwendig.

NEUE AKTEURE IM INDIREKTEN VERTRIEB

Die Wertangebote werden weiterhin indirekt vertrieben, aber die Akteure in der Vertriebskette ändern sich. Du weißt, was gemacht werden muss, oder? Ihr müsst mit der oder gegebenenfalls den neuen indirekten Bedarfsgruppen in den Bedarfsgruppendialog einsteigen. Erst dann könnt ihr die Lücken in der Beschreibung des neuen Geschäftsmodells schließen.

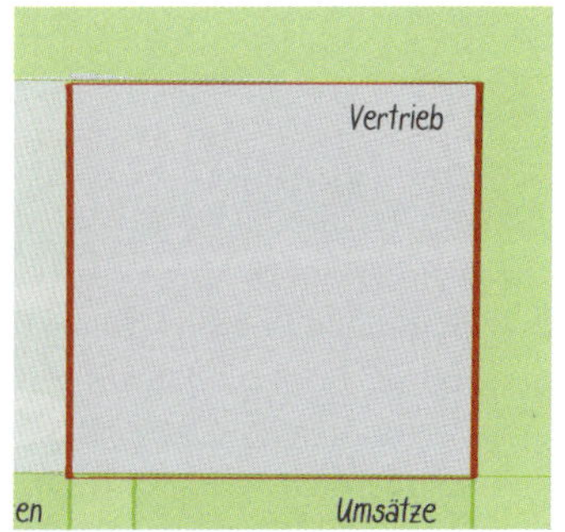

Ihr müsst den Vertriebs- und Absatzweg ändern, weil die Hinweise eurer direkten Bedarfsgruppe dazu eindeutig waren?

AUFBAU DIREKTER VERTRIEB

Die Innovation soll direkt verkauft werden. Bis jetzt nutzt ihr aber ausschließlich den indirekten Vertriebsweg. Ihr müsst sehr genau abwägen, ob der Einstieg in den direkten Vertrieb negative Auswirkungen auf eure Absatzmittler haben kann. Verkaufen die am Ende eure Produkte nicht mehr, dann habt ihr echte Probleme. Auf der anderen Seite ist der direkte Vertrieb auch immer eine Frage von Ressourcen und Know-how. Egal ob beispielsweise ein Online-Shop[251] oder ein persönlicher Flächenvertrieb aufzubauen ist. Es ist also zu entscheiden, wie ihr den direkten Vertrieb aufsetzt und welche Ressourcen dazu notwendig sind.

AUFBAU INDIREKTER VERTRIEB

Falls ihr aber neu in den indirekten Vertrieb einsteigt, gibt es ebenfalls eine Menge Punkte zu beachten. Macht euch zuerst die unten beschriebenen Besonderheiten des indirekten Vertriebs bewusst, dann startet ihr in den Bedarfsgruppendialog mit den Absatzmittlern.

Beim indirekten Vertrieb ist das Unternehmen stark von den Absatzmittlern abhängig. Die haben den persönlichen Kontakt zum Kunden. Es sind seine Kunden. Euer Erfolg hängt also davon ab, wie aktiv der Mittler eure Produkte verkauft. Ihr habt dabei keine unmittelbare Kontrolle über das „Absatzgeschehen". Vertreibt ihr beispielsweise über den Großhandel, müsst ihr es schaffen, dass der

---

[251] Direkt übers Internet zu verkaufen ist eines der Themen der „Digitalisierung".

Großhandel bevorzugt eure Produkte verkauft. Das könnt ihr auf verschiedenen Wegen erreichen. Der Großhandel selbst findet eure Produkte toll, ihr liefert eine richtig gute Unterstützung oder der Großhandel bekommt echt attraktive Konditionen.[252] Und zusätzlich muss die nächste Vertriebsstufe, egal ob weitere Absatzmittler oder der Endnutzer, eure Produkte auch aktiv nachfragen – wird ein Produkt präferiert, dann muss der Großhandel diese auch liefern. Ihr müsst also die komplette Nutzer- und Entscheiderkette von eurem Angebot überzeugen und entsprechende Vorteile oder Nutzen bieten. Das erfordert eine saubere Analyse. Wer ist an der Kaufentscheidung noch beteiligt, welche Probleme, Bedürfnisse und Wünsche haben diese und welchen Nutzen könnt ihr für diese Beeinflusser zusätzlich liefern, damit diese zu euren Unterstützern werden? Es ist schon klar, dass ihr die Fragen nur auf Basis von Bedarfsgruppeninterviews beantworten könnt, oder? Also führt mit allen relevanten Akteuren der Nutzen- und Entscheidungskette Interviews und wertet sie aus. Danach könnt ihr die gewonnenen Erkenntnisse ins Geschäftsmodell übertragen. Leider gibt es auch hier keine Abkürzung zum Ziel. Die Gespräche müsst ihr führen, um Annahmen in Erkenntnisse zu verwandeln – ansonsten droht ein Flop.

6.4.2.2.3 RESSOURCEN

Ressourcen

Wir erinnern uns, Ressourcen sind entweder materielle Ressourcen wie Betriebsmittel, Geldmittel, Boden, Rohstoffe, Energie, Immobilien, Personen etc. Oder es sind immaterielle Ressourcen wie Marke, Image, Patente, Know-how, spezielles Wissen und spezielle Fachkompetenzen, Kundenstammdaten, Kontakte, Netzwerke, belastbare Kundenbeziehungen etc.

Gibt es neue Aktivitäten in der Produktion, in der Erbringung unserer Dienstleistung oder in der Marktbearbeitung? Brauchen wir dafür neue Ressourcen[253]? Falls ja, welche? Haben wir intern darauf schon Zugriff? In ausreichender Menge?

Falls neue Ressourcen notwendig sind, entscheidet, ob ihr sie intern aufbaut oder ob ihr euch dafür externe Partner sucht. Bei „Ressourcen" sind die grundsätzlichen Möglichkeiten so vielfältig, dass konkrete Vorschläge, wie ihr die Themen am besten angeht, nicht sinnvoll sind. Sicher ist aber, dass ihr jetzt die Arbeitsformate und die grundsätzliche Vorgehensweise im Spinnovation-Strategieprozess so gut kennt, dass ihr für eure Aufgabenstellungen leicht den passenden Ansatz findet.

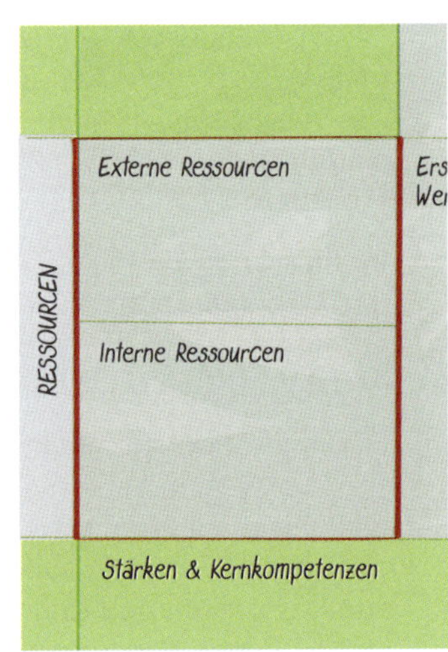

Beantwortet euch zuerst die Fragen: Welche zusätzlichen Kapazitäten und welche neuen Ressourcen brauchen wir für das neue Geschäftsmodell? Dann entscheidet ihr, ob die fehlenden Kapazitäten sowie die neuen Ressourcen intern oder über Partner aufgebaut werden.

Das machst du und dein Strategieteam in einer moderierten Arbeitssitzung.

6.4.2.2.3.1 INTERNE RESSOURCEN AUFBAUEN

Selbst machen oder machen lassen?!

Wirklich sinnvoll ist nur, interne Ressourcen für dauerhafte Engpässe und für Schlüssel-Know-how aufzubauen. Ansonsten kauft die Leistungen besser zu.

Um die Kernkompetenzen im Geschäftsmodell kümmern wir uns selbstverständlich selbst. Bei allen anderen Ressourcen und Kapazitäten fragen wir: „Was können andere besser und effi-

---

252 Vorsicht, über den Preis verkaufen wollen wir nicht. Ist aber der Endverbraucher so von unseren Produkten überzeugt, weil sie beispielsweise einen zwingenden Nutzen bieten, ist die Zahlungsbereitschaft entsprechend groß. Und daran können wir auch den Handel partizipieren lassen.

253 Wir unterscheiden zwischen Ressource = Art und Kapazität = Menge der Ressource.

zienter als wir?" Zusätzlich geht es darum, ob wir die notwendigen Kapazitäten aufbauen wollen und können.

Haben wir entschieden, welche Ressourcen wir intern aufbauen, müssen wir klären, wie lange das dauert und welche Kosten dabei entstehen. Insbesondere die grob geschätzten Kosten brauchen wir für die Wirtschaftlichkeit des neuen Geschäftsmodells.

6.4.2.2.3.2 EXTERNE RESSOURCEN AUFBAUEN

Ihr wisst bereits, welche Ressourcen ihr intern aufbaut. Damit ist auch klar, welche Ressourcen ihr euch extern beschafft. Mögliche Kooperationspartner müssen selbstverständlich in der Lage sein, die benötigten Ressourcen in der notwendigen Kapazität zur Verfügung zu stellen. Das reicht aber nicht. Sie müssen auch eure Werte teilen. Das gilt vor allem für die Partner in der Marktbearbeitung. An der Stelle solltet ihr euch noch einmal klarmachen, welchen Nutzen ihr den Kooperationspartnern bietet. Am besten den Nutzen für die wichtigsten Partner auf grüne Post-Its schreiben und mit ins Element „Externe Ressourcen" kleben.

Recherchiert möglichst viele potenzielle Kooperationspartner, die offensichtlich eure Anforderungen bzgl. Ressourcen und Kapazitäten erfüllen. Ob man wertemäßig zusammenpasst, findet man in der Regel schnell beim Kennenlernen heraus. Bei strategisch entscheidenden Partnerschaften ist das Schreiben einer gemeinsamen Vision sehr aufschlussreich. Vereinbart mit einigen potenziellen Partnern Termine und klärt die fachlichen Fragen. Vermittelt dabei auch, welchen Nutzen ihr dem potenziellen Partner bietet. Unter Umständen hat das große Auswirkungen auf den Preis. Einen groben Preisrahmen bzw. aus eurer Sicht Kostenrahmen müsst ihr aus dem Gespräch auch mitnehmen.

Liegt euer Engpass im Zugang zur neuen Bedarfsgruppe, weil ihr euch im Feld 2 und 4 der strategischen Fragestellungen bewegt, dann braucht ihr Kooperationen in der Marktbearbeitung. Überlegt gemeinsam und recherchiert, auf wen Folgendes zutrifft und wen ihr ansprechen könnt:

- Wer hat – Unternehmen oder sonstige Marktteilnehmer – die gleiche Bedarfsgruppe, ohne in direkter Konkurrenz mit uns zu stehen?
- Wer davon sind die Bedarfsgruppenbesitzer? Wie oder über wen können wir diese Bedarfsgruppenbesitzer erreichen?

Auch hier müsst ihr euch vor dem ersten Gespräch klarmachen, welchen Nutzen ihr den potenziellen Kooperationspartnern bietet.

Selbstverständlich werden Partnerschaften, egal welcher Art, erst verbindlich eingegangen, wenn das Geschäftsmodell „theoretisch" funktioniert – das prüft ihr im nächsten Arbeitsschritt – und der Probelauf[254] erfolgreich war.

---

254 6.5.3.3 „Arbeitsschritt V.1c: TestSpiel aufsetzen, Pilotbetrieb steuern", siehe ab S. 193.

Zur Erinnerung: externe Partner

Grundsätzlich werden Partnerschaften nur engpassorientiert aufgebaut. Kooperationen in der Marktbearbeitung vor allem dann, wenn der Partner einen guten und direkten Zugang zur Bedarfsgruppe hat und sich unsere Wertangebote komplementär ergänzen. Also nicht mit einem direkten Wettbewerber kooperieren. Eine weitere sehr wichtige Voraussetzung ist das gemeinsame Ziel der Kooperation: Nutzen für die Bedarfsgruppe zu schaffen oder zu steigern. Oder eine zwingende Innovation zu entwickeln und zum Erfolg bringen. Oder beides.

Kooperationspartner in der Marktbearbeitung

Hier in Phase IV ist der späteste Zeitpunkt, sich darum zu kümmern. Ist schon unmittelbar in Phase II klar, dass Kooperationspartner im Markt notwendig sind, wie beispielsweise bei Markus im ersten Anlauf die M&A-Beratungen, dann beginnt direkt im Rahmen der Bedarfsgruppeninterviews die Partnerschaften vorzubereiten und aufzubauen.

Spielend Partner finden

Ist es sehr schwierig, Partner zu finden und mit diesen ins Gespräch zu kommen? Das kann durchaus sein. Dann nutzt ein MiniSpiel, um an Gesprächspartner und -termine heranzukommen. Vielleicht muss sogar die ganze Organisation mitspielen. Welche Vorteile ein MiniSpiel mit sich bringt und wie ihr es am besten auf- und umsetzt, damit seid ihr mittlerweile bestens vertraut.

6.4.2.3 ARBEITSSCHRITT IV.1C:
WIRTSCHAFTLICHKEIT ABSCHÄTZEN

Zur Bestimmung der Wirtschaftlichkeit müsst ihr als Erstes die Kosten, die ihr in den bisherigen Arbeitsschritten geschätzt habt, zusammentragen. Ordnet sie nach den Blöcken Herstell- und Vertriebs-[255] und die Verwaltungskosten und unterteilt sie in fix und variabel[256].

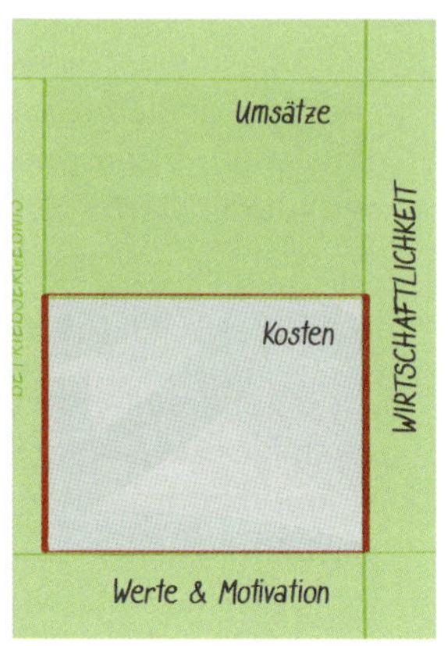

Jetzt habt ihr alles zusammen, um das Betriebsergebnis nach dem Schema aus 5.6.5.5.3 „Wirtschaftlichkeit/Betriebsergebnis"[257] jeweils für das optimistische, das realistische und das pessimistische Absatzszenarium abzuschätzen. Das realistische untersucht ihr noch genauer mit den oben schon erwähnten drei Preisen und den davon abhängigen Absatzmengen. Bleibt in allen drei Fällen unterm Strich ein angemessen hohes Betriebsergebnis übrig, dann geht es jetzt mit dem nächsten Prozessschritt weiter. Falls nicht, müsst ihr wieder zurück und eure Schätzungen prüfen. Vielleicht müsst ihr auch noch einmal mit Vertretern der Bedarfsgruppe sprechen. Ist das geschätzte Betriebsergebnis tiefrot und habt ihr keine vernünftigen Ideen, wie ihr das ändern könnt, ist der bis hierher verfolgte Spezialisierungsansatz leider nicht umsetzbar. Ihr müsst zurück und an einem geeigneten Punkt neu aufsetzen.

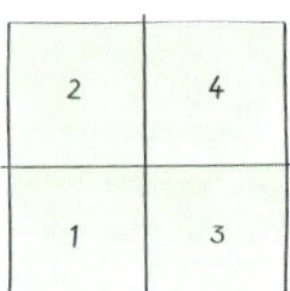

6.4.2.4 ARBEITSSCHRITT IV.1D:
SPINNOVATIVES GESCHÄFTSMODELL VERABSCHIEDEN

Im letzten Arbeitsschritt habt ihr das Spinnovation-Geschäftsmodell für euer neues Spezialgebiet vollständig erarbeitet. Jetzt braucht ihr noch eine abschließende Entscheidung, ob ihr das Geschäftsmodell umsetzt oder nicht. Dazu triffst du dich selbstverständlich mit deinem Strategieteam.

Der Moderator der Entscheidungssitzung trägt zu den Themenblöcken vorab alle Detailinformationen zusammen:

- Marktpotenzial gesamt
- Größe der Bedarfsgruppe und potenzieller Marktanteil in der Bedarfsgruppe
- Zu nutzende Vertriebskanäle
- Verschiedene Absatzszenarien
- Wie und zu welchen Kosten wird die Bedarfsgruppe über die genannten Kontaktpunkte erreicht?
- Zusammenfassung aller Kosten für die Produktion oder für die Erbringung der Dienstleistung und für die Marktbearbeitung
- Benötigte Ressourcen und aufzubauende Partnerschaften
- Kosten und Wirtschaftlichkeit der verschiedenen Absatzszenarien

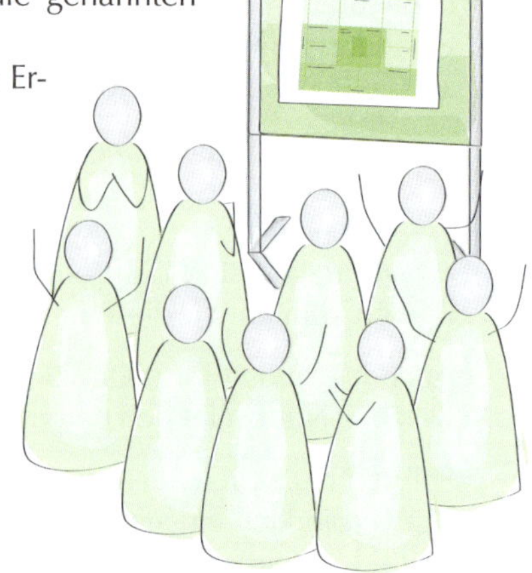

Ihr habt jetzt alle bisher im Strategieprozess getroffenen Annahmen überprüft. Trotzdem musste das ein oder andere auf Basis dieser Erkenntnisse abgeschätzt werden, beispielsweise die Marktgröße oder die Abhängigkeit der Absatzmenge vom Preis. Macht euch abschließend noch einmal bewusst, welche Schätzungen

---

255 Hier gehören auch die Marketing- und Kommunikationskosten dazu.
256 Siehe S. 90.
257 Siehe S. 90, oder nach dem Schema, das ihr bei euch im Unternehmen nutzt.

eurer Entscheidung zugrunde liegen. Und wie gut sie sich anfühlen und wie sensitiv euer neues Geschäftsmodell auf deren Änderungen reagiert.

Dann entscheidet. Sei dir aber bewusst, am Ende ist es deine Entscheidung. Je mehr sie aber dein Strategieteam mitträgt, desto mehr ist es auch seine Entscheidung und umso je größer ist seine Eigenverpflichtung, das Geschäftsmodell erfolgreich umzusetzen. Aber auch du musst dich mit der Entscheidung gut fühlen, sonst führt sie erfahrungsgemäß nicht zum Erfolg.

6.4.3 PROZESSSCHRITT IV.2:
VISION ENTWICKELN

Warum erarbeiten wir jetzt schon unsere neue Vision? Das könnten wir auch erst in der nächsten Phase oder erst in der letzten Phase „Entwickeln & vorangehen" machen.
Gerade beim Ausrollen des neuen Geschäftsmodells wirkt die positive Kraft einer attraktiven und gemeinsam getragenen Zukunftsvision sehr unterstützend und motivierend. Und das kann schon mal notwendig sein, wenn das Ausrollen ins Stocken kommt und es mal nicht rundläuft.

Veränderungen lösen bei vielen Menschen Widerstände und diffuse Ängste aus. Ein Weg, diese Angst abzubauen, besteht darin, ein positives Ergebnis zu visualisieren. Dieses Bild führt zur Ausschüttung von Glückshormonen und in der Folge zu positiver Energie und Umsetzungsstärke. Gleichzeitig führt das Einbinden der Beteiligten zu positiven Kontrollüberzeugungen, also dem Gefühl, auf die Zukunft Einfluss nehmen zu können. Es geht zunächst darum, sich eine wünschenswerte Zukunft auszumalen.

Was muss dieses wünschenswerte Zukunftsbild, was muss die Vision erfüllen? Sie muss inspirierend, realistisch und im Präsens verfasst sein. Und sie muss bei jeder Gelegenheit kommuniziert werden.

Die Frage, wie wir das Ziel erreichen, wie wir dahin kommen, stellt sich beim Visioning[258] erst einmal nicht. Es geht ausschließlich darum, einen attraktiven Zielzustand zu beschreiben.

Was bewirkt unsere inspirierende und realistische Vision?

- Sie hat einen positiven Einfluss auf andere.
- Sie zieht gute Leute an und bindet sie.
- Sie erlaubt uns, eine Realität zu kreieren, statt nur zu reagieren.
- Sie zwingt uns zum Handeln und macht klar, dass es den „sicheren Pfad" nicht gibt.
- Sie zwingt uns, Verantwortung zu übernehmen.
- Sie sagt uns, was wir nicht tun werden.
- Sie sagt jedem, was er davon hat.
- Sie erzeugt positive Dynamik im Unternehmen.
- Sie hilft den Menschen, ein besseres Leben zu leben.

---

258 Siehe ab S. 61.
259 A vision without a plan is just a dream.
   A plan without a vision is just drudgery.
   But a vision with a plan can change the world.

Wessen Vision?

Du musst natürlich abwägen, ob du die Vision alleine oder im Team entwickeln willst. Bindest du dein Team ein, dann ist sie nicht nur deine Vision, sondern die Vision von allen aus dem Team. Sie kann damit attraktiver und motivierender für andere sein. Auf der anderen Seite ist es dann vielleicht nicht mehr zu 100 Prozent deine Vision – was erfahrungsgemäß aber nicht vorkommt. Deswegen empfehlen wir dir, die Strategie gemeinsam mit deinem Team zu entwickeln.

Hast du dich entschieden, bietet es sich an, das nicht nur mit dem Strategieteam zu machen, sondern auch deinen Führungskreis zu beteiligen.

Hilfreiche Tipps

- Wähle etwas Großartiges und Bewegendes.
- Schreibe aus dem Herzen und nicht aus dem Kopf.
- Schicke alle beeinträchtigenden Gedanken und Stimmen weg.
- Schreibe schnell.
- Schreibe persönlich.
- Nutze die „Hot-Pen-Technik": Schreibe unentwegt. Wenn dir gerade nichts einfällt, wiederhole einfach immer wieder das letzte Wort, bis es weitergeht.

WIE ENTWICKELN WIR NUN DIESES KLARE UND ATTRAKTIVE ZUKUNFTSBILD?

Jeder aus dem Strategieteam verfasst zuerst seine eigene Vision. Danach fasst ihr sie zu einer gemeinsamen Vision fürs Unternehmen zusammen. Vorab legt ihr gemeinsam den Zeitpunkt oder besser das konkrete Datum fest, an dem die Vision verwirklicht sein wird. Dabei gilt: Je jünger das Unternehmen, desto kürzer der Zeitraum. Dann schreibt jeder aus dem Strategieteam seine eigene Vision fürs Unternehmen. Gib jedem aus deinem Team die folgende Anleitung:

1. Erstelle eine „List of Prouds", also Liste[260], mit allen Stärken und Besonderheiten des neuen Geschäftsmodells und der neuen Strategie sowie von allen bereits laufenden Aktivitäten und Projekten. Dazu gehören auch deine Motivation und alle deine persönlichen Fähigkeiten, die für das Vorhaben förderlich sind.
2. Schreibe den Text in Ichform und in der Gegenwartsform. Beschreibe einen Arbeitstag im Unternehmen zum festgelegten Zeitpunkt. Inhalt kann zum Beispiel sein:

- Von wo reise ich an, wie reise ich an (mit dem Zug, mit dem Auto, zu Fuß, von zu Hause, aus New York von einem Treffen mit dem dortigen Niederlassungsleiter …)?
- Welche Funktion übe ich zu diesem Zeitpunkt im Unternehmen aus? Wer leitet das Unternehmen?
- Was sehe, fühle, rieche, höre ich, wenn ich das Unternehmen betrete? Wo ist es angesiedelt, wie groß ist es, wie sieht das Gebäude aus, wie ist es eingerichtet, wie viele Menschen arbeiten dort, womit sind diese beschäftigt, sind Kunden anwesend – wenn ja, was tun sie, wie stehen sie zum Unternehmen …?
- Was macht das Unternehmen zu dem Zeitpunkt? Und wie zeigt sich das im Unternehmensalltag? Welches sind seine Besonderheiten? Welche Führungskultur wird gepflegt? Welche Herausforderungen hat es gemeistert und wird es meistern müssen?
- An welchen finanziellen Kennzahlen oder sonstigen Gegebenheiten erkennst du den Erfolg? Wie sehen sie aus?
- Was erlebst du an diesem Arbeitstag? Ziehe dich dazu an einen ungestörten Ort zurück, schließe die Augen und lass zunächst Bilder zu den oben genannten Fragen und Themen vorm inneren Auge entstehen. Dann schreibe auf, was du gesehen hast und was dir dazu noch einfällt.

3. Überarbeite deinen Entwurf so lange, bis er veröffentlichungsfähig ist. Sprich dafür mit Menschen, denen du vertraust, und teste, ob die Vision tatsächlich inspirierend und anziehend auf andere wirkt.

Die einzelnen Visionen der Mitglieder des Strategieteams bündelt ihr jetzt zu einer Unternehmensvision. Nehmt euch ausreichend Zeit für das erste Meeting, es sollten schon vier Stunden, besser ein ganzer Tag sein. Jeder aus der Gruppe liest zuerst seine Vision vor. Nach jedem Vorlesen können die anderen sagen, was ihnen am besten an der Vision gefallen hat. Das, was von den anderen als negativ empfunden wurde, muss diskutiert und ausgeräumt werden. Haben alle ihre Vision vorgelesen, fangt an, daraus eine

---

260 Liste ist hier nur sinnbildlich zu verstehen. Es kann auch eine Mindmap oder Ähnliches sein.

gemeinsame Vision zu formulieren. Setzt auf dem auf, was in den einzelnen Visionen am besten gefallen hat. Aus diesem Material wird dann die neue Unternehmensvision geschrieben. Arbeitet sie gemeinsam so weit aus, wie ihr bis zum Ende des Meetings kommt. Danach übernimmt einer aus dem Strategieteam die Aufgabe, bis zum nächsten Meeting die neue Vision, immer auf Basis der einzelnen Visionen, weiter zu formulieren. Das ist auf jeden Fall eine Aufgabe, die du übernehmen kannst. Dann trefft ihr euch wieder. Der Arbeitsstand der gemeinsamen Vision wird vorgelesen und Feedback gegeben. Dann könnt ihr bis zum Ende des Meetings gemeinsam weiter an der Vision arbeiten. Danach wird sie wieder von dir weiter ausformuliert. Danach trefft ihr euch wieder etc. Seid ihr am Ende einer solchen Arbeitssitzung alle mit der Vision einverstanden, ist sie fertig, die neue gemeinsame Unternehmensvision! Bis dahin steht auf euren Arbeitspapieren bzw. Visionen „Entwurf".

Kommuniziere die neue Unternehmensvision in einem geeigneten Rahmen der gesamten Organisation. Und verkündet sie ab diesem Zeitpunkt so oft es geht.

6.4.4 ERGEBNISSE DOKUMENTIEREN

Aus dieser Phase kommen das befüllte Geschäftsmodell und die ausformulierte Unternehmensvision in den Ergebnisbereich.

6.4.5 WAS HABEN MARKUS, OLIVER UND CATRIN NACH PHASE IV ERREICHT?

MARKUS

Markus und sein Strategieteam müssen für ihr neues Geschäftsmodell – „Beratungsleistungen für komplexe Produktentwicklungen in der Automobilbranche" – nur wenige Elemente aus dem schon erarbeiteten Geschäftsmodelltableau anpassen bzw. ergänzen. Das ist typisch für die strategischen Fragestellungen aus Feld 2. Neben den Elementen „Endkunden" und „Nutzen" ging es hauptsächlich um die Frage: „Wie erreichen wir kommunikativ die neue Bedarfsgruppe?" und um die Wirtschaftlichkeit. Für die Kommunikation holte man sich eine spezialisierte Agentur an die Seite, mit der man die Kommunikationsmaßnahmen grob skizzierte und die Kosten abschätzte. Zum Schluss ging es um die Wirtschaftlichkeit. Sie war trotz der hohen Kommunikationskosten positiv.

Die Beratung hatte schon lange eine eigene Vision. Trotzdem formulierten Markus und sein Strategieteam eine neue. Es gab, wie nicht anders zu erwarten war, inhaltlich kaum Unterschiede zur alten. Die neue Vision zeigte aber, vor allem wegen der Art, wie sie entstanden ist, und der Form, in der sie beschrieben ist, eine ganz andere Strahl- und Anziehungskraft.

OLIVER

Oliver und sein Team hatten einiges für den Aufbau des neuen Geschäftsmodells zu tun. In vielen Bereichen betrat man Neuland. Das Feld „Erstellen Wertangebot" beinhaltete nämlich auch das komplette Geschäftsmodell für die Heilpraktiker. Dort fing man auch an. Der Prototyp des Geschäftsmodells aus dem Bedarfsgruppentest musste weiter spezifiziert werden. Für den Teil „Kommunikation mit Patienten" holte sich das Strategieteam eine Kommunikationsagentur ins Boot. Nach der Konzeption der Kommunikationsmaßnahmen wurden gemeinsam die Kosten abgeschätzt, die Olivers Unternehmen für die ganzen Werbemittel, Webseiteninhalte etc. aufwenden musste. Dann wurde das eigene Geschäftsmodell vervollständigt. Am Ende sah man im Modul „Wirtschaftlichkeit", dass für ein positives Betriebsergebnis einige Geräte mit Geschäftsmodell zu verkaufen waren. Das Geschäftsmodell für die Heilpraktiker musste also richtig gut funktionieren. Wie wir wissen: Nur echter Nutzen verkauft sich gut.

Bisher gab es in Olivers Unternehmen noch keine ausformulierte Vision. Alle Mitarbeiter hatten zwar eigene Vorstellungen von der Vision, die lagen wegen der gemeinsam gelebten Unternehmenswerte aber nicht weit auseinander. Das merkte man beim gegenseitigen Vorlesen der neuen Vision in der ersten Runde des Visioning. Die gemeinsame Vision entstand quasi von alleine. Man war sehr froh, sie mit dieser Art endlich zu Papier gebracht zu haben.

CATRIN

Catrin und ihr Team haben das Geschäftsmodell für die unfallfreie Verpackung schnell vervollständigt. Nachdem die Kosten der Maßnahmen für die Lebensmittelhygiene und den Umbau der Druckmaschinen geschätzt waren, wurde das Betriebsergebnis grob kalkuliert – am Ende blieb etwas übrig. Das war schon mal sehr beruhigend.

Nach den Personalmaßnahmen in der jüngeren Vergangenheit hatte Catrin echte Bauchschmerzen vor dem Visioning-Prozess. Aber ihr war klar, wenn diese Verpackungen die neue Richtung und Spezialisierung für die Druckerei waren, dann mussten von vornherein alle von der Idee überzeugt sein. Dass eine Vision so etwas schaffen kann, davon war Catrin überzeugt. Aber auch bei ihr in der Druckerei mit den ganzen Querelen … Catrin war sehr überrascht: Die Erarbeitung der Vision mit der Visioning-Methode brachte ein tolles Ergebnis. Alle aus dem Strategieteam waren erstaunt, wie nahe man zusammenlag und welche gemeinsamen Vorstellungen man über die Zukunft hatte. Alle konnten sich zu 100 Prozent mit der neuen Vision identifizieren. Die intensive Zusammenarbeit im Strategieprojekt zeigte Wirkung, auch im Unternehmen. Bei der Kommunikation der Vision merkte Catrin, dass darüber schon viel gesprochen wurde – die Mitglieder aus dem Strategieteam hatten ganze Arbeit geleistet. Es gab viele Kollegen, die über die Form der Vision verwundert waren, aber inhaltlich gefiel sie doch fast allen. Sehr gute Voraussetzungen für ein erfolgreiches Ausrollen des neuen Geschäftsmodells.

6.5 PHASE V „AUSROLLEN & DURCHSTARTEN"

WAS ERARBEITEN WIR IN DIESER PHASE UND WARUM?

In der letzten Phase haben wir zwei wesentliche Zwischenergebnisse auf dem Weg zu einer erfolgreichen Spinnovation-Strategie erzielt. Das Geschäftsmodell ist beschrieben und braucht jetzt nur noch ausgerollt zu werden. Und wir haben eine attraktive und motivierende Vision entwickelt, die nicht nur das Ausrollen des Geschäftsmodells mit anschiebt und unterstützt, sondern langfristig anziehend auf die Mitarbeiter, die Partner und die Kunden wirkt.

Am Ende dieser Phase haben wir ein erfolgreich funktionierendes Geschäftsmodell und alle begleitenden Maßnahmen implementiert, mit denen die gesamte Organisation das Geschäftsmodell dauerhaft steuern kann.

Wir empfehlen dir aber, zuerst einen weitergehenden Pilotbetrieb aufzusetzen. Erst wenn der erfolgreich war, startet richtig durch. Aber warum noch ein Pilotbetrieb? Wir haben doch alle Annahmen, die dem Geschäftsmodell zugrunde liegen, überprüft und nur mit belastbaren Erkenntnissen weitergearbeitet. Ja, das haben wir. Trotzdem kann es sein, dass wir die Annahmen vielleicht nicht kritisch oder auch selbstkritisch genug überprüft haben. Oder dass sich die Einschätzungen, die wir auf Basis der gewonnenen

Erkenntnisse getroffen haben, am Ende nicht bestätigen. Deswegen starten wir zuerst mit einem Pilotprojekt, ohne dabei schon ins volle unternehmerische Risiko zu gehen. Der Pilotbetrieb kann beispielsweise für wenige ausgewählte Kunden[261], eine ganz spezifische Kundengruppe, ein Vertriebsgebiet etc. aufgebaut werden.

Mit dem Pilotbetrieb testen wir auch das AusrollSpiel, mit dem später die gesamte Organisation das Ausrollen des Geschäftsmodells vorantreibt. So sammeln wir wichtige Erfahrungen.

Noch eine Besonderheit gibt es bei Phase V „ Ausrollen & durchstarten". Sie muss nicht vollständig abgearbeitet sein, bevor wir mit Phase VI „Entwickeln & vorangehen" loslegen können. Ist der Pilot erfolgreich abgeschlossen, können wir bei ausreichend personellen Kapazitäten auch schon mit den grundlegenden Maßnahmen für Phase VI beginnen. Beispielsweise den NPS[262] einführen oder den Kundenbeirat[263] aufbauen.

6.5.1 DIE VIER STRATEGISCHEN FRAGESTELLUNGEN IN PHASE V

Diese Phase wird für alle vier strategischen Fragestellungen komplett durchgearbeitet. Wie umfänglich dabei die einzelnen Prozessschritte sind, hängt von der jeweiligen Aufgabe ab. Geht es darum, die vorhandene Innovation bei deiner bestehenden Bedarfsgruppe durch das Überwinden von Akzeptanzengpässen erfolgreich zu machen, sind nur wenige Aktivitäten notwendig. Führt ihr euer neues Wertangebot bei einer neuen Bedarfsgruppe ein, müsst ihr deutlich mehr dafür machen. Genauso gibt es auch Unterschiede beim Erstellen des Wertangebotes. Kannst du auf eine bestehende Produktion aufsetzen, ist weniger zu tun und zu testen als beim Neuaufbau einer Produktion unter Einbindung von neuen Partnern.

6.5.2 ERFOLG UND SEINE TREIBER

Wie können wir es schaffen, dass das neue Geschäftsmodell mit Unterstützung der gesamten Organisation ausgerollt wird und damit die Erfolgsaussichten ungemein steigen? Das erreichen wir spielerisch – mit dem Spinnification-Ansatz.

„Was man nicht messen kann, kann man nicht lenken." Peter F. Drucker

Um die involvierten Bereiche spielerisch hinter das Ausrollen des neuen Geschäftsmodells zu bekommen, brauchen wir einen Indikator für ein erfolgreiches Ausrollen. Eine sinnvolle Kennzahl für den Erfolg des Innovationsprojektes ist der Cashflow, der positiv bleiben sollte. Den Cashflow als „Erfolgskennzahl" brechen wir auf sogenannte Treiber herunter, die über verschiedene Ebenen auf die Erfolgskennzahl wirken und die von einzelnen Teams unmittelbar beeinflussbar sind. Und bei den Teams, vielleicht ahnst du es schon, verwenden wir dann den Hebel der MiniSpiele.

Wie wirken die Erfolgskennzahl und die Treiber zusammen? „Wirken" ist hier das entscheidende Wort. Wir nutzen keinen klassischen Kennzahlenbaum, wie beispielsweise das Du-Pont-Kennzahlensystem mit seinem formalen Aufbau als Rechensystem. Dort berechnet sich eine Kennzahl arithmetisch aus den darunterliegenden Kennzahlen. Bei Spinnovation geht es aber um die Frage: Was hat Einfluss auf die Kennzahl in der Ebene darüber? Und dieser Einfluss muss sich nicht als mathematische Formel ausdrücken lassen. Wie die Treiber wirken und welche Abhängigkeiten sie untereinander haben, hängt sehr stark vom betrachteten Geschäftsmodell ab. Die Kernfrage, ob ein möglicher Treiber Einfluss auf die darüber liegende Kennzahl hat oder nicht, lautet aber immer: Verbessert bzw. verschlechtert sich die darüber liegende Kennzahl, wenn sich der Treiber verändert? Ist die oberste Kennzahl bzw. Ebene der Cashflow – unser Beispiel unten ist angelehnt an ein erklä-

261 Beispielsweise die, die sich dafür während des Bedarfsgruppendialogs bereit erklärt haben.
262 Siehe S. 204.
263 Siehe ab S. 204.

rungsbedürftiges physisches Produkt –, wirken darauf naturgemäß Erlöse und Kosten. Auf der Erlösseite sind die Absatzmengen und die durchschnittlichen Erlöse relevant. Die Kostenseite teilen wir in Herstell- und Vertriebskosten.[264] Darunter gibt es dann Treiber, die nicht mehr arithmetisch in die übergeordnete Kennzahl einfließen. Beispielsweise wirkt die Anzahl der Kundenkontakte zum neuen Wertangebot auf die Absatzmenge – klar, je mehr Kunden das Angebot kennen, desto mehr können es kaufen. Die Absatzmenge lässt sich aber nicht direkt aus der Anzahl der direkten Kundenkontakte berechnen.[265] Dann gibt es wiederum Treiber, die auf mehrere darüber liegende Kennzahlen wirken. Beispielsweise drückt die Anzahl der Reklamationen[266] auf die Durchschnittserlöse und auf die Wiederkaufrate. Die Anzahl der Reklamationen hat selbst wiederum mehrere Treiber. Beispielsweise die Liefertreue, die Fehlerquote in der Auftragsbearbeitung oder auch die Produktqualität. Diese sind entweder schon direkt von einem Team beeinflussbar oder lassen sich noch weiter herunterbrechen. Die Qualität der Auftragsbearbeitung kann unmittelbar vom Vertriebsinnendienst beeinflusst werden, beispielsweise über eine Schulung der Sachbearbeiter zum neuen Wertangebot. Die Produktqualität kann wiederum direkt vom Produktionsteam beeinflusst werden. Lieferzeiten dagegen sind selbst wieder von weiteren Treibern abhängig: von der Termintreue der Produktion oder der Logistikabteilung. Das folgende Beispiel zeigt ausgewählte Treiber, die so weit heruntergebrochen sind, dass sie auf der jeweils untersten Ebene unmittelbar beeinflussbar sind.

1. Erlöse
  1.1. Absatzmenge
    1.1.1. Anzahl Kundenkontakte zum Wertangebot
      1.1.1.1. Anzahl Abdrucke von PR-Artikeln
      1.1.1.2. Anzahl veröffentlichte Fachartikel
      1.1.1.3. Anzahl Kundentermine
      1.1.1.4. Anzahl Kundenkontakte über Kommunikationsmaßnahmen
        1.1.1.4.1. Internetkampagnen – Anzahl Klicks auf neues Wertangebot
        1.1.1.4.2. Mailings (E-Mail und postalischer Versand)
          1.1.1.4.2.1. Anzahl Aussendungen
          1.1.1.4.2.2. Antwortrate
        1.1.1.4.3. Anzeigenkampagnen – Reichweite
    1.1.2. Anzahl gewonnene Erstkäufer aus Bestandskunden
      1.1.2.1. Anzahl, der für das neue Wertangebot geschulten Vertriebsmitarbeiter
      1.1.2.2. Klarheit des Nutzenversprechens
      1.1.2.3. Anzahl Kundentermine
    1.1.3. Wiederkaufrate (hier kann später zusätzlich der NPS stehen)
      1.1.3.1. Anzahl Reklamationen
        1.1.3.1.1. Liefertreue
          1.1.3.1.1.1. Termintreue Produktion
          1.1.3.1.1.2. Termintreue Logistik
        1.1.3.1.2. Produktqualität
        1.1.3.1.3. Qualität der Auftragsbearbeitung
      1.1.3.2. Reaktionszeiten Service
    1.1.4. Anzahl Neukunden
      1.1.4.1. Klarheit des Nutzenversprechens
      1.1.4.2. Anzahl Kundenkontakte zum Wertangebot (Treiber siehe oben)
    1.1.5. Durchschnittliche Lieferzeit
      1.1.5.1. Durchlaufzeiten Aufträge

---

264 Die Verwaltungskosten lassen wir hier außen vor.
265 Außer vielleicht später mit Durchschnittwerten aus der Vergangenheit.
266 Zur besseren Orientierung sind alle im Text direkt angesprochenen Kennzahlen bzw. Treiber im folgenden Treiberbaum hervorgehoben.

1.1.5.2. Bestand Fertigerzeugnisse
1.2. Durchschnittliche Erlöse
1.2.1. Höhe durchschnittlicher Rabatt in Prozent des Listenpreises
1.2.1.1. Klarheit der Nutzenargumentation
1.2.1.2. Menge und Qualität Referenzkunden
1.2.2. Anzahl Reklamationen (Treiber auf die Reklamation sind oben aufgelistet)
2. Kosten
2.1. Erstellen des Wertangebotes
2.1.1. Lagerbestände
2.1.1.1. Fertigwaren
2.1.1.2. Halbzeuge
2.1.1.3. Roh-, Hilfs- und Betriebsstoffen
2.1.2. Produktivität
2.1.2.1. Rüstzeiten Maschinen
2.1.2.2. Stillstandzeiten Maschinen
2.1.2.3. Ausschussquote
2.1.2.4. Materialeinsatz
2.1.2.5. Personalaufwand
2.2. Vertriebskosten
2.2.1. Kosten für Werbemittel
2.2.2. Kosten für Internetkampagnen
2.2.3. Kosten für Mailings (E-Mail und postalischer Versand)
2.2.4. Kosten Anzeigenkampagne
2.2.5. Anzahl Kundenbesuche

Wie du mit deinem Team am besten beim Bestimmen der Treiber auf die Erfolgskennzahl vorgehst, zeigen wir in 6.5.3.2 „Arbeitsschritt V.1b: Erfolgskennzahl und Treiber bestimmen".

> *Der interne Engpass und die kritische Kennzahl*
>
> Bevor das neue Geschäftsmodell auf breiter Front ausgerollt werden kann, musst du unter Umständen zuerst interne Engpässe auflösen – schaut erst einmal, welche Engpässe das im Zusammenhang mit dem neuen Geschäftsmodell sind. Das können ganz unterschiedliche sein: Investitionsmittel, Liquidität, Produktionskapazitäten, qualifizierte Berater etc. Selbstverständlich kann man das auch spielerisch angehen. Bestimmt im Strategieteam die Kennzahl, mit der sich der kritische Engpass am besten ausdrücken lässt. Und auf diese „kritischen Kennzahl" könnt ihr wiederum MiniSpiele oder, falls es Treiber gibt, mehrere MiniSpiele aufsetzen.

6.5.3 PROZESSSCHRITT V.1: NEUES GESCHÄFTSMODELL PILOTIEREN[267]

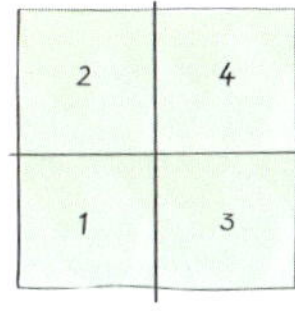

In diesem Prozessschritt setzen wir den Pilotbetrieb für das neue Geschäftsmodell und das TestSpiel zur Steuerung des Piloten auf.

6.5.3.1 ARBEITSSCHRITT V.1A: PILOTBETRIEB VORBEREITEN

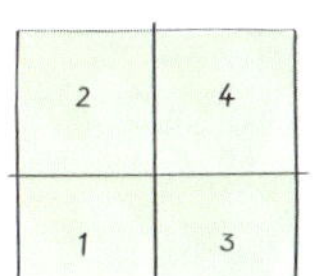

Um das neue Geschäftsmodell unter Echtbedingungen im Markt zu testen, ist einiges vorzubereiten. Die folgenden Maßnahmen werden erfahrungsgemäß in vielen Strategieprojekten umgesetzt, können aber nur eine Auswahl sein. Unabhängig davon gibt es in deinem Unternehmen sicherlich aus der Vergangenheit Erfahrungen mit der Einführung neuer Produkte bzw. Services. Was konkret zum Aufbau eures Pilotbetriebes notwendig ist, erarbeitet ihr im Strategieteam gemeinsam mit den funktionalen Experten aus deinem Unternehmen.

PARTNERSCHAFTEN AUFBAUEN

Es bietet sich auf jeden Fall an, notwendige Partnerschaften ebenfalls zu testen. In Phase IV hattet ihr schon Kontakt mit potenziellen Partnern und geklärt, was sie von dem können, was ihr braucht, und zu welchem Preis. Auf dieser Basis baut ihr jetzt eine Partnerschaft auf Probe auf.

---

267 Pilotieren steht für „Pilotbetrieb".

PILOTPRODUKTION ODER -SERVICES AUFBAUEN

Selbstverständlich muss euer neues Wertangebot für den Pilotbetrieb in ausreichendem Umfang zur Verfügung stehen. Ob es vor einer Pilotproduktion notwendig ist, funktionale Prototypen zu bauen und diese gemeinsam mit den Kunden zu testen, hängt vom spezifischen Geschäftsmodell ab.

MARKETING- UND KOMMUNIKATIONSMASSNAHMEN ENTWICKELN UND TESTEN

Begleitend zum Pilotbetrieb sind die Marketing- und Kommunikationsmaßnahmen zu entwickeln und zu testen. Grundlage hierzu sind unter anderem die Informationen zu den Kontaktpunkten aus dem Bedarfsgruppendialog.

MASSNAHMEN ZUR GLAUBWÜRDIGKEIT ENTWICKELN

Die mangelnde Glaubwürdigkeit einer Leistung kann ein wesentlicher Akzeptanzengpass sein. Hat sich ein solcher Engpass im Bedarfsgruppendialog abgezeichnet? Dann bereitet im Pilotbetrieb entsprechende Maßnahmen vor. Am besten ist es, wenn ihr aus den Gesprächspartnern des Bedarfsgruppendialogs direkt Pilot- und gleichzeitig Referenzkunden gewonnen habt. Je größer der Nutzen eures Wertangebotes, umso einfacher bekommt ihr Referenzkunden. Mit Referenzen könnt ihr den Erfolg beim Kunden belegen und die Wirksamkeit nachweisen. Falls ihr Testate oder Gutachten braucht, geht das am besten jetzt an.

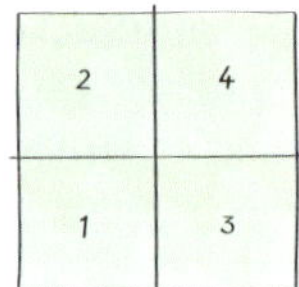

6.5.3.2 ARBEITSSCHRITT V.1B: ERFOLGSKENNZAHL UND TREIBER BESTIMMEN

In Kapitel 6.5.2 „Erfolg und seine Treiber" haben wir gesehen, wie man grundsätzlich von der Erfolgskennzahl auf oberster Ebene die Treiber auf den darunterliegenden Ebenen ableiten kann. Sind diese Treiber dann unmittelbar von Abteilungen oder Teams beeinflussbar, setzen wir darauf MiniSpiele an. In diesem Zusammenhang nennen wir MiniSpiele „SpinUpSpiele". Verlaufen diese SpinUpSpiele erfolgreich, schaukelt sich der Erfolg hoch und das Geschäftsmodell wird erfolgreich ausgerollt.

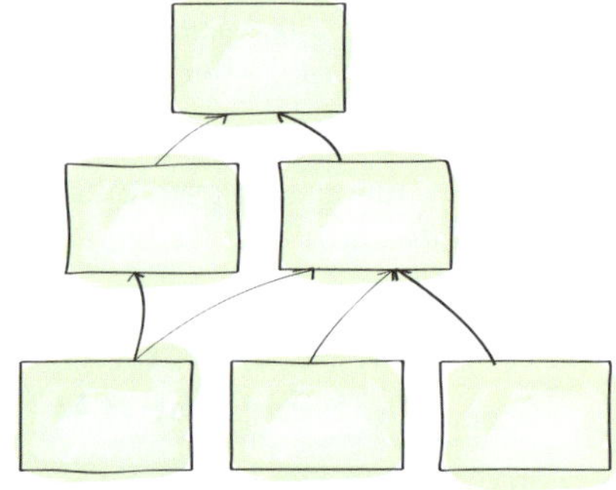

> *Vorsicht*
>
> Den „Erfolg" unseres Geschäftsmodells messen wir zwar mit einer Erfolgskennzahl wie dem Cashflow, aber wir wissen: ein hoher Cashflow ist nicht Zweck, sondern lediglich die Folge eines funktionierenden Geschäftsmodells!

Die Erfolgskennzahl und die Treiber erarbeitet ihr in einer moderierten Arbeitssitzung. Zuerst bestimmt ihr die Kennzahl, die den „Erfolg" des Geschäftsmodells beschreibt. Ist diese Erfolgskennzahl festgelegt, müssen die Treiber, die auf die Kennzahl wirken, erarbeitet werden. Hierzu können wir auch das bewährte Brainstorming nutzen. Jeder Teilnehmer hat zehn Minuten Zeit, die Treiber, die auf die oberste Kennzahl wirken, auf Post-its zu schreiben. Dabei spielt es keine Rolle, ob die Treiber unmittelbar beeinflussbar sind oder nicht. Beim Ankleben der Post-its an die Metaplanwand werden sie gleich in eine hierarchische Struktur gebracht. Wie immer: Entstehen beim Ankleben der Post-its Ideen für weitere Treiber, werden diese notiert und später dazu geklebt. Wirken Treiber auf mehrere darüber liegende Kennzahlen, schreibt weitere Post-Its mit dem Treiber und klebt sie auch unter die anderen Kennzahlen. Ist der „Treiberbaum" fertig, prüft gemeinsam, ob die Treiber, die selbst keine darunterliegenden Treiber mehr haben, unmittelbar von Teams oder Organisationseinheiten beeinflussbar sind. Falls nicht, müsst ihr die Kennzahlen so weit herunterbrechen, bis auf der untersten Ebene alle Treiber unmittelbar beeinflussbar sind. Wichtig ist auch, dass die Treiber und

Kennzahlen unmittelbar und ohne Aufwand von den Teams gemessen werden können. Es nutzt ja nichts, wenn es Tage dauert, bis eine Kennzahl bestimmt ist und ihr nicht zeitnah reagieren könnt.

Bevor ihr mit dem Treiberbaum das TestSpiel aufsetzt, lasst ihn noch ein, zwei Tage wirken. Häufig ist es nicht ganz einfach, sich gedanklich vom Rechensystem klassischer Kennzahlensysteme zu lösen und auch zuzulassen, dass ein Treiber mehrfach im Baum vorkommen kann. Schau dir gemeinsam mit deinem Team noch einmal den Treiberbaum an. Wenn ihr alle das Gefühl habt, dass es passt, dann geht's weiter. Am Ende müsst ihr zusammen noch die Zielgröße für die Erfolgskennzahl festlegen, die ihr während der Dauer des Pilotbetriebs erreichen wollt, und die Dauer des Pilotbetriebs selbst. Legt auch gleich die drei Gewinnstufen und die passenden Preise fest.

6.5.3.3 ARBEITSSCHRITT V.1C:
TESTSPIEL AUFSETZEN, PILOTBETRIEB STEUERN

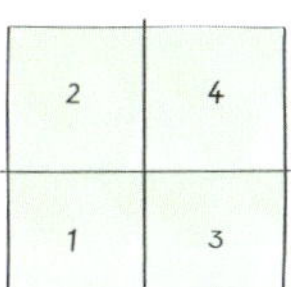

Jetzt habt ihr alles, um das TestSpiel aufzusetzen, mit dem ihr den Pilotbetrieb steuern werdet: die Erfolgskennzahl mit den Zielgrößen für die drei Gewinnstufen und die unmittelbar beeinflussbaren Treiber. Jetzt müsst ihr für die einzelnen Treiber die SpinUpSpiele in den entsprechenden Organisationseinheiten oder Teams aufsetzen. Im Unterschied zu den MiniSpielen gibt es bei den SpinUpSpielen keine eigenen Gewinnstufen. Es werden aber genauso Zielgrößen definiert, die das Team an Ende der Spieldauer erreicht haben will. Das spielende Team legt seine Ziele[268] am besten selbst fest. Sind alle SpinUpSpiele geplant, schaut sie euch im Strategieteam zusammen mit den Spielleitern der SpinUpSpiele an. Kann das Gesamtziel erreicht werden, falls alle SpinUpSpiele ihre Ziele erreichen? Die Kennzahlen sind ja nicht arithmetisch aus den darunterliegenden zu berechnen, deswegen kann man die Gesamtkonstellation nur gemeinsam einschätzen. Falls ihr alle zusammen zur Einschätzung kommt, dass das so passen kann, gut. Ansonsten legt gemeinsam neue Ziele für die SpinUpSpiele fest, die voraussichtlich zum Erfolg des Pilotbetriebs führen.

Wie wird nun das TestSpiel gesteuert? Für das TestSpiel findet einmal die Woche[269] eine Spielleiterbesprechung statt. Neben den Spielleitern nimmt daran das gesamte Strategieteam teil. Einer aus dem Strategieteam sollte Gesamtspielleiter des Testspiels sein – vielleicht du selbst? Bei der Spielleiterbesprechung berichten die Spielleiter der SpinUpSpiele kurz, ob man im Zielkorridor ist und welche konkrete Größe man bei dem bespielten Treiber erreicht hat, was man sich bis zur nächsten Spielleiterbesprechung vorgenommen hat und wie man es erreichen will. Über den Stand der Erfolgskennzahl und aller nicht unmittelbar beeinflussbarer Treiber[270] berichtet der Gesamtspielleiter. Liegt alles im Zielkorridor, seid ihr auf bestem Wege, den Piloten zum Erfolg zu führen. Sind alle SpinUpSpiele im oder über Plan, nur das TestSpiel nicht, müsst ihr im Strategieteam überlegen, woran es liegt. Sind die Ziele der SpinUpSpiele nicht hoch genug? Oder wurde am Anfang der Wirkungsgrad der Treiber auf die Erfolgskennzahl überschätzt? Liegen aber SpinUpSpiele unter Plan, muss das in den entsprechenden Teams geregelt werden. Dazu findet in den SpinUpSpielen auch einmal pro Woche eine Teambesprechung statt. Und zwar einen Tag vor der Gesamtteambesprechung. Der Spielleiter geht dann mit dem aktuellen Spielstand, der Prognose für die nächste Woche und gegebenenfalls mit den im Team besprochenen Maßnahmen in die Gesamtbesprechung. Gibt es dort für das eigene Team wichtige Erkenntnisse oder Maßnahmen, informiert der Teamleiter seine Mannschaft spätestens am nächsten Tag darüber.

---

[268] Häufig gibt es in einer Organisationseinheit mehr als einen Treiber bzw. eine Kennzahl, die bespielt wird.

[269] Der Zeitraum könnte auch davon abweichen. Erfahrungsgemäß ist eine Woche das geeignetste Zeitmaß für den „Regelkreis". Man bekommt sehr schnell ausreichende Rückmeldungen, wie die Kennzahl sich entwickelt und ob die eingeleiteten Maßnahmen greifen.

[270] Je nachdem, wie umfangreich euer TestSpiel oder später das AusrollSpiel ist, braucht der Gesamtspielleiter dafür Unterstützung. Teilt dazu die nicht unmittelbar beeinflussbaren Treiber auf Spielleiter, Mitglieder des Strategieteams oder auf funktional Verantwortliche auf.

Selbstverständlich wird der gesamte Kennzahlenbaum, also der Spielstand mit den aktuellen Zahlen, an einer zentralen und gut zugänglichen Stelle im Unternehmen ausgehängt. Dort findet am besten auch die Spielleiterbesprechung statt.

Am Ende der Spieldauer bewertet ihr im Strategieteam, ob der Pilotbetrieb erfolgreich war. Das sollte zumindest der Fall sein, wenn ihr die höchste Gewinnstufe erreicht habt. War der Pilotbetrieb nicht erfolgreich, müsst ihr die Ursachen analysieren und nachbessern. Sollte die Verlängerung auch nicht zum gewünschten Erfolg führen, müsst ihr euch sehr genau anschauen, warum sie nicht erfolgreich war, und entsprechende Gegenmaßnahmen aufsetzen. Falls ihr den Spinnovation-Strategieprozess mit allen Empfehlungen sauber abgearbeitet habt, kann nahezu ausgeschlossen werden, dass das neue Geschäftsmodell grundsätzlich nicht funktioniert.

Habt ihr den Pilotbetrieb erfolgreich abgeschlossen, könnt ihr jetzt das Geschäftsmodell auf breiter Front ausrollen und durchstarten.

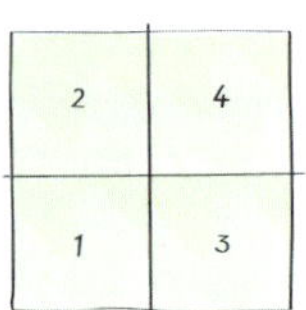

6.5.4 PROZESSSCHRITT V.2: NEUES GESCHÄFTSMODELL AUSROLLEN

Der Pilotbetrieb verlief erfolgreich. Wegen der permanenten Überprüfung der Annahmen, die im Geschäftsmodell gesteckt haben, und des großen Teams, das motiviert dafür gearbeitet hat, war das auch fast nicht anders zu erwarten.

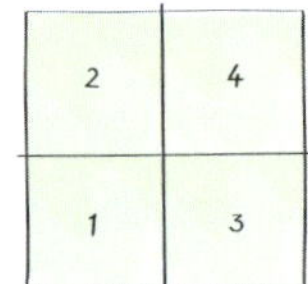

6.5.4.1 ARBEITSSCHRITT V.2A: PILOTBETRIEB AUSWEITEN

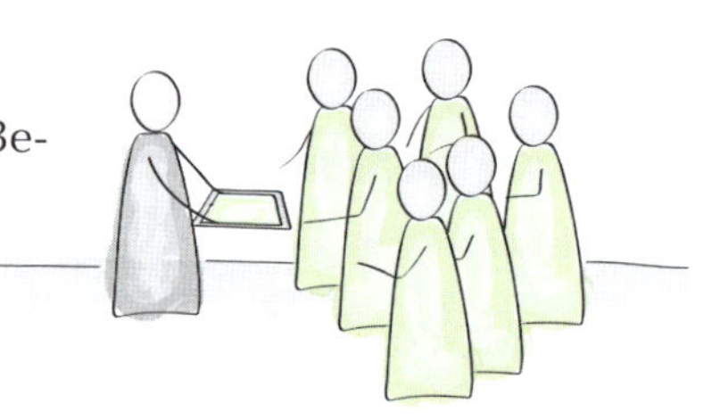

Der Pilotbetrieb war beispielsweise auf einen kleinen Teil der Bedarfsgruppe oder auf sehr begrenzte Produktions- oder Servicekapazitäten ausgerichtet. Damit habt ihr das Risiko gering gehalten und konntet Erfahrungen sammeln, die euch jetzt helfen, das Ausrollen des Geschäftsmodells auf breiter Front zum Erfolg zu führen.

Erarbeitet zuerst gemeinsam mit den funktionalen Experten aus deinem Unternehmen die Maßnahmen, die notwendig sind, um den Pilotbetrieb auf Echtbetrieb auszuweiten. Dazu gehört u. a., die Produktions- oder Servicekapazitäten und die Partnerschaften auszubauen oder auch die Marketing- und Kommunikationsmaßnahmen vollständig umzusetzen. Alles andere ist unternehmens- und geschäftsmodellabhängig. Sicher sind auch Maßnahmen darunter, die im AusrollSpiel als neue Treiber zu berücksichtigen sind. Aber du hast ja mittlerweile ein starkes Team mit großem Knowhow und Wissen um dich, das ein solches Ausrollprojekt sauber aufsetzen kann.

6.5.4.2 ARBEITSSCHRITT V.2B: TESTSPIEL AUSWERTEN

Jetzt wertet ihr im Strategieteam zusammen mit den SpinUpSpiel-Leitern und den funktionalen Experten das TestSpiel aus. Was war gut, was hat nicht richtig funktioniert? Mit diesen Erfahrungen passt ihr, falls notwendig, die Erfolgskennzahl, den Treiberbaum oder beides zusammen an. Weitere Maßnahmen, die im vorangegangenen Arbeitsschritt bestimmt wurden und die ihr spielend steuern wollt, integriert ihr ins AusrollSpiel. Und zwar immer dort, wo die Maßnahme unmittelbar auf eine Kennzahl bzw. auf einen Treiber wirkt. Die Kennzahlen übergebt ihr an die Teams, die sie bespielen. Und die Teams setzten damit die SpinUp-Spiele auf. Alles Weitere läuft genauso wie im TestSpiel.

6.5.4.3 ARBEITSSCHRITT V.2C:
DAS AUSROLLSPIEL

Für das AusrollSpiel braucht ihr nur noch den Zeitrahmen, die Zielgröße für die Erfolgskennzahl, die drei Gewinnstufen und die Preise. Alles andere kennt ihr schon aus dem TestSpiel. Jetzt könnt ihr durchstarten.

Über die wöchentlichen Gesamtteambesprechungen und die einen Tag davor stattfindenden SpinUpSpiel-Besprechungen herrscht volle Transparenz über alle Kennzahlen. Ihr wisst genau, wo ihr steht. Läuft etwas nicht so wie geplant, könnt ihr schnellstmöglich reagieren. Und ganz wichtig: Alle involvierten Bereiche mit allen involvierten Mitarbeitern spielen mit! Das neue Geschäftsmodell zum Erfolg zu führen ist also nicht die Aufgabe von einigen wenigen, sondern die eines motivierten Teams. Du hast damit die besten Erfolgsaussichten.

Am Ende der Spieldauer wird das große AusrollSpiel ausgewertet. Ihr habt sicher darauf geachtet, dass die Preise der Gewinnstufen für das gesamte Team attraktiv waren. Wurde die oberste Gewinnstufe erreicht, wird auch richtig gefeiert.

Wurde die oberste Gewinnstufe nicht erreicht, analysiert im Strategieteam, warum, ergreift geeignete Maßnahmen, um die Gründe zu beseitigen, und geht in die Verlängerung.

6.5.5 PROZESSSCHRITT V.3:
NEUES GESCHÄFTSMODELL STEUERN

Dieser Prozessschritt ist optional. Wir legen ihn dir aber trotzdem sehr ans Herz. Das AusrollSpiel hat gezeigt, welche Kraft darin steckt, die Organisation oder große Teile davon auf ein Ziel auszurichten, dafür zu motivieren und permanent zu wissen, wo man als Gesamtorganisation steht. Warum damit aufhören? Nur weil der Ausrollprozess abgeschlossen und das Geschäftsmodell fest etabliert ist? Um das Geschäftsmodell dauerhaft zu steuern, braucht man nicht alle Kennzahlen und Treiber, die beim Ausrollen notwendig waren. Prüfe mit deinem Strategieteam, welche Kennzahlen ihr nicht mehr braucht und welche ihr noch ergänzen solltet. Definiert die Zielgröße der Erfolgskennzahl und den Zeitraum, in dem ihr das Ziel erreichen wollt. Legt die Gewinnstufen und Preise fest, übergebt die zu bespielenden Kennzahlen an die Spielleiter und spielt einfach weiter. Denn eins ist sicher – es hört niemals auf.

6.5.6 WARUM SCHEITERN STRATEGIEPROJEKTE?

So, nachdem das neue Geschäftsmodell erfolgreich ausgerollt und fest in der Organisation verankert ist, greifen wir noch einmal die Frage auf, warum Strategieprojekte in der Umsetzung scheitern – unabhängig davon, ob sie inhaltlich erfolgversprechend waren oder nicht.

Wie in Kapitel 2 „In der Professionalisierungsfalle" schon ausgeführt, gibt es für ein Scheitern häufig folgende Gründe:[271]

- Die Maßnahmen werden nicht realisiert, weil sie nicht auf die konkrete Handlungsebene heruntergebrochen sind.
- Das operative Tagesgeschäft hat eine höhere Priorität und die strategischen Aufgaben bleiben liegen.
- Die Mitarbeiter kennen die Strategie nicht, verstehen sie nicht oder identifizieren sich nicht mit ihr.

271 Arnold Weissman: Die großen Strategien für den Mittelstand: Die erfolgreichsten Unternehmer verraten ihre Rezepte. 2. Auflage Frankfurt am Main 2011.

- Die Mitarbeiter sehen keine Verbindung zwischen ihrer täglichen Arbeit und der Strategie.
- Die Strategie ist unverbindlich und es bleibt unklar, was umzusetzen ist.
- Die Strategie wird „nach Plan" umgesetzt und Veränderungen der externen Marktkräfte werden außer Acht gelassen. Das führt unter anderem zur Resignation bei den Mitarbeitern.

In einem Spinnovation-Strategieprozess besteht nicht die Gefahr, dass die Strategieumsetzung an einem der oben genannten Gründe scheitert. Spinnovation ist in jeder Phase konkret. Es ist nicht nur immer klar, was zu tun ist, sondern auch wie. Zum einen sind in einem spinnovativen Unternehmen alle Aktivitäten, die aus der Strategie entstehen, Tagesgeschäft. Die Strategie wird auch nicht zuerst entwickelt und dann umgesetzt. Bei Spinnovation wird in der Entwicklung direkt umgesetzt, sie sind quasi eins. Zum anderen herrscht über die MiniSpiele, das TestSpiel und das AusrollSpiel große Transparenz über die Ziele und das Erreichte. Das Abtauchen ins „Tagesgeschäft" eines Einzelnen oder eines Teams fällt sofort auf. Dann sucht man gemeinsam nach Möglichkeiten, dem Team zu helfen, sein Spiel zu gewinnen. Werden die Spiele auf Teamebene gewonnen, gewinnt das Unternehmen das TestSpiel und das große AusrollSpiel. Die strategischen Ziele brauchen nicht in Zielvorgaben für einzelne Mitarbeiter heruntergebrochen werden. Sie sind über die SpinUpSpiele einfach für alle transparent. Und alle sind motiviert, das Spiel gegen die Kennzahl zu gewinnen. Neben dem Strategieteam sind über die MiniSpiele und die Spinnsessions schon ab der ersten Phase viele Mitarbeiter aktiv in den Strategieprozess eingebunden. Die fertige Strategie fällt nicht vom Himmel. Sie wurde nicht von wenigen „Verstehenden" formuliert und braucht daher nicht am Ende der Strategieentwicklung an die Mitarbeiter kommuniziert und vorher übersetzt werden. Spätestens im TestSpiel ist der Zusammenhang zwischen der eigenen Arbeit und der Strategie für alle begreifbar. Strategie ist nicht nur auf der Handlungsebene angekommen, sie ist die Handlungsebene. Und wie die Veränderungen der externen Marktkräfte in der dauerhaften Weiterentwicklung der Strategie berücksichtigt werden, ist Gegenstand von Phase VI „Entwickeln & vorangehen".

6.5.7 ERGEBNISSE DOKUMENTIEREN

Selbstverständlich gehören zum jeweiligen Zeitpunkt der Treiberbaum, die festgelegten Gewinnstufen und die erreichte Gewinnstufe für das TestSpiel und das AusrollSpiel in den Ergebnisbereich. Falls das neue Geschäftsmodell dauerhaft bespielt wird, brauchen wir nichts zusätzlich in den Ergebnisbereich zu übernehmen. Die Anzeigetafel des permanenten Spiels müsst ihr sowieso für alle gut sichtbar an einer zentralen Stelle anbringen.

6.5.8 WAS HABEN MARKUS, OLIVER UND CATRIN NACH PHASE V ERREICHT?

MARKUS

Um es kurz zu machen: Der neue Geschäftsbereich entwickelte sich gut. Im Bedarfsgruppendialog hatte man ja schon einen Auftrag gewonnen, ein zweiter kam etwas später dazu – diese beiden Projekte, die übrigens sehr gut liefen, waren der Pilotbetrieb. Beim folgenden AusrollSpiel spielte man vor allem auf der Vertriebs- und Kommunikationsseite. Das, was früher eher lästige Pflicht war, wurde über das Spiel zum gemeinsamen Spaßfaktor. Und die neue Partnerschaft mit der Kommunikationsagentur wirkte dabei sehr positiv und motivierend. Die Erfolgskennzahl im AusrollSpiel war das Betriebsergebnis. Damit war allen Mitarbeitern und Mitspielern jederzeit transparent, wo man mit dem neuen Geschäftsbereich stand. Die Zahlen waren allesamt sehr gut, das motivierte das Team zusätzlich. Die Rate, mit denen man aus Interessenten Kunden machte, war deutlich höher als früher. Alles lief, aber es gab für Markus keinen Grund, die Beine hochzulegen.

OLIVER

Für den Pilotbetrieb gewann Oliver einen Heilpraktiker aus der nähren Umgebung – klar war das einer aus dem Bedarfsgruppendialog. Gemeinsam testete man vor allem die Kommunikationsmaßnahmen. Einige funktionierten besser, andere weniger gut. Alles in allem hatte man es aber nach drei Monaten geschafft, so viele neue Patienten zu gewinnen, dass der Heilpraktiker mit dem Gerät unterm Strich schon Geld verdiente. Mit dieser Erkenntnis prüfte Oliver mit seinem Team noch einmal das eigene Geschäftsmodell. Jetzt war man überzeugt, dass es funktionieren wird. Aber eine Entscheidung stand noch an. Entweder könnte man versuchen, aus dem Geschäftsmodell für die Heilpraktiker ein Franchisesystem aufzubauen oder erst einmal weiter unabhängigen Heilpraktikern das System aus Gerät, Finanzierung und Vermarktung zu verkaufen. Oliver und sein Strategieteam entschieden sich für die zweite Alternative. Danach fing man an, in den Vertrieb des Systems aus Gerät und Geschäftsmodell einzusteigen. Mit dem Piloten als Referenz und unterstützt durch das AusrollSpiel hatte man schnell den erhofften Erfolg.

CATRIN

Für die Produktion der praktischen Verpackung konnten die Techniker die Maschinen mit überschaubarem Aufwand umbauen. Die ersten Testläufe brachten schon ganz ordentliche Ergebnisse. Was die Produktivität anging, gab es noch reichlich Luft nach oben – das war aber normal. Catrin war sicher, dass das zu schaffen war. Ein Kollege aus der Produktion, der auch Mitglied des Strategieteams war, setzte ein MiniSpiel auf, um möglichst schnell die notwendige Produktivität zu erreichen. Das Ziel, das sie sich gesetzt hatten, war sehr anspruchsvoll und alles andere als ein Kinderspiel. Die Snackproduzenten, bei denen man hospitiert hatte, konnten für einen längeren Test gewonnen werden. Die Testergebnisse waren durchweg gut. Es gab sogar von den Essern positive Rückmeldungen. Man konzentrierte sich zuerst auf die größeren Snackhersteller. Das AusrollSpiel zielte vor allem auf die Vertriebsseite ab und zeigte Wirkung – es gelang schneller als erwartet, so viele Verpackungen zu verkaufen, um eine schwarze Null zu schreiben. Und es gab noch einiges an Potenzial.

Die neuen Verpackungen gaben zwar keinen Anlass zur Euphorie, aber Anlass zur Hoffnung. Endlich hatte man es geschafft, mit dem Rücken von der Wand wegzukommen und in einem neuen Bereich, in dem man noch wachsen konnte, ein positives Ergebnis zu erzielen. Das wurde selbstverständlich über die eingerichteten Ergebnisbereiche kommuniziert und Catrin konnte spüren, wie die Stimmung und die Zuversicht im Unternehmen langsam, aber merklich zunahmen.

6.6 PHASE VI „ENTWICKELN & VORANGEHEN"

WAS ERARBEITEN WIR IN DIESER PHASE UND WARUM?

Schon mal eins vorweg: Diese Phase heißt zwar „Entwickeln & vorangehen", sie könnte aber genauso gut „Es hört nie auf!" heißen. Sie hat kein definiertes Ende, sie ist ein Dauerzustand, eine Geisteshaltung. Es gibt auch keine Prozessschritte mehr, sondern Entwicklungsaktivitäten.

„Halbe Erfolge sind die gefährlichsten."
Peter F. Drucker

Bis hierher haben wir schon sehr viel erreicht. Wir haben unsere ganzheitliche Spezialisierung gefunden und unser neues Geschäftsmodell erfolgreich aufgebaut und ausgerollt.

Wie geht es jetzt weiter? Wir suchen in einem koordinierten Prozess permanent nach Entwicklungschancen und prüfen, ob sich das Unternehmen noch im Rahmen seines Spezialgebietes bewegt und ob es Risiken in der Spezialisierung gibt. Und gleichzeitig festigen wir die neue Unternehmenskultur immer weiter.

Ziel dieser Phase ist,

- die ganzheitliche Spezialisierung – die Mission des Unternehmens – dauerhaft im Kern des Unternehmens zu verankern,
- die langfristigen strategiekonformen[272] Entwicklungsmöglichkeiten des Unternehmens zu erkennen und zu prüfen, ob sie zu den eigenen Vorstellungen hinsichtlich Wachstum und Struktur passen,
- die Spezialisierungsrisiken zu erkennen und geeignet zu reagieren,
- sicherzustellen, dass alle Aktivitäten im Markt strategiekonform sind,
- sicherzustellen, dass die Führungsstrukturen die ganzheitliche Spezialisierung unterstützen.

Um diese Ziele zu erreichen, wird zuerst der NPS eingeführt, ein Kundenbeirat aufgebaut und dann ein regelmäßiger Prozess zur Strategieüberprüfung und zur Weiterentwicklung der Strategie implementiert.

6.6.1 DIE VIER STRATEGISCHEN FRAGESTELLUNGEN IN PHASE VI

Am Ende von Phase V haben wir für die vier strategischen Fragestellungen dasselbe erreicht, ein funktionierendes Geschäftsmodell auf Basis der neuen ganzheitlichen Spezialisierung. Für alle geht es jetzt gleichermaßen um die dauerhafte Verankerung dieser neuen Strategie und die permanente strategiekonforme Weiterentwicklung des Unternehmens, unabhängig von der ursprünglichen Ausgangssituation mit ihren vier verschiedenen strategischen Herausforderungen.

6.6.2 LANGFRISTIGE ENTWICKLUNG

Wir gehen zuerst auf die grundsätzliche Richtung unserer langfristigen Entwicklung ein und schauen uns dann detailliert die spinnovativen Wachstumsoptionen in einer ganzheitlichen Spezialisierung an. Danach skizzieren wir, nach welchen Kriterien sich ein ganzheitlicher Spezialist mit mehreren erschlossenen Bedarfsgruppen und mit mehreren Vertiefungen organisieren kann. Zum Schluss zeigen wir, wie genau Visioning als Change-Methode funktioniert, um es auch für das Umsetzen von kleinen Vorhaben oder Projekten einzusetzen. So genutzt führt Visioning nebenbei in eine partizipative Organisationskultur und weckt die kreativen Kräfte aller Mitarbeiter – genau das, was Spinnovation unternehmenskulturell bewirken soll.

6.6.2.1 DIE MISSION

Eine spinnovative Mission fasst die permanente Aufgabe des Unternehmens prägnant zusammen. Die Aufgabe eines Unternehmens ist die Befriedigung eines dauerhaften Grundbedürfnisses seiner Bedarfsgruppe. Die Mission gibt Orientierung für alle Beteiligten, egal ob Kunden, Mitarbeiter, Partner etc., und legt die langfristige Richtung fest.

Schaut man sich beispielsweise die Gastronomie an, müssen dort die Töpfe, Pfannen, Teller, Gläser und das Besteck immer wieder gespült werden. Ohne sauberes Geschirr kann man keine Gäste bewirten. Dauerhaft ist das Bedürfnis nach sauberem Geschirr, weil außer Haus

---

[272] Strategiekonform bedeutet, dass sie innerhalb des Rahmens der ganzheitlichen Spezialisierung des Unternehmens liegen und von der Mission „gedeckt" sind.

„Essengehen" nicht einfach verschwinden wird und man nicht immer, wie bei einigen Fast-Food-Ketten, mit den Fingern oder auf Wegwerfgeschirr essen will. Und selbst bei den Fast-Food-Ketten müssen die Utensilien, die man zum Warmmachen der Speisen braucht, auch gespült werden, genauso wie die Tabletts. Alles in allem ist „gewerbliches Spülen" ein dauerhaftes Grundbedürfnis. Genauso wie etwas allgemeiner gehalten „reinigen", „kochen" oder „wohnen" etc.

Wie kann man seine Mission, die auf ein dauerhaftes Grundbedürfnis abzielt, auf den Punkt bringen?

Beispielsweise formuliert Winterhalter, der marktführende Hersteller von gewerblich[273] genutzten Spülmaschinen, seine Mission wie folgt: „Winterhalter bietet ein Gesamtsystem, das perfekte Spülergebnisse garantiert"[274].

Rational, aktuell Weltmarktführer für Kombidämpfer in der Großgastronomie, bietet seinen Kunden „die beste Lösung für deren Küchenalltag". Als innovativer Lösungsanbieter ist es nicht das Ziel von Rational, „Umsatz oder Gewinn zu maximieren", sondern den Kunden „den höchstmöglichen Nutzen" und die „beste Unterstützung beim Kochen"[275] zu bieten.

Und Town & Country Haus, Deutschlands Marktführer für Einfamilienhäuser in Massivbauweise schafft „moderne Massivhäuser für Normalverdiener"[276].

6.6.2.2 WACHSTUMSOPTIONEN

Welche strategiekonformen Entwicklungs- oder Wachstumsoptionen – nennen wir sie spinnovative Wachstumsoptionen – haben du und dein Unternehmen grundsätzlich? Das sind die folgenden drei: die weitere Durchdringung der Bedarfsgruppe mit den vorhandenen Wertangeboten, das Ausweiten oder Vertiefen der ganzheitlichen Spezialisierung bei der bestehenden Bedarfsgruppe und das Erschließen neuer Bedarfsgruppen für die vorhandenen Wertangebote. Dabei gibt es keine feste Reihenfolge oder Optionen, die sich gegenseitig ausschließen. Du kannst beispielsweise mit neuen Wertangeboten deine Spezialisierung „vertiefen" und gleichzeitig regional oder international den Markt weiter durchdringen. Oder dir neue Bedarfsgruppen erschließen. Folgende Abbildung verdeutlicht diese grundsätzlichen Optionen:

Dir fällt bei der Abbildung auf, dass es den Quadranten oben rechts nicht gibt. Dort wäre die klassische Diversifizierungsstrategie, d. h. mit neuen Produkten neue Bedarfsgruppen bzw. Märkte erschließen. Das verfolgen wir als erfolgreicher ganzheitlicher Spezialist grundsätzlich nicht. Ledig-

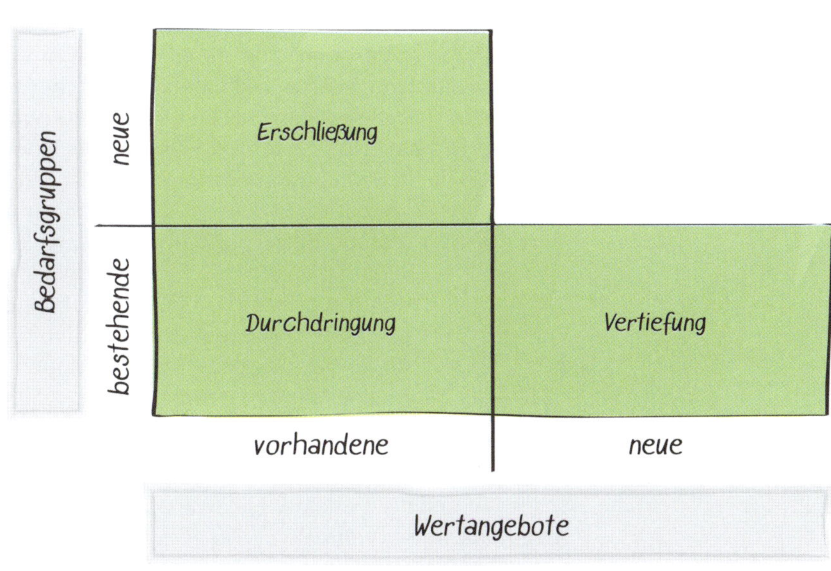

Abbildung 29: Wachstumsoptionen als ganzheitlicher Spezialist

273 Gastronomie, Systemgastronomie, Hotellerie, Gemeinschaftsverpflegung und Bäckereien, Metzgereien.
274 URL: http://www.winterhalter.de/unternehmen/profil/. Stand: 29.03.2017.
275 URL: http://www.rational-online.com/de_de/Unternehmen/Über_uns/Unternehmensphilosophie. Stand: 29.03.2017.
276 URL: http://www.hausausstellung.de/news-anzeigen.html?&tx_ttnews%5Btt_news%5D=695&cHash=cff6d4be2fd-006b333ecd7f49af40142. Stand: 29.03.2017.

lich bei der ursprünglichen Suche nach einer neuen Spezialisierung, das war unsere strategische Fragestellung aus Feld 4, und dort haben wir Neuland sowohl beim Wertangebot als auch bei der Bedarfsgruppe betreten. Das mussten wir auch. Unser altes Geschäftsmodell war, wie bei Catrin, nicht mehr zukunftsfähig. Einem ganzheitlichen Spezialisten kann das mit all den Maßnahmen, die wir weiter unten noch kennenlernen, im Grunde aber nicht passieren.

Am Anfang unserer Spezialisierung konzentrieren wir uns auf eine Bedarfsgruppe, in der wir mit unseren Möglichkeiten und Kapazitäten die Marktführerschaft erreichen können. Die Eingrenzung der Bedarfsgruppe kann merkmalbezogen sein, beispielsweise nur inhabergeführte Unternehmen zwischen 10 und 500 Mitarbeitern oder Unternehmen einer bestimmten Region. Haben wir dort einen wesentlichen Marktanteil erreicht oder sind Marktführer, können wir anfangen, die Bedarfsgruppe bzw. den Markt weiter zu durchdringen. Hatten wir uns beispielsweise regional konzentriert, können wir über neu zu gründende Niederlassungen „in der Fläche" wachsen. Eine weitere Möglichkeit ist, das funktionierende Geschäftsmodell zu multiplizieren und daraus ein Franchisesystem aufzubauen. Dann übernehmen die Franchisenehmer den Aufbau der „Niederlassungen" für uns. So hat es Town & Country Haus gemacht.

Wir können auch unser Wertangebot für die vorhandene Bedarfsgruppe erweitern bzw. vertiefen und andere Probleme und Engpässe in einem angrenzenden „Nutzenbereich"[277] lösen. Daraus entstehen umfassendere Lösungen mit einem „größeren" Nutzen oder anders ausgedrückt bessere Problemlösungen und größte Kundenbindung. Das ist quasi Feld 3 aus der Matrix der „Vier strategischen Fragestellungen". Und wie diese Fragestellung bearbeitet wird, haben wir im Detail in den Phase I bis V gelernt. Wir können uns aber auch, um zu wachsen, in eine neue Bedarfsgruppen hineinentwickeln. Es gilt dann die Frage zu beantworten, für welche eng umrissene neue Bedarfsgruppe wir mit unserem Wertangebot Engpässe lösen können – so wie wir es bei der strategischen Fragestellung aus Feld 2 gemacht haben.

Am Beispiel von Kärcher[278], Privatpersonen vor allem bekannt wegen der Hochdruckreiniger, kann man wunderbar die Wachstumsmöglichkeiten in einer Spezialisierung erkennen. Bevor Kärcher seine Spezialisierung entwickelt hatte, war Kärcher ein sehr breit diversifiziertes Unternehmen. Am Anfang des Spezialisierungsprozesses fokussierte man sich auf den Geschäfts- bzw. Produktbereich mit dem größten Erfolgspotenzial, das war der Hochdruckreiniger. Darauf konzentrierte man alle Kräfte. Später ließ man dann die anderen Geschäftsbereiche allmählich auslaufen. Die erfolgversprechendsten Bedarfsgruppen für den Hochdruckreiniger waren am Anfang Fassadenreiniger sowie Tankstellen und Autowerkstätten. In der weiteren Entwicklung wurden weitere gewerbliche Bedarfsgruppen erschlossen, später auch die privaten Haushalte (Erschließung). Kärcher passte die Hochdruckreiniger an die Bedürfnisse der Bedarfsgruppen an und entwickelte immer passendere Lösungen. Zwischenzeitlich hatte man Lösungen für 26 verschiedene Bedarfsgruppen, unter anderen für die Lebensmittelindustrie, Metzgereien, Supermärkte, Sportstätten, Installateure etc.

In den Kernbedarfsgruppen genoss Kärcher mit dem Hochdruckreiniger ein ausgezeichnetes Image. Man nutzte die hervorragenden Kontakte in diese Bedarfsgruppen und übertrug sein sehr gutes Image auf andere Produkte. Das waren selbstverständlich Produkte für mangelhaft gelöste Reinigungsbedürfnisse (Vertiefung). Die Vertiefung gemäß dem konstanten Grundbedürfnis „das Reinigen von gewerblichen Flächen und Gütern" führte zu einer breiten Produkt- und Leistungspalette für die Bedürfnisse von klar definierten Bedarfsgruppen. Kärcher bietet heute neben Hochdruckreinigern u. a. Sauger, Scheuer- und Scheuersaugmaschinen, Kehr- und Kehrsaugmaschinen, Dampfreiniger, Teppichreiniger oder sogar Waschstraßen.

277 Siehe Matrix „Kundennutzen" S. 85.
278 Beispiel der Alfred Kärcher GmbH & Co. KG aus Kerstin Friedrich: Erfolgreich durch Spezialisierung: Radikal anders – radikal besser. 3. überarbeitete Neuauflage München 2014.

Zusätzlich durchdrang Kärcher seine Zielgruppen immer mehr, vor allem expandierte man über den Export (Durchdringung). Heute kann man Kärcher-Produkte auf der ganzen Welt kaufen und beim Hochdruckreiniger ist Kärcher weltweit sogar die Nummer eins.

Hier sieht man, wohin eine Spezialisierung auf „Probleme beim Reinigen von gewerblichen Flächen und Gütern" führen kann: zu einer breiten Produktpalette rund um ein Grundbedürfnis innerhalb mehrerer fest umrissener Bedarfsgruppen und zur Weltmarktführerschaft. Kärcher kann man als breit aufgestellten Spezialisten bezeichnen. Breit, sowohl was die Anzahl der Bedarfsgruppen als auch was die jeweilige Produktpalette für die einzelnen Bedarfsgruppen angeht. Kärcher zeigt auch, dass Spezialisierung nichts mit enger Nische zu tun haben muss, sondern dass es bei entsprechendem Wachstums- und Entwicklungswillen praktisch keine Grenzen gibt.

6.6.2.3 FÜHRUNGSSTRUKTUREN

Welche grundsätzliche Führungsstruktur gibt es für einen ganzheitlichen Spezialist? Hat das Unternehmen nur eine Daueraufgabe, wie beispielsweise Kärcher „das Reinigen von gewerblichen Flächen und Gütern", dann richten sich die Führungsstrukturen beziehungsweise die Organisationsstruktur des Gesamtunternehmens an den unterschiedlichen Bedarfsgruppen aus. Warum? Nur dann kann die große Nähe zur Bedarfsgruppe gehalten werden. Eine zwingende Voraussetzung, um bessere Problemlösungen und größte Kundenbindung zu entwickeln. Gibt es verschiedene Daueraufgaben, dann empfiehlt es sich, diese als oberstes Strukturierungskriterium zu nehmen. Darunter kommen dann die verschiedenen Bedarfsgruppen.

6.6.2.4 VERÄNDERUNG UND ENTWICKLUNG DURCH VISIONING[280]

Geht am besten im Strategie- und Führungsteam mit gutem Beispiel voran: Derjenige aus deinem Strategieteam, dem als Erstes etwas auffällt, das unbedingt geändert oder bearbeitet werden muss, egal ob es ein Missstand oder eine schnell aufzugreifende Spezialisierungsidee ist, geht wie unten beschrieben vor. Ermutigt immer wieder Kollegen, es genauso zu machen, und startet Pro-

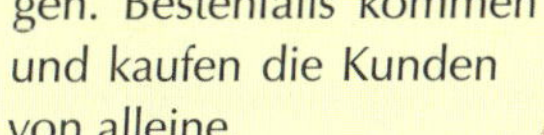

Du erinnerst dich: Treacy und Wiersema[284] unterscheiden bei den Wettbewerbsstrategien zwischen Kostenführerschaft, Produktführerschaft und Kundenpartnerschaft. Und sie sagen, dass ein Unternehmen sich für eine Marktpositionierung entscheiden muss, weil sich die Ausprägungen der Kernprozesse und der Organisationsstrukturen deutlich zwischen den drei Marktpositionierungen unterscheiden. Ein ganzheitlicher Spezialist erreicht aber gleichzeitig alle drei Marktpositionen! Wir haben schon gesehen, dass ich als ganzheitlicher Spezialist die besten Lösungen anbiete, ich bin also Produktführer. Und ich habe die engste Kundenbindung. Einmal durch mein Selbstverständnis und durch den intensiven Austausch mit der Bedarfsgruppe, aber auch durch meine Lösungskompetenz. Ich bin führend in der Kundenpartnerschaft. Wie sieht es nun mit den Kosten aus? Um es vorwegzunehmen. Ganzheitliche Spezialisierung führt fast zwangsläufig auch zur Kostenführerschaft. Aufgrund des Know-hows und der Erfahrungen rund um meine Lösungen habe ich eine große Effizienz in der Lösungsfindung und Umsetzung. Dazu kommen entsprechende Skaleneffekte. Auch alle internen Prozesse sind auf mein Spezialgebiet ausgerichtet und damit sehr effizient genauso wie die externe Kommunikation inkl. des Vertriebs. Ich habe kaum Streuverluste und meine Verkäufer müssen niemanden zum Glück zwingen. Bestenfalls kommen und kaufen die Kunden von alleine.

---

279 Siehe ab S. 20.
280 Ari Weinzweig, Bottom Line Change - Zingerman's Recipe for Effective Organizational Change, Ann Arbor 2016.

jekte und Veränderung übers Visioning. Lehnt dabei aber ab, von oben her vorzugeben, wie etwas umzusetzen ist.

WIE GEHT MAN BEIM VISIONING VOR?

1. Zuerst beschreibt derjenige, der die Notwendigkeit der Veränderung erkannt hat, einen überzeugenden Grund, warum die Veränderung genau notwendig ist – oder sehr viele Gründe. Wenn alle anderen einsehen, dass der Wandel notwendig ist, bewirkt das Folgendes:
   - Es herrscht Klarheit darüber, wie dringend notwendig die Veränderung ist.
   - Andere verstehen, warum es eine gute Idee ist.
2. Dann schreibt er die positive Zukunftsvision, das heißt, wie das optimale Ergebnis nach der erfolgreich realisierten Veränderung aussieht, mit allen Details und Eigenschaften. Diese Vision bezieht sich auf den Zeitpunkt, an dem das Vorhaben abgeschlossen sein soll, und ist in der Ich-Form und im Präsens zu schreiben.
   Ist die Vision ausformuliert, wird sie beschlossen. Vorher muss aber feststehen, wer darüber entscheidet, ob die Vision umgesetzt wird oder nicht. Beispielsweise der Vorgesetzte allein, der Vorgesetzte nach Anhörung der Betroffenen und Beteiligten, der Initiator durch konsultativen Einzelentscheid[281] oder alle durch Konsensentscheidung. Der oder die Entscheider müssen der Vision aus vollem Herzen zustimmen, sonst braucht man gar nicht erst anzufangen. Bis die finale, entscheidungsfähige Fassung vorliegt, muss „Entwurf" auf der Vision stehen.
3. Er bezieht die Menschen aus allen betroffenen Bereichen der Organisation ein (Mikrokosmos) und findet durch ihre kulturelle Expertise heraus, wie man die anderen Menschen in der Organisation am besten über die Veränderung informiert. Zwei Kernfragen beantwortet man dabei:
   - Wer muss informiert werden, damit das Vorhaben gelingt?
   - Wie sollen wir ihnen davon erzählen, um eine möglichst große Unterstützung zu gewinnen?
   Das Ergebnis ist ein Kommunikationsplan.
4. Er erklärt denen, die es betrifft, anhand der Vision, wie die Veränderung aussehen wird, und lässt sie einen Plan entwerfen, wie die Veränderung umgesetzt wird.
   Die Menschen, welche die Vision durch ihre tägliche Arbeit mit Leben erfüllen, sind diejenigen, die das „Wie" beantworten. Das unterscheidet Visioning vom üblichen managementgetriebenen Prozess. Alle werden zwar wissen wollen, wie genau die Vision umgesetzt werden soll, darauf kann es nur folgende Antwort geben: „Ich weiß es nicht." Oder: „Ich habe diese Idee, welche habt ihr?"
   Zwei Kernfragen müssen geklärt sein:
   - Was brauchen die Menschen in der Organisation an Informationen, um die Vision umzusetzen?
   - Wo bekommen die Menschen die Informationen und Ressourcen, um die Vision umzusetzen?
5. Die Beteiligten und Betroffenen erstellen einen Plan und setzen ihn um.
   - Sie erstellen eine Liste mit: Wer macht was bis wann?
   - Sie binden so viele Menschen wie möglich bei der Umsetzung ein. Dadurch steigt die Unterstützung in der Organisation.
   - Sie treffen sich regelmäßig und besprechen, wo sie stehen.
   - Sie beschließen neu, falls erforderlich.

---

[281] Konsultativer Einzelentscheid bedeutet, dass eine Person alleine und für alle verbindlich entscheidet. Vorher muss sie aber Betroffene – oder zumindest eine repräsentative Auswahl – und Experten konsultiert haben, um deren Einwände, Fragen, Ideen und Ratschläge aufzunehmen und bei der Entscheidung berücksichtigen zu können.

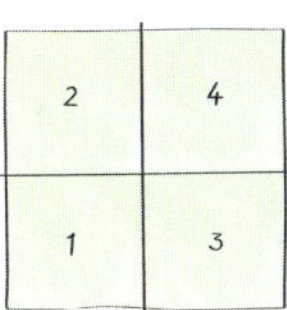

6.6.3 ENTWICKLUNGSAKTIVITÄT VI.1:
MISSION

Die neue Unternehmensvision habt ihr schon am Ende von Phase IV geschrieben und das neue Geschäftsmodell in der letzten Phase erfolgreich ausgerollt. Jetzt ist es an der Zeit, das dahinterliegende dauerhafte Grundbedürfnis zu identifizieren und damit die Mission deines Unternehmens zu formulieren.

Beachtet bei der Beschreibung des dauerhaften Grundbedürfnisses Folgendes:

- Formuliert vom Allgemeinen ins Konkrete.
  Beispiel: Auto – Mobilität – individuelle Mobilität – individuelle, schnelle, sichere Mobilität
- Wägt zwischen Bestimmtheit und Freiheit ab.
  Das Grundbedürfnis soll einerseits Orientierung und andererseits Entwicklungs-spielraum geben.

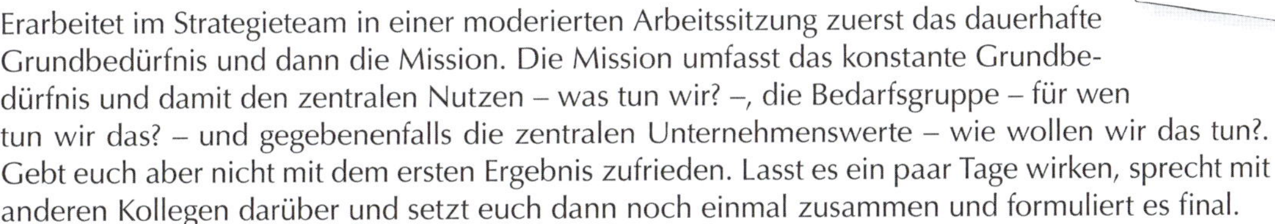

Erarbeitet im Strategieteam in einer moderierten Arbeitssitzung zuerst das dauerhafte Grundbedürfnis und dann die Mission. Die Mission umfasst das konstante Grundbe-dürfnis und damit den zentralen Nutzen – was tun wir? –, die Bedarfsgruppe – für wen tun wir das? – und gegebenenfalls die zentralen Unternehmenswerte – wie wollen wir das tun?. Gebt euch aber nicht mit dem ersten Ergebnis zufrieden. Lasst es ein paar Tage wirken, sprecht mit anderen Kollegen darüber und setzt euch dann noch einmal zusammen und formuliert es final.

Beispiele für eine Mission hatten schon wir in Kapitel 6.6.2.1 „Die Mission"[282] vorgestellt.

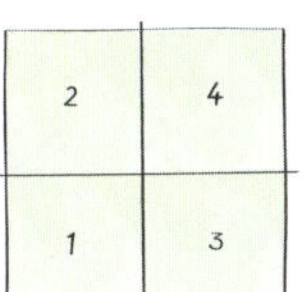

6.6.4 ENTWICKLUNGSAKTIVITÄT VI.2:
WACHSAMKEIT

Am Anfang bietet es sich an, die Wachsamkeit in der Organisation durch MiniSpiele zu schärfen. Später, wenn sich die Unternehmenskultur so weit entwickelt hat, dass alle Mitarbeiter „Sensoren" sind und wahrgenommene Veränderungen oder Chancen beispielsweise direkt über Visioning angegangen werden, braucht ihr keine MiniSpiele mehr. Worauf müsst ihr eure Achtsamkeit richten? Beispielsweise auf neue Kundenprobleme, auf neue Bedarfsgruppen, denen ihr nutzen könnt, auf Aktivitäten des Wettbewerbs oder auf Veränderungen der Umweltbedingungen, die euch betreffen können.

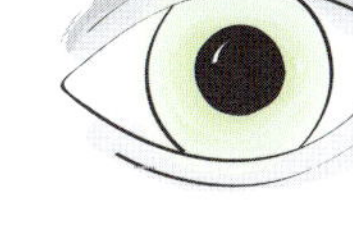

Spielt mit der gesamten Organisation MiniSpiele auf diese Fragestellungen:

- Welche weiteren Probleme hat unsere Bedarfsgruppe?
- Was können wir noch leisten?
- Wie können wir unsere bestehende Bedarfsgruppe weiter durchdringen?
- Wer braucht unsere Lösungen?
- Wo holt der Wettbewerb auf?
- Welche Veränderungen in der Umwelt haben Auswirkungen auf uns?

Im Aufsetzen der Spiele seid ihr ja mittlerweile Profis. Trotzdem noch zwei Empfehlungen. Spielt die MiniSpiele erst einmal ein halbes Jahr. Probiert aus, ob Teambesprechungen alle vier Wochen ausreichen oder ob 14-tägige Besprechungen besser sind.

[282] Siehe S. 198 f.

6.6.5 ENTWICKLUNGSAKTIVITÄT VI.3:
KUNDENKOMMUNIKATION

Unser Ziel ist, eine symbiotische Beziehung zu unserer Bedarfsgruppe aufzubauen. Dafür ist ein enger und teilweise institutionalisierter Austausch mit den Bedarfsgruppen bzw. mit den Kunden notwendig. Beispielsweise führt Town & Country Haus regelmäßig „Hausträumerkonferenzen" mit potenziellen Bauherren und Strategietage mit seinen Franchisenehmern durch.

Natürlich ist auch der Net Promotor Score® in diesem Zusammenhang sehr hilfreich.

6.6.5.1 ENTWICKLUNGSSCHRITT VI.3A:
NET PROMOTER SCORE®

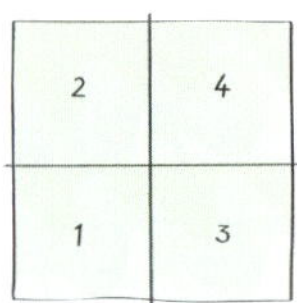

In Phase I haben wir den Net Promoter Score® schon im Detail vorgestellt.[283] Jetzt wird der NPS als permanenter, institutionalisierter Feedbackprozess aufgebaut. Bist du unserer Empfehlung in Phase I gefolgt und hast den NPS zu Beginn des Strategieprojektes durchgeführt, dann nutze ihn ab jetzt einfach regelmäßig. Ansonsten übertrage deinem Strategieteam die Aufgabe, den NPS jetzt durchzuführen. Setzt ihn direkt so auf, dass er regelmäßig genutzt werden kann. Regelmäßig heißt einmal im Jahr bei allen Kunden. Neukunden werden drei Monate nach dem Erstkauf gesondert angesprochen.

Ziel des NPS ist, herauszufinden, was ihr besser machen könnt. Es geht nicht darum, euch mit einem hohen Score zu schmücken. Selbstverständlich könnt ihr die Durchführung des NPS mit einen MiniSpiel kombinieren und auf eine möglichst hohe Rücklaufquote spielen.

6.6.5.2 ENTWICKLUNGSSCHRITT VI.3B:
KUNDENBEIRAT

Ein sehr wichtiges Element der Spinnovation-Strategiemethode ist der dauerhafte Kontakt und Dialog mit der Bedarfsgruppe. Es gibt verschiedene Formate für diesen Dialog. Am besten hat sich der sogenannte Kundenbeirat bewährt. Er ist ein rein beratendes Gremium und tagt zweimal bis dreimal im Jahr. Es nehmen nur ausgewählte Kunden teil, die gegebenenfalls eine Aufwandsentschädigung erhalten. Die Themen einer Beiratssitzung können nicht nur vom Unternehmen, sondern auch von den Kunden kommen. Selbstverständlich nutzen wir den Kundenbeirat, um Rückmeldungen zu vorhandenen oder geplanten Leistungen und Innovationen einzuholen.[284] Je nach Unternehmensgröße und Bedarfsgruppe nehmen zwischen 12 und 30 Kundenbeiräte an den Sitzungen teil. Abhängig von der Tagesordnung dauert eine Beiratssitzung zwischen einem halben und einem Tag. Mit der Ausrichtung der gesamten Organisation auf die Bedarfsgruppe und den damit verbundenen persönlichen Austausch seid ihr ganz nah an den Kunden dran. Euch dürfte kaum etwas an Problemen, Bedürfnissen und Wünschen entgehen. Bietet trotzdem ausreichend Zeit und Gelegenheit, dass die Kunden loswerden können, wo der Schuh drückt und welche Probleme bzw. Engpässe ihr

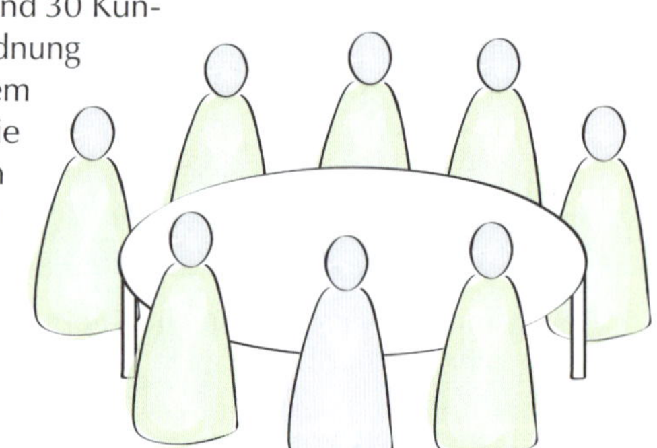

---

[283] Siehe ab S. 99.

[284] Im Rahmen einer Veranstaltung könnt ihr selbstverständlich auch Spinnsessions als Arbeitsformat nutzen. Ähnlich aufgesetzt wie im „Arbeitsschritt III.5b: Finales Feedback der Bedarfsgruppe einholen", siehe ab S. 171.

noch besser lösen könnt. Nutzt auf jeden Fall den Kundenbeirat, um zu erfahren, ob eure Einschätzungen zum Einfluss der Umfeldbedingungen[285] auf die Kunden richtig sind und ob die Probleme, Bedürfnisse und Wünsche, die ihr bei den Kunden vermutet, tatsächlich vorhanden sind.

Das Einbinden der Kunden in dieses Format kann sogar noch deutlich weiter gehen. Ihr könnt es nutzen, um für die von euch erkannten Kundenbedürfnisse zu einer gemeinsamen Problembeschreibung zu kommen. Dann spart ihr im späteren Prozess Aufwand im Bedarfsgruppendialog. Aber auch hier muss die Einbindung noch nicht aufhören. Nutzt das Format auch, um die Kunden in die Entwicklung der Problemlösung und der Prototypen einzubeziehen. Geht es um ein „vertracktes" Problem, dann führt mit euren Kunden einen Spinnolution-Lösungsworkshop durch. Das geht deutlich über eine herkömmliche Kunden-Unternehmen-Beziehung hinaus. Die Kunden gestalten eure Produkte oder Dienstleistungen mit, man kann sogar von Customer Co-Creation[286] sprechen.

Bestimme mit dem Strategieteam gemeinsam ein Team, das den ersten Kundenbeirat organisiert.

6.6.6 ENTWICKLUNGSAKTIVITÄT VI.4: STRATEGIEÜBERPRÜFUNG

Wir hatten dir in Phase V empfohlen, die spielerische Steuerung des neuen Geschäftsmodells dauerhaft zu implementieren.[287] Falls du unserer Empfehlung gefolgt bist, überprüft deine Organisation permanent, ob das neue Geschäftsmodell noch funktioniert oder ob es angepasst oder weiterentwickelt werden muss. Trotzdem ist eure Strategie in regelmäßigen Abständen auf den Prüfstand zu stellen – zu schnell kann man auch als Organisation in alte Verhaltensweisen zurückfallen und es mit „mehr vom Gleichen" probieren.

Die vollständige Strategieüberprüfung findet einmal im Jahr statt. In der ersten Zeit als ganzheitlicher Spezialist empfehlen wir dir aber, die Strategie zweimal im Jahr zu überprüfen – einmal vollständig und einmal mit ausgewählten Aspekten. Die vollständige Überprüfung beleuchtet alle relevanten Details. Ihr folgt dann unmittelbar die Entwicklungsaktivität VI.5: „Entwicklungschancen". Ein passender Zeitraum für die vollständige Überprüfung ist September/Oktober. Für die zusätzliche Zwischenüberprüfung[288] ist der Zeitraum März/April sinnvoll. Wir stellen im Weiteren zuerst die vollständige Überprüfung vor und zeigen dann, was davon die Zwischenüberprüfung umfasst.

Spielerisch organisiert

Selbstverständlich sprecht ihr zuerst die Kunden für den Kundenbeirat an, die im Bedarfsgruppendialog oder beim finalen Feedback zum Prototyp dabei waren. Ansonsten könnt ihr, um die maximale Anzahl der Teilnehmer zu gewinnen, zur Organisation des Beirats auch ein MiniSpiel aufzusetzen.

„Ein Geschäft, das nur Geld einbringt, ist ein schlechtes Geschäft."
Henry Ford

Diversifikation, nein danke! Eure Spezialisierung geht weiter.

Du hast den Spinnovation-Strategieprozess mit dem Geschäfts- oder Produktbereich deines Unternehmens begonnen, der das größte Spezialisierungspotenzial hatte. Jetzt gilt es, die neu erarbeitete Strategie dieses Bereiches weiterzuentwickeln. Gleichzeitig solltest du anfangen, für den nächsten Produkt- oder Geschäftsbereich eine spinnovative Strategie zu entwickeln. Oder du entscheidest dich, wie es Kärcher gemacht hat, die anderen Bereiche nach und nach auslaufen zu lassen.

---

285 Siehe ab S. 207.
286 Bei Customer Co-Creation sind Kunden nicht nur passive Konsumenten einer angebotenen Leistung, sondern gestalten Produkte oder Dienstleistungen mit. Teilweise übernehmen dabei Kunden sogar ganz oder teilweise die Entwicklung und Herstellung der Produkte.
287 Siehe „Prozessschritt V.3: Neues Geschäftsmodell steuern", S. 195.
288 Siehe S. 209.

Ein Plan ist nur ein Plan und Dringlichkeit geht vor!

Eins ist klar: Gibt es Entwicklungen, Erkenntnisse, Ideen etc., die nicht bis zur nächsten geplanten Überprüfung der Strategie oder bis zur darauf folgenden Identifikation von Entwicklungschancen warten können, müsst ihr selbstverständlich unmittelbar aktiv werden.

Schaue dir regelmäßig mit dem Strategieteam die „Zwischenstände" der MiniSpiele aus „Entwicklungsaktivität VI.2: Wachsamkeit" an. Ist etwas dabei, das nicht warten kann oder sehr erfolgsversprechend ist, legt los.

Ermutigt zusätzlich eure Kollegen, einen entsprechenden Prozess übers Visioning anzustoßen.

Nur was gut ist, ist gut!

Geschäfte, Umsätze und Gewinn sind für uns nur gut, wenn sie im Einklang mit unseren Werten und unserer Strategie stehen. Nur gute Geschäfte zu tätigen schützt uns vor Verzettelung. Und vor allem auch davor, unsere Alleinstellung zu verlieren und am Ende wieder im Preiswettbewerb zu landen. Deswegen gehört zu einer Strategieüberprüfung auch, die „Qualität" der Geschäfte und Gewinne zu prüfen.

Richtig eingetaktet!

Den NPS müsst ihr zeitlich so aufsetzen, dass die Auswertung der Frage „Was müssten wir tun, um eine 10 zu bekommen?" zu Beginn der Entwicklungsaktivität VI.5: Entwicklungschancen bzw. zu Beginn eurer Strategieüberprüfung vorliegt. Das Gleiche gilt für die Kundenbeiratssitzungen. Die Ergebnisse der Diskussion mit den Kundenbeiräten braucht ihr natürlich auch für die Weiterentwicklung der Strategie.

SPINNOVATION-STRATEGIE KOMPLETT ÜBERPRÜFEN

Die Strategieüberprüfung ist nichts anderes als eine Standortbestimmung. Standort? Klar, jetzt braucht ihr nicht mehr euren „Startpunkt" zu bestimmen, sondern euren Standort, also „Wo stehen wir und was haben wir erreicht?". Die Strategieüberprüfung umfasst neben der Analyse der externen Marktkräfte, dem Bewerten der abgeleiteten Chancen und Risiken und der Analyse ausgewählter Unternehmensfaktoren auch das Überprüfen der Qualität unserer Spezialisierung. Wir prüfen also auch, wie „spitz" unsere Spezialisierung ist und ob unsere Führungsstrukturen noch passen.

Die Ergebnisse der vollständigen Strategieüberprüfung sind:

- Identifizierte neue interne Hindernisse
- Identifizierte Chancen aus der Umfeldanalyse
- Identifizierte Risiken aus der Umfeldanalyse
- Identifizierter Anpassungsbedarf bei den Führungsstrukturen
- Identifizierte „schlechte Geschäfte"

Es bietet sich an, die Strategieüberprüfung und das folgende Erarbeiten der Entwicklungschancen zusammen durchzuführen – kompakt an einem oder besser an zwei Tagen. Dafür ist natürlich einiges vorzubereiten, u. a. alle benötigten Informationen zusammenzutragen. Das übernehmen bestimmte Kollegen aus dem Strategieteam gerne.

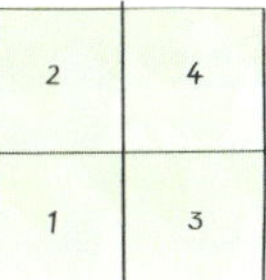

6.6.6.1 ENTWICKLUNGSSCHRITT VI.4A:
ANALYSE DER EXTERNEN MARKTKRÄFTE

Die Analyse der externen Marktkräfte wird in derselben Art durchgeführt und umfasst dieselben Schritte wie in Phase I „Startpunkt & Aufbruch"[289]:

- Zahlen, Daten, Fakten – Markt
- Wettbewerbs- und Konkurrenzanalyse
  Hier analysiert ihr auch die Ergebnisse des MiniSpiels „Wo holt der Wettbewerb auf?" aus „Entwicklungsaktivität VI.2: Wachsamkeit".
- Geschäftsmodelle der Branche
- Bedarfsgruppenanalyse
- Umweltanalyse
  Hier analysiert ihr auch die Ergebnisse des MiniSpiels „Welche Veränderungen in der Umwelt haben Auswirkungen auf uns?" aus „Entwicklungsaktivität VI.2: Wachsamkeit".

In jedem Analyseschritt müsst ihr, wie in Phase I, die Chancen und Risiken auf grüne und rote Post-its notieren.

6.6.6.2 ENTWICKLUNGSSCHRITT VI.4B:
CHANCEN UND RISIKEN BEWERTEN

Jetzt bewerten wir, ebenfalls genauso wie in Phase I[290], die neu aufgenommenen Chancen und Risiken. Ordnet sie in die beiden Portfolios „Chancen" und „Risiken" ein.

Am Ende müsst ihr wieder einschätzen und entscheiden, ob sich dein Unternehmen zuerst um die Risiken kümmern muss. Oder ob ihr ausreichend Zeit und Ressourcen habt, die relativ großen Chancen in der „Entwicklungsaktivität VI.5: Entwicklungschancen" zu bewerten und gegebenenfalls weiter zu verfolgen. Zum Abwenden der Risiken aus dem rechten oberen Quadranten müsst ihr direkt entsprechende Maßnahmen aufsetzen. Wollt ihr zum Ableiten der Maßnahmen wieder das Wissen und die Erfahrungen weiterer Kollegen nutzen, verwendet wie in Phase I die Spinnsession „Welche Maßnahmen müssen wir ergreifen, um die bedrohlichen Risiken[291] abzuwenden?"[292].

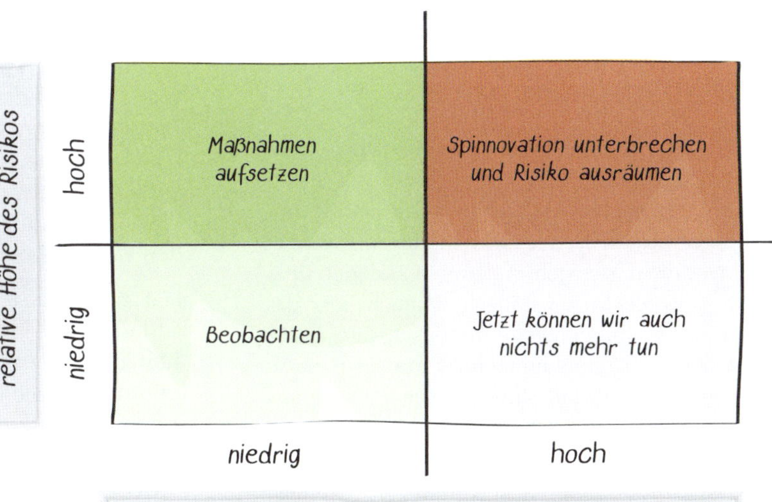

Abbildung 30: Bewertungsportfolio „Risiken"[293]

---

289 Siehe ab S. 115.
290 Siehe ab S. 123.
291 Falls wir nur ein Risiko identifiziert haben, geht es in der Spinnsession nur darum.
292 Siehe S. 122.
293 Druckvorlage auf www.spinnovation-strategie.de

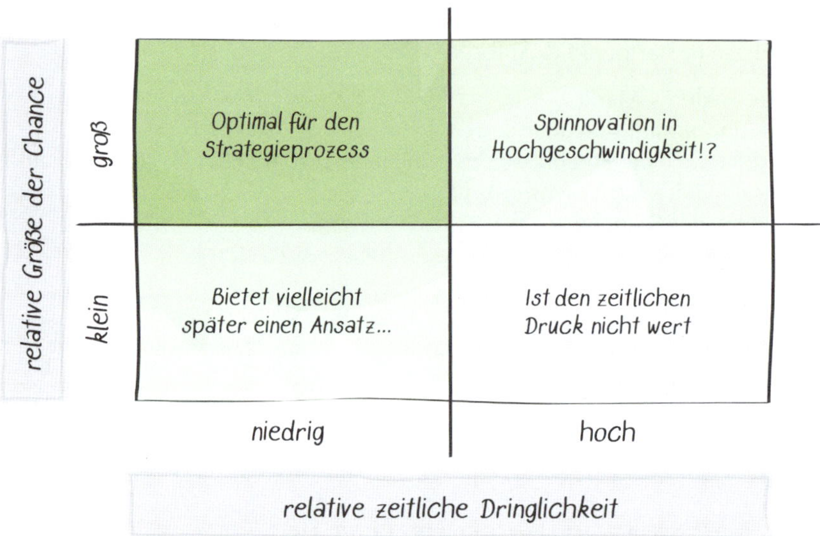

Abbildung 31: Bewertungsportfolio „Chancen"[294]

6.6.6.3 ENTWICKLUNGSSCHRITT VI.4C: ANALYSE AUSGEWÄHLTER UNTERNEHMENSFAKTOREN

Culture feeds Strategy!?

Hast Du die neue Unternehmensstrategie nach dem Spinnovation-Phasenmodell entwickelt und alle empfohlenen Maßnahmen und Schritte umgesetzt? Dann hast du einen kulturellen Wandel angestoßen, der sich in der nie endenden Phase „Entwickeln & vorangehen" auch über das Visioning immer weiter verfestigt. Die Kultur in deinem Unternehmen wird immer mehr zu einer „Culture feeds Strategy"-Kultur. Das spürst du und das spüren alle Mitarbeiter, Kunden und Partner. Willst du aber sichergehen und dein Gefühl überprüfen? Dann führe die Umfrage zur Unternehmenskultur aus Phase I durch.[295]

Zuerst schauen wir uns im Strategieteam die fortgeschriebenen „Zahlen, Daten, Fakten – Unternehmen[296]" und die „Kundenanalyse"[297] an. Könnt ihr Entwicklungen oder Tendenzen erkennen? Dann kommen diese auf Post-its und in den Ideenspeicher. Prüft am Ende der „Entwicklungsaktivität VI.5: Entwicklungschancen", ob die aufgesetzten Weiterentwicklungsmaßnahmen gegebenenfalls den vorhandenen negativen Tendenzen entgegenwirken.

Hat sich etwas bei euren „Stärken & Kernkompetenzen" verändert? Habt ihr neue Stärken entwickelt oder haben sich eure Kernkompetenzen verschlechtert? Aktualisiert das Stärkentableau und die Tabelle mit den Kernkompetenzen. Ergeben sich daraus neue Entwicklungsideen für dein Unternehmen, kommen sie in den Ideenspeicher.

„Interne Engpässe und Hindernisse" können relativ schnell entstehen. Nehmt euch das letzte bearbeitete Portfolio „Interne Hindernisse" und geht zusammen die „alten" Hindernisse durch und aktualisiert das Portfolio. Danach hat jeder aus dem Strategieteam

---

294 Druckvorlage auf www.spinnovation-strategie.de
295 Siehe ab S. 107.
296 Siehe ab S. 101.
297 Siehe ab S. 102.

fünf Minuten Zeit, aus seiner Sicht neu aufgekommene interne Hindernisse auf Post-its zu schreiben. Ordnet sie gleich ins Portfolio ein. Gibt es Hindernisse im Feld „Alarmstufe Rot", dann müsst ihr diese zuerst bearbeiten, bevor ihr euch um neue Chancen in eurem Spezialgebiet kümmern könnt.

Nehmt danach das aktuelle Spinnovation-Geschäftsmodelltableau[298] und aktualisiert dort wo notwendig die Module und Elemente. Auch hier gilt: Findet ihr noch zusätzliche Hinweise auf Entwicklungschancen, kommen sie auf Post-its in den Ideenspeicher. Falls ihr weitere interne oder externe Problemfelder erkennt, müsst ihr zurück und diese entsprechend bearbeiten.

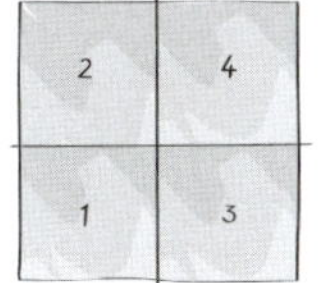

6.6.6.4 ENTWICKLUNGSSCHRITT VI.4D: QUALITÄT UND STRUKTUR ÜBERPRÜFEN

MISSION UND GRUNDBEDÜRFNIS

Überprüft zuerst eure Mission und das dahinterliegende Grundbedürfnis. Passt noch alles? Gibt die Mission noch die notwendige Orientierung und lässt sie ausreichend Entwicklungsspielraum? Berücksichtigt die Ergebnisse aus der schon durchgeführten Bedarfsgruppen- und Umfeldanalyse. Besteht Anpassungsbedarf? Falls ja, müsst ihr neu formulieren. Das kommt zwar erfahrungsgemäß sehr selten vor, trotzdem schützt uns die Überprüfung vor potenziellen Gefahren.

QUALITÄT DER GESCHÄFTE

Hat sich zwischenzeitlich euer Wertangebot erweitert? Dann prüft, ob diese Leistungen mit eurer Mission und dem dahinterliegenden Grundbedürfnis vereinbar sind, ob sie zu euren Stärken und Kernkompetenzen passen und ob sie im Einklang mit euren Werten stehen. Zu diesen Fragestellungen könnt ihr auch eine Spinnsession durchführen. Falls das erweiterte Wertangebot nicht mehr passt, müsst ihr geeignete Maßnahmen aufsetzen, um eure ganzheitliche Spezialisierung wieder zu schärfen. Konkret heißt das, die Geschäfte nicht mehr zu tätigen.

FÜHRUNGSSTRUKTUREN

Sind die Organisations- und Führungsstrukturen weiterhin nach Bedarfsgruppen und Grundbedürfnissen gegliedert? Falls nein, musst du das ändern. Sonst ist die Gefahr sehr groß, dass Unternehmensbereiche untereinander um Ressourcen konkurrieren, diese zu knapp sind und am Ende nur noch Mittelmäßigkeit herauskommt. Falls die Organisations- und Führungsstrukturen angepasst werden müssen, nutze das Wissen und die Erfahrung deiner Mitarbeiter, wie das am effektivsten und effizientesten geändert werden kann.

STRATEGIE-„ZWISCHENPRÜFUNG"

Je nachdem, wie groß euer Schritt zum ganzheitlichen Spezialisten war, ist es sinnvoll, nicht nur einmal im Jahr die Strategie komplett zu überprüfen und Entwicklungschancen zu bewerten, sondern auch eine „Zwischenprüfung" einzulegen.

Bei der Zwischenüberprüfung der Strategie liegt der Fokus auf den externen Risiken, den internen Hindernissen, der „Qualität" der Geschäfte und auf den Entwicklungschancen. Führt dazu aus den folgenden Entwicklungsschritten die entsprechenden Aktivitäten durch:

Entwicklungsschritt VI.4a: Analyse der externen Marktkräfte
- Wettbewerbs- und Konkurrenzanalyse
  Hier analysiert ihr auch die Ergebnisse des MiniSpiels „Wo holt der Wettbewerb auf?" aus „Entwicklungsaktivität VI.2: Wachsamkeit".
- Bedarfsgruppenanalyse

[298] Siehe ab S. 184.

Entwicklungsschritt VI.4b: Chancen und Risiken bewerten
* für die Chancen und Risiken aus den beiden zuvor durchgeführten Analysen

Entwicklungsschritt VI.4c: Analyse ausgewählter Unternehmensfaktoren
* Zahlen, Daten, Fakten – Unternehmen
* Kundenanalyse
* Interne Hindernisse

Entwicklungsschritt VI.4d: Qualität und Struktur überprüfen
* Qualität der „Geschäfte" prüfen

Anschließend die „Entwicklungsaktivität VI.5: Entwicklungschancen" vollständig bearbeiten.

6.6.7 ENTWICKLUNGSAKTIVITÄT VI.5: ENTWICKLUNGSCHANCEN

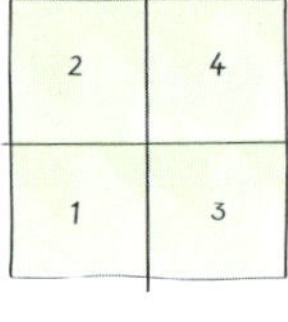

Du fragst dich, warum Ideen für Entwicklungschancen erst über einen längeren Zeitraum gesammelt und nicht direkt bearbeitet werden? Die Größe einer Chance erkennt man häufig erst im Vergleich zu anderen Chancen. Und in der Regel sind die internen Ressourcen so begrenzt, dass man nicht alles gleichzeitig bearbeiten kann. Deswegen der regelmäßige und koordinierte Prozess. Und er schützt auch vor einer gewissen Art von „Aktionismus", der aus der starken Identifikation des Unternehmens mit seiner ganzheitlichen Spezialisierung entstehen kann.

„Der beste Weg, die Zukunft vorherzusagen, ist, sie zu schaffen."
Peter F. Drucker

So, jetzt kümmern wir uns aber um die Entwicklungschancen! Lass dazu von einem Kollegen aus dem Strategieteam vorab Folgendes zusammenstellen:

* Die Auswertungen der MiniSpiele zu den Fragestellungen aus „Entwicklungsaktivität VI.2: Wachsamkeit"
  – Wie können wir unsere bestehende Bedarfsgruppe weiter durchdringen („Durchdringung")?
  – Welche weiteren Probleme hat unsere Bedarfsgruppe („Vertiefung")?
  – Was können wir noch leisten („Vertiefung")?
  – Wer braucht unsere Lösungen („Erschließung")?
* Die Auswertungen des Net Promoter Score
* Die „relativ" größten Chancen aus „Entwicklungsschritt VI.4b: Chancen und Risiken bewerten"

Ordnet in einer moderierten Arbeitssitzung im Strategieteam die vorbereiteten Informationen den folgenden Punkten zu:

a) Entwicklungsideen für die weitere „Durchdringung" unserer Bedarfsgruppe mit dem bestehenden Wertangebot
b) Entwicklungsideen für „Vertiefung" in die bestehende Bedarfsgruppe
c) Entwicklungsideen für „Erschließung" neuer Bedarfsgruppen

> **„Never change a winning team"**
>
> Da die Phase „Entwickeln & vorangehen" bekanntlich nie aufhört, lässt du am besten dein Strategieteam als festes Arbeitsgremium bestehen. Es ist eingespielt und erfolgreich.

a) Entwicklungsideen für die weitere der Bedarfsgruppe – Durchdringungschance

Die Ideen zur weiteren Durchdringung der Bedarfsgruppe müsst ihr unter anderem nach den Kriterien „Wie groß ist die Erfolgsaussicht?" und „Wie groß ist unsere Motivation dazu?" bewerten. Beispielsweise will ja nicht jeder sein erfolgreiches Geschäftsmodell in einem Franchisesystem vermarkten. Die Idee, für die ihr am meisten motiviert seid und die die größte Erfolgsaussicht hat, ist eure „Durchdringungschance". Für sie setzt ihr ein Umsetzungsprojekt auf.

b) Entwicklungsideen für die Vertiefung in die bestehende Bedarfsgruppe – Vertiefungschancen

Zuerst stellt ihr euch, wie bei der strategischen Fragestellungenaus Feld 3, die Frage, ob die gesammelten „Chancen", „Probleme" oder sonstige Ideen mit grundlegenden Problemen eurer Bedarfsgruppe zusammenhängen. Ist das nicht unmittelbar ersichtlich, führt, die entsprechende Spinnsession[299] aus Phase II durch. Habt ihr die grundlegenden Ursachen für die Symptome gefunden, sind das eure Vertiefungsideen. Aus diesen Ideen leitet ihr im nächsten Schritt die Vertiefungschancen ab, genauso wie im „Prozessschritt II.3: Spezialisierungschancen"[300]. Bewertet dazu die Ideen zuerst mit dem Bewertungsportfolio „Motivation vs. Marktgröße" und dann mit dem Bewertungsportfolio „Zahlungsbereitschaft vs. Problemlösefähigkeit". Mit maximal drei der Vertiefungschancen geht ihr dann in Phase III. Nach dem Prozessschritt „Bedarfsgruppeninterviews" müsst ihr euch für eine Vertiefungschance entscheiden. Und mit dieser Vertiefungschance arbeitet ihr dann den weiteren Spinnovation-Strategieprozess durch.

Vor den Bedarfsgruppeninterviews empfehlen wir dir, auf jeden Fall die Vertiefungschancen im Kundenbeirat zu diskutieren.

c) Entwicklungsideen für die Erschließung anderer Bedarfsgruppen – Erschließungschancen

Die Entwicklungsideen für die Erschließung neuer Bedarfsgruppen bearbeiten wir genauso, wie für die strategischen Fragestellung aus Feld 2 und nutzen dafür die beiden Bewertungsportfolios „Motivation vs. Marktgröße" und „Zahlungsbereitschaft vs. Erreichbarkeit" aus „Arbeitsschritt II.1d: Wer braucht unsere Lösungen?"[301].

Die Bedarfsgruppen aus dem rechten oberen Feld des zweiten Bewertungsportfolios sind eure „Erschließungschancen". Mit der besten dieser Chancen startet ihr einen Spinnovation-Strategieprozess für eine strategische Herausforderung aus Feld 2. Da die „Erschließungschance" schon erarbeitet ist, legt ihr direkt mit Phase III los.

6.6.8 ERGEBNISSE DOKUMENTIEREN

Nach jeder vollständigen Strategieüberprüfung und der anschließenden Erarbeitung der Entwicklungschancen gehört Folgendes in den Ergebnisbereich:

- Die aktualisierte Mission
- Das aktualisierte Geschäftsmodell
- Die Maßnahmen und Projekte zum Abwenden der Risiken
- Die Maßnahmen und Projekte zum Abwenden der internen Hindernisse
- Die Maßnahmen gegen „schlechte" Geschäfte
- Die Maßnahmen und Projekte zum Anpassen der Führungsstrukturen
- Die Entwicklungschance für die weitere „Durchdringung" (Durchdringungschancen)
- Die Entwicklungschancen für „Vertiefung" (Vertiefungschancen)
- Die Entwicklungschance für „Erschließung" (Erschließungschancen)

Die folgenden Ergebnisse einer Zwischenüberprüfung kommen in den Ergebnisbereich:

- Die Maßnahmen und Projekte zum Abwenden der Risiken
- Die Maßnahmen und Projekte zum Abwenden der interne Hindernisse
- Die Maßnahmen gegen „schlechte" Geschäfte
- Die Entwicklungschance für die weitere „Durchdringung" (Durchdringungschancen)
- Die Entwicklungschancen für „Vertiefung" (Vertiefungschancen)
- Die Entwicklungschance für „Erschließung" (Erschließungschancen)

---

299 „Prozessschritt II.2: Spezialisierungsideen", siehe ab S. 138.
300 Siehe ab S. 139.
301 Siehe ab S. 135.

Tja, erst einmal geschafft … Und wie du weißt: Es hört nie auf oder „nach dem Spiel ist vor dem Spiel".

Aber deine Teams sind bestens aufgestellt und eingespielt und ihr kennt alles im Detail, das ihr braucht, um dauerhaft in der „Hidden Champions League" zu spielen!

6.7 MARKUS, OLIVER UND CATRIN – DREIMAL ERFOLGREICH SPINNOVIERT!

MARKUS

Das neue Geschäftsmodell hat sich mittlerweile sehr gut etabliert und man ist dabei, sich mit der ganzheitlichen Spezialisierung – „Beratungsleistung zur Absicherung des Projekterfolges bei komplexen Produktentwicklungen in der Automobilbranche" – einen richtig guten Namen in der Branche zu machen. Falls es so weiterläuft, ist das Spinnovation-Strategieprojekt ein echter Erfolg. Aber Markus denkt schon an die nächsten Schritte oder besser Entwicklungschancen, denn auch er weiß: Es hört nie auf. Zuerst muss natürlich die Kundenbasis im neuen Geschäftsbereich ausgeweitet werden. Dazu laufen eine ganze Reihe von Marketing- und Kommunikationsmaßnahmen, die schon erste Erfolge zeigen. Das nächste Kundenprojekt, das sich abzeichnet, kann Markus gerade noch mit ausreichend Ressourcen besetzen. Entsprechend hat er schon angefangen, neue Mitarbeiter zu suchen. Diesmal auf eine neue Art. Die Kandidaten, die vorher anhand ihrer Bewerbungsunterlagen ausgewählt wurden, bekommen beim Gespräch die neue Vision und 30 Minuten Zeit zum Lesen und Nachdenken. Dann unterhält man sich, so lange es eben dauert, darüber, was der Kandidat dazu beitragen will und kann, damit die Vision Realität wird. Eins ist sicher: Die neuen Mitarbeiter werden, bezogen auf die Werte und Motivation, hundertprozentig passen. Die fachliche Seite ist dabei ohnehin über den Werdegang abgesichert. Sind die neuen Berater an Bord, wird das Team in der Geschäftsstelle zu groß. Dann wird es geteilt. Eine Geschäftsstelle soll maximal drei Teams haben, danach soll sich auch die Geschäftsstelle teilen. Diese Zellteilungen sind Markus' Ansatz, wie die weitere Marktdurchdringung organisatorisch umgesetzt werden soll. Neben der reinen Durchdringung der Bedarfsgruppe gibt es schon jetzt ausgezeichnete Vertiefungschancen. Bei den meisten Kunden, für die man die Entwicklungsprojekte begleitet, gibt es weitere Probleme in der effizienten Zusammenarbeit. Die Probleme kommen vor allem aus der Komplexität der standortübergreifenden Zusammenarbeit und der klassischen Besprechungskultur.[302] Sobald die Unternehmen erkennen, dass die Entwicklungsprojekte mit der Unterstützung der Beratung deutlich effizienter und erfolgreicher laufen, kommt zwangsläufig die Frage hoch, ob man die Methoden auch in anderen Projekten oder Bereichen einsetzen kann. Das kann man, fast immer mit sehr gutem Erfolg. Hier will Markus mit seiner Vertiefungsstrategie ansetzen. Die Voraussetzungen dafür sind sehr gut. Die Unternehmen kennen die Beratung, man hat Vertrauen in die Berater, die Methoden und deren Leistungsfähigkeit. Es sollte also möglich sein,

---

302 Vor allem das Management verbringt einen Großteil seiner Arbeitszeit in Meetings, die ineffizient ablaufen. Klar gibt es Agenden, die abgearbeitet und dann Aufgaben, die verteilt werden. Einer schreibt Protokoll, das wird verteilt und muss häufig nachgebessert werden. Die Verantwortlichen für die Aufgaben übernehmen diese in ihre Aufgabenliste … Beim Folgemeeting geht man durch die Aufgaben, alle Teilnehmer werden auf denselben Stand gebracht und die neu entstandenen Aufgaben verteilt, Protokolle geschrieben etc. … Viele Manager fragen sich nach einem Arbeitstag mit vielen Meetings, was sie eigentlich gearbeitet haben. Nach den vielen Meetings, in der Regel ab 18 Uhr, sind dann die E-Mails an der Reihe, häufig 200 oder mehr … Mit den Methoden und System von Markus' Beratung können Meetings aber deutlich effizienter und kürzer gehalten werden. Und die Anzahl der internen E-Mails sinkt i. d. R. auch noch deutlich.

für die Unternehmen auch in anderen Bereichen den vorhandenen Engpass der ineffizienten Zusammenarbeit zu lösen und echten Nutzen zu schaffen. Erste Gespräche, die Markus mit den Kunden zu dem Thema geführt hat, verliefen positiv. Aber Markus denkt noch weiter. Es sind ja nicht nur die Unternehmen in der Automobilbranche, die komplexe Entwicklungsprojekte erfolgreich umsetzen müssen. Ähnliche Entwicklungsprojekte gibt es in der IT-Branche, im Maschinen- und Anlagenbau, in der Baubranche etc. Und Markus weiß, wie er mit Spinnovation aus den neuen Bedarfsgruppen die erfolgversprechendsten auswählt und für seine Beratung echte Erschließungschancen erarbeitet.

OLIVER

Auch Oliver ist froh, sein Unternehmen mit Spinnovation neu ausgerichtet zu haben. Sein Unternehmen steht damit am Anfang einer Spezialisierung, bei der die technische Kernkompetenz und die Geräte immer weiter in den Hintergrund treten können. Endgültige Entscheidungen sind aber noch nicht getroffen. Zuerst konzentriert man sich weiter auf die Durchdringung der Bedarfsgruppe Heilpraktiker und entwickelt weitere Kommunikationsmaßnahmen, um die Therapieerfolge bei den relevanten Lebensmittelunverträglichkeiten noch breiter zu kommunizieren. Dann wird sich Oliver mit seinem Team in absehbarer Zeit entscheiden, ob man ein Franchisesystem aufbauen will. Das System hätte das Potenzial dazu. Um eine fundierte Entscheidung treffen zu können, wollen er und sein Strategieteam noch einmal Bedarfsgruppeninterviews führen. Es gilt herauszufinden, ob für Heilpraktiker und insbesondere die, die ihre Ausbildung gerade abschließen oder abgeschlossen haben, ein Franchisesystem überhaupt infrage kommt. Vertiefungschancen liegen in der Therapie weiterer Krankheiten, für die es mit dem Gerät sehr gute Heilungsaussichten gibt – etwa Allergien wie Heuschnupfen. Auch hier werden zuerst mit potenziellen Kunden Interviews geführt, um deren Engpass einschätzen und um die Vermarktung konzipieren zu können. Oliver und sein Strategieteam freuen sich darauf, die vorliegenden Optionen anzugehen. Sie wissen, wie das methodisch in einem zielführenden Spinnovation-Strategieprozess geht.

CATRIN

Catrins Strategieteam hat direkt eine Durchdringungschance erkannt. Man braucht einen Online-Shop, um auch die kleineren und ganz kleinen Snackproduzenten bedienen zu können. Der wird gerade aufgebaut. Dazu gibt es viele gute Ideen. Beispielsweise will man per Video zeigen, wie man die Verpackung richtig nutzt und Snacks zeitsparend verpackt. Ansonsten ist man dabei, von den großen Produzenten zu den kleineren vorzudringen. Vertiefungschancen wurden auch schnell gefunden. Es gibt schon einige Ideen und sogar Prototypen für unfallfreie Verpackungen weiterer Typen von Snacks.

Alles gute Ansätze, um die neue ganzheitliche Spezialisierung weiterzuentwickeln. Trotzdem will das Strategieteam von sich aus anfangen, auch über MiniSpiele, Spinnsessions und über einen Kundenbeirat weitere Ideen zu sammeln. Und dank Spinnovation kennt man den Prozess sehr genau, wie man als ganzheitlicher Spezialist aus Ideen Chancen, aus Chancen Innovationen und aus Innovationen Geschäftsmodelle entwickelt.

Catrin weiß, dass das bisher Erreichte nur ein Zwischenschritt ist, um die Druckerei dauerhaft profitabel zu führen. Aber die Voraussetzungen sind sehr gut. Sie hat es geschafft, dass ihre Mitarbeiter wieder ein Ziel, eine Vision haben, mit der sie sich identifizieren und für die sie selbst die Dinge in Hand nehmen. Fast alle haben Spaß daran, richtig mitzuwirken, ihre Ideen in den Ring zu werfen und die Extra-Schippe draufzupacken, um noch besser zu werden. Mittlerweile wissen alle aus dem neuen Geschäftsbereich, wo man mit den „unfallfreien Verpackungen" steht und wie jeder Einzelne einen positiven Beitrag zum weiteren Erfolg leisten kann. Und Catrin geht es besser, viel besser. Sie schläft wieder ruhiger und hat auch nicht mehr das Gefühl, alles selbst machen zu müssen – nein, sie kann sich auf alle im Unternehmen verlassen. Und sie hat, wie Markus und Oliver auch, wieder mehr Zeit fürs Wesentliche: für Freunde, für Hobbys, für sich selbst und die Familie.

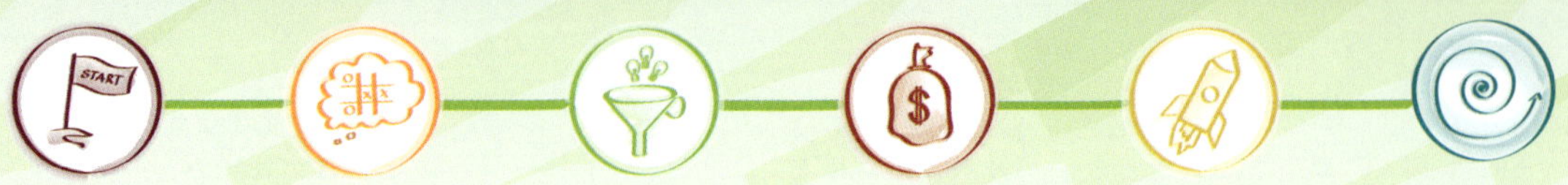

7 ANHANG

7.1 METHODEN, MODELLE, WERKZEUGE

7.1.1 SPINNSESSION

ABLAUFPLAN WISSENSDREHSCHEIBE FÜR EIN THEMA

Ablaufplan WissensDrehScheibe für ein Thema			
Was?	Zeitaufwand	Anzahl	Summe
Einführung durch Moderator in Methode, Vorgehensweise und Thema der WissensDrehScheibe Verteilen der Fahrpläne und der Dokumentationsformulare	00:25	1	00:25
Einführung in Runde durch Moderator 1. Runde mit Ausgangsthesen, 2. und 3. Runde mit Zusammenfassung der bisherigen Ergebnisse	00:05	3	00:15
Diskussion	00:10	3	00:30
Feedback Zuhörer mit Dokumentation durch Moderator (je 7 min je Perspektive, 1 min je Teilnehmer)	00:14	3	00:42
Durchmischung nach Runde 1 und 2	00:03	2	00:06
Gesamtzeitbedarf WissensDrehScheibe für ein Thema			01:58

VORLAGE „INDIVIDUELLER FAHRPLAN"

Teilnehmer	Runde 1			Runde 2			Runde 3		
	Diskutieren	Zuhören 1	Zuhören 2	Diskutieren	Zuhören 1	Zuhören 2	Diskutieren	Zuhören 1	Zuhören 2
Name 1	✕				✕				✕
Name 2	✕					✕		✕	
Name 3	✕				✕				✕
Name 4	✕					✕		✕	
Name 5		✕		✕					✕
Name 6		✕				✕	✕		
Name 7		✕		✕					✕
Name 8		✕				✕	✕		
Name 9			✕		✕		✕		
Name 10			✕	✕				✕	
Name 11			✕		✕		✕		
Name 12			✕	✕				✕	
Name 13	✕					✕		✕	
Name 14		✕		✕					✕
Name 15			✕		✕		✕		
Name 16	✕				✕				✕
Name 17		✕				✕	✕		
Name 18			✕	✕				✕	
Name 19	✕					✕		✕	
Name 20		✕		✕					✕
Name 21			✕		✕		✕		

Abbildung 32: Spinnsession „Individueller Fahrplan"[303]

303 Druckvorlage auf www.spinnovation-strategie.de

VORLAGE „DOKUMENTATIONSFORMULAR"

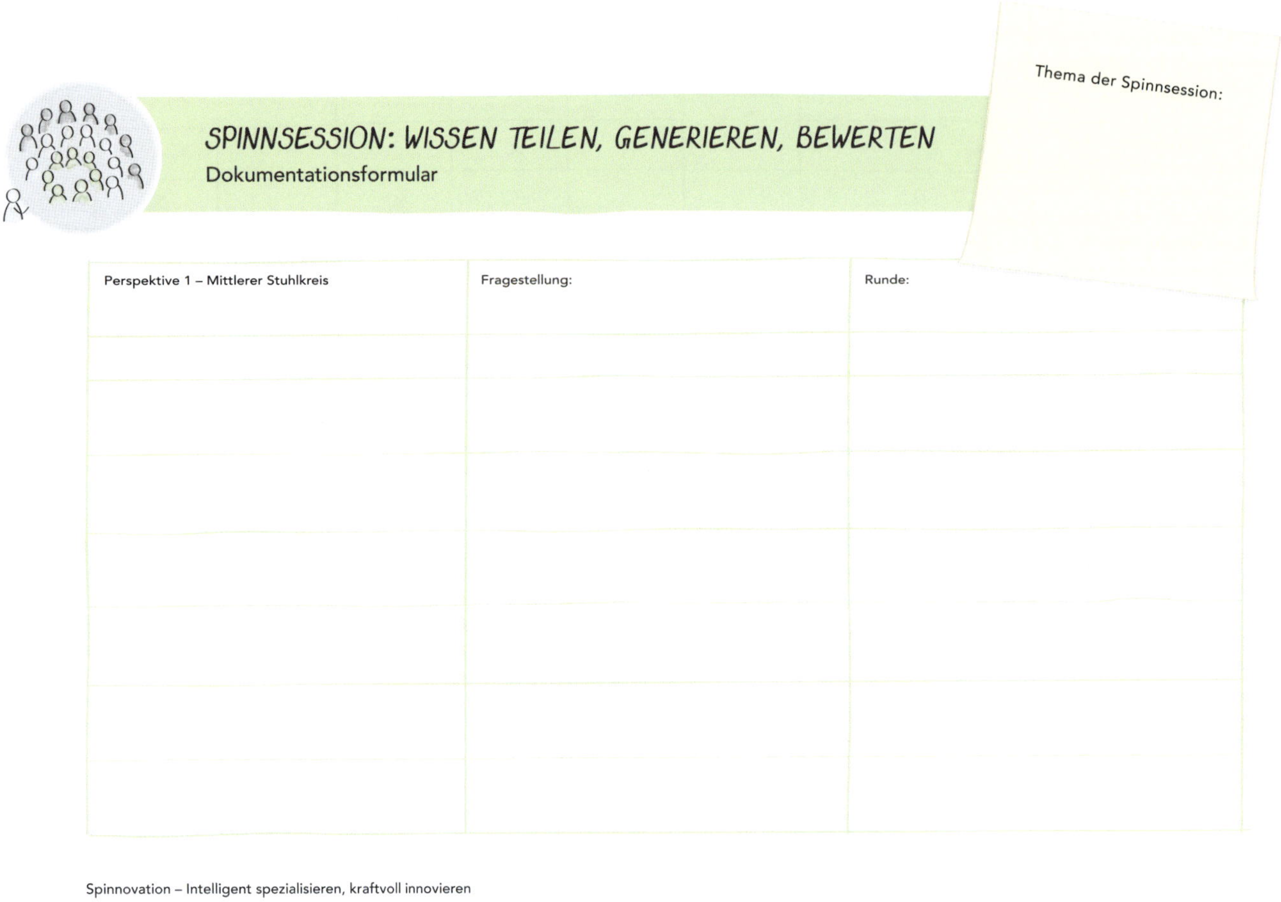

Abbildung 33: Spinnsession „Vorlage Dokumentationsformular"[304]

304 Vorlagen für Perspektive 1 und 2 jeweils zwei- und dreispaltig auf www.spinnovation-strategie.de.

BEISPIEL DOKUMENTATIONSFORMULAR FÜR SPINNSESSION „INTERNE HINDERNISSE"

Perspektive 1 – Mittlerer Stuhlkreis	Welche internen Hindernisse haben wir und wo behindern sie die Entwicklung unseres Unternehmens?	Runde:
Internes Hindernis	Wo behindert es uns?	Welche Ursachen hat das Hindernis?

Spinnovation – intelligent spezialisieren, kraftvoll innovieren

Abbildung 34: Spinnsession „Dokumentationsformular – Beispiel ‚Interne Hindernisse'"

INFRASTRUKTUR UND MATERIAL FÜR EINE SPINNSESSION

- Einen Raum für bis zu 22 Personen mit 40 bis 50 qm
- Einen Barhocker für den Moderator
- Einen Timer zum Einhalten der Diskussionszeiten
- Ein Flipchart für die Agenda und als Themenspeicher
- Zwei Ergebnisboards – zwei Flipcharts oder besser zwei Metaplanwände (eine je Perspektive)
- Einen Stuhl pro Teilnehmer
- Stifte für alle Teilnehmer zum Ausfüllen der Dokumentationsformulare
- Kreppklebeband für die Namenschilder
- Einen Beamer für die Präsentationen des Moderators
- Beistelltisch zum Sammeln der ausgefüllten Dokumentationsformulare

7.1.2 SPINNIFICATION „MINISPIEL" – SPIELANLEITUNG

Spielanleitung MiniSpiel

DER NAME	Wie heißt unser MiniSpiel? *Anmerkung: Das Spiel bezieht sich immer auf eine Herausforderung im Spinnovation-Strategieprozess. Es braucht einen guten Namen, der sich auf die Herausforderung bzw. auf die konkrete Aufgabe bezieht.*
DAS ZIEL	Gewinnstufe 1 Gewinnstufe 2 Gewinnstufe 3 *Anmerkung: Keine „Alles oder Nichts"-Ziele! Es gibt drei Gewinnstufen, die sich auf eine Kennzahl beziehen.*
DAS TEAM & DER SPIELLEITER	Das Team: Der Spielleiter: *Anmerkung: Auf jeden Fall spielen die Mitglieder des Strategieteams mit. Wollen noch weitere Kollegen mitspielen, dann erweitert das Team. Bestimmt im ersten Teammeeting den Spielleiter. Am besten denjenigen, der am meisten dazu Lust hat.*
DIE SPIELDAUER	Wie lange spielen wir? *Anmerkung: Die Spieldauer hängt wesentlich von den gesteckten Zielen ab. Sie muss lang genug sein, um die Ziele zu erreichen. Ein MiniSpiel im Spinnovation-Strategieprozess dauert aber nicht länger als 6 Wochen.*
DIE PREISE	Preis Gewinnstufe 1 Preis Gewinnstufe 2 Preis Gewinnstufe 3
DIE ANZEIGETAFEL	Ideen für die Anzeigetafel *Anmerkung: Auf der Anzeigetafel muss der Zwischenstand einfach ablesbar sein. Und sie muss auch für Außenstehende leicht verständlich sein. Das Team entwickelt als Erstes die Anzeigetafel.*
DER SPIELVERLAUF	Wann finden die Teambesprechungen statt? *Wann die Teambesprechungen stattfinden, hängt von der Dauer des Spiels ab und wird am Anfang festgelegt. Sie finden aber mindestens einmal pro Woche statt.*
DIE AUSWERTUNGEN	Welche Gewinnstufe haben wir erreicht? Was hat es für die Motivation und den Teamgeist getan? Welche Lerngewinne wurden erzielt und wie hat sich die Zusammenarbeit im Strategieteam entwickelt? *Ein MiniSpiel wird auf drei Ebenen ausgewertet: Was hat es für die Motivation und den Teamgeist getan? Welche Lerngewinne wurden erzielt und wie hat sich die Zusammenarbeit im Strategieteam entwickelt? Welche inhaltlichen Ergebnisse wurden erzielt?*

7.1.3 SPINNOVATION-GESCHÄFTSMODELL

Das folgende Tableau zeigt das Spinnovation-Geschäftsmodell mit seinen Kernfragen.

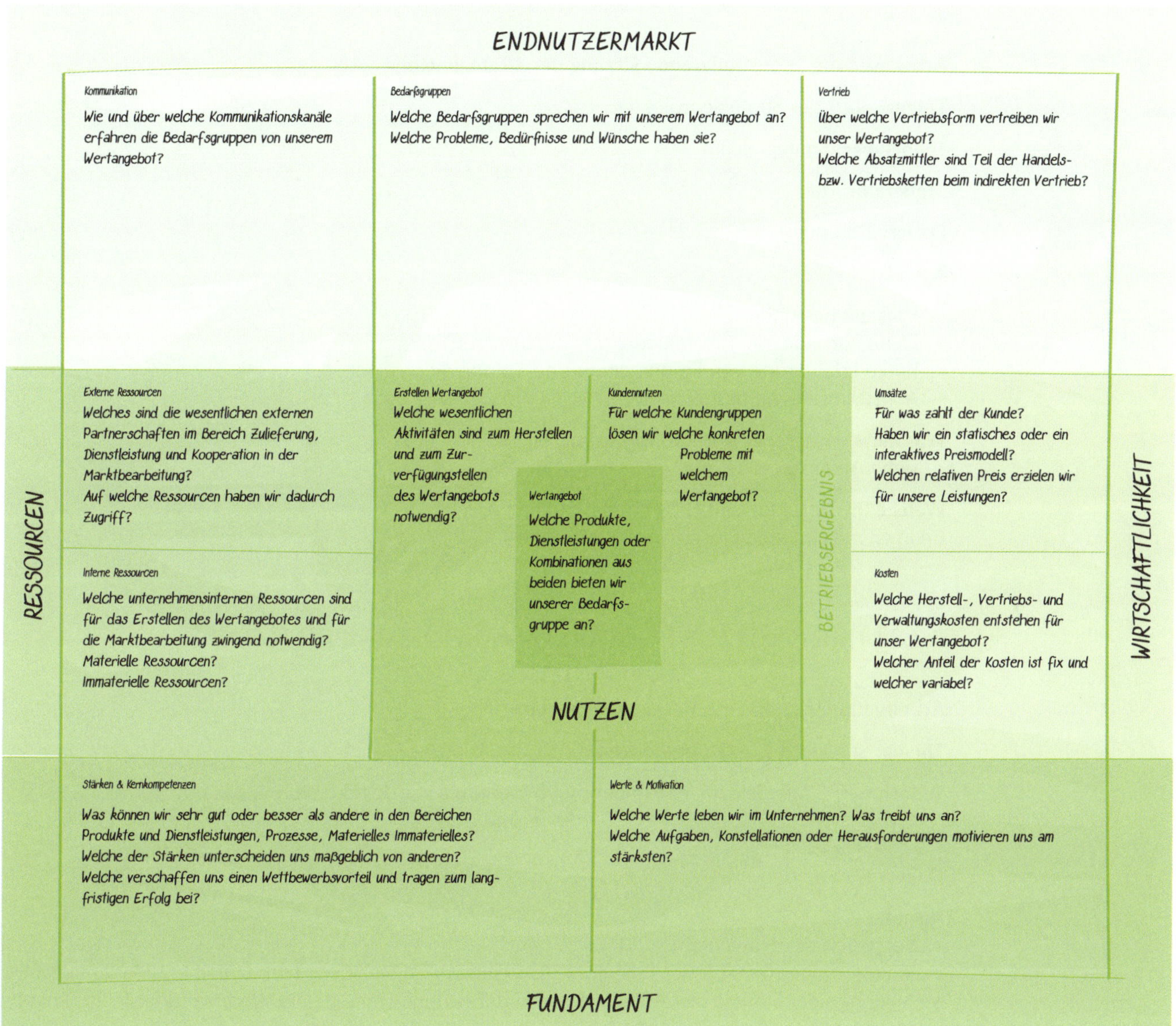

Abbildung 35: Spinnovation-Geschäftsmodelltableau mit seinen Kernfragen[305]

7.2 SPINNOVATION-STRATEGIEPROZESS

7.2.1 KONSTITUIERENDE SITZUNG DES STRATEGIETEAMS

Arbeitssitzung **„Konstituierende Sitzung des Strategieteams"**

Thema: Start des Strategieprojektes

Teilnehmer: Strategieteam

Moderator: du

Dauer: 2 Stunden

Agenda:

- Vorstellungsrunde
- Deine Gründe, den Strategieprozess aufzusetzen
- Kurze Erläuterung von Spinnovation und Spinnovation-Strategieprozess
- Aufgabenstellung und Zielsetzung

Was muss vorbereitet werden, von wem?:
- siehe Agendapunkte, du

Welche Infrastruktur und Hilfsmittel brauchen wir?
Beamer, falls du eine Präsentation vorbereitest.

7.2.2 ARBEITSSITZUNG „STÄRKEN & KERNKOMPETENZEN"

Arbeitssitzung **„Stärken & Kernkompetenzen"**

Thema: Stärken & Kernkompetenzen

Teilnehmer: Strategieteam (es können noch weitere Mitarbeiter dazu eingeladen werden)

Moderator: Einer der Moderatoren aus dem Strategieteam

Dauer: 1,5 Stunden

Agenda:
- Vorstellen des Stärkentableaus
- Brainstorming 10 min, jeder Teilnehmer schreibt für sich die Stärken des Unternehmens auf Post-its.
- Ankleben der Stärken ins Tableau, werden dabei neue Stärken gefunden, werden sie auf Post-its notiert und am Ende angeklebt.
- Umkleben der Stärken auf Bewertungschart „Welche Stärken sind Kernkompetenzen?"
- Bewerten der Stärken nach den drei Dimensionen in offener Diskussion

Was muss vorbereitet werden, von wem?:
- Stärkentableau auf Flipchart oder Metaplanwand, Moderator
- Bewertungschart „Welche Stärken sind Kernkompetenzen?" auf Flipchart oder Metaplanwand, Moderator

Welche Infrastruktur und Hilfsmittel brauchen wir?:
Flipcharts oder Metaplanwände, große Post-its

7.2.3 WERTE – BEISPIELE FÜR KONKRETISIERUNG

Play for the team

Als Team erreichen wir mehr als jeder Einzelne. Wir unterstützen uns gegenseitig, behandeln uns respektvoll und übernehmen gemeinsam Verantwortung – für unsere Erfolge und unsere Fehler. Dabei schieben wir uns nicht gegenseitig die Schuld zu, sondern helfen uns. Wir wollen eine Umgebung schaffen, in der jeder lernen und wachsen kann!"

Treat every day as your first day

Ob man erfolgreich bleibt, hängt von der Fähigkeit und Bereitschaft sich zu verändern ab. Jeder, unabhängig von Position und Titel, hat das Recht und die Pflicht, das Bestehende zu hinterfragen. Wir riskieren lieber etwas Neues und Unbekanntes, anstatt stehen zu bleiben."[306]

Integrität sichert unsere Glaubwürdigkeit

1. Integrität ist der Eckstein unserer Glaubwürdigkeit gegenüber jedermann.
2. Integrität lässt uns tun, was wir sagen.
3. Integrität verpflichtet uns, zu halten, was wir versprechen.
4. Integrität bedeutet auch, Nein sagen zu können.
5. Integrität lässt nur Geschäfte und Handlungen zu, die im Einklang mit unseren Werten stehen."[307]

7.2.4 ARBEITSSITZUNG „INTERNE HINDERNISSE"

Arbeitssitzung **„Interne Hindernisse"**

Thema: Identifizieren der internen Hindernisse

Teilnehmer: Strategieteam

Moderator: Einer der Moderatoren aus dem Strategieteam

Dauer: 3 Stunden

Agenda:
- Kurze Vorstellung der bisher implizit in den Prozess- und Arbeitsschritten gefundenen Hindernisse
- Brainstorming 5 min, jeder Teilnehmer schreibt seine Ideen zur Frage „Was sind interne Hindernisse und Engpässe, die die Entwicklung unseres Unternehmens maßgeblich behindern?" auf Post-its .
- Ankleben und Gruppieren der Post-its zu den schon implizit gefundenen Hindernissen. Werden dabei neue Hindernisse gefunden, werden sie auf den Post-its notiert und am Ende angeklebt.
- Pre-Mortem-Geschichte vorlesen und mit dem Team weitere darin enthaltene Engpässe und Hindernisse identifizieren. Hindernisse auf Post-its schreiben und auf die Metaplanwand kleben.
- Verdichten und Zusammenfassen der gefundenen Hindernisse
- Offene Diskussion zur Frage: Warum haben wir diese Hindernisse? Die Antworten notiert ihr hinter die gefundenen Hindernisse.
- (Optional, falls keine Spinnsession durchgeführt wird) Einordnen der Hindernisse in das Portfolio „Interne Hindernisse"

---

[306] Unternehmenswerte. URL: http://corporate.zalando.de/de/unternehmenswerte-p#fc-295. Stand: 19.03.2017.
[307] Merck Werte – die Grundlage unseres Erfolgs. URL: http://www.merck.de/de/unternehmen/leitbild_werte_strategie/werte.html. Stand: 19.03.2017.

Was muss vorbereitet werden, von wem?:
- Megaplanwand mit Post-its der bisher im Prozess gefundenen Hindernisse, du
- Schreiben der Pre Mortem Geschichte, du

Welche Infrastruktur und Hilfsmittel brauchen wir?:
Metaplanwand, Post-its

7.2.5 ARBEITSSITZUNG „GESCHÄFTSMODELL FINALISIEREN"

Arbeitssitzung **„Geschäftsmodell finalisieren"**

Thema: Geschäftsmodell finalisieren

Teilnehmer: Strategieteam

Moderator: Einer der Moderatoren aus dem Strategieteam

Dauer: Mindestens 4 h mit Pause

Agenda:

Modul/Element

Nutzen/Wertangebot

- Kurze gemeinsame Beschreibung des Wertangebotes

Nutzen/Kundennutzen

- Erläuterung der Matrix „Kundennutzen"
- Brainstorming 10 min, jeder Teilnehmer schreibt für sich auf Post-its, welcher Kundennutzen durch das Wertangebot entsteht.
- Ankleben der Post-its. Wird dabei weiterer Kundennutzen „gefunden", kommt er auf Post-its und wird am Ende angeklebt.

Nutzen/Erstellen Wertangebot

- Brainstorming 5 min, jeder Teilnehmer schreibt für sich die Hauptaktivitäten auf Post-its.
- Ankleben der Post-its. Werden dabei weitere Hauptaktivitäten „gefunden", kommen sie auf Post-its und werden am Ende angeklebt.

Endnutzermarkt/Kommunikation

- Kurze Erläuterung, welche Kommunikationskanäle es u. a. gibt
- Brainstorming 5 min, jeder Teilnehmer schreibt für sich die genutzten Kommunikationskanäle auf Post-its.
- Ankleben der Post-its. Werden dabei weitere Kommunikationskanäle „gefunden", kommen sie auf Post-its und werden am Ende angeklebt.

Endnutzermarkt/Vertrieb

- Erläuterung des Modells der Absatz- und Vertriebswege
- Beschreiben der genutzten Absatz- und Vertriebswege anhand des Modells in einer moderierten Diskussion.
- Moderator notiert die Akteure der Vertriebsstufen auf Post-its und klebt sie ins Modell.

Ressourcen/Unternehmensressourcen

- Kurze Erläuterung, welche Ressourcen es u. a. gibt
- Brainstorming 10 min, jeder Teilnehmer schreibt für sich die relevanten Ressourcen auf Post-its.
- Ankleben der Post-its. Werden dabei weitere Ressourcen „gefunden", kommen sie auf Post-its und werden am Ende angeklebt.

Ressourcen/Externe Ressourcen

- Kurze Erläuterung der drei Gruppen von Partnern und festlegen, welche Gruppe auf welche Post-it-Farbe kommt.
- 5 min Brainstorming je Gruppe, jeder Teilnehmer schreibt für sich die Partnerschaften auf Post-its.
- Ankleben der Post-its. Werden dabei weitere Partnerschaften „gefunden", kommen sie auf Post-its und werden am Ende angeklebt.

Wirtschaftlichkeit/Umsatz

- Kurze Erläuterung von Art der Einnahme, Preismodell und relativer Preis
- Beschreiben der Einnahmeart, des Preismodells und des relativen Preises in einer moderierten Diskussion.

Was muss vorbereitet werden, von wem?:

- DIN-A0-Ausdruck Geschäftsmodell oder Übertrag des Modells auf Metaplanwand, Moderator
- Übertragen der relevanten Ergebnisse der bisherigen Arbeitsschritte ins Geschäftsmodell, Moderator
- DIN-A0-Ausdruck der Matrix „Kundennutzen", Moderator
- Kosten für Partner in den Bereichen Dienstleistung oder Marktbearbeitung, vorab festzulegen

Welche Infrastruktur und Hilfsmittel brauchen wir?:
Metaplanwand, ausreichende Anzahl mittelgroßer Post-its in mehreren Farben

7.2.6 ARBEITSSITZUNGEN „EXTERNE MARKTKRÄFTE"

Arbeitssitzung **„Externe Marktkräfte" (Teil 1)**

Thema: Analyse externe Marktkräfte (Teil 1)

Teilnehmer: Strategieteam

Moderator: Einer der Moderatoren aus dem Strategieteam

Dauer: Bis zu 8 h mit Pausen

Agenda:

Zahlen, Daten, Fakten – Markt (ca. 2 h)

- Moderierte Diskussion der Fragestellungen zum Markt
- Chancen und Risiken auf grüne bzw. rote Post-its aufnehmen

Wettbewerbs- und Konkurrenzanalyse (ca. 2 h)

- Moderierte Diskussion der Informationen und offenen Punkte zu den Wettbewerbern
- Moderierte Diskussion für die Bewertung der Wettbewerbsvorteile über alle analysierten Wettbewerber
- Chancen und Risiken auf grüne bzw. rote Post-its aufnehmen.

Geschäftsmodelle der Branche (optional – 2 h)

- Moderierte Diskussion zur Beschreibung neuer und alternativer Geschäftsmodelle in der Branche
- Chancen und Risiken auf grüne bzw. rote Post-its aufnehmen.

Bedarfsgruppenanalyse (1 h)

- Moderierte Diskussion der Fragestellungen zu den Bedarfsgruppen
- Chancen und Risiken auf grüne bzw. rote Post-its aufnehmen.

Was muss vorbereitet werden, von wem?:

- Verteilung der Fragestellungen zu Zahlen, Daten, Fakten – Markt: eine Woche vor der Sitzung an die Teilnehmer, Moderator
- Markttableau auf Metaplanwand übertragen, Moderator
- Recherchieren der Zahlen, Daten, Fakten zu den ausgewählten Wettbewerbern, Mitglied des Strategieteams
- Tabelle auf Flipchart. Spalten: Unternehmen, Zeilen: Wettbewerbsvorteile, Mitglied des Strategieteams
- (Optional) Geschäftsmodelltableau in DIN A0 drucken oder auf eine Metaplanwand übertragen, Moderator
- Verteilung der Fragestellungen zu den Bedarfsgruppen: Eine Woche vor der Sitzung an die Teilnehmer, Moderator

Welche Infrastruktur und Hilfsmittel brauchen wir?:

Metaplanwände, Flipcharts, rote und grüne mittelgroße Post-its, Flipchartblatt „Chancen", Flipchartblatt „Risiken"

Arbeitssitzung **„Externe Marktkräfte" (Teil 2)**

Thema: Analyse externe Marktkräfte (Teil 2), Umweltanalyse

Teilnehmer: Strategieteam, Teilnehmer der Spinnsessions

Moderator: Einer der Moderatoren aus dem Strategieteam

Dauer: Ca. 8 h mit Pausen inkl. Spinnsessions

Agenda:

Bestimmen der relevanten Trends und Entwicklungen in der Umwelt (2 h)

- Vorstellung der Megatrends und Entwicklungen
- Bewerten der hinderlichen und förderlichen Megatrends und Entwicklungen über Punkte
- Auswahl der jeweils fünf für das Unternehmen hinderlichen und förderlichen Megatrends und Entwicklungen

Durchführung der beiden Spinnsessions zu den Themen (4 h) mit zusätzlichen Teilnehmern

- Welche Risiken ergeben sich aus den relevanten Trends und Entwicklungen für unser Unternehmen und was können wir dagegen tun?
- Welche Chancen ergeben sich aus den relevanten Trends und Entwicklungen für unser Unternehmen und wie können wir sie nutzen?
- Auswertung der Ergebnisse der Spinnsessions, Notieren der Risiken auf rote und Chancen grüne Post-its und Übertragen auf die Flipchartblätter „Chancen" und „Risiken"

Portfolioanalyse Risiken und Chancen (1,5 h)

- Einordnen aller Post-its mit „Chancen" und „Risiken" von den entsprechenden Flipchartblättern in die Bewertungsportfolios „Risiken" und „Chancen"

Methode: Siehe Agenda

Was muss inhaltlich vorbereitet werden, von wem?:

- Megatrends aufbereiten, pro Trend eine DIN-A4-Seite auf Metaplanwand, Mitglied des Strategieteams
- Umweltfaktoren des PESTEL-Modells auf DIN A0 drucken, Mitglied des Strategieteams
- Übertragen der Portfolios „Risiken" und „Chancen" auf Flipcharts, Moderator

Welche Infrastruktur und Hilfsmittel brauchen wir?:

Vorbereitete Metaplanwände, Flipcharts, rote und grüne mittelgroße Post-its und Infrastruktur für die Spinnsessions.

7.2.7 FRAGEBOGEN UNTERNEHMENSKULTUR [308]

Fragebogen Unternehmenskultur

			1	2	3	4	5	6	7	8	9	10
Anpassungsvermögen	Veränderungsbereitschaft	Sind Prozesse flexibel und leicht zu verändern?										
		Werden Verbesserungen kontinuierlich und schnell übernommen?										
		Es gibt keine Widerstände bei Veränderungen?										
	Markt- und Kundenfokus	Wird der Input von Kunden bei unseren Entscheidungen berücksichtigt?										
		Haben alle ein tiefes Verständnis für die Probleme, Bedürfnisse und Wünsche der Kunden?										
		Reagieren wir schnell auf Veränderungen im Markt?										
	Organisationales Lernen	Verstehen wir Fehler als Chance zu lernen und uns zu verbessern?										
		Werden Innovationen gefördert und belohnt?										
		Verstehen wir Lernen als wichtigen Teil unserer täglichen Arbeit?										
Langfristige Ausrichtung	Vision	Stehen alle Mitarbeiter und Führungskräfte hinter der Vision?										
		Ist die Vision attraktiv für alle und motiviert sie uns?										
		Gibt die Vision unserem Handeln Sinn und zeigt sie den Nutzen unseres Handelns?										
	Strategie	Gibt es eine Strategie, die für alle erkennbar verfolgt wird?										
		Ist die Strategie allen bekannt?										
		Ist die Strategie bestimmend für unsere Handlungen?										
	Ziele	Gibt es festgelegte, für alle verständliche und gemeinschaftliche Ziele?										
		Gibt es einen kontinuierlichen Prozess, die Ziele zu überprüfen?										
		Ist allen Mitarbeitern ihr Beitrag zu den gesetzten Zielen klar?										
Konsistenz	Werte	Gibt es klare und konsistente Werte?										
		Leiten uns die Werte in unserem Handeln und Entscheiden?										
		Unterstützen unsere Werte unsere langfristigen Ziele?										
	Kongruenz	Gibt es eine „starke", gemeinsame Kultur?										
		Ist es auch bei schwierigen Themen einfach, Konsens zu erzielen?										
		Gibt es bei wichtigen Themen immer grundlegende Einigkeit?										
	Verzahnung	Ist es einfach, Projekte unternehmensweit zu koordinieren?										
		Sind Ziele über Ebenen und Bereiche hinweg aufeinander abgestimmt?										
		Haben alle Mitarbeiter eine ähnliche oder dieselbe Sichtweise?										
Beteiligung	Einbindung	Werden Entscheidungen dort getroffen, wo die besten Informationen zur Verfügung stehen?										
		Sind Informationen für jeden der sie braucht verfügbar?										
		Ist jeder zu einem gewissen Maße in der Weiterentwicklung des Geschäftsmodells beteiligt?										
	Zusammenarbeit	Ist eine enge, zielgerichtete, bereichsübergreifende Zusammenarbeit Teil der Unternehmenskultur?										
		Werden Projekte im Team, jenseits der klassischen Hierarchie, bearbeitet?										
		Leistet jeder einen wertvollen Beitrag zum Unternehmenserfolg und wird jeder gemäß seinen Fähigkeiten eingesetzt?										
	Entwicklung	Basieren unsere Wettbewerbsvorteile auf dem Wissen, den Erfahrungen und den Fähigkeiten aller Mitarbeiter?										
		Haben alle die Chance, ihre Fähigkeiten weiterzuentwickeln?										
		Werden alle Mitarbeiter gefordert und gefördert?										

„1" = „nicht vorhanden/trifft nicht zu", „10" = „ist vollständig vorhanden/trifft voll und ganz zu"

[308] Vorlage auf www.spinnovation-strategie.de

7.2.8 MORPHOLOGISCHES TABLEAU

Vorgehensweise[309]

1. Für eine Fragestellung werden bestimmende Merkmale festgelegt und untereinander geschrieben. Die Merkmale müssen dabei unabhängig voneinander und für die Aufgabenstellung auch „umsetzbar" sein.
2. Dann schreibt man die möglichen Ausprägungen des jeweiligen Merkmals rechts daneben. Jede Kombination der so entstandenen Matrix ist eine theoretisch mögliche Lösung.
3. Danach wählt man intuitiv aus jeder Zeile eine Ausprägung. Die Kombination der Ausprägungen ist die alternative Lösung.

Beispiel Unternehmenskauf

Morphologisches Tableau für Zielgruppe
Beispiel Zielunternehmen für Unternehmenskauf

Merkmal	Merkmalausprägungen				
Leistungsangebot des Unternehmens	Handwerk	Hersteller	Planung	Beratung	sonst. Dienstleistung
Branche	Technische Gebäudeausrüstung	Sanitär/Heizung/Klima	Erneuerbare Energien	Energie- und Umwelttechnik	
Lage	Rhein-Main-Gebiet	Rhein-Neckar-Gebiet	Großraum Stuttgart	Großraum Köln/Düsseldorf	
Verkäufer	Inhaber	Beteiligungsgesellschaft	„Konzern"	Insolvenzverwalter	
Gründe des Verkaufs	Nachfolge	Konzentration auf Kerngeschäft	Insolvenz	Exit	
Anteile zum Kauf	< 50 %	50 % ≤ Anteile < 100 %	100 %		
Aktuelle Situation	Geschäftsmodell ist nicht mehr tragfähig	Rückläufiges Ergebnis und Umsätze	Rückläufiges Ergebnis, steigende Umsätze	Steigendes Ergebnis, steigende Umsätze	
Managementskills 2. Ebene	Sehr gut	Nicht vorhanden	Ausbaubare Basis		
Geschäftsbereiche	Mehrere Geschäftsbereiche mit mehreren Produktgruppen	Ein Geschäftsbereich mit mehreren Produktgruppen	Ein Geschäftsbereich mit einer Produktgruppe		
Positionierung	Kostenführer	Produktführer	Beziehungsführer		
Strategieansätze	„Erschließung"	Spezialisierung	Durchdringung – Bedarfsgruppe	Durchdringung – Regional	
Unternehmensgröße (MA)	20-50 MA	51-80 MA	81-120 MA	> 120 MA	

Abbildung 36: Morphologisches Tableau – Beispiel Unternehmenskauf

[309] URL: http://de.wikipedia.org/wiki/Morphologische_Analyse_%28Kreativitätstechnik%. Stand: 06.04.2017.

7.2.9 SPINNSESSION „WELCHE PROBLEME KÖNNEN WIR … LÖSEN?"

Thema der Spinnsession:	*„Welche Probleme können wir mit unserer Problemlösefähigkeit für die neue Bedarfsgruppe lösen?"*
Inhaltlicher Input für die Spinnsession:	*Stärken & Kernkompetenzen aus Unternehmensanalyse* *Beschreibung der neuen Bedarfsgruppe* *Matrix „Kundennutzen"*
Dauer der Präsentation des Inputs:	*25 min*
Anfangsthese 1:	*„Wir können mit unseren Stärken und Kernkompetenzen doch keine wirklichen Probleme für die neue Bedarfsgruppe lösen."*
Anfangsthese 2:	*„Mit unserer Expertise und unserem Know-how gibt es eine ganz Reihe von Problemen, die wir für die neue Bedarfsgruppe lösen können!"*
Fragestellungen Perspektive 1:	*Wofür können wir unsere Fähigkeiten noch einsetzen?* *Welche Probleme lösen wir damit?*
Spalten Dokumentationsformular Perspektive 1:	*„Was können wir leisten?", „Welche Probleme lösen wir?"*
Fragestellungen Perspektive 2:	*Welche Probleme können wir lösen?* *Was brauchen wir dafür?*
Spalten Dokumentationsformular Perspektive 2:	*„Welche Probleme lösen wir?", „Was brauchen wir dafür?"*

7.2.10 BEISPIEL „5W"-METHODE

Beispiel: „Misserfolg bei der Ausschreibung"[310]

Ein Unternehmen bewirbt sich bei einer wichtigen Ausschreibung, erhält den Zuschlag aber nicht:

1. Frage: Warum haben wir die Ausschreibung nicht gewonnen?
   Antwort: Weil unsere Präsentation den Kunden nicht überzeugt hat.
2. Frage: Warum hat unsere Präsentation den Kunden nicht überzeugt?
   Antwort: Weil ihn nichts begeistert hat.
3. Frage: Warum hat ihn nichts begeistert?
   Antwort: Weil unsere Präsentation sich auf seine formalen Vorgaben beschränkte.
4. Frage: Warum haben wir uns in unserer Präsentation nur zu den formalen Vorgaben geäußert?
   Antwort: Weil unser Angebot im Vergleich zur Konkurrenz kein Alleinstellungsmerkmal hatte.
5. Frage: Warum hatte unser Angebot kein Alleinstellungsmerkmal?
   Antwort: Weil es ausschließlich aus Standardleistungen bestand.

In diesem Fall liefert die fünfte Antwort mindestens eine Ideenfindungsaufgabe, vielleicht sogar eine Innovationsaufgabe: Welche Alleinstellungsmerkmale sollten wir für unsere Standardleistungen entwickeln?

---

310 URL: http://fuenfwarumfragen.wordpress.com. Stand:01.05.2017.

7.2.11 LÖSUNGSWORKSHOP „SPINNOLUTION"

MINUTENGENAUE AGENDA

Phase	Agendapunkt	P = Plenum T = Team	Inhalt	Beginn	Zeit- bedarf
1. Tag				10:00	
Einführung	Begrüßung durch Coaches	P	Stand Strategieprozess Vorstellung der Design Challenge	10:00	00:10
	Vorstellungsrunde	P	Jeder stellt sich anhand der Vorlage vor	10:10	00:17
	„Eisbrecher"	P	Menschliche Maschine	10:27	00:23
	Design Thinking	P	Einführung in Methode und Regeln	10:50	00:25
Standpunkt	Einleitung Persona	P	Erklärung Persona, Einteilung Gruppen	11:15	00:10
	Pause ohne Handys			11:25	00:15
	Erstellen Persona	T	Ausfüllen der Vorlage	11:40	00:22
	Präsentieren Persona	T	Präsentieren Persona mit Feedback	12:02	00:18
	Erstellen Team Persona	T	Entwickeln gemeinsame Persona des Teams	12:20	00:10
	Präsentation Team Persona	P	Präsentation, Feedback zu Team Persona	12:30	00:23
	Überprüfung Design Challenge	P	Passt Problem und Fragestellung noch?	12:55	00:15
	Mittagspause		Salat, Obst … im Plenumraum	13:10	00:50
	Abschluss Persona Team	T	Anpassung Persona, Übertrag Ergebnisboard	14:00	00:10
Ideen	Warmup Ideen I	T	Visualisierung der Design-Thinking-Regeln	14:10	00:45
	Brain Dump	T	Wissen, Gedanken, Ideen des Teams zum Arbeits- thema	14:55	00:20
	Pause ohne Handys			15:15	00:15
	Entwicklung Lösungsideen „Brainstorming & Stealing"	T	Start Brainstorming 5 in 5 min	15:30	00:10
		T	Runde I: Vorstellen Ideen und Clustern (15 min.), Weiterentwicklung eigene Ideen (5 min.)	15:40	00:20
		T	Runde II: Vorstellen Ideen und Clustern (10 min.), Weiterentwicklung eigene Ideen (5 min.)	16:00	00:15
		T	Runde III: Vorstellen Ideen und Clustern (5 min.), Weiterentwicklung eigene Ideen (5 min.)	16:15	00:10

Phase	Agendapunkt	P = Plenum T = Team	Inhalt	Beginn	Zeit-bedarf
1. Tag				10:00	
Ideen	Entwicklung Lösungsideen „Brainstorming & Stealing"	T	Erarbeitung von Teamlösungen (3-5 pro Team)	16:25	00:15
		p	Präsentieren der Lösungen im Plenum inkl. Feedback	16:40	00:45
		T	Weiterentwickeln der Lösungen in den Teams und Dokumentation auf Ergebnisboard	17:25	00:20
Abschluss 1. Tag	Abschlussrunde	p	„Mir hat gefallen ..." und „Ich wünsche mir ..."	17:45	00:15
	Aufräumen	p	Alle räumen zusammen auf!	18:00	00:10
Ende 1. Tag				18:10	

Phase	Agendapunkt	P = Plenum T = Team	Inhalt	Beginn	Zeit-bedarf
2. Tag				08:30	
Start	Begrüßung	p	Erwartungen an den Tag „Ich wünsche, dass ..." und „... dazu trage ich bei ..."	08:30	00:20
Ideen	Warmup Ideen II	T	Storytelling - Rundlaufgeschichte mit Begriffen	08:50	00:20
	Entwicklung Lösungsideen	T	Ideengenerierung mit Storytelling - „Erzähle eine Geschichte rund um die Lösung"	09:10	00:40
	Auswahl Lösungsideen	T	Auswahl der prototypfähigen Ideen	09:50	00:15
	Pause ohne Handys			10:05	00:15
Prototyp	Warmup Prototyp	T	„Bastle deinen Nachbarn" oder „Service Blueprint Lösungsworkshop"	10:20	00:25
	Erstellen Prototyp	T	Bau Prototypen 3 Ideen - 3 Gruppen	10:45	00:45
		p	Präsentation Prototyp und Feedback	11:30	00:50
		T	Weiterentwicklung Prototyp	12:20	00:15
	Auswahl Prototyp	p	Auswahl Prototypen für den Bedarfsgruppentest	12:35	00:20
	Verabschiedung	p	Feedback und „Wie geht's weiter?!"	12:55	00:15
	Aufräumen	p	Alle räumen zusammen auf!	13:10	00:10
Ende 2. Tag				13:20	

LÖSUNGSWORKSHOP „SPINNOLUTION" – ABLAUF UND ZEITVORGABEN

i) „Einführung und ‚Eisbrechen'"

i.1 Begrüßung

Gesamtzeit: 10 min

i.2 Vorstellungsrunde

Ablauf und Zeitvorgaben:

- Ausfüllen der Vorlage – Timebox 1: 5 min
- Jeder Teilnehmer stellt sich anhand der Vorlage vor: 12×1 min, gesamt 12 min

Gesamtzeit: 17 min

Vorlage Vorstellungsrunde

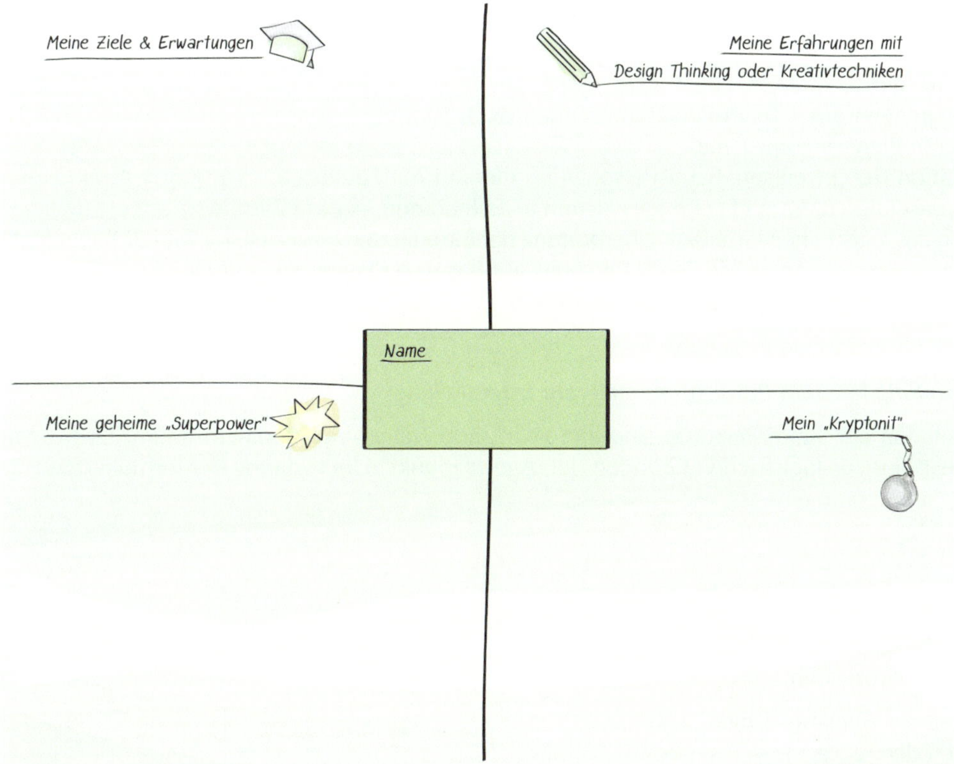

Abbildung 37: Vorlage Vorstellungsrunde[311]

i.3 Eisbrecher „Menschliche Maschine"

Ablauf und Zeitvorgaben:

- Einteilen, Zettel verteilen, Regeln nennen: 3 min
- Gruppen überlegen, wie die Maschine dargestellt wird – Time Box 1: 3 min

---

[311] Druckvorlage auf www.spinnovation-strategie.de

- Präsentation der Maschine und raten, welche Maschine es ist – Time Box 2: 3 min je Gruppe, gesamt 12 min
- Reflexion, was gelernt wurde – Time Box 3: 5 min

Gesamtzeit: 23 min

i.4 Design Thinking – Einführung in die Methode

Gesamtzeit: 25 min

ii) Standpunkt

ii.1 Die Persona – der idealtypische Nutzer

Ablauf und Zeitvorgaben:

- Erklärung „Persona" im Plenum: 10 min (danach geht es in die erste Pause/15 min)
- Nach der Pause im Teamraum Einteilung des Teams in zwei 3er-Gruppen (1, 2-Methode): 2 min
- Beschriften Post-its und in Vorlage kleben– Time Box 1: 20 min
- Präsentieren der Persona mit Feedback im Team („Mir hat gefallen, dass…", „Ich wünsche mir, dass") – Time Box 2: 2×9 min (6 min präsentieren, 3 min Feedback – 1 min je Teilnehmer), gesamt 18 min
- Erstellen gemeinsamer Team-Personas – Time Box 3: 10 min
- Wechsel in Plenumraum: 1 min
- Präsentation der jeweiligen Team-Personas im Plenum mit Feedback – Time Box 4: 2x12 min (6 min präsentieren, 6 min Feedback – 1 min je Teilnehmer), gesamt 24 min
- Einschub aus logistischen Gründen: Überprüfung der formulierten Fragestellung zum Problem (s. u.)
- Nach Mittagspause: Anpassen Team-Personas auf Basis von Feedback und Dokumentieren der Persona an Ergebnisboard – Time Box 5: 10 min

Gesamtzeit: 95 min (ohne Einschub)

ii.2 Überprüfung der zum Problem formulierten Fragestellung

Zur Präsentation der Team-Personas sind alle Workshop-Teilnehmer in einem Raum. Deswegen schieben wir hier aus logistischen Gründen den Agendapunkt „Überprüfung der formulierten Fragestellung" im Plenum ein.

Gesamtzeit: 15 min

iii) Ideen

iii.1 Warmup Ideen I „Visualisierung"

Ablauf und Zeitvorgaben:

- Erklärung der Aufgabe: 3 min
- Zeichnen der 12 Regeln – Time Box 1: 18 min
- Präsentieren und aufhängen – Time Box 2: 6×3 min, gesamt 18 min
- Bewerten und umhängen auf Regel-Flipchart – Time Box 3: 6 min

Gesamtzeit: 45 min

iii.2 Brain Dump

Ablauf und Zeitvorgaben:

- Erklärung der Methode: 4 min
- Brain Dump – Time Box 1: 6 min (3+3 min)
- Clustern der Post-its – Time Box 2: 10 min

Gesamtzeit: 20 min

iii.3 „Brainstorming & Stealing"

Ablauf und Zeitvorgaben:

- Erklärung der Vorgehensweise: 5 min
- Brainstorming „5 in 5 Minuten" – Time Box 1: 5 min
- Runde I: Vorstellen Ideen und Clustern – Time Box 2: 15 min
- Weiterentwicklung eigener Ideen – Time Box 3: 5 min
- Runde II: Vorstellen und Clustern weiterentwickelter Ideen – Time Box 4: 10 min
- Weiterentwicklung eigener Ideen – Time Box 5: 5 min
- Runde III: Vorstellen und Clustern weiterentwickelter Ideen –Time Box 6: 5 min
- Weiterentwicklung eigener Ideen – Time Box 5: 5 min
- Erarbeiten von 3–5 Team-Lösungen – Time Box 7: 15 min
- Präsentieren der Lösungen im Plenum inkl. Feedback – Time Box 8: 4 min pro Idee. Im Detail: 1 Minute Präsentation, 3 min Feedback (6×30 s durch anderes Team), 10 Ideen: 40 min, Summe inkl. Raumwechsel: 45 min
- Weiterentwickeln der Lösungen in den Teams und Dokumentation auf Ergebnisboard – Time Box 9: 20 min

Gesamtzeit: 135 min

Abschlussrunde 1. Tag mit Aufräumen

Gesamtzeit: 25 min

Beginn 2. Tag

Begrüßung und Erwartungen an den Tag

Gesamtzeit: 20 min

iii.4 Warmup Ideen II „Storytelling – Rundlaufgeschichte mit Begriffen"

Ablauf und Zeitvorgaben:

- Erklären des Spiels, Verteilen der Zettel: 4 min
- Ausfüllen des Zettels – Time Box 1: 1 min
- Rundlauf, bis alle Begriffe verwendet wurden – Time Box 2: 15 min

Gesamtzeit: 20 min

iii.5 Storytelling – „Erzähle eine Geschichte rund um die Lösung"

Ablauf und Zeitvorgaben:

- Erklären der Aufgabe und Einteilen der Gruppen: 3 min
- Geschichten entwickeln – Time Box 1: 10 min
- Geschichten erzählen – Time Box 2: 2×6 min, gesamt 12 min
- Drei Lösungen entwickeln und auf Lösungsboard übertragen: 15 min

Gesamtzeit: 40 min

iii.6 Auswahl prototypfähiger Lösungsideen (Ideenevaluation)

Ablauf und Zeitvorgaben:

- Erklärung der Auswahlmethode und Verteilen der Punkte: 5 min
- Kombination der zweitbesten und der drittbesten Idee – Time Box 1: 8 min
- Einteilung der Gruppen und Zuteilung der Ideen per Los: 2 min

Gesamtzeit: 15 min

iv) Prototyp

a) Produkt/Modellbau

iv.1a) Warmup Prototyp „Bastle deinen Nachbarn"

Ablauf und Zeitvorgaben:

- Erklärung der Aufgabenstellung: 1 min
- Material besorgen und basteln – Time Box 1: 15 min
- Vorstellung des „Nachbarn" – Time Box 2: 6×1,5 min, gesamt 9 min

Gesamtzeit: 25 min

iv.2a) Prototypen

Ablauf und Zeitvorgaben:

- Material besorgen, Bau Prototyp – Time Box 1: 45 min
- Vorstellung Prototypen im Plenum – Time Box 2: 8 min je Prototyp (3 min präsentieren, 5 min Feedback – 30 s pro Teilnehmer, je 10 Feedback gebende Teilnehmer je Prototyp) Summe: 6 Prototypen × 8 min, gesamt 48 min; 2 min Raumwechsel, Summe: 50 min
- Weiterentwickeln Prototypen – Time Box 3: 15 min

Gesamtzeit: 110 min

iv.3a) Auswahl Prototypen für den Bedarfsgruppentest

Ablauf und Zeitvorgaben:

- Präsentation überarbeiteter Prototypen (inkl. Raumwechsel) – Time Box 1: 6×2 min, gesamt 12 min + 2 min Raumwechsel, Summe 14 min
- Verteilen der Klebepunkte und Auswahl Prototypen für Bedarfsgruppentest: 6 min

Gesamtzeit: 20 min

b) Dienstleistung

iv.1b) Warmup Prototyp „Service Blueprint Lösungsworkshop"

Ablauf und Zeitvorgaben:

- Erklärung der Methode, Einteilung Gruppe: 7 min
- Erstellen Service Blueprint – Time Box 1: 12 min
- Präsentation der Blueprints – Time Box 2: 2×3 min, gesamt 6 min

Gesamtzeit: 25 min

iv.2b) Service Blueprints

Ablauf und Zeitvorgaben:

- Entwicklung Service Blueprint – Time Box 1: 45 min
- Vorstellung Service Blueprint im Plenum – Time Box 2: 8 min je Blueprint (3 min präsentieren, 5 min Feedback – 30 s pro Teilnehmer, je 10 Feedback gebende Teilnehmer je Prototyp) Summe: 6 Blueprints × 8 min, gesamt 48 min; 2 min Raumwechsel, Summe: 50 min
- Weiterentwickeln Service Blueprint – Time Box 3: 15 min

Gesamtzeit: 110 min

iv.3b) Auswahl Service Blueprints für den Bedarfsgruppentest

Ablauf und Zeitvorgaben:

- Präsentation überarbeitete Service Blueprints (inkl. Raumwechsel) – Time Box 1: 6 x 2 min, gesamt 12 min + 2 min Raumwechsel, Summe 14 min
- Verteilen der Klebepunkte und Auswahl Service Blueprints für Bedarfsgruppentest: 6 min

Gesamtzeit: 20 min

v) Verabschiedung mit Aufräumen

Gesamtzeit: 25 min

Alternative iii.3 „Negatives Brainstorming"

Eine Alternative zu „Brainstorming & Stealing", die ebenfalls zu tollen Lösungsideen führt, ist „Reverse Brainstorming" oder „Negatives Brainstorming". Beim negativen Brainstorming ist es erlaubt, wie der Name schon sagt, richtig negativ zu sein. Die kreativen Lösungsideen entstehen aber erst, wenn die vorab erarbeiteten negativen Ideen ins Positive umgedreht werden. Gerade die, die gerne kritisieren, begeistert diese Kreativtechnik. Je schlimmer und erbarmungsloser die Ideen werden, desto besser. Bei dieser Methode sollte das Team in einen Flow kommen, aufeinander eingehen, Ideen weiterspinnen, damit aus einer Idee viele werden. Beim Umdrehen der negativen Ideen geht es nicht darum, alle negativen Ideen abzuarbeiten. Die dienen nur als Reize, um in einen Flow positiver Ideen zu kommen.

Die Brainstorming-Frage leitet sich aus dem Gegenteil der Design Challenge ab. Sie hätte bei Catrin beispielsweise so lauten: „Wie schaffen wir es, dass sich Personen, die es eilig haben und etwas essen wollen, so richtig einsauen?!" Zu dieser negativen Frage sucht das Team so viele Antworten wie möglich und schreibt sie auf Post-its. Anschließend werden die negativen Ideen in positive umgedreht, so wird beispielsweise aus „ganz viel dünnflüssigem Ketchup" „eine frische Tomatenscheibe". Falls bei der negativen Runde schon positive Ideen entstehen, werden diese auf Post-its notiert und später weiter bearbeitet.

VORLAGE PERSONA

PERSONA

Name

Alter

Wohnort

Familienstand

Bildung

PROBLEME, BEDÜRFNISSE, WÜNSCHE
Frustrationen, Bedenken und Befürchtungen, Grenzen, Herausforderungen etc.

MEDIEN- UND KANALPRÄFERENZEN
Am häufigsten genutzte Informationsquellen und -geräte.

BIOGRAFIE
Kurze Geschichte über das tägliche Leben.

BERUF
Welche Funktion? An wen wird berichtet? Wie lange in der Funktion? Welche beruflichen Aufgaben?

MOTIVATION
Belohnung
Angst
Wachstum
Macht
Soziale Anerkennung

PERSÖNLICHKEIT
introvertiert — extrovertiert
analytisch — kreativ
konservativ — liberal
passiv — aktiv

Abbildung 38: Vorlage „Persona"[312]

VORLAGE SERVICE BLUEPRINT

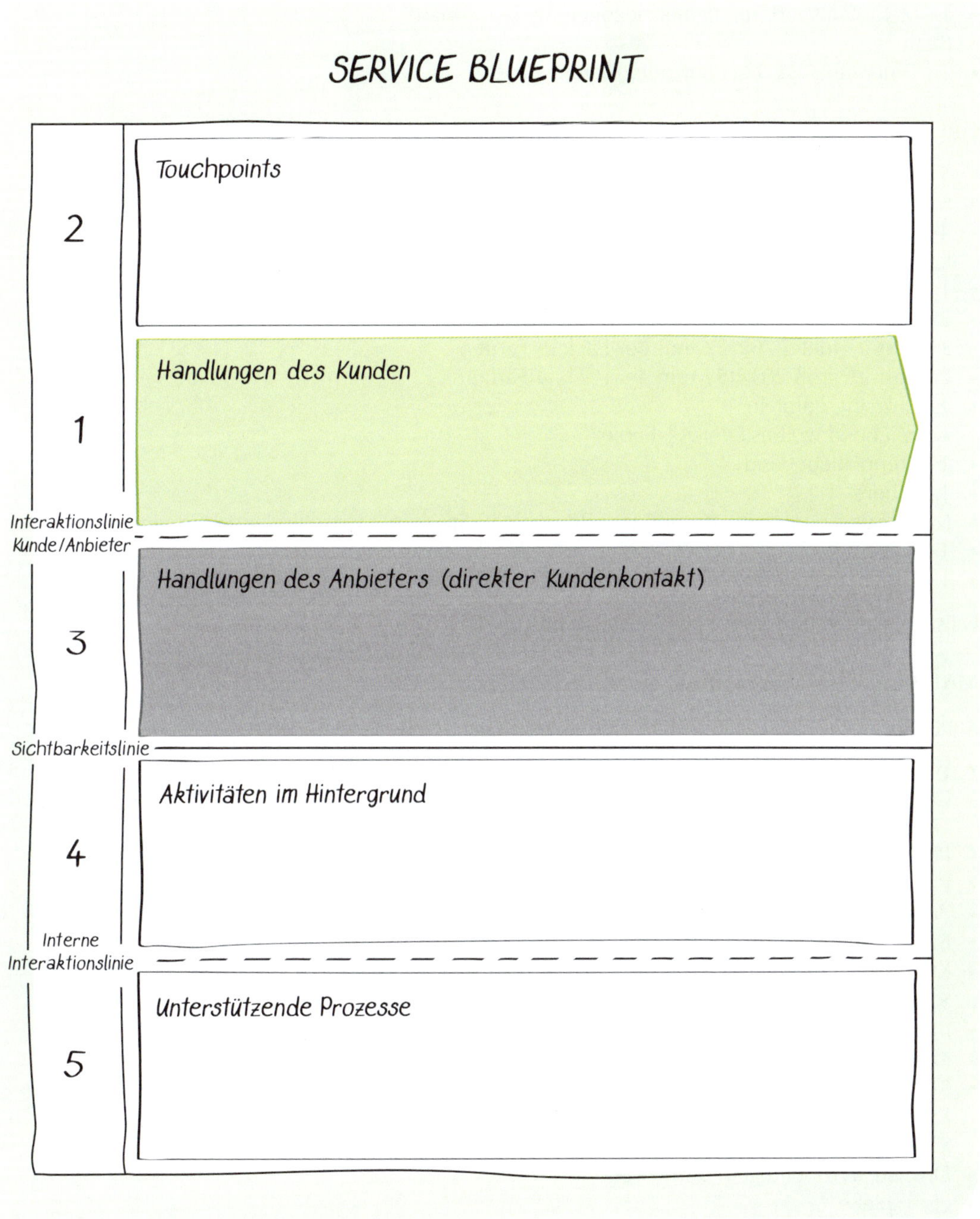

Abbildung 39: Vorlage „Service Blueprint"[313]

313 Druckvorlage auf www.spinnovation-strategie.de

AUSSTATTUNG PLENUMRAUM

- 1× Metaplanwand, mit Papier bezogen als Teamboard
- Beamer
- 1× Timer (analoge Tischuhr oder digital)

GRUNDAUSSTATTUNG UND MATERIAL JE TEAMRAUM

- 3× Stehtisch mit Packpapier belegt
- 6× Stehhilfe oder Barhocker
- 4× Whiteboards oder 4× Metaplanwand mit Papier bezogen, 2 als Arbeits-, 2 als Ergebnisboards, falls Metaplanwände genutzt werden, hierfür ausreichend Moderationspapier (1180×1400 mm)
- 1× Besprechungstisch, mit (Pack-)Papier belegt, und mindestens 6 Stühle
- 2× Post-it® klein 76×76 mm 6er Pack, 5 Farben
- 2× Post-it® mittel 76×127 mm 6er Pack, 5 Farben
- 2× Post-it® groß 203×152 mm 4er Pack, 4 Farben
- 12× Filzstift, halbfein
- Ausreichend weißes DIN-A4-Papier
- 1× Krepp-Klebeband
- 1× Schere
- Markierungspunkte (Ø 19 mm) je 3 Bögen à 40 Stück in 3 verschiedenen Farben
- 1× Klebestift
- 1× Timer (analoge Tischuhr oder digital)

Falls ein Moderationskoffer im Hause ist, prüft, was davon genutzt werden kann.

MATERIAL PROTOTYPENBAU

Kann noch beliebig erweitert und ergänzt werden:

- Legosteine und Figuren (mindestens 1× LEGO® Classic 10702 – Kreatives Bauset, 1× LEGO® Classic 10693 Baustein-Ergänzungsset oder LEGO® Classic 10698 – Große Bausteine-Box sowie 1× LEGO® Leute und Berufe Set (9348))
- PlayMais® Basic, 1000er Eimer
- Play-Doh® Knete, 8er-Pack
- Bunte Pfeifenreiniger, Blumenbindedraht
- Bunte Strohhalme
- Kleine Wäscheklammern, große Büroklammern
- Stoffe
- Bastelfilz 20×30 cm ca. 1 mm, in verschiedenen Farben
- Karton, Pappe und buntes Tonpapier
- Klebebänder, z. B. durchsichtiges Paketklebeband und Washi-Tapes in verschiedenen Farben
- Krepp-Klebeband
- Klebestifte
- Diverse Styroporkugeln und -kegel
- Holzspieße
- Bunte Pompons aus Plüsch
- Paketschnur und Flechtschnüre
- Partybecher und Pappteller
- Scheren und Cutter-Messer

Im Internet sind Anbieter zu finden, die bereits einen Großteil des Materials – ohne die Möbel – als „Brainstorming Box", „Prototyping Box" oder als „Design Thinking Box" zusammengestellt haben – das ist komfortabel und zum Einstieg gut nutzbar.

Danke!

Zum Gelingen dieses Buchprojektes haben unzählige Personen beigetragen – deswegen versuchen wir auch nicht, Euch alle aufzuzählen. Ihr wart konstruktive Ideengeber, kritische Diskussionspartner, reflektierte Vorableser, verständnisvolle Motivatoren und geduldige Unterstützer. Euch allen ein herzliches Dankschön – ohne Euch würde es dieses Buch nicht geben!

LITERATURVERZEICHNIS

Al Ries:	Die Strategie der Stärke. Düsseldorf 1996.
Alexander Exner, Hella Exner, Gerhard Hochreiter:	Selbststeuerung von Unternehmen: Ein Handbuch für Manager und Führungskräfte. Frankfurt/Main 2009.
Alexander Osterwalder, Yves Pigneur:	Business Model Generation. Ein Handbuch für Visionäre, Spielveränderer und Herausforderer. Frankfurt am Main 2011.
Anja Förster, Peter Kreuz:	Different Thinking! So erschließen Sie Marktchancen mit coolen Produktideen und überraschenden Leistungsangeboten. München 2005.
Ari Weinzweig:	Bottom Line Change - Zingerman's Recipe for Effective Organizational Change, Ann Arbor 2016.
Arnold Weissman:	Die großen Strategien für den Mittelstand: Die erfolgreichsten Unternehmer verraten ihre Rezepte. 2. Auflage Frankfurt am Main 2011.
Bernd Oestereich, Claudia Schröder:	Das kollegial geführte Unternehmen: Ideen und Praktiken für die agile Organisation von morgen. München 2016.
Bernhard Muhler, Carsten Suntrop:	Workshop Unternehmensentwicklung. In sechs Schritten zur leistungsfähigen Organisation. Stuttgart 2016.
Brian J. Robertson:	Holacracy: Ein revolutionäres Management-System für eine volatile Welt. München 2016.
Bruce D. Henderson:	Henderson on Corporate Strategy. New York 1982.
Chris Zook, James Allen:	Erfolgsfaktor Kerngeschäft. Zeitlose Strategien für Wachstum und Innovation. München 2001.
Dark Horse Innovation:	Digital Innovation Playbook. Das unverzichtbare Arbeitsbuch für Gründer, Macher und Manager. 2. Auflage Hamburg 2016.
Detlef Lohmann:	Und mittags geh ich heim: Die völlig andere Art, ein Unternehmen zum Erfolg zu führen. Wien 2012.
Dietmar Straub, Frank Kuhnecke, Torsten Kirchmann:	Change Management: Das Zugvogel-Prinzip. Notwendige Veränderungen erkennen und gemeinsam umsetzen. München 2013.
Eric Ries:	Lean Startup: Schnell, risikolos und erfolgreich Unternehmen gründen. München 2014.
Fred Reichheld:	The Ultimate Question: Driving Good Profits and True Growth. Boston 2006.
Frederic Laloux:	Reinventing Organizations visuell: Ein illustrierter Leitfaden sinnstiftender Formen der Zusammenarbeit. München 2017.
Frederic Laloux:	Reinventing Organizations: Ein Leitfaden zur Gestaltung sinnstiftender Formen der Zusammenarbeit. München 2015.

Fredmund Malik:	Strategie: Navigieren in der Komplexität der Neuen Welt. Frankfurt/Main 2011.
Gary Hamel, C. K. Prahalad:	Wettlauf um die Zukunft. Wie Sie mit bahnbrechenden Strategien die Kontrolle über Ihre Branche gewinnen und die Märkte von morgen schaffen. Wien 1995.
Gebhard Borck:	WissensDrehScheibe: Die Praxisanleitung für Moderatoren. o. O. 2013.
Hans Bürkle (Hrsg.):	Mythos Strategie: Mit der richtigen Strategie zur Marktführerschaft - Die Erfolgsstrategien von 15 regionalen und globalen Marktführern. Wiesbaden 2010.
Henry William Chesbrough:	Open Innovation: The New Imperative for Creating And Profiting from Technology. Boston 2006.
Hermann Simon (Hrsg.):	Das große Handbuch der Strategiekonzepte: Ideen, die die Businesswelt verändert haben. Frankfurt/Main 2000.
Hermann Simon:	Die Heimlichen Gewinner (Hidden Champions). Die Erfolgsstrategien unbekannter Weltmarktführer. Frankfurt/New York 1996.
Hermann Simon:	Hidden Champions des 21. Jahrhunderts: Die Erfolgsstrategien unbekannter Weltmarktführer. Frankfurt/Main 2007.
Jack Stack, Bo Burlingham:	The Great Game of Business: The Only Sensible Way to Run a Company. New York 2013.
Jürgen Erbeldinger, Thomas Ramge:	Durch die Decke denken: Design Thinking in der Praxis. 3. Auflage München 2015.
Kerstin Friedrich, Fredmund Malik, Lothar Seiwert:	Das große 1x1 der Erfolgsstrategie: EKS® - Die Strategie für die neue Wirtschaft. 23., aktualisierte Auflage Offenbach 2017.
Kerstin Friedrich:	Erfolgreich durch Spezialisierung: Radikal anders - radikal besser. 3., überarbeitete Neuauflage, München 2014.
Klaus Doppler, Christoph Lauterburg:	Change Management: Den Unternehmenswandel gestalten. 5. Auflage Frankfurt/Main, New York 1996.
Klaus Kerth, Heiko Asum:	Die besten Strategietools in der Praxis. Welche Werkzeuge brauche ich wann? Wie wende ich sie an? Wo liegen die Grenzen?. 3. Auflage München 2008.
Lawrence Lippitt: Preferred Futuring:	Envision the Future You Want and Unleash the Power to Get There. San Francisco 1998.
Markus Venzin, Carsten Rasner, Volker Mahnke:	Der Strategieprozess: Praxishandbuch zur Umsetzung im Unternehmen. 2., erweiterte Auflage Frankfurt/Main 2010.
Michael E. Porter:	Wettbewerbsstrategie: Methoden zur Analyse von Branchen und Konkurrenten. 11., durchgesehene Auflage Frankfurt/Main 2008.
Michael Lewrick, Patrick Link, Larry Leifer:	Das Design Thinking Playbook. München 2017.

Michael Treacy, Fred Wiersema:	Marktführerschaft: Wege zur Spitze. Frankfurt/Main 1995.
Niels Pfläging:	Führen mit flexiblen Zielen: Praxisbuch für mehr Erfolg im Wettbewerb. Frankfurt/Main 2006
Niels Pfläging:	Organisation für Komplexität: Wie Arbeit wieder lebendig wird - und Höchstleistung entsteht. München 2014.
Pauline Tonhauser:	Design Thinking Workshop (eBook). Berlin 2015.
Peter F. Drucker:	Sinnvoll wirtschaften. Notwendigkeit und Kunst, die Zukunft zu meistern. München 1997.
Peter F. Drucker:	Die ideale Führungskraft. Düsseldorf, Wien, New York, Moskau 1993.
Philipp Kinzler:	Das Management strategischer Kerne: Wettbewerbsvorteile durch kohärente Geschäftssysteme. Wiesbaden 2005.
Richard T. Pascale:	Managing on the Edge. How Successful Companies Use Conflict to Stay Ahead. London 1990.
Robert D. Buzzell, Bradley T. Gale:	PIMS Principle: Linking Strategy to Performance. New York 1987.
Rolf Bühner:	Strategie und Organisation: Analyse Und Planung Der Unternehmensdiversifikation Mit Fallbeispielen. Wiesbaden 1985.
Tomáš Sedláček:	Die Ökonomie von Gut und Böse, München 2012.
Torsten Oltmanns, Daniel Nemeyer:	Machtfrage Change: Warum Veränderungsprojekte meist auf Führungsebene scheitern und wie Sie es besser machen. Frankfurt/Main 2010.
W. Chan Kim, Renée Mauborgne:	Der Blaue Ozean als Strategie. Wie man neue Märkte schafft, wo es keine Konkurrenz gibt. 2. erweiterte Auflage München 2016.

STICHWORTVERZEICHNIS